TABLEAU ANALYTIQUE

DE LA FLORE PARISIENNE

CORBEIL. — Typ. et stér. de CRÉTÉ FILS.

TABLEAU ANALYTIQUE

DE LA

FLORE PARISIENNE

D'APRÈS

LA MÉTHODE ADOPTÉE DANS LA FLORE FRANÇAISE

DE MM.

LAMARCK ET DE CANDOLLE

contenant

TOUS LES VÉGÉTAUX VASCULAIRES DE NOS ENVIRONS
ET LA DESCRIPTION DES FAMILLES ET DES GENRES DISPOSÉS D'APRÈS
LA NOUVELLE CLASSIFICATION DE M. DE CANDOLLE

SUIVI D'UN VOCABULAIRE

RENFERMANT LA DÉFINITION DES MOTS TECHNIQUES EMPLOYÉS
DANS CET OUVRAGE

ET D'UN GUIDE DU BOTANISTE

POUR LES HERBORISATIONS AUX ENVIRONS DE PARIS

Par AL. BAUTIER, D. M. P.

QUINZIÈME ÉDITION
REVUE ET CORRIGÉE

PARIS

P. ASSELIN, successeur de BÉCHET jeune et LABÉ
LIBRAIRE DE LA FACULTÉ DE MÉDECINE
PLACE DE L'ÉCOLE-DE-MÉDECINE

1874

AVERTISSEMENT

POUR LA QUINZIÈME ÉDITION

Dans chacune des éditions que nous avons publiées jusqu'à ce jour, nous avons prié les personnes qui se servent de notre livre pour les herborisations aux environs de la capitale, de vouloir bien nous indiquer les omissions ou inexactitudes qui pourraient s'y rencontrer. Plusieurs fois déjà, il nous est parvenu des observations qui nous ont été fort utiles ; voici cependant quelque temps que nous n'en avons reçu aucune, et comme nous n'avons pas l'amour-propre de croire que ce silence général ait pour cause la perfection de notre ouvrage, puisqu'on reste toujours au-dessous de sa tâche quand on traite des œuvres de la nature, et qu'il y a en cette matière un grand profit à tirer de l'expérience des autres, nous renouvelons nos instances au-

près de nos bienveillants lecteurs, et les assurons
que ce sera avec la plus grande reconnaissance
que nous recevrons les observations qu'ils vou-
dront bien nous adresser, sous le couvert de
M. Asselin, notre éditeur.

médecine, à la chirurgie, à l'obstétrique, à la pharmacologie et à la médecine vétérinaire, en un mot, un tableau général de toutes les sciences relatives à l'art de guérir. C'est en ce sens qu'il peut servir de manuel à l'étudiant comme au praticien, aux médecins vétérinaires, aux pharmaciens, aux sages-femmes, et être consulté par ceux d'entre les gens du monde qui désirent avoir une idée exacte des sciences médicales et vétérinaires ou s'instruire sur quelques points de ces sciences.

RODET (H.-J.-A.), directeur et professeur de botanique à l'école vétérinaire de Lyon, etc. — **Cours de Botanique élémentaire,** comprenant l'Anatomie, l'Organographie, la physiologie, la Géographie, la Pathologie et la Taxonomie des plantes. 3ᵉ édition, revue, corrigée et considérablement augmentée, avec la collaboration de M. E. Mussat, professeur de botanique à l'École de Grignon. Un volume in-18 cartonné, avec 341 fig. intercalées dans le texte, 1874. Prix.............. 7 fr. 50

RODET (H.-J.-A.). — **Botanique agricole et médicale** ou Études des plantes qui intéressent principalement les médecins, les vétérinaires et les agriculteurs. 2ᵉ édition, considérablement augmentée, avec la collaboration de C. Baillet, professeur à l'École vétérinaire d'Alfort. 1 très-fort volume in-8, avec plus de 900 figures intercalées dans le texte, cartonné. 1872..................... 17 fr.

BECQUEREL. — Traité élémentaire d'Hygiène privée et publique. 5ᵉ édition, avec additions et bibliographie, par le docteur Beaugrand. Un très-fort vol. grand in-18, de près de mille pages, 1873, cartonné à l'anglaise.......... 9 fr.

Le *Traité élémentaire d'hygiène privée et publique* de M. Becquerel présente, sous une forme concise, un tableau complet de cette science. L'auteur a profité de ses connaissances physiques et chimiques pour aborder dans son livre un grand nombre de questions entièrement négligées dans la plupart des traités d'hygiène, en même temps qu'il a réuni les applications de toutes les sciences à l'hygiène privée et publique. Cette 5ᵉ édition est mise au courant des progrès de la science par de nombreuses additions et augmentée d'une bibliographie très-étendue pour chaque **article.**

NOTIONS ÉLÉMENTAIRES

L'observateur intelligent qui fixe ses regards sur les objets si variés qui composent l'univers reconnaît bientôt que ces différents corps peuvent se diviser en deux grandes classes, c'est-à-dire en êtres *organiques* et en êtres *inorganiques*. Ces derniers se reconnaissent facilement à ce caractère qu'ils sont formés par *juxtaposition*, ou, autrement dit, par la réunion de parties similaires agglomérées en plus ou moins grand nombre, tandis que les corps organiques se développent par *intussusception*, c'est-à-dire par l'introduction dans leur intérieur de substances diverses, qu'ils s'approprient en se les assimilant au moyen des organes dont la nature les a pourvus

Parmi les corps organiques, les uns sont doués de mouvement et de sensibilité, et se nourrissent en introduisant certaines substances dans une espèce de sac plus ou moins perfectionné (estomac, tube digestif), d'où le résidu est chassé au dehors . ce sont les *animaux ;* les autres, au contraire, dépourvus de mouvement, et conséquemment de sensibilité, puisent dans le sol et dans l'atmosphère les éléments nécessaires à leur développement au moyen d'organes poreux; mais ces aliments ne peuvent être introduit qu'à l'état liquide ou gazeux. Ce second ordre d'êtres organisés forme la classe des *végétaux*.

Ces différences entre les trois séries d'êtres ont servi de base aux divisions établies, et que l'on a formulées ainsi : les *minéraux croissent;* les *végétaux croissent et vivent;* les *animaux croissent, vivent et sentent*.

La grande classe des végétaux est la seule qui doive nous occuper ici, et le court espace qui nous est réservé ne nous permet pas d'insister davantage sur les caractères différentiels qui les séparent des minéraux et des animaux.

Lorsqu'on examine avec attention les végétaux, on reconnaît bientôt que leur structure est formée d'un tissu membraneux qui, modifié à l'infini, constitue les tissus *cellulaire* et *vasculaire*. Le premier de ces tissus est le plus souvent représenté, dans les figures qu'en donnent les auteurs, comme offrant une forme hexagonale régulière qui rappelle les alvéoles des abeilles ; mais cette régularité est le plus souvent exagérée, car la pression extrêmement variable exercée sur les cellules leur donne souvent une forme et un aspect différents. Les parois de ces cellules présentent des pores nombreux visibles au microscope. Ce tissu élémentaire existe dans tous les végétaux sans distinction. On le trouve abondant et facile à étudier dans la *moelle*, l'*écorce* et les *fruits*. Les vésicules ou cellules, formant le tissu cellulaire, ont leurs parois distinctes. Ces cellules contiennent des granulations de substance verte (*globuline*) qui paraissent propres à se développer et à former de nouvelles vésicules cellulaires. Ces granules peuvent donc être considérés comme des germes de vésicules ou de cellules. Ces cellules, une fois constituées, ne semblent prendre de développement que dans le sens de la longueur ; mais cett extension est quelquefois si considérable qu'elles deviennent de véritables tubes. — La consistance du tissu cellulaire est très-faible et très-délicate, de sorte que fréquemment il se trouve distendu, déchiré, et constitue alors ce que l'on nomme *lacunes*. Ces espaces irréguliers s'observent particulièrement dans les végétaux aquatiques. Le tissu cellulaire forme cette partie lâche et molle du végétal que l'on nomme *parenchyme*.

Le tissu *vasculaire* ou tubuleux se présente sous plusieurs aspects, qui sont autant de modifications importantes. Ces vaisseaux peuvent se distinguer en sept espèces, que nous allons mentionner rapidement :

1° Les *vaisseaux en chapelet*, qui offrent l'aspect de cellules assez régulières et placées bout à bout ;

2° Les *vaisseaux ponctués*, formant des tubes continus, marqués de pores nombreux et régulièrement disposés. On les rencontre le plus communément dans les racines et dans les nervures des feuilles ;

3° Les *vaisseaux rayés*, ou *fausses trachées*. Cette espèce de vaisseaux présente, du moins en apparence, des fentes transversales. On les observe facilement dans la tige de la *Balsamine des jardins ;*

4° Les *trachées*, formées par une lame spirale roulée comme un élastique de bretelles. On les voit aisément à l'œil nu en cassant avec précaution de jeunes pousses de *Sureau*, ou, mieux encore, les jeunes branches gourmandes des *Eglantiers ;*

5° Les *vaisseaux mixtes*, qui affectent dans leur continuité deux ou plusieurs des formes indiquées ci-dessus ;

6° Les *vaisseaux propres*, ou réservoirs de sucs propres;

7° Enfin, les *vaisseaux séveux*, dont les parois sont minces, opaques et non ponctuées.

Ces différents vaisseaux, combinés ou réunis, constituent des faisceaux allongés qui, soudés par le tissu cellulaire, forment les *fibres végétales*.

Ainsi, comme nous venons de le voir, deux sortes de tissus concourent à la formation des végétaux : le tissu cellulaire et le tissu vasculaire. De la combinaison variée de ces tissus naissent les différents *organes* composés, qui se séparent naturellement en deux ordres : 1° ceux qui servent à entretenir la vie de l'individu (organes de la nutrition); 2° ceux qui servent à perpétuer l'espèce (organes de la reproduction).

Nous donnerons ici en peu de mots les notions qui nous semblent indispensables sur chacun de ces organes, et nous renvoyons au Vocabulaire qui se trouve à la fin du volume pour y trouver l'explication des nombreuses modifications qu'ils présentent, et que nous ne pouvons traiter ici en détail.

La *racine* est cette partie de la plante qui, enfoncée dans le sol, sert à l'y fixer et à y puiser sa nourriture, au moyen de suçoirs qui se trouvent à l'extrémité de ses ramifications. Un des caractères de cet organe est de ne jamais devenir vert par l'action de l'air. La racine est composée de trois parties, qui sont : le *collet*, point de jonction de la racine et de la tige ; le *corps* même de la racine, et le *chevelu* ou les *radicelles*.

On nomme *tige* cette partie du végétal qui s'élève au-dessus du sol et n'est séparée de la racine que par le *collet*, espèce de nœud vital d'où les fibres partent et se divisent en sens inverse : les unes montant vers la tige, les autres se dirigeant vers la racine. La tige porte les feuilles, et se divise souvent en branches et en rameaux. Les trois principales espèces de tiges sont le *tronc*, le *stipe* et le *chaume*. Le *tronc* est propre aux arbres dicotylédonés, dont la structure sera étudiée plus loin ; le *stipe* peut être considéré comme le type des tiges monocotylédonées, dont nous aurons l'occasion de nous occuper aussi ; enfin, la troisième espèce de tige est le *chaume*, qui se rencontre dans les *Graminées*. Lorsque nous étudierons leur organisation, nous donnerons les caractères différentiels de chacune d'elles.

On divise les tiges en *herbacées*, *ligneuses* et *sous-ligneuses*. Les premières sont vertes, tendres, et meurent chaque année ; les secondes offrent la dureté du bois et sont persistantes ; les dernières participent des deux précédentes, en ce que leur base persiste, tandis que les rameaux se renouvellent tous les ans.

On distingue encore les tiges en *grimpantes*, *rampantes*, *volubiles*, etc. Ces dernières méritent une mention spéciale : elles s'enroulent autour des corps environnants, mais toujours suivant une direction fixe et invariable pour chaque espèce Ainsi le *Houblon* et le *Chèvrefeuille* se contournent de gauche à droite, tandis que le *Liseron* et le *Haricot* s'entortillent de droite à gauche.

Les *feuilles* sont l'épanouissement d'une ou de plusieurs *fibres*. Ces fibres forment comme le squelette de la feuille, dont les mailles sont remplies par un tissu cellulaire plus ou moins abondant. Les feuilles sont ordinairement planes et membraneuses ; le plus souvent aussi elles sont portées sur un *pétiole* (queue de la feuille), qui n'est que la réunion des vaisseaux avant leur expansion sous forme de *limbe*. Les feuilles proprement dites, c'est-à-dire abstraction faite de leur support ou pétiole, offrent, notamment à leur surface inférieure, des *nervures*, qui ne sont que les principales divisions des faisceaux de fibres.

La feuille présente deux surfaces : l'une *supérieure*, l'autre *inférieure*. La première offre peu ou point de pores corticaux (*stomates*); la seconde en présente au contraire un grand nombre, et concourt puissamment par ce moyen à l'absorption ou à l'exhalation.

Les feuilles se divisent en simples et composées, selon qu'elles sont formées d'une seule pièce ou de plusieurs pièces distinctes, réunies par des articulations. On les distingue encore, d'après leur mode d'insertion, en *opposées*, *alternes*, *éparses*, etc., ou, d'après leur forme générale, en *ovales*, *linéaires*, *arrondies*, etc.

La manière dont elles se succèdent pendant l'existence du végétal donne lieu aux dénominations suivantes :

Feuilles *séminales*, qui apparaissent pendant la germination;

— *primordiales*, qui succèdent aux feuilles séminales ;

— *florales* ou *bractées*, qui naissent dans le voisinage des fleurs. (Voyez ce dernier mot *Bractées*, au Vocabulaire.)

L'absence ou la présence du pétiole détermine la distinction importante entre les feuilles *sessiles* et les feuilles *pétiolées*.

On désigne sous le nom de *stipules* des appendices se rapprochant plus ou moins de la forme des feuilles, et qui se trouvent quelquefois à leur base ou les remplacent complétement ; ex. : le *Tréfle*, la *Gesse*.

Les *bourgeons* sont les rudiments des jeunes pousses, qui revêtent différentes formes avant leur développement. On les distingue en *foliacés*, *pétiolacés*, *stipulacés* ou *fulcracés*, selon qu'ils sont formés par des *feuilles*, des *pétioles*, des *stipules* ou des *pétioles bordés de stipules*.

Les *fleurs*, qui jouent en même temps le rôle le plus brillant et le plus utile, puisque, tout en embellissant la nature, elles fournissent les germes de la reproduction, sont aussi les organes qu'il importe le plus de bien étudier ; car ils peuvent seuls nous guider dans les recherches auxquelles nous devons nous livrer pour classer les végétaux.

On donne le nom d'*inflorescence* à la disposition spéciale qu'affectent les fleurs sur les plantes ; ex. : l'*Epi*, l'*Ombelle*, la *Panicule*, le *Corymbe*, etc. (Voir ces mots au Vocabulaire.)

La *fleur* offre deux ordres de parties bien distinctes ; les unes indispensables à la reproduction de l'espèce : ce sont les organes sexuels ; les autres accessoires et servant à protéger les premières : ce sont les enveloppes florales.

Essayons de rendre tous ces objets faciles à saisir en prenant pour exemple une fleur connue de tout le monde, et que nous allons analyser.

Si nous examinons attentivement un Œillet *simple*, nous verrons, en procédant de l'extérieur à l'intérieur, d'abord une partie verte, divisée au sommet en cinq dents, et qui recouvrait entièrement les parties colorées de la fleur lorsqu'elle était en bouton ; cette partie, c'est le *Calice*, ou enveloppe florale externe. Si nous l'enlevons avec ménagement, nous verrons, disposées sur un rang plus intérieur, cinq parties distinctes et d'une consistance beaucoup plus délicate que le calice . ce sont les *Pétales;* leur ensemble forme la *Corolle*, ou enveloppe florale interne. Rapprochons-nous encore du centre de la fleur, et nous trouverons dix corps filiformes, d'une structure assez analogue à celle des étales, et portant à leur sommet des espèces de vésicules aunes qui contiennent une poussière particulière; ces corps, ce sont les *Etamines*, ou organes sexuels mâles, qui, pouvant par un excès de nourriture se métamorphoser en pétales, constituent alors les fleurs *doubles*. Enfin, tout à fait au centre de la fleur, nous verrons un corps assez gros, cylindrique à la base et terminé à sa partie supérieure par deux filets divergents : c'est le *Pistil*, ou organe sexuel femelle.

Maintenant que nous savons distinguer les parties de la fleur, analysons chacune d'elles en particulier.

Le *calice* est, comme nous l'avons vu, la partie verte et ordinairement foliacée qui entoure la corolle et les corps reproducteurs dans les fleurs complètes.

La nature et la durée de cette enveloppe florale donnent lieu à plusieurs distinctions, dont on trouvera l'explication au Vocabulaire. Il nous suffira de dire ici que le calice est *monophylle* lorsqu'il ne présente qu'une seule pièce distincte, quelque divisé qu'il soit à sa partie supérieure, comme dans l'*OEillet*, par exemple; qu'il est *polyphylle* lorsque, au contraire, il est formé de plusieurs pièces complétement séparées les unes des autres, comme dans la *Renoncule*. Alors chacune des parties qui le constituent reçoit le nom de *foliole* ou de *sépale*.

La *corolle*, ou enveloppe florale intérieure, est d'une contexture beaucoup plus délicate que le *calice*, et d'une nature tout à fait analogue aux filets des *étamines*. Cette analogie des filets des étamines et de la corolle explique la transformation si fréquente de ceux-ci en pétales, ce qui donne lieu à ce que l'on nomme *fleurs doubles*. La corolle offre aussi cela de remarquable qu'elle est toujours *colorée*, ce qui, en langage botanique, signifie qu'elle n'est jamais verte.

La *corolle* est dite *monopétale* lorsqu'elle est d'une seule pièce, comme dans le *Lilas*, le *Jasmin*, et *polypétale* lors-qu'elle est formée de parties distinctes, comme dans l'*OEillet*, la *Rose*, etc. Les corolles se divisent, en outre, en *régulières* et *irrégulières*, selon que leurs parties sont uni-formes ou dissemblables.

Lorsque la corolle est *polypétale*, chacune des pièces qui la composent a reçu le nom de *Pétale*. La partie supérieure, élargie et étalée, du pétale est désignée sous le nom de *lame*, tandis que la partie inférieure, qui lui sert de sup-port, est nommée *onglet*.

Dans les corolles monopétales ou polypétales, on appelle *tube* la partie inférieure et cylindrique, *limbe* la partie évasée, et *gorge* l'entrée du tube de la fleur.

Le *périgone* tient à la fois des deux enveloppes florales que nous venons d'indiquer, ou, pour mieux dire, cette espèce d'enveloppe simple ne semble être que la réunion ou la soudure intime du calice et de la corolle. Aussi la partie intérieure du périgone conserve-t-elle presque toujours l'ap-parence de la corolle, tandis que l'extérieure se rapproche davantage de l'aspect et des caractères du calice.

L'*Etamine*, ou organe mâle des plantes, est formée de quatre parties : le support de l'anthère ou *Filet ;* l'*Anthère*, petit sac contenant la poussière fécondante, et situé ordi-nairement au sommet du filet ; le *Pollen*, poussière fé-condante qui est contenue dans la cavité de l'anthère ; et enfin le *Connectif*, qui sert à lier ensemble les loges de l'anthère. La partie essentielle de l'étamine, ou l'anthère, est ordinairement à deux loges, quelquefois à une seule et rarement à quatre (*Jonc fleuri*).

Les étamines présentent un grand nombre de caractères importants à observer, tant sous le rapport de leur nombre, de leur adhérence, de leur longueur respective, etc., qu'à l'égard de leur *Insertion* ou point d'attache. On les distingue ainsi, suivant leur mode d'insertion, en *épigynes*, lors-qu'elles sont attachées sur le pistil, ex. : l'*Orchis ; péri-gynes*, lorsqu'elles sont insérées sur le calice, ex. : la *Rose ;*

et *hypogynes*, lorsqu'elles sont attachées sur le *réceptacle*, ex. : la *Renoncule*, le *Pavot*.

Le nombre des étamines est très-variable dans la série des plantes, mais il offre cependant assez de fixité dans les genres ou dans les espèces pour servir de base fondamentale aux classifications. Quand les étamines sont en nombre égal ou proportionnel aux divisions de la corolle, ce qui arrive le plus souvent, on dit qu'elles sont en nombre *déterminé* ou *défini ;* dans le cas contraire, elles sont dites en nombre *indéterminé* ou *indéfini*.

Les étamines sont quelquefois soudées entre elles. Cette adhérence s'applique aux anthères et aux filets. Dans le premier cas, c'est-à-dire lorsque les étamines sont soudées par leurs anthères, elles reçoivent la dénomination de *syngénèses ;* ex. : le *Soleil*, le *Chardon ;* dans le second, on les désigne sous le nom de *monadelphes*, *diadelphes* ou *polyadelphes*, selon qu'elles sont réunies en un, deux ou plusieurs faisceaux par la soudure de leurs filets, c'est ce qui constitue l'*Androphore*, que l'on peut observer dans les *Millepertuis*, les *Malvacées* et les *Légumineuses*.

Les étamines de la même fleur ne sont pas toujours supportées par des filets d'une longueur égale. Cette différence de longueur relative a donné lieu aux désignations suivantes :

Didynames, quand deux étamines sont sensiblement plus longues que les deux autres, comme dans les fleurs de l'*Ortie blanche* et du *Lierre terrestre ;*

Tétradynames, lorsque quatre étamines sont plus longues que les deux autres, comme dans la *Ravenelle* et la *Julienne* à fleurs simples.

Si l'on considère la longueur des étamines relativement à la corolle, on les nomme *incluses* quand elles sont plus courtes que la corolle, et *exsertes* lorsqu'elles font saillie au dehors. Nous trouvons un exemple de la première disposition dans le *Lilas*, et de la seconde dans le *Lyciet*.

L'absence complète du *filet* ou support de l'étamine constitue l'anthère *sessile* ·

On donne le nom de *Staminodes* à certains appendices ou rudiments des étamines qui avortent habituellement, comme on l'observe dans plusieurs plantes de la famille des *Antirrhinées*.

Le *Pistil*, ou organe femelle, est formé de l'*Ovaire*, situé ordinairement à sa base, et contenant les germes des graines; du *Style* ou prolongement de l'ovaire, et du *Stigmate*, corps spongieux, placé le plus souvent au sommet du style, et destiné à recevoir le *pollen* lors de la fécondation. Un seul ovaire peut être surmonté de plusieurs stigmates et de plusieurs styles. Le pistil est le plus souvent simple ; cependant il est multiple dans certaines familles, telles que les *Rosacées*, les *Renonculacées*, etc.

L'ovaire fournit des caractères fort importants. Il est dit *libre* ou *supère* lorsqu'il est situé dans la fleur et parfaitement distinct du calice ou du périgone, comme dans le *Pois*, l'*OEillet;* au contraire, il est *adhérent* ou *infère* lorsqu'il est placé au-dessous de la fleur et soudé avec le calice ou le périgone, comme dans la *Poire*, l'*Iris*, la *Nèfle*, etc

L'ovaire est *sessile* quand il est attaché immédiatement au fond de la fleur ; il est *pédicellé* ou *stipité* lorsqu'il est porté sur un support particulier. L'ovaire contient une ou plusieurs loges ; on donne le nom de *carpelle* à chacune de ces loges isolées ou réunies

Le *style* ou support du stigmate est tantôt unique, tantôt multiple, tantôt nul, et, dans ce dernier cas, le stigmate est sessile, comme dans le *Pavot*. Le *style* varie encore suivant sa durée : s'il se flétrit et tombe immédiatement après la fécondation, il est *caduc*, comme dans le *Cerisier ;* s'il survit à la fécondation, il est dit *persistant*, comme dans le *Buis;* et enfin s'il prend un développement considérable pendant la *maturation*, il est *accrescent*, comme dans la *Clématite*.

Lorsque les étamines et le pistil, c'est-à-dire les organes mâle et femelle, sont réunis dans la même enveloppe florale, les fleurs sont *hermaphrodites* ou *monoclines*, et c'est le cas le plus ordinaire. Mais, au lieu d'offrir toujours la réunion des étamines et des pistils, la fleur ne contient quelquefois qu'un seul genre d'organes reproducteurs : c'est ce que l'on désigne sous le nom de fleurs *unisexuelles* ou *diclines*. Alors, les fleurs ne portant que des étamines sont appelées *mâles*, tandis que celles qui n'ont que des pistils sont dites *femelles*.

Dans les plantes à fleurs unisexuelles, il arrive tantôt que les fleurs des deux sexes sont réunies sur le même individu ou le même pied, tantôt qu'elles sont séparées sur des individus différents. Dans le premier cas, la plante est dite *monoïque ;* dans le second, elle est *dioïque*. On conçoit dès lors que dans les végétaux dioïques l'espèce n'est représentée, ainsi que dans les animaux élevés, que par la réunion de deux individus. Enfin on trouve quelques plantes qui portent indifféremment sur le même pied des fleurs mâles, des fleurs femelles et des fleurs hermaphrodites ; elles sont *polygames.*

Lorsque l'ovaire a été fécondé, il prend le nom de *Fruit*, et c'est sans contredit cet organe qui offre les caractères les plus importants dans l'étude des familles et des genres, suivant les différentes modifications qu'il présente dans sa structure, dans sa consistance, dans le mode d'insertion de ses graines et dans son état d'adhérence ou non avec le calice ou le périgone.

Le *fruit* se compose de deux parties : le *Péricarpe* et la *Graine*.

On appelle *péricarpe* l'enveloppe générale des graines, ou, si l'on veut, tout ce qui dans le fruit n'est pas la graine. La partie du péricarpe qui donne attache aux graines se nomme *Placenta*.

Les fruits se divisent en trois classes, savoir :

Les fruits *pseudospermes;*

— charnus;

— capsulaires.

Les premiers sont *indéhiscents*, c'est-à-dire ne s'ouvrent jamais spontanément, ne contiennent qu'un petit nombre de graines, et le plus souvent même qu'une seule. Ce sont : le *Cariopse*, l'*Akène*, l'*Utricule*, la *Samare* et la *Noix*.

Les seconds, ou fruits *charnus*, comprennent la *Drupe*, la *Pomme*, la *Péponide* et la *Baie*.

Enfin, les fruits *capsulaires*, qui s'ouvrent d'eux-mêmes à la maturité, et au nombre desquels se trouvent la *Gousse*, la *Silique*, le *Follicule*, la *Coque*, la *Capsule* et la *Pyxide* ou *Boîte à savonnette*. Nous renvoyons encore, pour chacun de ces fruits, au Vocabulaire, où l'on en trouvera la description.

Les fruits multiples ou composés sont formés de la réunion de plusieurs fruits simples ci-dessus désignés.

La graine est cette partie du fruit qui, par la fécondation, devient propre à reproduire le végétal. On y distingue : le *Spermoderme* ou peau de la graine, et l'*Amande* qui s'y trouve contenue. Celle-ci consiste essentiellement dans l'*Embryon*, auquel se joint quelquefois une autre partie nommée *Périsperme*, destinée à lui servir de première nourriture lors de son développement. L'embryon présente trois appareils bien distincts : la *Radicule*, partie qui doit former la racine; la *Plumule*, qui est déstinée à devenir tige, et les *Cotylédons*, organes qui représentent les premières feuilles de la plante et servent à lui fournir un aliment tout élaboré lorsqu'ils sont charnus, ou à le lui préparer dès l'instant de sa naissance, lorsqu'ils sont foliacés.

Après avoir ainsi esquissé les principaux traits des organes que l'on rencontre chez les végétaux, nous allons essayer de décrire en peu de mots le mode d'action de ces organes et les phénomènes merveilleux qu'ils produisent dans les actes de la végétation et de la reproduction. Nous arriverons ainsi à formuler les lois qui président à la nutrition des individus et à la perpétuation de l'espèce.

La force vitale qui régit les fonctions de tous les végétaux semble avoir pour principe *l'irritabilité*. Quelques personnes mêmes ont cru pouvoir attribuer la sensibilité au règne végétal ; mais cette faculté semblant entraîner l'idée de sensation perçue, nous ne pourrons pas l'admettre tant que les faits ne seront pas démontrés, c'est-à-dire tant que le principe de l'irritabilité suffira pour expliquer tous les phénomènes observés, et c'est ce qui nous paraît résulter invinciblement d'un examen attentif.

Si nous observons le mode de *nutrition* des végétaux, nous verrons que cette fonction s'opère par l'absorption de différents éléments, joints à l'eau, qui leur sert toujours de véhicule ; aussi les végétaux ne peuvent-ils exister long-temps dans l'eau distillée. C'est au moyen des pores radicaux que la plante puise dans le sol l'humidité et les sels, ainsi que les autres substances propres à son alimentation. Cette eau chargée de principes divers prend le nom de *Séve*. Nous étudierons sa marche avec quelque détail lorsque nous nous occuperons de l'accroissement des végétaux. Nous nous bornerons à dire ici que c'est ce liquide qui, modifié par l'action atmosphérique dans les parties vertes du végétal, fournit un aliment aux divers organes et joue le plus grand rôle dans les sécrétions et dans la production des sucs propres. Les influences de la lumière et de la température modifient ces liquides presque à l'infini ; mais ces considérations ne peuvent nous occuper dans un exposé aussi abrégé.

Le peu de mots que nous venons de dire de la nutrition démontre l'importance de cette fonction pour le développement et la conservation de l'individu ; nous y reviendrons plus loin. Mais un autre ordre d'idées doit nous conduire à étudier avec non moins de soin la série des phénomènes qui concourent à perpétuer l'espèce, c'est-à-dire la *reproduction* C'est ce que nous allons faire en exposant sommairement les procédés que l'art et la nature mettent à notre disposition.

Il existe dans les végétaux deux modes de reproduction. la *Bouture* et la *Graine*. La bouture est une partie séparée artificiellement du végétal et qui, placée dans des conditions convenables, le reproduit non-seulement comme

genre et comme espèce, mais encore comme *variété ;* car
l'individu végétal résultant d'une bouture peut être considéré comme la continuation de l'être qui lui a donné naissance et dont il faisait partie intégrante avant sa séparation
violente. La graine, au contraire, est un produit, un être
nouveau, indépendant, pourvu d'organes propres à son développement et à sa nutrition. Aussi est-ce au moyen des
graines que sont obtenues toutes les variétés, tandis que ces
mêmes variétés ne peuvent être perpétuées que par bouture.

La reproduction par graines nous offre quatre époques
bien tranchées, à savoir : la *fleuraison,* la *fécondation,* la
maturation et la *germination.*

L'époque de la *fleuraison* chez les végétaux correspond
à ce que l'on nomme *puberté* chez les animaux.

La *fécondation* s'opère au moyen de la poussière des
étamines (*pollen*) répandue sur le stigmate. L'humidité de
ce dernier détermine la rupture des vésicules du pollen,
qui versent alors leur liqueur fécondante et en imprègnent
l'organe femelle. Cette propriété qu'ont les vésicules polli-
niques de se rompre au contact de l'humidité explique
pourquoi la fécondation ne peut s'effectuer que dans l'air
et est impossible dans l'eau. Ici nous devons citer à l'ap-
pui de cette théorie une plante curieuse nommée *Vallisne-
ria spiralis,* qui démontre à la fois et la loi générale et le
stratagème ingénieux que la nature emploie pour triompher
des difficultés.

La plante que nous venons de citer est monoïque, elle
habite le fond des eaux, ses organes reproducteurs s'y développent, et l'on peut bientôt remarquer que les pédoncules qui supportent les fleurs femelles affectent la forme
d'un tire-bouchon ou d'un élastique de bretelles. Lorsque
les organes sont convenablement préparés et disposés à recevoir la fécondation, le pédoncule élastique s'allonge et se
distend jusqu'à ce que les fleurs femelles viennent surgir à
a surface de l'eau. Là elles se trouvent dans les conditions

voulues pour recevoir la fécondation ; mais les fleurs mâles,
situées au fond du liquide, sont dépourvues d'un pédoncule élastique analogue à celui des fleurs femelles, et qui
leur permette de venir faire saillie hors de l'eau. Commen
y suppléer ? la nature y a pourvu : le pédoncule des fleur
mâles se détache et vient surnager, la poussière des étamines se répand sur les fleurs femelles qui l'avoisinent, et
la fécondation est opérée. Alors l'élastique se replie et la
maturation a lieu au fond de l'eau.

Pour la fécondation des végétaux dioïques, c'est-à-dire
de ceux dont les sexes sont séparés sur des individus différents, l'air est chargé le plus souvent du soin de l'opérer
en transportant, même à de grandes distances, la poussière
des étamines sur les individus femelles, qui autrement de-
meureraient stériles. Les abeilles, les bourdons et d'autres
insectes portent aussi, à leur insu, les germes de la fécondation au sein des fleurs où ils viennent butiner.

La *maturation* comprend la période qui commence après
la fécondation et finit à la maturité.

Le développement du *fruit* exigeant une nourriture très-
abondante et l'ovaire fécondé attirant conséquemment à lui
tous les sucs propres à favoriser son accroissement, la fleur
se fane et tombe, le fruit seul persiste ; alors les graines
qu'il contient acquièrent toute la perfection nécessaire pour
reproduire l'espèce, si elles se trouvent placées dans les conditions voulues pour leur *germination*.

Le phénomène de la germination s'opère par le mouvement vital imprimé à la graine. En effet, dès qu'elle est
située dans les conditions convenables, elle se gonfle en ab-
sorbant l'humidité, son enveloppe se rompt, la *radicule*
sort et se dirige vers la terre, la *plumule* s'élève, les *cotylédons* s'épanouissent, et, comme de fécondes mamelles,
prodiguent à la jeune plante une nourriture appropriée à
ses organes. Mais bientôt la plante, munie des appareils nécessaires à son existence propre, voit les cotylédons se flé-
trir et disparaître ; le nouvel être est constitué. Nous allons

maintenant passer rapidement en revue les différentes phases de son développement.

Nous examinerons d'abord le mode d'accroissement des végétaux *exogènes* ou dicotylédonés, dont les arbres de nos climats nous permettent d'étudier plus facilement la structure.

Leur organisation présente deux systèmes inverses : le corps ligneux et l'écorce.

Le premier puise dans le sol les fluides qui composent la séve ascendante : celle-ci s'élève jusqu'aux parties foliacées de la plante ; là, l'eau surabondante s'exhale par évaporation et constitue ce que l'on nomme l'émanation aqueuse des végétaux. La séve ainsi raréfiée et élaborée dans les parties vertes du végétal y subit l'influence de l'atmosphère ; l'acide carbonique contenu dans l'air atmosphérique est décomposé, et la plante s'approprie le carbone, c'est-à-dire l'élément dominant dans la constitution des végétaux. Le carbone absorbé par les feuilles se combine avec la séve au moyen de l'oxygène et lui fournit les qualités nécessaires au phénomène de la nutrition. Ce liquide ainsi modifié prend le nom de *Cambium* ou séve descendante, et, se répandant de haut en bas, entre le corps ligneux et l'écorce, se condense et donne naissance à une rangée circulaire de vaisseaux. La réunion de ces vaisseaux et du tissu cellulaire environnant compose les fibres et constitue une couche qui se trouve en dehors du corps ligneux et en augmente ainsi le diamètre. Cette opération, répétée tous les ans, forme autant de couches concentriques distinctes qui, visibles à l'œil sur la coupe transversale du tronc, peuvent servir à calculer l'âge du végétal *dicotylédoné* sur lequel on les observe. La densité des couches s'augmente chaque jour par l'addition de nouveaux éléments, jusqu'à ce qu'elles aient atteint leur oblitération complète ; alors elles ont acquis les qualités de *Bois parfait*. Tant que ce degré d'endurcissement est incomplet, ces couches portent le nom d'*Aubier*, ou *bois imparfait* Comme on l'a sans doute remarqué, d'après ce que nous avons dit plus haut, les nouvelles couches se trouvant toujours placées en dehors des couches préexistantes, il s'ensuit nécessairement que les plus centrales sont les plus anciennes, et conséquemment les plus dures. Au centre du végétal se trouve la *moelle*, contenue dans le *canal médullaire* autour duquel on observe une rangée circulaire de vaisseaux. De cette moelle centrale partent, comme autant de rayons, les *prolongements médullaires*, qui mettent ainsi en communication la moelle centrale et le tissu cellulaire de l'écorce.

Le système cortical, ou l'écorce, présente une organisation analogue à celle du corps ligneux, mais dans un ordre tout à fait inverse. En effet, l'accroissement du végétal dicotylédoné ayant lieu, comme nous l'avons vu, entre le bois et l'écorce, les nouvelles couches se forment à l'intérieur du corps cortical et repoussent vers l'extérieur celles précédemment formées ; d'où il résulte que les couches corticales les plus anciennes, se trouvant de plus en plus distendues par l'accroissement du tronc, finissent par se gercer et se rompre. On a donné le nom de *liber* aux couches corticales de formation récente, parce qu'on peut quelquefois les séparer comme les feuillets d'un livre.

Une membrane mince entoure tout le végétal et le protège contre les intempéries : c'est l'*épiderme* ou *cuticule*. Cette espèce de peau, comme l'indique le nom qu'elle a reçu, a été considérée par les uns comme une membrane distincte, et par les autres comme formée par les parois des cellules extérieures de l'enveloppe herbacée. Quoi qu'il en soit, elle présente un nombre considérable de *pores* ou *stomates* s'ouvrant sous la forme d'une fente ovale entourée d'un bourrelet. Ces sortes d'ouvertures mettent l'intérieur du végétal en communication avec l'air extérieur.

Les végétaux *endogènes* ou *monocotylédonés* offrent une organisation beaucoup plus simple que celle des *dicotylédonés ;* ou, pour nous faire mieux comprendre, si par la pensée nous réduisons un tronc dicotylédoné à son système *cortical*, nous aurons une idée assez juste de la structure d'un végétal monocotylédoné ou endogène, en remarquant seulement que les couches deviennent confuses et impossibles à distinguer les unes des autres. Mais ici, à l'inverse des végétaux exogènes ou dicotylédonés, la partie la plus centrale du tronc monocotylédoné ou endogène est la plus jeune et conséquemment la moins consistante, tandis que les fibres extérieures sont les plus âgées, les plus dures, et acquièrent seules la densité du bois parfait.

Si nous prenons pour exemple la tige des palmiers, nous verrons qu'un faisceau de feuilles né du centre du végétal pousse vers l'extérieur les parties environnantes, et est écarté lui-même de la même manière par un faisceau semblable qui lui succède, de sorte que les pétioles, endurcis et rejetés toujours à l'extérieur, constituent cette espèce de tige. Ici, comme on le voit, la vie et l'accroissement de ces végétaux s'opérant par l'effet du bourgeon central, si ce bourgeon ou *chou palmiste* est coupé, l'arbre meurt inévitablement. De ce mode différent d'accroissement il résulte encore que la forme des troncs monocotylédonés est cylindrique, tandis que celle des dicotylédonés est conique.

N'oubliant pas que nous nous adressons à des commençants, nous n'avons examiné le système d'accroissement des végétaux que dans leur tige ; mais il suffira, pour se rendre compte de l'accroissement des branches et des rameaux, d'appliquer à leur développement ce que nous avons dit de celui des tiges. L'action de la séve y produit exactement les mêmes phénomènes que nous avons étudiés dans les tiges, et amène conséquemment les mêmes résultats.

Les germes des branches rentrent dans le nombre de certains organes complexes qui jouent un rôle important dans la végétation, et que l'on a désignés sous le nom de *Bourgeons*.

On donne ce nom aux jeunes pousses recouvertes, avant

leur épanouissement, de téguments membraneux ou écailleux. Ces organes peuvent être considérés comme des germes donnant naissance à autant de branches ou de rameaux, et se trouvent toujours à l'extrémité d'un rayon médullaire qui les met en communication directe avec le centre du végétal. Il est bien entendu que nous parlons ici des végétaux dicotylédonés.

On distingue trois sortes de bourgeons, savoir :

Les bourgeons à feuilles ou à bois :

— à fleur ou à fruit, et

— mixtes.

Les premiers, comme l'indique leur nom, donnent naissance aux branches et aux feuilles ; les seconds constituent ce qu'on nomme vulgairement *boutons à fleur*, et les derniers réunissent les divers éléments ci-dessus indiqués.

On divise encore les bourgeons selon qu'ils sont formés par l'avortement de divers organes. Ainsi on nomme bourgeons *foliacés* ceux qui sont constitués par de petites feuilles avortées ; ex. : le *Bois-gentil*.

Pétiolacés, ceux dont les écailles sont formés par des pétioles élargis et avortés ; ex. : le *Noyer*.

Stipulacés, ceux dont les écailles ne sont que des stipules plus ou moins avortées ; ex. : le *Charme*.

Fulcracés, ceux dont les écailles sont formées par l'avortement de pétioles bordés de stipules, comme dans le *Prunier*.

Dans les plantes monocotylédonées, les bourgeons jouent peut-être encore un rôle plus important que dans les dicotylédonées ; car, comme nous avons eu l'occasion de le faire remarquer, cet appareil étant unique, dans les palmiers, par exemple, sa destruction entraîne nécessairement la mort du végétal qui en a été privé.

Nous devons mentionner ici les *Bulbes*, espèces de bourgeons souterrains appelés communément *ognons*, et que l'on distingue en *bulbes à tuniques*, comme dans l'*Ognon* proprement dit, et en *bulbes à écailles*, comme dans le *Lis*.

Dans les dicotylédonés, ce sont les bourgeons supérieurs de la branche qui se développent toujours les premiers.

Un seul arbre semble faire exception à cette loi générale : c'est le *Mélèze*, et cette anomalie ne fait que confirmer la règle ; car si l'on examine les faits avec quelque attention, on s'aperçoit bientôt qu'elle est évidemment due à ce que l'écorce des branches de cet arbre est complétement dépourvue de pores corticaux.

Les bourgeons pourraient être, jusqu'à un certain point, considérés comme des individus distincts, se développant sur le corps générateur et formant ainsi avec lui un être collectif susceptible de se multiplier et de se perpétuer à l'infini. Cette observation explique comment on a été amené à demander à la *Greffe* et à la *Bouture* la reproduction, ou, pour mieux dire, la continuation des espèces et des variétés

Les feuilles affectent, dans le bourgeon, des dispositions particulières, mais constantes. Nous n'entrerons dans aucun détail à cet égard, parce que, d'un côté l'espace ne nous le permettrait pas, et que, de l'autre, ces caractères ne sont point nécessaires pour distinguer les espèces

Le développement des feuilles a lieu par la base pour les monocotylédonés en général, c'est-à-dire pour les feuilles à nervures simples ; tandis que leur accroissement se fait en largeur et en longueur dans les dicotylédonés.

Les feuilles servent à élaborer les sucs des végétaux. Elles rejettent par la transpiration les éléments inutiles à la nutrition du végétal, et absorbent les parties liquides ou gazeuses nécessaires à son existence et à son accroissement. Les fonctions des feuilles sont si indispensables, sous ce double point de vue, que l'on peut poser en principe *a priori* que tout végétal dépourvu de feuilles, ou dont les tiges et les rameaux n'offrent pas des pores corticaux nombreux et capables de suppléer ainsi à l'absence des feuilles, ne peut vivre qu'à l'état de *parasite*. C'est, en effet, ce que nous observons dans la *Cuscute* et dans d'autres plantes qu sont réduites à puiser, pour leur nourriture, des sucs tout préparés par un autre végétal sur lequel elles sont fixées.

Lorsque, par des circonstances accidentelles, une plante ou un arbre vient à être privé tout à coup de ses feuilles, soit par la dévastation des insectes, soit par un froid intempestif ou par toute autre cause, le végétal meurt invinciblement, s'il ne conserve assez de vigueur pour développer aussitôt les bourgeons latents qui se trouvaient à la base des feuilles et en produire ainsi de nouvelles.

Les feuilles dont le tissu est continu ou adhérent avec celui de la tige ou des rameaux sont dites *persistantes*, c'est-à-dire qu'elles durent aussi longtemps que la tige ou les rameaux qui les portent ; les feuilles *articulées*, au contraire, tombent d'elles-mêmes après un certain laps de temps, et reçoivent conséquemment le nom de *caduques*.

Le phénomène le plus extraordinaire peut être que nous offrent les feuilles est l'irritabilité dont elles sont douées dans certaines espèces de végétaux. La *Sensitive*, que nous prendrons pour exemple, parce que les faits que nous voulons signaler y sont plus développés et par cela même plus appréciables, la Sensitive nous présente ce curieux spectacle, que le moindre attouchement détermine dans les feuilles de cette plante l'abaissement du pétiole et la contraction des folioles. Le *Sainfoin oscillant* a ceci de plus extraordinaire encore peut-être, que ses folioles sont dans un état d'oscillation presque continuel, et que ce mouvement spontané ne paraît reconnaître pour cause extérieure que la chaleur jointe à l'humidité

Cette irritabilité des feuilles de la Sensitive nous présente en outre quelque chose de vraiment digne de remarque, c'est que si l'on place une plante de cette espèce dans une voiture en mouvement, les secousses du véhicule déterminent aussitôt sur les feuilles un effet semblable à celui que produirait le toucher ; mais si le mouvement continue pennt quelque temps, le végétal semble s'accoutumer bientôt à l'impulsion, et les feuilles se redressent peu à peu pour reprendre enfin leur situation normale.

Les feuilles nous présentent encore un phénomène trop saillant pour que nous puissions le passer sous silence, c'est celui que l'on désigne sous le nom de *sommeil des feuilles*. Il consiste dans la position que prennent pendant la nuit un grand nombre de feuilles, surtout parmi celles dites *composées*. L'absence de la lumière semble jouer le plus grand rôle dans ce fait ; car, en soumettant certaines plantes à une lumière artificielle pendant la nuit, et les plongeant dans l'obscurité pendant le jour, on est parvenu à changer les heures de sommeil en veille, et *vice versa*

Dans les circonstances naturelles, c'est-à-dire lorsque les plantes sont soumises aux alternatives normales du jour et de la nuit, leur sommeil et leur réveil coïncident avec le coucher et le lever du soleil.

L'influence de la lumière sur les fleurs nous fournit des résultats analogues. Ainsi on peut forcer, par exemple, une *Belle-de-nuit* à ouvrir sa corolle le matin et à la fermer le soir, en la plaçant dans l'obscurité pendant le jour et l'éclairant d'une vive lumière pendant la nuit.

L'observation a démontré encore que certaines plantes semblent avoir besoin d'une lumière plus ou moins vive et plus ou moins prolongée pour déterminer l'épanouissement de leurs fleurs, et l'ingénieux Linné avait été conduit à constituer ce qu'il appelait l'*Horloge de Flore* au moyen d'une série de végétaux ouvrant leurs corolles à une heure déterminée. Une pensée analogue l'avait dirigé lorsqu'il entreprit de classer certaines plantes selon l'époque de l'année à laquelle elles fleurissent, et il forma ainsi ce qu'il désignait sous le nom de *Calendrier de Flore*.

Nous croyons avoir donné une idée assez nette et assez claire de la structure des végétaux et du jeu de leurs organes malgré la rapidité avec laquelle nous avons dû les exposer, pour que toute personne attentive se trouve en état d'appliquer ces connaissances, quelque superficielles qu'elles soient, à la classification des végétaux, et qu'elle puisse, par conséquent, se servir utilement de notre flore analytique. S'il en est ainsi, notre but se trouvera atteint, puisque nous aurons satisfait au désir qui nous a été souvent manifesté par un grand nombre d'élèves.

Pour compléter cette esquisse du règne végétal, nous exposerons, en nous renfermant toujours dans le strict nécessaire, les principaux systèmes qui ont été employés jusqu'à nos jours pour étudier et classer les végétaux, soit dans un ordre systématique, soit d'après une méthode naturelle.

MÉTHODE DE TOURNEFORT.

Ce botaniste, après avoir établi ses 22 classes, comme on peut le voir au tableau ci-contre, les divise en sections, qui ont pour base : 1° la forme, la consistance et la structure du fruit, sans oublier même ses usages économiques ; 2° la réunion ou la séparation des organes mâles et femelles ; 3° la forme des corolles ; 4° la disposition des feuilles.

SYSTÈME DE LINNÉ.

L'illustre Suédois a divisé les plantes en 24 classes (voir au tableau 2, p. 24). Il a pris pour première base de sa classification la présence ou l'absence des organes sexuels. Parmi les plantes munies d'organes sexuels, il forme les dix premières classes selon que la fleur offre d'une à dix étamines ; la 11ᵉ classe comprend les fleurs à douze étamines ; la 12ᵉ classe renferme les plantes dont les étamines, au nombre de vingt, sont insérées sur le calice, et la 13ᵉ classe les plantes dont les fleurs offrent plus de vingt étamines attachées sur le réceptacle. Dans ces treize premières classes, les ordres sont fondés sur le nombre des pistils, et prennent la dénomination de *Monogynie, Digynie* ou *Polygynie.*

Dans la 14ᵉ classe, il a formé 2 ordres, qu'il désigne sous les noms de *Gymnospermie* et d'*Angiospermie;* le premier

N° 1

MÉTHODE DE TOURNEFORT.

———

Herbes..	Fleurs pétalées	simples..	Corolles monopétales	régulières... { 1. Campaniformes. / 2. Infundibuliformes.
				irrégulières.. . { 3. Personnées. / 4. Labiées.
			Corolles polypétales	régulières... { 5. Crucifères. / 6. Rosacées. / 7. Ombellifères. / 8. Caryophyllées. / 9. Liliacées.
				irrégulières.. . { 10. Papilionacées. / 11. Anomales.
		composées............		{ 12. Flosculeuses. / 13. Semi-flosculeuses. / 14. Radiées.
	Fleurs sans pétales ou apétalées............			{ 15. Apétales avec étamines. / 16. — sans étamines. / 17. Sans fleurs ni fruits.
Arbres...	fleurs sans pétales..............			{ 18. Arbres apétales. / 19. — amentacés.
	fleurs pétalées.	Corolles monopétales............		20. — à fleurs monopétales.
		— polypétales....	régulières...	21. — — rosacés.
			irrégulières.. .	22. — — papilionacées.

Étamines et pistils visibles à l'œil nu.

— Fleurs toutes hermaphrodites.

  — Étamines libres

    — Étamines d'une longueur égale

      1 Étamine................................. Monandrie.... 1
      2 Étamines................................ Diandrie. ... 2
      3 Étamines................................ Triandrie. ... 3
      4 Étamines................................ Tétrandrie.... 4
      5 Étamines................................ Pentandrie... 5
      6 Étamines................................ Hexandrie.... 6
      7 Étamines................................ Heptandrie... 7
      8 Étamines................................ Octandrie.... 8
      9 Étamines................................ Ennéandrie... 9
      10 Étamines............................... Décandrie.... 10
      12 Étamines............................... Dodécandrie.. 11
      20 Étamines insérées sur le calice......... Icosandrie... 12
      Plus de 20 étamines insérées sur le réceptacle........ Polyandrie... 13

    — 2 Étam. plus courtes que les autres

      4 étamines dont 2 plus courtes. Didynamie... 14
      6 — dont 2 plus courtes. Tétradynamie. 15

  — Étamines soudées entre elles ou avec le pistil

    — Étamines soudées entre elles

      — Étamines soudées par leurs filets

        en un seul faisceau Monadelphie.. 16
        en deux faisceaux Diadelphie... 17
        en plusieurs faisceaux. Polyadelphie... 18

      Étamines soudées par leurs anthères.................... Syngénésie... 19

    Étamines soudées avec le pistil....................... Gynandrie.... 20

— Fleurs toutes unisexuelles ou mélangées de fleurs hermaphrodites

  — Fleurs toutes unisexuelles

    Fleurs mâles et fleurs femelles sur le même individu....... Monœcie..... 21
    Fleurs mâles et fleurs femelles séparées sur des individus différents........... Diœcie.. 22

  Fleurs unisexuelles mélangées de fleurs hermaphrodites Polygamie.. 23

Étamines et pistils invisibles à l'œil nu........................... Cryptogamie... 24

a pour caractère 4 semences nues au fond du calice, et le second une capsule polysperme.

La tétradynamie, ou 15ᵉ classe, se divise en *siliqueuse* et *siliculeuse*, selon que le fruit est sensiblement plus long que large, ou que sa longueur ne dépasse guère sa largeur·

Les 16ᵉ, 17ᵉ et 18ᵉ classes sont subdivisées d'après le nombre des étamines.

La 19ᵉ classe, ou *syngénésie*, a exigé de Linné plusieurs divisions, qu'il a formées ainsi : 1° *Polygamie égale :* tous les fleurons et demi-fleurons fertiles et hermaphrodites; 2° *Polygamie superflue :* tous les fleurons et demi-fleurons fertiles, mais non tous hermaphrodites; 3° *Polygamie frus- tranée :* fleurons du centre hermaphrodites et fertiles, demi- fleurons stériles; 4° *Polygamie nécessaire :* fleurons du centre stériles, ceux de la circonférence fertiles; 5° *Poly- gamie séparée :* chaque fleuron ayant son calice particulier; 6° *Monogamie :* ce dernier ordre ne comprend plus, comme les cinq premiers, des fleurs *composées*, mais seulement celles qui, quoique ne faisant pas partie des *composées* pro- prement dites, offrent cependant des étamines soudées par leurs anthères.

Les 20ᵉ, 21ᵉ et 22ᵉ classes forment leurs ordres d'après le nombre des étamines et des pistils.

La polygamie ou 23ᵉ classe se subdivise en *Monœcie*, quand la même plante porte des fleurs hermaphrodites et des fleurs unisexuelles; *Diœcie*, lorsque les fleurs herma- phrodites et unisexuelles sont sur des pieds différents; *Triœ- cie*, quand les fleurs mâles, les fleurs femelles et les fleurs hermaphrodites sont séparées sur des individus distincts.

Enfin la 24ᵉ classe donne lieu à quatre subdivisions, qui constituent les *Fougères*, les *Mousses*, les *Champignons* et les *Algues*.

MÉTHODE DE JUSSIEU.

Cette dernière méthode (voir le tableau n° 3), qui immor- talisera son auteur. réunit les végétaux en groupes naturels

N° 3

MÉTHODE DE JUSSIEU

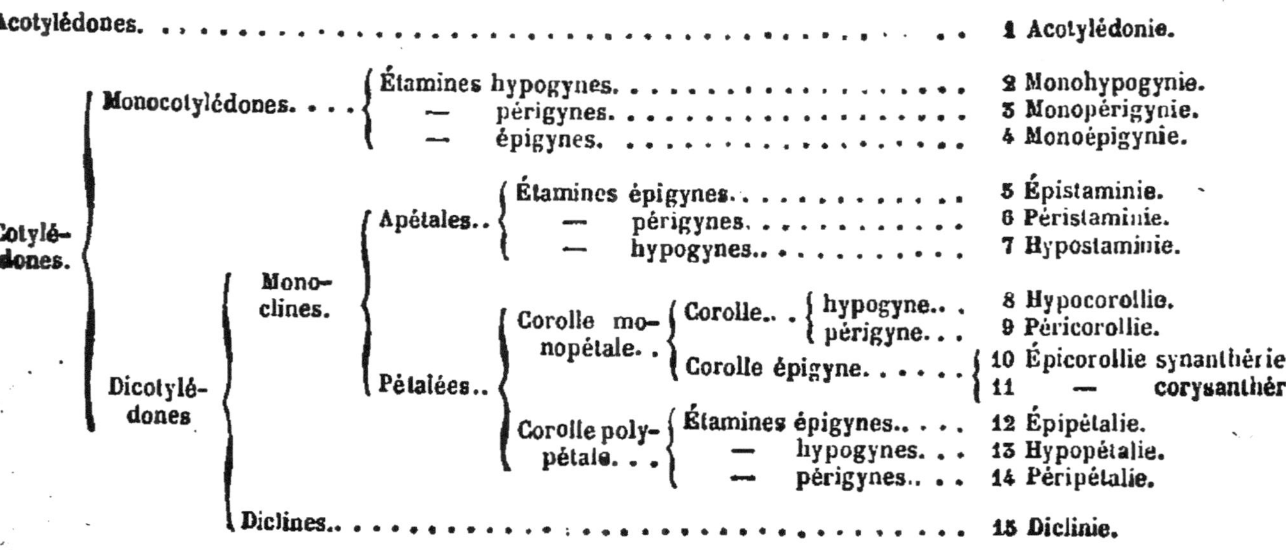

et en forme autant de familles qui offrent un ensemble de caractères communs ; mais l'on ne peut se dissimuler qu'elle présente dans son application de très-grandes difficultés pour les commençants. Aussi avons-nous eu recours à la méthode analytique de Lamarck, qui seule nous a paru réunir les avantages des autres systèmes artificiels, sans en offrir les inconvénients.

Par ce moyen les élèves pourront jouir à la fois et de la grande facilité que leur offre le mode analytique et de l'avantage incontestable que présente la méthode naturelle ; car on trouvera dans la seconde partie de cet ouvrage les genres et les espèces de notre flore groupés dans un ordre méthodique d'après la classification adoptée par M. de Candolle.

———

Il nous reste maintenant à exposer la marche que l'élève aura à suivre pour les recherches qu'il voudra faire dans cet ouvrage.

Lorsqu'on désirera connaître le nom d'une plante, il faudra d'abord qu'elle soit en fleur, puisque toute classification botanique est fondée sur cette partie du végétal. Pour y parvenir, alors, on lira attentivement les phrases caractéristiques contenues dans les accolades, en commençant par le numéro 1 de l'analyse des genres ou première partie de l'ouvrage. On se rendra ensuite au numéro indiqué à la fin de la phrase que l'on adoptera, et qui devra par conséquent être l'expression des caractères de la plante que l'on aura sous les yeux. On suivra la même marche jusqu'à ce que l'on trouve le nom générique qui renvoie à la description du genre dans la seconde partie de l'ouvrage, intitulée : *Analyse des espèces*. Là il faudra vérifier les caractères de la plante pour s'assurer si l'on ne s'est pas trompé, et l'analyse qui suivra le genre mènera au nom de l'espèce de la même manière que l'on était arrivé à celui du genre.

Le nom spécifique qui est en CAPITALES est celui que nous adoptons. Quand il est le même que celui de la *Flore française* de MM. de Lamarck et de Candolle, ce qui a presque toujours lieu, il n'est suivi d'aucun nom d'auteur; dans le cas où nous adoptons un autre nom que celui de la *Flore française*, nous indiquons toujours l'auteur qui nous le fournit. Il en est de même pour les noms génériques.

Nous n'avons donné qu'un petit nombre de synonymes, et seulement ceux qui nous ont paru nécessaires pour établir la concordance avec les auteurs les plus répandus.

Si l'on savait d'avance à quelle famille appartient la plante que l'on veut déterminer, on abrégerait beaucoup les recherches en consultant le *Tableau des familles naturelles*, qui indique le numéro de renvoi correspondant à chacune d'elles dans l'analyse des genres. Dans le cas où le *genre* lui-même serait bien connu, il suffirait d'en chercher le nom à la table qui est à la fin de la seconde **partie**, et qui renverrait à l'analyse des espèces.

Deux mots maintenant sur la manière d'herboriser.

Il ne suffit pas, pour cela, de récolter une plus ou moins grande quantité de plantes et de les entasser dans du papier. Il faut, si l'on veut arriver à quelque résultat utile pour son instruction, procéder avec ordre et avec intelligence, c'est-à-dire examiner avec soin chacune des plantes que l'on recueille et les analyser en détail.

Lorsque l'on trouve une espèce que l'on désire conserver, on doit choisir, autant que faire se peut, un échantillon qui porte à la fois des fleurs et des fruits; on l'arrache avec précaution et on le met dans une boîte de fer-blanc. Si la plante est dioïque, il faut recueillir au moins deux échantillons, l'un mâle, l'autre femelle, pour avoir l'espèce complète. Si la plante est hermaphrodite, on doit aussi prendre souvent quelques échantillons de différents âges, car on voit assez fréquemment l'aspect du végétal se modifier profondément pendant la durée de son existence. Il ne faut pas oublier non plus que pour certains végétaux la maturation est fort longue, et qu'il faut conséquemment revenir plus tard sur les lieux où l'on a récolté une espèce en fleur pour la trouver à l'état de fructification parfaite.

Quand on est rentré de son excursion, on se livre à l'étude de chacune des espèces composant la récolte opérée, qui ne doit pas être trop abondante, afin que l'on soit à même de tout examiner jusque dans les moindres détails. Alors on cherche à reconnaître, en suivant le mode que nous avons indiqué plus haut, la *famille*, le *genre* et enfin l'*espèce* du végétal soumis à l'investigation. Lorsqu'on y est parvenu, on inscrit sur une étiquette, que l'on joint à la plante, le nom du genre, suivi de l'épithète spécifique, et l'on ajoute l'époque de la récolte et l'indication du lieu où l'échantillon a été trouvé.

Pour conserver la plante il faut la dessécher. A cet effet, on la met dans une feuille de papier non collé et on l'y étend de manière que toutes les parties en soient faciles à bien distinguer; mais, autant que possible, en conservant toujours le port naturel de l'espèce. Alors on referme la feuille avec précaution et on la recouvre de plusieurs feuilles de papier vides que, pour plus de commodité dans la suite, on place en sens inverse de celle contenant la plante; c'est-à-dire que la première s'ouvrant à droite, les dernières doivent s'ouvrir à gauche, ou *vice versa*. On continue à empiler les lits de feuilles pleines et de feuilles vides, en suivant le mode indiqué plus haut.

Lorsque le faisceau ainsi formé paraît suffisant, on le couvre d'un fort carton ou d'une planche d'une dimension qui soit en harmonie avec le format du papier employé, et l'on surcharge le tout d'un poids qui détermine une pression suffisante, mais qui soit cependant calculé de telle sorte qu'il ne puisse amener l'écrasement des plantes mises en presse.

Les choses restent dans cet état pendant vingt-quatre heures. Après cet espace de temps, vous changez les feuillets vides intercalés entre les feuilles pleines, en procédant de la manière suivante. Vous prenez les feuillets vides qui sont au-dessus du paquet et les mettez à l'écart pour les faire sécher ; vous placez sur la table où vous opérez quelques feuilles de papier bien sec ; puis prenant avec précaution la feuille contenant les plantes. vous la mettez sur le papier sec, en observant toujours, comme nous l'avons dit d'abord, qu'elle se trouve en sens inverse du papier de desséchement, et vous continuez ainsi l'opération jusqu'à la fin du paquet. De cette manière, les feuilles pleines se trouvent séparées les unes des autres par du papier sec, et vous les soumettez à une nouvelle pression.

On doit répéter ce mode d'opérer jusqu'à ce que l'on trouve les feuilles intermédiaires complétement dépourvues d'humidité ; alors la dessiccation est opérée et les plantes peuvent être mises en herbier, soit en paquets liés avec des cordes, ou mieux avec des sangles, soit dans des boîtes ou des cartons. Il n'est pas besoin d'ajouter que la collection doit être nécessairement placée dans un lieu à l'abri de toute humidité.

Après avoir indiqué ainsi le moyen le plus simple de dessécher les plantes que l'on veut conserver, nous croyons devoir terminer cette petite instruction en donnant quelques conseils aux élèves qui débutent dans la carrière.

Ils ne doivent pas recueillir et étudier indifféremment toutes les plantes qui tombent sous leur main. Loin de là, ils doivent se renfermer d'abord dans un certain nombre de familles naturelles d'une étude facile, telles que celles que nous désignerons par un astérisque dans le tableau qui suit ces notions élémentaires. Lorsqu'ils se seront ainsi familiarisés avec les principales familles et les genres les plus saillants de chacune d'elles, ils pourront aborder l'étude des genres les plus diffficiles et enfin des espèces ; puis, quand ils auront acquis ces connaissances fondamentales, ils seront à même d'étudier avec plus de fruit et de facilité l'ensemble du règne végétal, qui doit être le but auquel tendent nécessairement leurs efforts.

TABLEAU
DES FAMILLES NATURELLES

AVEC LEUR NUMÉRO DE RENVOI

DANS L'ANALYSE DES GENRES

OU

PREMIÈRE PARTIE DE L'OUVRAGE, POUR FACILITER
LES RECHERCHES.

—

N. B. Pour les familles qui ne renferment qu'un genre, nous indiquons le nom de ce genre avec son numéro de renvoi dans la seconde partie.

ABRÉVIATIONS

Aigr.	*pour* Aigrette.	Off.	*pour* Officinal.
Anth.	Anthère.	Omb.	Ombelle.
Axill.	Axillaire.	Ord.	Ordinairement.
Bract.	Bractée.	Ov.	Ovaire.
C.	Centimètre.	Panic.	Panicule.
Cal.	Calice.	Péd.	Pédoncule.
Caps.	Capsule.	Pédic.	Pédicelle.
Caulin.	Caulinaire.	Périg.	Périgone.
Circ.	Circulaire.	Pét.	Pétale.
Coller.	Collerette.	Prof.	Profond.
Cordif.	Cordiforme.	Rac.	Racine.
Cor.	Corolle.	Radic.	Radical.
Cult.	Cultivée (1).	R.	Rare.
Digit.	Digitation.	Récept.	Réceptacle.
Div.	Divisions.	Silic.	Silicule.
Epill.	Epillet.	Siliq.	Silique.
Etam.	Etamine.	Solit.	Solitaire.
Etend.	Etendard.	Sous-arbr.	Sous-arbrisseau.
Extér.	Extérieur.	Stigm.	Stigmate.
Fébrif.	Fébrifuge.	Stip.	Stipule.
Fem.	Femelle.	Supér.	Supérieur.
Feuil.	Feuilles.	Transv.	Transversal.
Fl.	Fleurs.	Tub.	Tubercule.
Fol.	Foliole.	Tuberc.	Tuberculeux.
Flor.	Floral, floraux.	V.	Voyez.
Fr.	Fruit.	Vertic.	Verticille.
Globul.	Globuleux.	Verticil.	Verticillé.
Gr.	Graine.	Vuln.	Vulnéraire.
Hermaphr.	Hermaphrodite.	1—	Uni *ou* mono.
Infér.	Inférieur *ou* in- férieurement.	2— 3—	Bi *ou* di. Tri.
Intér.	Intérieur.	4—	Quadri *ou* tétra.
Inv.	Involucre.	5—	Quinqué *ou* penta
Irrégul.	Irrégulier.	6—	Sex *ou* hexa.
M.	Mètre.	7—	Septem *ou* hepta
Mill.	Millimètre.	8—	Octo.
Monosp.	Monosperme.	1—5	Un à cinq.

1—2-sperme ; *pour* Monosperme *ou* disperme.
1—2-loculaire · Uniloculaire *ou* biloculaire.

(1) Lorsque ce mot n'est suivi d'aucune indication, il signifie que
plante n'est cultivée que pour l'agrément.

NOMS DES AUTEURS

All. *pour* . . . . . . Allioni.
Br. . . . . Robert Brown.
DC . . . . De Candolle.
Desf. *ou* Desfont. Desfontaines.
Desv . . . . Desvaux.
F. f. *ou* fl. fr. . . . *Flore française*, par MM. de Lamarck et de Candolle.
Gmel. . . . . Gmelin.
Gœrtn. . . . . . . Gœrtner.
Hoffm . . . . Hoffmann, *Plantarum umbelliferarum Genera.* Ed. nova.
Jacq . . . . Jacquin.
Juss. . . . . Jussieu.
K. . . . . Kock.
Lam . . . . Lamarck.
La Peyr. . . . . . La Peyrouse.
L. . . . . Linné.
L f. . . . . Linné fils.
Lois . . . . Loiseleur-Deslongchamps.
M. . . . . Mérat, *Flore des environs de Paris.*
Pers. . . . . Persoon.
Prod. . . . . *Prodromus systematis regni vegetabilis, auctore De Candolle.*
Rich . . . . Richard.
Sm . . . . Smith.
Spreng. . . . . . . Sprengel.
St-H. . . . . Auguste de Saint-Hilaire.
T. . . . . Thuillier, *Flore des environs de Paris,* deuxième édition.
Vill. . . . . Villars.
W. . . . . Willdenow.

N. B. Dans la seconde partie, les noms génériques français sont en caractère *italique*, et les noms d'auteurs en romain.

TABLEAU ANALYTIQUE

DE LA

FLORE PARISIENNE

PREMIÈRE PARTIE

—

ANALYSE DES GENRES.

<table>
<tr><td>1</td><td>Plantes phanérogames, c'est-à-dire dans lesquelles on distingue à l'œil nu des étamines et des pistils. 2
Plantes cryptogames, c'est-à-dire où l'on ne peut distinguer à l'œil nu ni étamines, ni pistils.. . 679</td></tr>
<tr><td>2</td><td>Fleurs réunies dans un involucre commun.. . 3
Fleurs non réunies dans un involucre commun. 4</td></tr>
<tr><td>3</td><td>Anthères soudées entre elles. 616
Anthères libres. . . . . 4</td></tr>
<tr><td>4</td><td>Fleurs hermaphrodites, c'est-à-dire munies d'étamines et de pistils. 5
Fleurs unisexuelles, c'est-à-dire n'ayant que des étamines ou des pistils. . . . . 536</td></tr>
<tr><td>5</td><td>Fleurs complètes, c'est-à-dire composées d'un calice et d'une corolle. 6
Fleurs incomplètes, c'est-à-dire dépourvues de calice ou de corolle, ou de l'un et de l'autre à la fois. . . . . 402</td></tr>
</table>

6 { Corolle monopétale, c'est-à-dire d'une seule
    pièce. 7
  Corolle polypétale, c'est-à-dire de plusieurs pièces
    distinctes. 149

MONOPÉTALES.

7 { Étamines attachées sur la corolle; ovaire libre ou
    supère. 8
  Étamines attachées sur le calice; ovaire adhérent
    ou infère. 127

8 { Cinq étamines ou moins. 9
  Six étamines ou plus. 117

9 { Corolle régulière. 10
  Corolle irrégulière, ou munie d'éperons. . . . 62

10 { Cinq étamines. 11
   Moins de cinq étamines. 46

11 { Etamines alternes avec les lobes de la corolle. 12
   Etamines opposées aux lobes de la corolle. . . 14

12 { Feuilles nulles, radicales ou alternes sur la tige. 13
   Feuilles opposées ou verticillées. 40

13 { Un seul ovaire simple. 20
   Deux ou quatre ovaires, du centre desquels s'élève
     le style. 30

14 **PRIMULACÉES**. { Feuilles entières, dentées ou si-
     nuées. 15
   Feuilles pinnatifides. . . . . . .
     . . . . Hottonia (361).

15 { Feuilles radicales ou alternes. 16
   Feuilles opposées ou verticillées. 18

16 { Hampe nue; feuilles radicales. 17
   Tige feuillée. . . . . Samolus (364).

17 { Entrée du tube de la corolle munie de glandes...
.... Androsace (362).
Entrée du tube de la corolle dépourvue de glandes............. Primula (363).

18 { Cinq étamines................ 19
Quatre étamines....... Centunculus (358).

19 { Capsules à cinq valves; fleurs jaunes.......
.... Lysimachia (560).
Capsule s'ouvrant en boîte à savonnette; fleurs jamais jaunes......... Anagallis (359).

20 { Plante munie de feuilles............ 21
Plante dépourvue de feuilles et toujours parasite............. Cuscuta (296).

21 { Limbe de la corolle cilié sur les bords ou hérissé en dessus............. 43
Limbe de la corolle ni velu, ni cilié..... 22

22 **SOLANÉES.** { Corolle en roue........ 23
Corolle en entonnoir, en tube ou en cloche........... 25

23 { Anthères s'ouvrant longitudinalement..... 24
Anthères s'ouvrant au sommet par deux pores...
.... Solanum (309).

24 { Calice prenant un accroissement considérable après la floraison........ Physalis (310).
Calice ne se renflant point après la floraison; corolle un peu irrégulière; capsule à deux valves............ Verbascum (315).

25 { Corolle régulière............. 26
Corolle à lobes inégaux et coupés obliquement...
.... Hyosciamus (314).

26 { Corolle en forme de tube ou d'entonnoir allongé............. 27
Corolle campanulée............ 29

27 { Plantes herbacées; étamines glabres....... 28
Arbrisseaux; étamines un peu velues à la base...
.... Lycium (308).

(a) La lèvre supérieure est si courte qu'elle paraît nulle.

115 { Etamines déjetées sur les bords de la corolle après la fécondation. . . . . STACHYS (344).
Etamines non déjetées ; ovaires surmontés de poils . . . . LEONURUS (347).

116 { Feuilles entières ou dentées.. . . . . 116*
Feuilles découpées ; fleurs en épis longs et fili- formes.. . . . . VERBENA (355).

116* { Corolle à 5 lobes presque égaux. . SATUREIA (354).
Corolle à 4 lobes, dont le supérieur entier ou échan- cré. . . . . MENTHA (338).

117 { Un seul ovaire. 118
Plusieurs ovaires.. 125

118 { Corolle régulière.. 119
Corolle irrégulière 66

119 { Tige ligneuse. 120
Tige herbacée.. 124

120 { Un stigmate simple.. 121
Quatre stigmates ; fleur verdâtre ; feuilles verticil- lées. . . . . PARIS (432).

121 { Huit étamines. 122
Dix étamines ; calice à cinq dents ; fruit charnu et infère.. . . . . VACCINIUM (277).

122 { Calice simple. 123
Calice double. . . . . CALLUNA (279).

123 { Fruit sec ; calice profondément divisé, non adhérent à l'ovaire.. . . . . ERICA (278).
Fruit charnu ; calice entier ou à 4 dents, adhérent à l'ovaire. . . . . VACCINIUM (277).

124 { Feuilles opposées. 41
Feuilles alternes. . . . . PYROLA (280).

125 { Six étamines ou moins. 126
Dix étamines ou plus. 127

POLYPÉTALES.

163 { Calice à 4 divisions entières. . . . . . ELATINE (61).
      { Calice à 3-4 divisions bif. ou multifides. RADIOLA (67).

164 **CRUCIFÈRES.** { Fruit 4 fois au moins plus long
                         que large.. 165
                    { Fruit dont la longueur excède
                         peu la largeur.. 181

165 { Calice à folioles demi-ouvertes ou étalées. . . 166
      { Calice exactement fermé, à folioles droites. . . 169

166 { Quatre glandes sur le disque de la fleur; silique
           souvent terminée en corne. 167
      { Point de glandes sur le disque de la fleur; silique
           jamais terminée en corne. 168

167 { Calice très-ouvert; feuilles non embrassantes.. . .
           . . . . SINAPIS (42).
      { Calice fermé ou peu ouvert; feuilles embrassantes.
           . . . . BRASSICA (41).

168 { Pétales à long onglet; valves de la silique se rou-
           lant en dehors avec élasticité; fleurs jamais jau-
           nes. . . . . CARDAMINE (25).
      { Pétales à onglet court; valves de la silique non
           élastiques; fleurs le plus souvent jaunes.. . . .
           . . . . SISYMBRIUM (36).

169 { Silique cylindrique ou comprimée. 170
      { Silique tétragone.. . . . . ERYSIMUM (37).

170 { Silique dont les valves se roulent en dehors lors de
           la maturité. 171
      { Silique indéhiscente, ou dont les valves s'ouvrent
           sans se rouler.. 172

171 { Stigmate entier. . . . . CARDAMINE (25).
      { Stigmate échancré; feuilles portant des bulbes à leur
           base. . . . . DENTARIA (26).

172 { Silique bosselée, à étranglements et comme articu-
           lée. . . . . RAPHANUS (43).
      { Silique ni bosselée, ni articulée. 173

173 { Graines entourées d'un rebord membraneux. . . . .
           . . . . CHEIRANTHUS (23).
      { Graines non bordées de membranes.. 174

212 { Tiges tendres, couchées ; calice à deux divisions. . . . . PORTULACA (147).
Tige ferme, dressée ; calice à quatre ou cinq divisions . . . . RUTA (80).

213 { Calice tubuleux à 5 ou 6 dents ; fleurs rouges ou violettes. . . . . LYTHRUM (145).
Calice ouvert à 5 lobes. . . . . . . PYROLA (280).

214 { Tige herbacée ou à peine ligneuse. 215
Arbre. . . . . ACER (73).

215 { Feuilles alternes ou radicales. 216
Feuilles opposées, verticillées ou réunies en faisceau. 219

216 { Quatre à cinq styles. 217
Deux styles seulement. . . . . . SAXIFRAGA (160).

217 { Feuilles simples, entières, découpées ou pinnatifides. 218
Feuilles à trois folioles. . . . . OXALIS (79).

218 { Feuilles découpées, munies de stipules à leur base. 219
Feuilles entières et sans stipules ; 1 ou 2 graines dans chaque loge. . . . . LINUM (66).

219 { Feuilles découpées ; fruit à loges monospermes. 220
Feuilles entières ; fruit à loges polyspermes. . 221

220 { Cinq étamines fertiles. . . . . ERODIUM (77).
Dix étamines fertiles . . . . GERANIUM (76).

221 **CARYOPHYLLÉES.** { Calice divisé jusqu'à sa base en cinq parties. . . 222
Calice dont les divisions n'atteignent pas ou dépassent peu le milieu. 233

222 { Dix étamines. 223
Moins de dix étamines. 226

223 { Deux styles. . . . . GYPSOPHILA (53).
Trois styles. 224
Cinq styles. 225

224 $\begin{cases}\end{cases}$ Pétales entiers ou peu échancrés ; calice à cinq folioles. . . . . ARENARIA (64).
Pétales profondément divisés en deux lobes ; calice à cinq divisions. . . . . STELLARIA (63).

225 $\begin{cases}\end{cases}$ Pétales entiers.. . . . . SPERGULA (62).
Pétales profondément divisés en deux lobes. . . .
. . . . CERASTIUM (65).

226 $\begin{cases}\end{cases}$ Deux styles ou deux stigmates.. 227
Trois styles. 229
Quatre styles. 230
Cinq styles. 232

227 $\begin{cases}\end{cases}$ Cinq étamines ; calice à cinq parties. 228
Quatre étamines ; calice à quatre parties. SAGINA (60).

228 $\begin{cases}\end{cases}$ Fleurs agglomérées, verdâtres ; deux styles courts.
. . . . HERNIARIA (150).
Fleurs verticillées, blanchâtres ; un seul style bifide.
. . . . PARONYCHIA (151).

229 $\begin{cases}\end{cases}$ Feuilles toutes opposées; pétales bifides. ALSINE (59).
Feuilles verticillées dans le haut de la tige ; pétales échancrés. . . . . POLYCARPON (152).

230 $\begin{cases}\end{cases}$ Quatre étamines fertiles.. 234
Huit étamines fertiles. . . . . ELATINE (61).

231 $\begin{cases}\end{cases}$ Calice à quatre divisions entières ; capsule à quatre valves. . . . . SAGINA (60).
Calice à quatre divisions découpées ; capsule à huit valves. . . . . RADIOLA (67).

232 $\begin{cases}\end{cases}$ Filets des étamines libres à la base. 233
Filets des étamines soudés à la base ; capsule à dix valves.. . . . . LINUM (66).

233 $\begin{cases}\end{cases}$ Dix étamines 234
Moins de dix étamines. . . . . . . LYTHRUM (145).

234 $\begin{cases}\end{cases}$ Deux styles.. 235
Trois styles.. 237
Cinq styles.. . . . . LYCHNIS (58).

235 { Calice tubuleux à 5 dents. 236
Calice campanulé à 5 divisions membraneuses sur les bords. . . . . GYPSOPHILA (53).

236 { Calice muni de deux ou quatre écailles à sa base. . . . . DIANTHUS (54).
Calice nu.. . . . . SAPONARIA (55).

237 { Gorge de la corolle nue. . . . . . . CUCUBALUS (57).
Gorge de la corolle garnie d'une collerette péta-loïde. . . . . SILENE (56).

238 { Feuilles opposées. . . . . PEPLIS (146).
Feuilles alternes ou en faisceaux. 239

239 { Arbrisseau épineux, à feuilles fasciculées. . . . . BERBERIS (16).
Herbes à feuilles alternes. . . . . LYTHRUM (145).

240 { Calice à deux folioles ou à deux lobes profonds. 241
Calice à plus de deux lobes. 243

241 { Quatre pétales; calice caduc.. 242
Cinq pétales; calice persistant. -. PORTULACA (147).

242 { Fleurs jaunes; un à trois stigmates; capsule très-allongée. . . . . CHELIDONIUM (19).
Fleurs rouges ou rougeâtres; cinq à dix stigmates rayonnants; capsule ovoïde à cloisons incom-plètes. . . . . PAPAVER (18).

243 { Pétales attachés sur le calice. 244
Pétales non attachés sur le calice. 246

244 { Ovaire sessile; style simple. 245
Ovaire pédicellé; trois stigmates; plante lactes-cente. . . . . EUPHORBIA (384).

245 { Calice à cinq divisions profondes. 259
Calice à 10 ou 12 dents.. . . . . . LYTHRUM (145).

246 { Feuilles alternes ou radicales.. 247
Feuilles opposées ou verticillées. 249

247 { Herbes.. 248
Arbre. . . . . TILIA (70).

248 { Quatre pétales au plus; plante de montagne, à feuilles ailées. . . . . ACTÆA (15).
Dix pétales au moins; plante aquatique, à feuilles simples. . . . . NYMPHÆA (17).

249 { Étamines distinctes à leur base. 250
Étamines soudées à leur base. 251

250 { Arbre s'élevant à quatre ou cinq mètres au moins. . . . . ACER (73).
Plante herbacée ou à peine ligneuse, haute de 30 à 60 centimètres au plus.. . . . HELIANTHEMUM (46).

251 { Baie à une loge. . . . . ANDROSÆMUM (71).
Capsule à trois loges.. . . . . HYPERICUM (72).

252 { Filets des étamines soudés.. 253
Filets des étamines tout à fait libres. 258

253 { Cinq stigmates.. 254
Un stigmate.. 255

254 { Dix étamines fertiles . . . . GERANIUM (76).
Cinq étamines fertiles. . . . . ERODIUM (77).

255 { Huit étamines ou moins. 256
Dix étamines. 263

256 { Corolle munie d'un éperon à la base; six étamines au plus.. 257
Corolle sans éperon; filaments des étamines soudés; 8 anthères. . . . . POLYGALA (50).

257 { Capsule sphérique, indéhiscente, à une seule graine. . . . . FUMARIA (22).
Capsule siliquiforme, à deux valves, à plusieurs graines. . . . . CORYDALIS (21).

258 { Corolle munie d'un éperon à la base. 259
Corolle sans éperon. 260

259 { Calice à 2 folioles. . . . . IMPATIENS (78).
Calice à 5 folioles.. . . . . VIOLA (47).

260 { Cinq étamines ou moins. 261
Six étamines ou plus.. 262

283 { Stigmate velu ; divisions du calice foliacées, les 2 supérieures plus courtes. . . . . Pisum (107).
Stigmate glabre ; divisions du calice égales, non foliacées. . . . . Ervum (106).

284 { Feuilles à 3 folioles. 285
Feuilles pinnées. 286

285 { Calice tubuleux ; carène à peu près aussi grande
que les ailes. . . . . Lotus (93).
Calice campanulé ; carène très-petite, de sorte que la
corolle semble réduite à trois pétales ; pédoncules
très-courts. . . . . Trigonella (90).

286 { Style formant un angle presque droit avec l'ovaire.
. . . . Vicia (105).
Style suivant la direction de l'ovaire. 287

287 { Divisions du calice foliacées. . . . . Pisum (107).
Divisions du calice non foliacées. 288

288 { Style aplati, dilaté au sommet ; pétioles terminés en
vrille. . . . . Lathyrus (108).
Style grêle, linéaire, non dilaté ; pas de vrille, mais
un filet. . . . . Orobus (109).

289 { Arbrisseaux. 290
Herbes. 291

290 { Gousse comprimée. . . . . Robinia (96).
Gousse renflée, vésiculeuse. . . . . Colutea (97).

291 { Feuilles à 3 folioles. . . . . . . Melilotus (91).
Feuilles pinnées, bi-multi-juguées. 292

292 { Gousse uniloculaire. 293
Gousse biloculaire. . . . . Astragalus (98).

293 { Style glabre. . . . . Galega (95).
Style velu en dessus. . . . . Vicia (105).

294 { Feuilles munies de stipules, au moins dans leur jeunesse. 314
Feuilles toujours dépourvues de stipules. . . . 295

4

<table>
<tr><td>295</td><td>{</td><td>Feuilles charnues ; une glande à la base de chaque ovaire. 296
Feuilles peu ou non charnues ; point de glandes à la base des ovaires. . . . . 298</td></tr>
<tr><td>296</td><td>{</td><td>Trois étamines. . . . . TILLÆA (154).
Quatre étamines. . . . . BULLIARDA (155).
Cinq étamines. . . . . CRASSULA (157).
Plus de cinq étamines. . . . . 297</td></tr>
<tr><td>297</td><td>{</td><td>Cinq pétales ; cinq ovaires.. . . . . . SEDUM (156).
Douze pétales ; douze ovaires. . SEMPERVIVUM (158).</td></tr>
<tr><td>298</td><td>{</td><td>Feuilles alternes, radicales ou opposées ; étamines en nombre indéterminé. 299
Feuilles verticillées ; quatre, six ou huit étamines. . . . . MYRIOPHYLLUM (141).</td></tr>
<tr><td>299</td><td>RENONCULACÉES (a).</td><td>{ Un style ; fruit charnu. . . . . ACTÆA (15).
Plusieurs styles ; fruit non charnu. . . 300</td></tr>
<tr><td>300</td><td>{</td><td>Feuilles alternes ou radicales.. 301
Feuilles opposées. . . . . CLEMATIS (1)</td></tr>
<tr><td>301</td><td>{</td><td>Fleur très-irrégulière & souvent prolongée en éperon à la base. 302
Fleur régulière ou peu irrégulière, et jamais prolongée en éperon.. . . . . 303</td></tr>
<tr><td>302</td><td>{</td><td>Fleur prolongée en éperon à sa base. 302*
Fleur sans éperon, mais contournée en forme de casque.. . . . . ACONITUM (14*).</td></tr>
<tr><td>302*</td><td>{</td><td>Un seul éperon. . . . . DELPHINIUM (13).
Cinq éperons. . . . . AQUILEGIA (12).</td></tr>
</table>

(a) Dans l'analyse des *Renonculacées*, nous appliquerons les désignations de *calice* et de *corolle*, comme l'ont fait Linné et les anciens botanistes, dont l'opinion, fondée sur les apparences extérieures, paraîtra par cela même plus naturelle aux commençants. Mais, dans la seconde partie, nous admettrons, en traçant les caractères de cette famille et des genres qui y rentrent, les dénominations plus philosophiques des botanistes modernes.

315 MALVACÉES. { Calice extérieur à trois folioles. . . . . MALVA (68). Calice extérieur à 6-9 divisions. . . . . ALTHÆA (69).

316 { Dix étamines ou moins. . . . . 317 / Onze étamines ou plus. 376

317 { Deux étamines. . . . . CIRCÆA (139). / Plus de deux étamines. 318

318 { Calice à 4-5 divisions. . . . . 319 / Calice à 2 divisions ; feuilles charnues. . . . . PORTULACA (147).

319 { Dix étamines. . . . . SAXIFRAGA (160). / Moins de dix étamines. 320

320 { Huit étamines. . . . . 321 / Cinq étamines. . . . . 322 / Quatre étamines. 324

321 { Graines nues ; fleurs jaunes. . . ŒNOTHERA (137). / Graines couronnées de poils ; fleurs rouges ou roses. . . . . EPILOBIUM (136).

322 { Arbrisseaux à fruit charnu. . . . . 323 / Herbes ou sous-arbrisseaux à fruit non charnu. 325

323 { Feuilles luisantes, toujours vertes ; un stigmate. . . . . HEDERA (206). / Feuilles caduques ; 2 stigmates. . . . RIBES (159).

324 { Tige ligneuse. . . . . CORNUS (207). / Tige herbacée et flottante. . . . . . . TRAPA (140).

325 OMBELLIFÈRES (a). { Akènes plans sur leur face commissurale. . . 334 Akènes recourbés sur leur face commissurale. 326

(a) Pour les termes spéciaux employés dans l'analyse des Ombellifères, n° 325 à 375, consultez ci-après, dans la seconde partie, les caractères de cette famille et de ses trois sous-ordres.

4.

587 { Pédicelles plus longs que le diamètre de la fleur ; noyau lisse, arrondi. . . . . . . CERASUS (115).
Pédicelles plus courts que le diamètre de la fleur ; noyau oblong, pointu, rugueux. . PRUNUS (114).

388 { Fruit très-pulpeux, arrondi. 389
Fruit très-comprimé, non pulpeux ; péricarpe coriace. . . . . AMYGDALUS (111).

389 { Noyau sillonné de crevasses profondes et anastomosées. . . . . PERSICA (112).
Noyau non crevassé, mais présentant deux crêtes saillantes. . . . . ARMENIACA (113).

390 { Feuilles ailées. . . . . ROSA (127).
Feuilles simples, dentées. . . . . CERASUS (115).

391 { Fleurs hermaphrodites. 392
Fleurs dioïques. . . . . POTERIUM (126).

392 { Cinq étamines ou moins. 393
Douze étamines ou plus. 594

393 { Feuilles ailées ; calice à quatre divisions ; fleurs rougeâtres. . . . . SANGUISORBA (125).
Feuilles à lobes bifides ou trifides ; cal. à 8 div. ; fleurs verdâtres. . . . . . . ALCHIMILLA (124).

394 { Cinq ovaires ou plus. 395
Deux ovaires. . . . . AGRIMONIA (123).

395 { Calice à cinq divisions. 396
Calice à huit ou dix divisions. 398

396 { Calice ouvert. 397
Calice étranglé au sommet, et renfermant les ovaires. . . . . ROSA (127).

397 { Fruit charnu ; tige épineuse. . . . . RUBUS (118).
Fruit non charnu ; tige non épineuse. . SPIRÆA (116).

598 { Cinq pétales ; calice à dix divisions. 399
4 pét. ; cal. à huit divisions. . . TORMENTILLA (122).

399 { Graines ou ovaires surmontés d'une longue barbe. . . . . GEUM (117).
Graines non surmontées d'une barbe. 400

INCOMPLÈTES.

412 { Arbrisseau à fruit charnu. . . . . . . DAPHNE (379).
Plante herbacée, grêle, à fruit non charnu. . . . . STELLERA (580).

413 { Arbre élevé.. . . . . ULMUS (595).
Plante herbacée.. . . . . 413*

413* { Deux ou trois stigmates; feuilles engaînantes à la base. . . . . POLYGONUM (377).
Huit à dix stigmates; feuilles non engaînantes. . . . . PHYTOLACCA (576).

414 { Feuilles opposées.. 415
Feuilles verticillées.. . . . . PARIS (432).

415 { Arbre à feuilles lobées. . . . . ACER (73).
Herbe haute de quinze centimètres environ, à feuilles entières.. . . . . . SCLERANTHUS (149).

416 { Dix étamines ou moins. 417
Douze étamines.. . . . . ASARUM (585).

417 { Deux styles. 418
Quatre à cinq styles. . . . . ADOXA (162).

418 { Périgone tubuleux; capsules monospermes; feuilles entières. . . . . SCLERANTHUS (149).
Périgone ouvert; capsules polyspermes; feuilles dentées. . . . . CHRYSOSPLENIUM (161).

419 { Neuf étamines ou moins. 420
Plus de neuf étamines.. 299

420 { Feuill. verticillées, pinnatifides. MYRIOPHYLLUM (141).
Feuilles radicales, entières.. . . . . BUTOMUS (415).

421 { Périgone coloré, ayant l'apparence d'une corolle. 422
Périgone foliacé ou écailleux, ayant l'apparence d'un calice. 460

422 { Trois étamines ou plus. 423
Une ou deux étamines. 451

423 { Trois étamines.. 424
Quatre étamines. 425
Cinq étamines.. 428
Six étamines.. 431

438 {
Racines fibreuses; périgone à divisions peu profondes. . . . . Convallaria (429).
Racines bulbeuses; périgone divisé jusqu'à la base. . . . . Tulipa (435).

439 {
Périgone dont les divisions atteignent presque la base. 440
Périgone dont les divisions ne dépassent pas le milieu. 445

440 {
Un seul style, très-distinct.. 441
Trois stigmates sessiles; fleurs d'un vert rougeâtre, en épi.. . . . . Triglochin (416).

441 {
Fleurs en grappe, en épi ou en panicule.. . . 442
Fleurs en ombelle, entourées d'une spathe à deux valves. . . . . Allium (440).

442 {
Fleurs bleues. . . . . Scilla (438).
Fleurs jaunes, blanches ou verdâtres. 443

443 {
Filaments des étamines élargis à leur base. . . . . Ornithogalum (439).
Filaments des étamines non élargis à leur base. 444

444 {
Racine fibreuse. . . . . Phalangium (437).
Racine bulbeuse. . . . . Ornithogalum (439).

445 {
Fleurs blanches; fruit charnu et arrondi. . . . . Convallaria (429).
Fleurs bleues ou violettes; fruit non charnu, anguleux. . . . . Muscari (436).

446 {
Périgone à 6 divisions égales, muni, à sa gorge, d'un appendice en forme de godet.. . . Narcissus (427).
Périgone à six divisions, les trois internes très-courtes et verdâtres. . . . . . Galanthus (428).

447 {
Un ovaire surmonté de plusieurs styles ou stigmates. 448
Plusieurs ovaires distincts. 450

448 {
Plante munie de feuilles.. 449
Plante dépourvue de feuilles à l'époque de la floraison. . . . . Colchicum (441).

449 { Feuilles radicales; trois stigmates. Triglochin (416).
Feuilles disposées le long de la tige; deux stigmates. . . . . Polygonum (377).

450 { Capsules rapprochées. . . . . Triglochin (416).
Capsules écartées, divergentes en étoile. Alisma (413).

451 { Étamines insérées sur le périgone. 452
Étamines insérées sur le pistil. 454

452 { Une ou trois étamines. 453
Deux étamines. . . . . Circæa (159).

453 { Feuilles opposées.. 144
Feuilles et fleurs verticillées; plante aquatique. . .
. . . . Hippuris (143).

454 **ORCHIDÉES**. { Division inférieure de la fleur, prolongée en éperon à sa base.. 455
Division inférieure de la fleur sans éperon. 456

455 { Feuilles nulles ou remplacées par des écailles. . .
. . . . Limodorum (425).
Des feuilles sur la tige ou vers la racine de la plante. . . . . Orchis (420).

456 { Feuilles nulles, remplacées par des écailles; racines fibreuses, entrelacées; anthère marginale. .
. . . . Epipactis (423).
Des feuilles. 457

457 { Division irrégulière de la fleur placée du côté inférieur.. 458
Fleur renversée; division irrégulière placée du côté supérieur. . . . . Malaxis (424).

458 { Style obtus. 459
Style surmonté d'un appendice aigu; tablier ventru.. . . . . Neottia (422).

459 { Stigmate convexe placé à la face antérieure du style. . . . . Ophrys (421).
Stigmate oblique, terminal; anthère marginale. . .
. . . . Epipactis (423).

471 { Trois étamines. 472
Deux étamines. . . . . ANTHOXANTHUM (452).

472 { Une glume et une balle. 473
Une glume à deux valves ; point de balle. . . . . .
. . . . LEERSIA (457).

473 { Glume à deux ou trois valves. 474
Glume à une valve hérissée en dehors. TRAGUS (458).

474 { Glume à deux valves. 475
Une troisième valve en dehors de la glume. . . .
. . . . PANICUM (459).

475 { Surface externe des glumes et des valves à peu près
glabre. 476
De longs poils situés sur la balle ou à sa base. . .
. . . . CALAMAGROSTIS (462).

476 { Valves de la balle chargées d'une ou de plusieurs
arêtes. 477
Point d'arête sur la balle, ni sur la glume.. . 479

477 { Arête placée sur le dos ou vers la base de la valve
externe de la balle. 478
Arête terminant la valve externe de la balle et beaucoup plus longue que la fleur.. . . . STIPA (463).

478 { Arête naissant du dos de la valve.. 480
Arête naissant de la base de la valve externe des
balles. . . . . ALOPECURUS (454).

479 { Valves de la glume tronquées au sommet . . . . .
. . . . PHLEUM (455).
Valves de la glume non tronquées au sommet. 480

480 { Valves de la balle inégales 481
Valves égales. . . . . AGROSTIS (461).

481 { Balles concaves plus petites que la glume. . . . .
. . . . PHALARIS (456).
Balles lancéolées, plus longues que la glume.. . .
. . . . CRYPSIS (453).

482 { Axe de chaque épillet, glabre ou peu pubescent. 483
Axe de l'épillet, garni de poils qui recouvrent les balles. . . . . Arundo (469).

483 { Balle chargée d'arêtes. 484
Epillets tout à fait dépourvus d'arêtes. 491

484 { Arête naissant sur le dos ou à la base de la valve de la balle. 485
Arête naissant du sommet de la valve. . . . 486

485 { Arête prenant naissance à la base de la valve.. . . . . Aira (468).
Arête prenant naissance sur le dos de la valve. . . . . Avena (467).

486 { Arête prenant naissance dans une échancrure au sommet de la valve. 487
Arête ne prenant point naissance dans une échancrure de la valve. 488

487 { Epillets de cinq fleurs au moins; valve intérieure de la balle, plissée et ciliée sur les bords. . . . . Bromus (474).
Epillets de quatre fleurs au plus; valve intérieure de la balle, ni plissée ni ciliée sur les bords. . . . . Danthonia (466).

488 { Arête tout à fait terminale. 489
Arête naissant un peu au-dessous du sommet.. . . . . Bromus (474).

489 { Arête très-courte; épillets de trois à cinq fleurs. 490
Arête de longueur variable; épillets de cinq à vingt fleurs. . . . . Festuca (470).

490 { Deux styles; fleurs en panicule spiciforme.. . . . . Koeleria (471).
Style nul; deux stigmates sessiles; fleurs en panicule agglomérée.. . . . . Dactylis (475).

491 { Epillets n'ayant qu'une ou deux fleurs fertiles et une stérile; valves de la glume très-scarieuses. . . . . Melica (464).
Epillets de deux à vingt fleurs fertiles; valves peu scarieuses. 492

505 { Valve externe des balles, prolongée en trois ou quatre barbes. . . . . Ægilops (480).
Valve externe des balles, sans arête ou à une seule arête.. 506

506 { Une ou deux fleurs fertiles dans chaque épillet.. . . . . Secale (482).
Plus de deux fleurs fertiles dans chaque épillet. 507

507 { Valves de la glume égales entre elles et opposées à l'axe.. . . . . Triticum (481).
Valves de la glume inégales et parallèles à l'axe. . . . . Lolium (483).

508 { Epillets uniflores. . . . . Hordeum (485).
Epillets à deux ou quatre fleurs.. . Elymus (484).

509 { Epillets, les uns mâles, les autres femelles ou hermaphrodites, mélangés ensemble dans les mêmes épis. 510
.Epillets mâles, disposés en panicule terminale; épillets femelles en épis axillaires. . . Mays (487).

510 { Deux épillets sur chaque dent de l'axe; fleurs en panicule.. . . . . Andropogon (486).
Trois épillets sur chaque dent de l'axe; fleurs en épi. . . . . Hordeum (485).

511 **CYPÉRACÉES**. { Fleurs hermaphrodites; graines nues.. 512
Fleurs monoïques ou dioïques; graines renfermées dans une capsule percée au sommet.. . . . . Carex (451).

512 { Glumes des épillets imbriquées en tous sens. . 513
Glumes disposées sur deux rangs opposés et réguliers.. . . . . Cyperus (447).

513 { Graines nues ou entourées de soies plus courtes que les glumes.. 514
Graines entourées de soies beaucoup plus longues que les glumes - . . . . . . Eriophorum (450).

5.

525 { Toutes les fleurs hermaphrodites........ 526
Fleurs hermaphrodites mélangées de fleurs femelles............... ATRIPLEX (372).

526 { Deux styles............. BETA (374).
Un style à deux ou trois stigmates.......
.... CHENOPODIUM (371).

527 { Feuilles munies de stipules à leur base. ... 528
Point de stipules............... 525

528 { Fleurs axillaires, agglomérées, verdâtres.....
.... HERNIARIA (150).
Fleurs formant des verticilles blanchâtres.....
.... PARONYCHIA (151).

529 { Etamines insérées sur le pistil. ARISTOLOCHIA (382).
Etamines non insérées sur le pistil...... 530

530 { Périgone à quatre folioles........... 164
Périgone à trois, six ou douze parties.... 531

531 { Feuilles alternes.............. 532
Feuilles opposées. .... PEPLIS (146).

532 { Feuilles linéaires toujours entières ; un ovaire ; un
style trifide................. 533
Feuilles de formes diverses, mais dentées, incisées ou
anguleuses ; trois styles réfléchis. . RUMEX (378).

533 { Feuilles cylindriques, glabres ; capsules à trois
loges.............. JUNCUS (442).
Feuilles planes, munies de poils saillants ; capsules
à une loge............. LUZULA (443).

534 { Ovaire globuleux ; fruit charnu et de forme arron-
die.................. 535
Ovaire comprimé ; fruit membraneux et aplati. ...
.... ULMUS (395).

535 { Un style................ RHAMNUS (83).
Deux styles............. CELTIS (396).

UNISEXUELLES.

558 { Suc propre laiteux; fleurs renfermées dans une enveloppe charnue. . . . . Ficus (393).
Suc propre non laiteux; fleurs disposées en épi ou en chaton . . . . Morus (392).

559 { Sous-arbrisseau parasite. . . . . . . Viscum (211).
Arbre ou arbrisseau élevé, jamais parasite. . . 560

560 { Feuilles entières, persistantes, d'un vert foncé, très-luisantes. . . . . Buxus (385).
Feuilles lobées, caduques. . . . . . . Acer (73).

561 { Feuilles opposées.. 562
Feuilles alternes.. . . . . Juglans (394).

562 { Calice et corolle nuls. . . . . . Fraxinus (286).
Calice et corolle à quatre parties. . . , Ornus (285).

563 { Fleurs entièrement nues ou munies d'une enveloppe qui est commune à plusieurs fleurs. 564
Fleurs munies au moins d'une enveloppe propre. 567

564 { Plantes terrestres. 403
Plantes flottantes ou submergées. 565

565 { Plantes pourvues de tige. 566
Plantes dépourvues de tige, et formées seulement d'une ou plusieurs feuilles donnant immédiatement naissance aux racines. . . . Lemna (488).

566 { Anthères s'ouvrant par des fentes; deux à six ovaires. . . . . Zanichellia (418).
Anthères s'ouvrant par quatre valvules au sommet; ovaire unique.. . . . . Nayas (419).

567 { Une à six étamines.. 568
Plus de six étamines. 585

568 { Une vrille à l'aisselle des feuilles.. 569
Point de vrille à l'aisselle des feuilles.. . . . 571

569 **CUCURBITACÉES.** { Fleurs monoïques; fruits à plusieurs loges.. . . 570
Fleurs dioïques; fruits à une seule loge. Bryonia (135).

570 { Graines à bords aigus, nichées dans des cellules pulpeuses. . . . . CUCUMIS (134).
Graines à bords calleux, non nichées dans la pulpe. . . . . CUCURBITA (133).

571 { Une ou deux étamines. 572
Trois étamines.. 575
Quatre étamines. 579
Cinq étamines.. 583

572 { Anthères s'ouvrant par des fentes. 573
Anthères s'ouvrant par quatre valvules au sommet . . . . NAYAS (419).

573 { Un seul ovaire.. 574
Deux à six ovaires. . . . . . . ZANICHELLIA (418).

574 { Feuilles alternes ou verticillées ; style nul ou unique. 575
Feuilles opposées ; deux styles ; plante aquatique. . . . . CALLITRICHE (142).

575 { Feuilles linéaires à nervures simples et parallèles. 576
Feuilles ovales à nervures rameuses ; capsule à trois becs.. . . . . AMARANTHUS (369).

576 { Tige noueuse ; style nul.. 468
Tige sans nœuds réguliers ; un style. 577

577 { Fleurs présentant une écaille à leur base. . . 511
Fleurs sans écailles à leur base. 578

578 { Chatons cylindriques. . . . . TYPHA (445).
Chatons globuleux. . . . . . . SPARGANIUM (446).

579 { Ovaire libre ou supère 580
Ovaire adhérent ou infère.. 585

580 { Feuilles ovales ou elliptiques, et disposées le long de la tige. 581
Feuilles linéaires et radicales ; plante de marais. . . . . LITTORELLA (368).

DIOÏQUES.

592 { Plante parasite sur les arbres ; feuilles entières.. .
   . . . . Viscum (211).
  Arbre élevé ; feuilles ailées 593

593 { Calice et corolle nuls.. . . . . . . Fraxinus (286).
  Calice et corolle à quatre parties. . . Ornus (285).

594 { Fleurs n'offrant qu'une seule enveloppe florale ou
   périgone. 595
  Fleurs munies d'un calice et d'une corolle.. . . .
   . . . . Rhamnus (83).

595 { Périgone à six divisions. 596
  Périgone nul ou à moins de six divisions. . . 597

596 { Fleurs naissant à la surface des feuilles qui sont
   ovales et épineuses. . . . . Ruscus (433).
  Fleurs ne naissant pas à la surface des feuilles qui
   sont linéaires, fasciculées et non épineuses. . . .
   . . . . Asparagus (431).

597 { Périgone tubuleux à quatre dents. 411
  Périgone nul ou non tubuleux, en forme d'écailles
   ou à deux parties. 541

598 { Plante aquatique. . . . . Hydrocharis (412).
  Plante non aquatique.. . : 599

599 { Feuilles alternes. 600
  Feuilles opposées. 610

600 { Feuilles ailées ou digitées. 601
  Fleurs entières, dentées ou lobées.. 603

601 { Fleurs à cinq pétales, et disposées en ombelle. . .
   . . . . Trinia (179).
  Fleurs sans pétales, et non disposées en ombelle. 602

602 { Feuilles ailées ; 20-50 étamines ; deux ovaires ;
   fleurs en tête serrée.. . . . . . Poterium (126).
  Feuilles digitées ; 5 étamines ; un seul ovaire ;
   fleurs en grappes. . . . . Cannabis (389).

603 { Feuilles engaînantes à leur base. 604
  Feuilles non engaînantes. 60

604 { Fleurs entourées de glumes ; deux ou trois éta-
mines. . . . . CAREX (451).
Fleurs non entourées de glumes ; six étamines. . .
. . . . RUMEX (378).

605 { Périgone à six divisions. 606
Périgone à moins de six divisions. 607

606 { Périgone libre ; feuilles linéaires naissant par faisceaux.. . . . . ASPARAGUS (431).
Périgone adhérent à l'ovaire ; feuilles cordiformes,
solitaires. . . . . TAMUS (434).

607 { Plante grimpante. 608
Plante non grimpante.. 609

608 { Une vrille à l'aisselle des feuilles. . BRYONIA (135).
Point de vrille. . . . . HUMULUS (388).

609 { Plante couverte de poils produisant une piqûre brûlante ; quatre étamines. . . . . . . URTICA (387).
Plante glabre, ou dont les poils ne produisent point
de piqûre brûlante ; cinq étamines. SPINACIA (373).

610 { Tige longue, grimpante. . . . . . HUMULUS (388).
Tige non grimpante. 611

611 { Plante parasite. . . . . VISCUM (211).
Plante non parasite.. 612

612 { Feuilles simples. 613
Feuilles digitées.. . . . . CANNABIS (389).

613 { Une corolle et un calice. 614
Une seule enveloppe florale. 615

614 { Corolle monopétale.. 144
Corolle polypétale. . . . . LYCHNIS (58).

615 { Trois étamines.. 144
Quatre à huit étamines ; un style. 609
Cinq à douze étamines ; deux styles. . . . . . .
. . . . MERCURIALIS (386).

616 {
Etamines insérées sur la corolle; fruit monosperme. 617
Etamines insérées sur le calice au-dessous de la corolle; capsule polysperme. . . . . Jasione (273).

COMPOSÉES.

617 {
Corolles semblables, toutes en languette, ou toutes
en tube.. 618
Corolles de deux espèces; les unes en tube (au
centre), les autres en languette (à la circonférence) : *Radiées*.. 663

618 {
Corolles légèrement tubulées à la base, et se prolongeant en languette allongée d'un seul côté :
Semi-flosculeuses. 619
Corolles tubulées, et terminées, à leur partie supérieure, par quatre ou cinq dents: *Flosculeuses*. 641

SEMI-FLOSCULEUSES.

619 {
Graines nues. 620
Graines surmontées d'une aigrette. 621

620 {
Réceptacle nu.. . . . . Lampsana (254).
Réceptacle garni d'écailles très-courtes.. . . . .
. . . . Cichorium (271).

621 {
Aigrette composée de poils. 622
Aigrette écailleuse. . . . . Cichorium (271).

622 {
Poils de l'aigrette simples, du moins à l'œil nu. 623
Poils de l'aigrette plumeux à l'œil nu.. 634

623 {
Aigrette sessile. 624
Aigrette pédicellée. 629

624 {
Aigrettes toutes semblables. 625
Aigrettes de la circonférence sessiles, celles du
centre pédicellées. . . . . . . Hypochæris (263).

625 { Réceptacle nu. 626
{ Réceptacle garni de paillettes. . HYPOCHÆRIS (263).

626 { Involucre imbriqué, et composé d'un grand nombre
{   de folioles. 627
{ Involucre non imbriqué, et formé de folioles peu
{   nombreuses. . . . . PRENANTHES (255).

627 { Folioles extérieures de l'involucre lâches; invo-
{   lucre caliculé. . . . . CREPIS (260).
{ Folioles de l'involucre toutes imbriquées. . . 628

628 { Aigrette molle et blanche; involucre ventru à la
{   base. . . . . SONCHUS (258).
{ Aigrette roide, souvent roussâtre; involucre ovoïde.
{   . . . . HIERACIUM (259).

629 { Réceptacle nu ou un peu ponctué. 630
{ Réceptacle garni de paillettes. . HYPOCHÆRIS (263).

630 { Involucre à deux rangées de folioles, dont l'exté-
{   rieure avortée. 631
{ Involucre à folioles nombreuses, imbriquées. . 632

631 { Hampe nue; feuilles radicales. . TARAXACUM (262).
{ Tige garnie de feuilles. . . . . CHONDRILLA (256).

632 { Folioles de l'involucre membraneuses sur les bords;
{   fleurs bleues ou jaunes. . . . . LACTUCA (257).
{ Folioles de l'involucre non membraneuses; fleurs
{   toujours jaunes. 633

633 { Folioles de l'involucre serrées et entourant les
{   graines lors de la maturité. . BARKHAUSIA (261).
{ Folioles de l'involucre réfléchies sur le pédoncule
{   lors de la maturité.. . . . . TARAXACUM (262).

634 { Aigrette sessile.. 635
{ Aigrette pédicellée. 637

635 { Aigrettes toutes égales. 636
{ Aigrettes de la circonférence courtes et avortées. .
{   . . . . THRINCIA (264).

636 { Graines lisses ou striées longitudinalement.. . . .
. . . . - Leontodon (265).
Graines tuberculeuses ou striées en travers. . . .
. . . . Picris (266).

637 { Involucre à deux ou plusieurs rangs de folioles. 638
Involucre à huit ou dix folioles soudées ensemble.
. . . . Tragopogon (270).

638 { Graines lisses ou striées en long. 640
Graines tuberculeuses ou striées en travers. . 639

639 { Aigrette longuement pédicellée; folioles extérieures
de l'involucre larges et foliacées. Helminthia (267).
Aigrette presque sessile; folioles extérieures de l'involucre très-petites.. . . . . Picris (266).

640 { Aigrette pédicellée.. . . . . . . Scorzonera (268).
Aigrette sessile. . . . . Podospermum (269).

641 **FLOSCULEUSES** { Graines nues, ou terminées par
1 ou 2 dents. 642
Graines surmontées d'une aigrette poilue. 647

642 { Involucre épineux.. . . . . Echinops (245).
Involucre non épineux. 643

643 { Réceptacle nu ou chargé de poils.. 644
Réceptacle garni d'écailles ou de paillettes. . . 645

644 { Graines tout à fait nues; fleurons extérieurs entiers. . . . . Artemisia (239).
Graines couronnées par une petite membrane; fleurons extérieurs à trois dents. . Tanacetum (238).

645 { Feuilles alternes.. 646
Feuilles opposées. . . . . Bidens (244).

646 { Involucre imbriqué de folioles serrées et scarieuses. . . . . Centaurea (251).
Involucre simple, formé de cinq à dix folioles
lâches. . . . . Micropus (240).

647 { Poils de l'aigrette simples ou légèrement dentés. 648
    { Poils de l'aigrette sensiblement rameux ou plu-
    {   meux.. 662

648 { Réceptacle garni d'écailles ou de paillettes ; feuilles
    {   souvent épineuses. 649
    { Réceptacle nu ; feuilles jamais épineuses.. . . 656

649 { Paillettes tronquées et formant de petites alvéoles. 650
    { Paillettes longues et très-apparentes. 651

650 { Fleurs jaunes.. . . . . CHRYSOCOMA (224).
    { Fleurs purpurines, verdâtres ou blanchâtres . . .
    {   . . . . ONOPORDUM (248).

651 { Fleurons extérieurs grands, femelles ou stériles.. .
    {   . . . . CENTAUREA (251).
    { Fleurons tous égaux et hermaphrodites. . . . 652

652 { Folioles de l'involucre épineuses. 653
    { Folioles de l'involucre non épineuses. 655

653 { Fleurs bleues ; filets des étamines hérissés ; folioles
    {   extérieures de l'involucre grandes et foliacées. .
    {   . . . . CARDUNCELLUS (246).
    { Fleurs purpurines ou blanchâtres ; filets des éta-
    {   mines glabres ; folioles de l'involucre à peu près
    {   égales. 654

654 { Réceptacle garni de paillettes soyeuses ; involucre
    {   ovoïde. . . . . CARDUUS (249).
    { Réceptacle garni de paillettes planes ; involucre sphé-
    {   rique.. . . . . LAPPA (247).

655 { Folioles de l'involucre crochues au sommet et épi-
    {   neuses. . . . . LAPPA (247).
    { Folioles de l'involucre droites, non épineuses. . .
    {   . . . . SERRATULA (250).

656 { Fleurs jaunes. 657
    { Fleurs rougeâtres ou blanchâtres.. 660

657 { Folioles de l'involucre foliacées. 658
    { Folioles de l'involucre scarieuses et colorées.. . .
    {   . . . . GNAPHALIUM (222).

658 { Fleurons tous égaux et à cinq dents.. 659
Fleurons extérieurs grêles et à trois dents.. . . . .
. . . . Conysa (223).

659 { Feuilles entières. . . . . Chrysocoma (224)
Feuilles pinnatifides.. . . . . . . Senecio (230).

660 { Feuilles alternes, toujours simples. 661
Feuilles opposées, le plus souvent digitées.. . . .
. . . . Eupatorium (221).

661 { Involucre composé de folioles disposées sur un seul
rang. . . . . Tussilago (229).
Involucre à folioles imbriquées et scarieuses. . . .
. . . . Gnaphalium (222).

662 { Folioles intérieures de l'involucre grandes, scarieuses, colorées, et formant une espèce de couronne.. . . . . Carlina (255).
Folioles intérieures de l'involucre ni grandes, ni colorées, ni en forme de couronne. . Cirsium (252).

663 **RADIÉES**. { Feuilles alternes ou radicales. . . 664
Feuilles opposées ; graines épineuses..
. . . . Bidens (244).

664 { Racine fibreuse. 665
Racine tubéreuse ; tige s'élevant à un mètre ou
un mètre 60 centimètres. . . Helianthus (243).

665 { Graines nues ou surmontées d'une membrane . 666
Graines couronnées d'une aigrette de poils. . . 673

666 { Réceptacle **nu**. 667
Réceptacle garni de paillettes. 672

667 { Graines du centre surmontées d'aigrettes.. . . . .
. . . . Doronicum (232).
Point d'aigrettes.. 668

668 { Graines contournées. . . . . . Calendula (233).
Graines droites. 669

669 { Graines tout à fait nues.. 670
Graines couronnées par une membrane saillante. .
. . . . Pyrethrum (235).

670 { Involucre imbriqué; tige feuillée. 671
Involucre à un seul rang de folioles; hampe nue. .
. . . . BELLIS (237).

671 { Folioles de l'involucre scarieuses sur les bords. . .
. . . . CHRYSANTHEMUM (234).
Folioles de l'involucre non scarieuses sur les bords.
. . . . MATRICARIA (236).

672 { Réceptacle plan. . . . . ACHILLEA (242).
Réceptacle convexe; graines couronnées par une
membrane. . . . . ANTHEMIS (241).

673 { Demi-fleurons de la même couleur que le disque. 674
Demi-fleurons d'une autre couleur que le disque. 673*

673* { Demi-fleurons rares et étroits. . . ERIGERON (226).
Demi-fleurons nombreux, larges, oblongs. . . . .
. . . . ASTER (225).

674 { Folioles de l'involucre imbriquées sur plusieurs
rangs. 675
Involucre à un ou à deux rangs de folioles seulement. 676

675 { Dix à douze demi-fleurons. . . . . INULA (227).
Cinq à six demi-fleurons seulement dans chaque
fleur. . . . . SOLIDAGO (228).

676 { Feuilles radicales et naissant après les fleurs. . . .
. . . . TUSSILAGO (229).
Tige portant à la fois des feuilles et des fleurs. 677

677 { Involucre à un seul rang de folioles ou à deux rangs,
dont l'extérieur très-petit. 678
Involucre à deux rangs de folioles à peu près
egales. . . . . DORONICUM (232).

678 { Involucre simple. . . . . CINERARIA (231).
Involucre caliculé dont les folioles sont noirâtres
au sommet. . . . . SENECIO (230).

CRYPTOGAMES.

679 {
Plantes pourvues de racines, de tiges et de feuilles. 680
Plantes formées d'une substance homogène, et dans lesquelles on ne voit ni racines, ni tiges, ni feuilles distinctes : *Algues, Champignons, Hypoxylons, Lichens, Hépatiques, Mousses* (*a*).

680 {
Feuilles roulées en crosse lors de leur premier développement.. 681
Feuilles non roulées en crosse lors de leur premier développement. 694

681 {
Fructifications situées à la face inférieure des feuilles, ou bien disposées en épis ou en grappes terminales. 682
Fructifications radicales ; feuilles filiformes. . . . . PILULARIA (503).

682 FOUGÈRES. {
Fructifications situées à la face inférieure des feuilles.. 683
Fructifications disposées en épis ou en grappes.. 692

683 {
Fructifications recouvertes d'une membrane nommée *indusium* (*b*). 684
Fructifications nues, c'est-à-dire dépourvues d'*indusium*.. 691

684 {
Capsules disposées en une ligne continue qui borde la feuille.. . . . . PTERIS (502).
Capsules disposées diversement à la surface de la feuille. 685

685 {
Capsules groupées en petites lignes.. 686
Capsules groupées en points arrondis ou ovales.. 689

(*a*) Les Algues, Champignons, Hypoxylons, Lichens, Hépatiques et Mousses forment la division des *végétaux cellulaires*, dont il n'est pas traité dans cet ouvrage.

(*b*) Voyez ce mot au Vocabulaire.

6

696 {
Fructifications toujours sessiles, en épis axillaires. . . . . Lycopodium (504).

Fructifications pédicellées ou développées sur les feuilles : *Algues, Champignons, Mousses, Hépatiques,* etc. (Voir la note *(a)* de la page 96).

FIN DE L'ANALYSE DES GENRES.

SECONDE PARTIE

DESCRIPTION

DES FAMILLES ET DES GENRES

ANALYSE DES ESPÈCES

PREMIÈRE DIVISION DES VÉGÉTAUX

PLANTES VASCULAIRES (COTYLÉDONÉES).

Plantes formées de tissu cellulaire et de vaisseaux ; fleurs ordinairement distinctes ; embryon muni de cotylédons et renfermé dans un tégument propre.

1re CLASSE. **EXOGÈNES** (DICOTYLÉDONÉES).

Plantes dont les tiges présentent deux parties distinctes et croissant en sens inverse : l'*une* interne (*le corps ligneux*) offrant au centre la *moelle*, et, successivement, du centre à la circonférence, une suite de couches annuelles, dont les unes intérieures, plus vieilles, plus dures, constituent le *bois parfait*, et les autres extérieures, plus jeunes, plus tendres, portent le nom d'*aubier*; toutes ces couches sont interrompues dans leurs contours par les *productions médullaires*, qui, partant de la moelle ou de l'une des couches annuelles, parcourent, sous forme de lames verticales et rayonnantes, un trajet plus ou moins étendu dans l'épaisseur du corps ligneux, et le traversent ainsi, les unes en partie, les autres en totalité. L'*autre partie* de la tige, qui enveloppe la première, est l'*écorce*, formée de l'*enveloppe cellulaire*, située vers la surface externe du végétal, immédiatement sous l'épiderme, et des *couches corticales* annuelles dont les unes, extérieures, sont les plus anciennes, et les autres, intérieures, sont les plus nouvelles, et forment ce qu'on nomme le *liber*. — Feuilles pourvues de nervures ramifiées qui s'anastomosent entre elles. — Fleurs toujours distinctes. — Embryon muni de cotylédons, ordinairement au nombre de deux et opposés, quelquefois plus nombreux et verticillés.

1re SOUS-CLASSE. THALAMIFLORES

Calice à plusieurs folioles ou à plusieurs divisions, corolle de plusieurs pétales, insérée sur le réceptacle, ainsi que les étamines.

Famille 1. RENONCULACÉES. Juss.

Cal. polyphylle ; cor. de 4-5 pétales ou plus (quelquefois nulle); étam. nombreuses, hypogynes; anthères adnées ; ordinairement plusieurs ovaires surmontés chacun d'un style et d'un stigmate; fruits monospermes ou polyspermes, tantôt indéhiscents, tantôt s'ouvrant par une suture interne à laquelle sont attachées les graines ; périsperme grand et corné. — Herbes ou sous-arbrisseaux à feuilles alternes ou opposées (*clematis*), souvent découpées et semi-embrassantes à leur base.

— Il faut se méfier des plantes de cette famille, elles sont généralement d'une âcreté dangereuse. —

1. — **CLEMATIS**. *Clématite*. Cal. de 4-8 folioles pétaloïdes ; cor. nulle ; caryopses nombreuses, terminées par un appendice plumeux. — Feuilles opposées.

1. Fleurs blanches; tiges sarmenteuses.. . **C. VITALBA**.
— Herbe aux gueux : Off. caustique, vésicatoire. — *Dans les haies et les buissons. — Juin-août. —*

2. — **THALICTRUM**. *Pigamon*. Cal. à 4-5 folioles caduques; cor. nulle ; caryopses terminées par une pointe non plumeuse. — Feuilles ternées ou ailées.

1 { Panicule serrée, corymbiforme. . . . . . **T. FLAVUM**.
— Rhubarbe des pauvres. — Industrie, teinture. — *Prés humides. — Juin-juillet. —*
Panicules lâches. . . . .

2 { Divisions des feuilles dentées au sommet. T. **minus.**
— *Taillis arides.* — *Bois de Boulogne.* — *Juin-août.* R. —
Div. des feuilles entières. . . . . T. **lucidum.**
— *Marais de Meudon.* — *Juin-août.* R. —

3. — **ANEMONE.** *Anémone.* Cal. pétaloïde à 5-15 folioles ; involucre de 3 feuilles, placé à quelque distance de la fleur ; caryopses surmontées d'une arête simple ou plumeuse. — Feuilles radicales découpées.

1 { Fleurs jaunes ou blanches. 2
Fleurs violettes ; pétales peu ouverts ; graines terminées par une longue arête plumeuse. . . . . .
. . . . A. **pulsatilla.**
— Pulsatille, Herbe au vent ; vénéneuse, teinture. —
Bois. — *Avril-juin.* —

2 { Fleurs blanches. 3
Fleurs jaunes. . . . . A. **ranunculoïdes.**
— *Meudon.* — *Prés élevés.* — *Mars-avril.* —

3 { Feuilles radicales à trois folioles incisées ; fl. d'ordinaire à six pétales. . . . . A. **nemorosa.**
— Sylvie. — *Bois.* — *Avril.* —
Feuilles radicales à cinq digitations profondes ; fl. à cinq pétales. . . . . A. **sylvestris.**
— *Bois.* — *Compiègne.* — *Fontainebleau.* — *Mai.* R. —

4. — **HEPATICA.** *Hépatique.* Involucre de 3 folioles persistantes, caliciformes ; calice de 6-9 folioles pétaloïdes ; caryopses pointues, mais dépourvues d'arêtes.

1 { Fleurs bleues, roses ou blanches. . . . .
. . . . H. **triloba.** (Anemone hepatica L.)
— Herbe de la Trinité : Off. vulnéraire. - *Lieux ombragés.* — *Villers-Coterets.* — *Mars-avril.* R. —

5. — **ADONIS.** *Adonide.* Cal. à 4 folioles ; 5 pétales ou plus ; caryopses ovoïdes, pointues. — Feuilles finement découpées.

1 Calice hispide à la base, de moitié plus court que la
     corolle ; pét. concaves. . . . . . . A. ÆSTIVALIS.
   — Fruit noirâtre au sommet. A. ANOMALA. (Walroth). —
               Moissons. — Été. —
   Calice lisse, presque aussi long que la corolle ; pé-
     tales plans. . . . . A. AUTUMNALIS.
   — Œil-de-Perdrix. Goutte-de-sang. — *Moissons. — Ver-
               sailles. — Marly, etc. Juillet-août. R. —*

6. — MYOSURUS. *Ratoncule.* Cal. à 5 folioles colorées, caduques ; 5 pétales courts, tubuleux ; 5-20
étamines ; caryopses nombreuses, disposées en épi
cylindrique sur un réceptacle très-allongé.

1 Fleurs verdâtres, très-petites. . . . . M. MINIMUS.
   — Queue-de-souris. — *Moissons. — Ville-d'Avray. —
           Montmorency. — Avril-juin. R. —*

7. — RANUNCULUS. *Renoncule.* Cal. à 5 folioles ;
5 pétales munis d'une petite écaille à leur base interne ; caryopses comprimées, pointues.

La plupart des espèces de ce genre sont âcres et caustiques.

1 Fleurs blanches. 2
   Fleurs jaunes. 4

2 Pétales à onglet jaune. . . . . R. AQUATILIS.
     — Grenouillette. — *Marais. — Avril-août. —*
   Pétales dont l'onglet n'est pas jaune. 3

3 Feuilles inférieures à divisions capillaires, laci-
     niées. . . . . R. TRIPARTITUS.
     — *Marais. — Fontainebleau. — Saint-Léger. —
           Mai-juillet. R. —*
   Toutes les feuilles réniformes à 3-5 lobes arrondis.
                       R. HEDERACEUS.
     . . — *Marais. — Saint-Léger. — Mai-août. R. —*

4 Feuilles simples, entières ou légèrement dentées. 5
   Feuilles lobées ou pinnatifides 8

5 { Tige droite ; feuilles toutes sessiles. 6
  { Tige courbée ; feuilles radicales pétiolées. . . . 7

6 { Tige velue, haute de 60 c. à 1 m. . . . R. LINGUA
  —Gde Douve.—*Marais.*—*St-Gratien.*—*Juin-août.* R.—
  { Tige glabre, haute de 30 à 60 cent. au plus ; ca-
  ryopses ridées. . . . . R. GRAMINEUS.
  — *Landes.* — *Fontainebleau.* — *Mai-juin.* R.—

7 { Fleurs sessiles aux nœuds des tiges ; feuilles en-
  tières. . . . . R. NODIFLORUS.
  — *Marécages.* — *Fontainebleau.* — *Mai-juin.* R.—
  { Fleurs pédonculées et terminales ; feuilles légère-
  ment dentées. . . . . R. FLAMMULA.
  — Petite Douve. — *Marais.* — *Juin-octobre.* —

8 { Tige multiflore. 9
  { Tige uniflore. . . . . R. CHÆROPHYLLOS.
  — *Bois secs.* — *Mai-juin.* —

9 { Divisions du calice réfléchies sur le pédoncule. . 10
  { Divisions du calice non réfléchies. 11

10 { Rac. à base renflée et comme bulbeuse ; div. du
  calice ovales ; graines lisses. . . . R. BULBOSUS.
  — *Prés, jardins,* etc. — *Mai-août.* —
  { Racine fibreuse ; div. du cal. aiguës ; graines tuber-
  culeuses. . . . . R. PHILONOTIS. (R. pumilus. T.)
  — *Lieux inondés.* — *Mai-août.* —

11 { Graines chargées d'aspérités. 12
  { Graines lisses.. 13

12 { Tige ferme, dressée. . . . . R. ARVENSIS.
  — *Patte-d'Oie.* — *Moissons.* — *Mai-juillet.* —
  { Tiges faibles, couchées. . . . . . . R. PARVIFLORUS
  — *Lieux secs et élevés.* — *Côte de Champagne.*—
  Avril-août. R. —

13 { Tige poussant, à sa base, des rejets rampants ;
  feuilles infér. maculées. . . . . . . R. REPENS.
  — Pied-de-poule ; Bassinet ; Bouton d'or. — Cult. —
  Prés, etc. — *Avril-septembre.* —
  { Tige ne poussant pas de rejets rampants. . . . 14

14 { Feuilles velues ou pubescentes 15
  { Feuilles glabres.. 17

15 { Tige pleine, velue. 16
   { Tige fistuleuse, presque glabre. . . . . . R. ACRIS.
   {   Bouton d'or. — *Lieux humides.* — *Mai-juillet.* —

16 { Pédoncule cannelé. . . . . R. NEMOROSUS.
   {   — *Meudon.* — *Collines boisées.* — *Mai-juin.* —
   { Pédoncule non cannelé. . . . R. LANUGINOSUS. *Id.*

17 { Ovaires saillants hors de la corolle ; fl. très-petites.
   {   R. SCELERATUS.
   {   — *Vénéneuse, caustique, Off.* — *Lieux humides.* —
   {   *Mai-août.* —
   { Ovaires non saillants hors de la corolle ; fleurs assez
   {   grandes. . . . . R. AURICOMUS.
   {   — *Bois touffus.* — *Avril.* —

8. — **FICARIA.** *Ficaire.* Cal. à 3 folioles caduques ;
8-9 pétales munis d'une petite écaille à leur base interne ; caryopses comprimées, obtuses.

1 { Fleurs jaunes, solitaires. . . . . . F. RANUNCULOÏDES.
  {   (Ranunculus ficaria. L.)
  { — Petite Chélidoine, *alimentaire.* — *Lieux humides.* —
  {   *Avril-mai.* —

9. — **CALTHA.** *Populage.* Cal. pétaloïdes à 5 folioles ; cor. nulle ; 5-10 capsules polyspermes.

1 { Fleurs jaunes, solitaires. . . . . . . C. PALUSTRIS.
  {   —Souci d'eau. — *Off., caustique.* — *Marais.* —
  {   *Avril-mai.* —

10. — **HELLEBORUS.** *Hellébore.* Cal. à 5 folioles grandes, souvent colorées ; 5 pétales plus courts que le calice, à deux lèvres ou trilobés ; 3 capsules pointues.

    — Genre dangereux, caustique violent. —

1 { Hampe uniflore. . . . . H. HIEMALIS.
  {   — *Lieux incultes et pierreux.* — *Bois de la Queue,*
  {   *en Brie.* — *Février-avril.* R. —
  { Tige pluriflore. 2

2 {
Feuilles caulinaires sessiles ou presque sessiles, peu
nombreuses.. . . . . II. VIRIDIS.
— *Fourré des bois.* — *Compiègne.* — *Mars-avril.* R. —
Feuilles caulinaires longuement pétiolées, caduques.
. . . . II. FOETIDUS.
— Pied-de-griffon. Off. vénéneux. — *Lieux incultes*
et pierreux. — *Février-avril.* —

11. — **NIGELLA.** *Nigelle.* Cal. à 3 folioles grandes
et colorées; 5-8 pétales à deux lèvres, plus courts
que le calice; 5-10 capsules pointues. — Fleurs
bleues.

1 {
Fleur munie d'une collerette foliacée, multifide,
sous la corolle. . . . . N. DAMASCENA.
— Cheveux de Vénus. — Cult. — *Été.* —
Corolle nue, sans collerette remarquable, capsules
divergentes au sommet. . . . . . N. ARVENSIS.
— Off. vénéneuse.— *Moissons.* — *Été.* —

12. — **AQUILEGIA.** *Ancolie.* Cal. à 5 folioles colorées; 5 pétales en forme de cornets, tronqués obliquement; 5 ovaires, entourés de 10 écailles; capsules
terminées en arête. — Feuilles 2 ou 3 fois ternées.

1 {
Fleurs bleues ou roses.. . . . . A. VULGARIS.
— Gants de N. D. — Cinq doigts. — Clochettes. — Véné-
neuse, cultivée. — *Bois.* — *Mai-juillet.* —

13. — **DELPHINIUM.** *Dauphinelle.* Cal. coloré, à
5 folioles caduques, dont la supérieure se prolonge en
éperon à la base; 4 pétales quelquefois soudés entre
eux, dont les 2 supérieurs se prolongent, à la base,
en un appendice contenu dans l'éperon; 1-3 capsules.

1 {
Fleurs en bouquet lâche, formant à peine l'épi;
capsules pubescentes. . . . . . . D. CONSOLIDA.
— Vulnéraire. — *Moissons.* — *Été.* —
Fleurs en épi long et serré. . . . . . . D. AJACIS.
— Pied-d'alouette. Cultivé. — *Été.* —

14. — Aconitum. *Aconit.* Cal. pétaloïde irrégulier, à 5 folioles, dont la supérieure est contournée en forme de casque ; cor. dont les 2 pétales supérieurs sont allongés et recourbés comme une trompe ; pétales inférieurs très-petits et écailleux ; 3-5 capsules.

1 { Fleurs bleues en épi. . . . . A. NAPELLUS. — Napel. — Casque. — *Prés et bois humides.* — *Crépy ; Villers-Cauterets. — Été.* R. —

15. — Actæa. *Actée.* Cal. à 4 folioles caduques ; 4 pétales ; ovaire unique, surmonté d'un stigmate sessile ; baie à 1 loge.

1 { Fleurs blanches, en grappes. . . . . . A. SPICATA. — Herbe de Saint-Christophe, vénéneuse. —*Coteaux boisés —Saint-Leu. — Mai-juin.* R. —

Famille 2. BERBÉRIDÉES. Ventenat.

Cal. polyphylle ; pétales égaux en nombre aux divisions du calice ; étamines hypogynes, en nombre égal à celui des pétales ; anthères s'ouvrant de la base au sommet par une petite valve ; ovaire simple ; fruit à 1 loge polysperme ; graines attachées à un placenta latéral ; périsperme charnu. — Herbes ou arbrisseaux à feuilles alternes ; fleurs en grappe.

16. — Berberis. *Vinettier.* Cal. à 6 folioles ; 6 pétales, munis de 2 glandes à leur base interne ; stigmate sessile, persistant ; 1 baie à 2-3 graines.

1 { Fleurs jaunes, en grappes. . . . . . . B. VULGARIS. .—Fruit officinal et alimentaire : Épine-vinette. — *Bois et buissons.— Longchamps. — Automne.* —

Famille 3. NYMPHÉACÉES. DC

Cal. de 4-6 folioles colorées à l'intérieur ; pétales nombreux, disposés sur plusieurs rangs ; étam. nombreuses, à filaments aplatis, les plus extérieures presque semblables aux pétales ; ovaire à plusieurs loges, surmonté d'autant de stigmates, formant un plateau orbiculaire ; fruit sec, globuleux, polysperme ; graines lisses à périsperme farineux. — Herbes aquatiques.

17. — NYMPHÆA. *Nénuphar.* Mêmes caractères que ceux de la famille.

1 {
Fleurs blanches, odorantes. . . . . N. ALBA.
— N. blanc ; Lis des étangs. Off. et alimentaire. — *Eaux stagnantes. — Juin-septembre.* —
Fleurs jaunes. . . . . N. LUTEA (Nénuphar lut. Sm.)
—Plateau. — *Eaux stagnantes. — Id.* —
}

Famille 4. PAPAVÉRACÉES. DC.

Cal. à 2 fol. caduques, ou à 4 fol. persistantes ; cor. de 4 pétales ; étam. ordinairement nombreuses ; ovaire supère, simple ; stigmate sessile ; 1 capsule ou 1 baie polysperme ; périsperme charnu. — Plantes herbacées, à feuilles alternes, à suc propre blanc ou jaune, âcre et narcotique.

18. — PAPAVER. *Pavot.* Cal. caduc à 2 folioles ; 4 pétales ; stigmate rayonné ; capsules cloisonnées, à graines très-nombreuses. — Suc propre jaune ou blanc.

1 {
Capsules glabres. 2
Capsules hérissées de poils. 4
}

2 {
Tiges et feuilles hispides, velues. 3
Tiges et feuilles glabres, glauques, feuilles supérieures amplexicaules. . . . . . P. SOMNIFERUM.
—Pavot à l'opium. Off., narcotique, cultivé. —Œillette : semences alimentaires (huile). — *Lieux cultivés.* — *Juin-septembre* --
}

3 { Stigmates à dix rayons. . . . . P. RHŒAS.
— Coquelicot. Off., fl. pectorales, anodines. — *Moissons.*
Mai-juillet. —
Stigmates à six ou sept rayons. . . . . P. DUBIUM.
— *Moissons.* — *Id.* —

4 { Capsule globuleuse, hérissée de poils recourbés en
crochet. . . . . P. HYBRIDUM.
— *Moissons.* — *Lieux cultivés.* — *Id.* —
Capsule en forme de massue, hérissée de poils
droits. . . . . P. ARGEMONE.
— *Lieux cultivés.* — *Mai-août.* —

19. — **CHELIDONIUM.** *Chélidoine.* Cal. caduc à
2 folioles; 4 pétales; ovaire surmonté d'un stigmate
à 2 lobes; capsule siquiliforme. — Suc propre jaune.

1 { Capsule biloculaire, rude, longue de huit à seize
centimètres. . . . . C. GLAUCIUM.
— *Pavot cornu.* — *Lieux pierreux.* — *Juin-août.* —
Capsule uniloculaire lisse, longue de quatre centimètres au plus. . . . . C. MAJUS.
— *Eclaire; suc très-âcre, caustique.* — *Haies;*
broussailles. — *Avril-septembre.* —

20. — **HYPECOUM.** *Hypécoüm.* Cal. à 2 folioles
caduques; 4 pétales trilobés; 4 étam.; capsule siliquiforme, à articulations monospermes.

1 { Fleurs d'un jaune orangé. . . . . H. PROCUMBENS.
— *Moissons.* — *Issy.* — *Vaugirard.* — *Vincennes.* —
Juin. R. —

Famille 5. FUMARIACÉES, DC.

Cal. à 2 fol. caduques; cor. de 4 pétales inégaux,
prolongés en éperon à la base; 6 étam. réunies en 2
faisceaux; ovaire supère; capsule 1-sperme, indéhiscente, ou silique polysperme; périsperme charnu. —
Herbes à feuilles composées, alternes.

21. — **CORYDALIS.** *Corydalis.* Cal. très-petit ; 4 pétales inégaux, irréguliers, dont 1 ou 2 se prolongeant en éperon ; étam. à filets soudés en 2 faisceaux, portant chacun 3 anthères ; capsule siliquiforme, polysperme.

1 { Racine fibreuse ; tige rameuse. . . . . . C. LUTEA.
(Fumaria lutea. L. — C. capnoïdes. Pers.)
— Fumeterre jaune. — *Champs.* — *Avril.* R. —
Racine tubéreuse ; tige simple. 2

2 { Éperon recourbé, renflé à l'extrémité. . . . . . .
. . . . . . C. TUBEROSA. (Fumaria bulbosa α. L.)
— *Coteaux boisés.* — *Saint-Maur.* — *Mars-avril.* R. —
Éperon droit, non renflé. 3

3 { Bractées très-entières. . . . . . . C. FABACEA. Pers.
(C. intermedia. M. — Fumaria bulbosa β. L.)
— *Coteaux boisés.* — *Saint-Maur.* — *Id.* R. —
Bractées à plusieurs lobes. . . . . . . C. BULBOSA.
(Fumaria bulbosa γ. L.)— *Id.*— *Id.*—*Id.*— R. —

22. — **FUMARIA.** — *Fumeterre.* Cal. très-petit ; 4 pétales inégaux, irréguliers, dont 1 prolongé en éperon ; filaments des étam. soudés en 2 faisceaux qui portent chacun 3 anthères ; capsule monosperme, indéhiscente.

1 { Folioles du calice entières. 2
Folioles du calice dentées. 4

2 { Tige grimpante ; capsule lisse ; pédoncules fructifères recourbés. . . . . F. CAPREOLATA.
— *Champs cultivés.* — *Été.* —
Tige droite ou étalée, non grimpante.. 3

3 { Divisions des feuilles planes, élargies vers le sommet : . . . . F. VAILLANTII.
— *Champs cultivés.* — *Été.* —
Divisions des feuilles linéaires et creusées en gouttières. 5

$\left\{\begin{array}{l}\end{array}\right.$

4 — Feuilles à découpures élargies, planes et un peu obtuses. . . . . F. OFFICINALIS.
— Stomachique, dépurative. — *Champs cultivés.* — *Été.* —
Feuilles à découpures linéaires ; tige un peu grimpante. . . . . F. MEDIA.
— *Champs cultivés. — Été.* —

5 — Folioles du calice étroites. . . . . . F. PARVIFLORA.
— *Champs de Vincennes, Saint-Maur, etc.* —
Folioles du calice arrondies. . . . F. MICRANTHA.
— *Montmorency, Mennecy. — Id. R.* —

Famille 6. CRUCIFÈRES. Juss.

Cal. à 4 folioles caduques ; cor. de 4 pétales disposés en croix et insérés sur un disque hypogyne, souvent pourvu de 2 ou 4 renflements glanduleux ; 6 étam., dont 2 plus courtes (*tétradynames*) ; ovaire simple, libre, porté sur le disque ; 1 style ; stigmate simple ou à 2 lobes, persistant ; fruit formé de 2 valves séparées par une cloison mince qui porte les graines sur chacun de ses bords (on le nomme *silique* quand il est long et étroit, *silicule* lorsqu'il est large et court) ; périsperme nul. — Plantes la plupart herbacées, à feuilles alternes.

23. — **CHEIRANTHUS.** *Giroflée.* Cal. à 4 folioles, dont les 2 extérieures bossues à la base ; 4 pétales ; silique cylindrique ; stigmate à 2 lobes ; graines membraneuses sur les bords.

1 — Tige herbacée ; feuilles denticulées ; fleurs grandes odorantes, d'un jaune rouille. . . . . C. CHEÏRI.
— Cultivée ; Ravenelle ; Violier jaune. Off. : Ictère ; Obstructions. — *Sur les murs au nord. — Mars-mai.* —
Tige ligneuse ; feuilles entières ; fleurs petites, jaunes. . . . . C. FRUTICULOSUS.
— *Sur les murs au midi. — Id.* —

24. — ARABIS. *Arabette.* Cal. à 4 folioles, dont 2 plus grandes, bossues à la base; disque de l'ovaire nu ou chargé de 2 ou 4 glandes; silique droite linéaire.

1 { Feuilles de la tige embrassantes. 2
Feuilles de la tige sessiles, mais non embrassantes.
. . . . A. THALIANA.
— *Bois sablonneux. — Avril.* —

2 { Tige velue dans toute sa longueur.. 3
Tige glabre, au moins à sa partie supérieure. . .
. . . . A. PERFOLIATA. (Turritis glabra. L.)
— *Bois sablonneux. — Avril.* —

3 { Siliques arquées, linéaires, très-longues (6 à 10 centimètres); fleurs jaunes. . . . . . . A. TURRITA.
— *Buissons. — Avril.*—
Siliques droites et serrées contre la tige; fleurs blanchâtres . . . . A. SAGITTATA.
— *Bois secs.—Avril.* —

25. — CARDAMINE. *Cardamine.* Cal. petit, entr'ouvert; 4 pétales à onglet long et étroit; silique grêle, à 2 valves, qui se roulent en dehors à la maturité; cloison égale aux valves.

1 { Fleurs blanches.. 2
Fleurs violettes.. . . . . C. PRATENSIS.
— Cresson des prés; alimentaire. Off. antiscorbutique.
— *Prés humides.— Avril-mai.* —

2 { Plantes glabres. 3
Plante hérissée de poils. . . . . C. HIRSUTA.
— *Prés humides. — Saint-Léger. — Id.* R. —

3 { Tige poussant à sa base des rejets feuillés et stériles. . . . . . . C. AMARA (C. nasturtiana. T.)
— *Prés humides. — Saint-Léger. — Id.* R. —
Tige sans rejets à sa base. . . . . . . C. IMPATIENS.
— *Bois humides. — Mai.* R. —

26. — DENTARIA. *Dentaire.* Cal. serré; stigmate échancré; silique s'ouvrant de la base au sommet avec élasticité, et dont la cloison est plus longue que les valves.

1 { Fleurs d'un blanc rougeâtre. . . . . . D. BULBIFERA.
— *Bois de Compiègne. — Mai. R. —*

27. — **BISCUTELLA.** *Lunetière.* Cal. serré, à 4 folioles, dont 2 bossues ; silicule plane à 2 loges orbiculaires, monospermes, s'ouvrant par la suture marginale.

1 { Fleurs jaunes ; graines ponctuées. . . B. LÆVIGATA.
— *Roches de Saint-Jacques, aux Andelys. — Été. R. —*

28. — **ALYSSUM.** *Alysson.* Cal. serré ; 4 pétales ; silicule orbiculaire, comprimée, velue, à 2 loges dispermes.

1 {
Style court ; rameaux floraux non épineux après la fleuraison. 2
Style très-long ; rameaux floraux épineux après la fleuraison.. . . . . A. SPINOSUM.
— *Coteaux secs. — Épernon. — Avril-mai. R. —*

2 {
Silicule orbiculaire ; fleurs blanches ou d'un jaune pâle, en épi. 3
Silicule elliptique ; fleurs d'un beau jaune, formant bouquet.. 4

3 {
Silicule échancrée ; tige blanchâtre, un peu ligneuse. . . . . A. CALYCINUM.
— *Sables, lieux secs. — Avril-mai. —*
Silicule entière ; calice caduc ; tige verdâtre, herbacée.. . . . . A. CAMPESTRE.
— *Chemins. — Id. —*

4 {
Feuilles supérieures lancéolées, les inférieures elliptiques.. . . . . A. MONTANUM.
— *Côtes arides. — Fontainebleau. — Id. R. —*
Feuilles toutes lancéolées, sinuées. . . A. SAXATILE.
— *Corbeille d'or ; cultivée. — Id. —*

29. — **DRABA.** *Drave.* Cal. droit ; pétales peu ouverts, à onglet court ; style très-court ; silicule en-

tière, souvent tordue, à 2 loges polyspermes ; graines
non membraneuses sur les bords.

1
{
Tiges nues, glabres, rameuses ; feuilles radicales en
rosette ; pétales bifides. . . . . D. VERNA.
— *Sables.* — *Mars-avril.* R. —
Tige simple, feuillée, légèrement velue ; pétales en-
tiers. . . . . D. MURALIS.
— *Murs.* — *Versailles.* — *Mars-avril.* —
}

30. — COCHLEARIA. *Cranson.* Cal. entr'ouvert ;
pétales ouverts ; style court ; silicule déhiscente,
ovoïde ou globuleuse, entière, à 2 valves bossues, à
2 loges ne renfermant que 1 ou 2 graines.

1
{
Silicule terminée en pointe ; feuilles caulinaires
munies d'oreillettes embrassantes. . . C. DRABA.
(Lepidium draba. Roth.
— *Champs.* — *Montreuil.* — *Juin-juillet.* R. —
Silicule non terminée en pointe ; feuilles caulinaires
non auriculées . . . . C. ARMORACIA.
— Grand raifort, Herbe-aux-cuillers, off., antiscorbu-
tique. — *Chemins.* — *Belleville.* — *Juin.* R. —
}

31. — CORONOPUS. *Corne-de-cerf.* Silique presque orbiculaire, entière, comprimée, hérissée, indéhiscente, à 2 loges monospermes.

1
{
Fleurs blanches ; feuilles pinnatifides. . . . . .
C. VULGARIS. (Cochlearia coronopus. L.)
— *Bords des rivières.* — *Été.* —
}

32. — THLASPI. *Tabouret.* Cal. à 4 folioles ; 4 pétales égaux ; silicule comprimée, échancrée au sommet, à 2 valves creusées en carène.

1
{
Loges monospermes. 2
Loges polyspermes. 3
}

2
{
Tige simple ou peu rameuse ; fleurs complètes.
. . . . T. SATIVUM. (Lepidium sativ. L.)
— Cresson alénois, alimentaire ; cultivé. — *Été.* —
Tige rameuse ; fleurs avortant le plus souvent en
partie. . . . . T. RUDERALE. (Lep. rud. L.)
— *Dans les cailloux.* — *Fontainebleau*, etc. — *Mai.* R. —
}

5 { Silicules ovales, bordées d'une membrane. . . 4
{ Silicule triangulaire, sans rebord.. . . . .
{ . . . . . T. bursa-pastoris (Capsella b.-p. DC.)
{ —Bourse à pasteur; Off. vuln. astringente.—*Mars-oct.*—

4 { Tiges et feuilles glabres. 5
{ Tige et feuilles velues.. . . . .
{ . . . . T. campestre. (Lepidium camp. Br.)
{ — *Lieux secs.* — *Mai-juin.*—

5 { Silicule tout à fait entourée par un rebord très-
{ large. . . . . T. arvense.
{ —Monnoyère.— *Champs cultivés.*—*Avril-mai.* —
{ Silicule garnie, dans sa partie supérieure seule-
{ ment, d'un rebord de moyenne largeur et parais-
{ sant échancré. . . . . T. perfoliatum.
{ — *Prairies.* — *Mars-avril.*—

33. — Guepinia. *Guépinie.* Filets des étamines
munis, à leur base interne, d'un appendice pétaloïde;
silicule ovale, échancrée; 2 graines dans chaque
loge.

1 { Pétales égaux entre eux . . . . G. lepidium.
{ (Lep. nudicaule. L. —Teesdalia lep. DC.)
{ — *Sables.* — *Mai-juin.* —
{ Pétales extérieurs beaucoup plus grands que les in-
{ térieurs.. . . . . G. iberis.
{ (Teesd. iberis. DC. — Iberis nudicaulis. L.)
{ — *Terres stériles.* — *Id.* —

34. — Iberis. *Ibéride.* Calice ouvert; pétales
inégaux, les deux extérieurs plus grands; silicule orbiculaire, un peu comprimée, valves carénées.

1 { Tige droite, haute de 30 à 60 centimètres; feuilles
{ obtuses. . . . . I. intermedia
{ — *Moissons.* — *Mai juin.* —
{ Tige étalée, haute de 15 à 20 centimètres; feuilles
{ pointues. . . . . I. amara.
{ — *Moissons.*—*Id.*—

35. — Hesperis. *Julienne.* Cal. serré, à 4 folioles linéaires, dont 2 bossues à la base; pétales sou-

vent obliques ; disque de l'ovaire chargé de 2 glandes ;
stigmate à 2 lames rapprochées au sommet ; silique
longue.

1 { Siliques ou ovaires glabres. 2
    Siliques ou ovaires pubescents. . . . . H. MARITIMA.
      — Giroflée de Mahon ; cultivée. — *Mai-juin.* —

2 { Feuilles cordiformes ; calice ouvert ; fleurs blan-
      ches. . . . . . . H. ALLIARIA. (Erysimum all. L.)
      —Alliaire. Off., diurétique. — *Bois, broussailles.*
        — *Mai-juin.* —
    Feuilles ovales lancéolées ; calice fermé ; fl. vio-
      lettes ou blanches. . . . . H. MATRONALIS.
      — Julienne des jardins ; cultivée.—*Id.* —

36. — SISYMBRIUM. *Sisymbre.* Cal. lâche ou
serré ; pétales ouverts, à onglet court ; silique ordinairement longue, cylindrique, à 2 valves non élastiques. — Fleurs le plus souvent jaunes.

1 { Fleurs blanches ou rougeâtres. 2
    Fleurs jaunes. 4

2 { Fleurs blanches, tige glabre ou peu velue. . . 5
    Fleurs rougeâtres ; tige très-hérissée de poils blan-
      châtres. . . . . S. ARENOSUM.
        — *Vignes d'Argenteuil.* — *Juin.* R. —

3 { Plante aquatique, rampante, toute glabre ; silique
      courte. . . . . S. NASTURTIUM.
      — Cresson de fontaine ; aliment. et off. — *Fossés
        et ruisseaux.* — *Été.* —
    Plante non aquatique, couchée, un peu velue ; sili-
      que longue. . . . . S. SUPINUM.
        — *Bord des eaux.* — *Été.* —

4 { Siliques ovales-oblongues, n'atteignant pas trois cen-
      timètres de longueur. 5
    Siliques longues, linéaires. 7

5 { Pétales plus longs que le calice. 6
    Pétales plus courts que le calice ; fleurs d'un jaune
      pâle. . . . . S. PALUSTRE.
      —*Sables humides.* —*Été.* —

6 { Feuilles oblongues-lancéolées entières ou dentées.
. . . . S. AMPHIBIUM.
— Bord des eaux. — Mai-juin. —
Feuilles presque bipinnées. . . . . S. SYLVESTRE.
— Lieux humides. — Été. —

7 { Tige presque nue. 8
Tige feuillée. 9

8 { Tige de 5 à 8 centimètres, glabre. . . S. VIMINEUM.
— Champs cultivés. — Été. R. —
Tige longue de 1 à 2 décimètres et même plus, cou-
verte de poils plus ou moins abondants. . . . .
. . . . S. MURALE.
— Lieux pierreux. — Été. —

9 { Feuilles oblongues-lancéolées, entières ou dentées.
. . . . S. STRICTISSIMUM.
— Lieux incultes. — Été. —
Feuilles décomposées, pinnatifides ou lyrées. . . 10

10 { Tiges et feuilles velues, pubescentes ou hérissées de
poils. 11
Tiges et feuilles glabres ou presque glabres. . . 12

11 { Feuilles ailées, très-finement découpées ; siliques
glabres, à longs pédoncules. . . . . . S. SOPHIA.
*— Thalictron, Sagesse des chirurgiens. Off., vuln.,
fébrifuge. — Lieux arides et incultes. — Mai-juin. —*
Feuilles lyrées ; siliques pubescentes, presque sessiles. . . . . S. COLUMNÆ. (S. lœselii. T.)
— Champs pierreux. — Été. —

12 { Pédoncules beaucoup plus courts que les siliques.
. . . . 13
Pédoncules presque aussi longs que les siliques ;
plantes à odeur fétide. . . . . . . S. TENUIFOLIUM.
— Roquette. — Broussailles. — Été. —

13 { Siliques chargées de points rudes et blanchâtres. .
. . . . S. ASPERUM.
— Bords de la Seine. — Ivry. — Été. R. —
Siliques non chargées de points rudes, blanchâtres.
. . . . 14

7.

14 {
Calice jaunâtre; silique glabre. 15
Calice non coloré; silique velue. . S. OFFICINALE.
— Herbe-au-chantre; pectorale, incisive, antiscorbutique.
— *Bords des chemins.* — *Été.* —

15 {
Silique grêle, cylindrique; feuilles à lobe terminal
pointu.. . . . . S. IRIO. *Id.*
Siliques à quatre angles arrondis; feuilles à lobe ter-
minal très-obtus. . . . . S. OBTUSANGULUM.
— *Lieux secs.* — *Été.* —

37. — **ERYSIMUM.** *Vélar.* Cal. serré; disque de
l'ovaire portant deux glandes; stigmate en tête; silique tétragone. — Fleurs jaunes.

1 {
Fleurs jaunes.. 2
Fleurs blanches. . . . . . . HESPERIS ALLIARIA (35).

2 {
Fleurs d'un jaune clair. 3
Fleurs odoriférantes, d'un jaune rouille. . . . . . .
. . . . CHEIRANTHUS CHEIRI (23).

3 {
Feuilles inférieures simples, entières ou dentées. 4
Feuilles inférieures pinnatifides. 6

4 {
Fleurs petites, en grappes allongées. 5
Fleurs grandes, en corymbe; onglets des pétales
plus longs que le calice. . . . . . . E. MURALE
— *Lieux arides.* — *Juin.* —

5 {
Silique terminée par un stigmate simple; calice co-
loré.. . . . . E. CHEIRANTHOÏDES.
— *Sables.* — *Juin-juillet.* —
Silique terminée par un stigmate à deux lobes;
calice non coloré. . . . . . . E. HIERACIFOLIUM.
— *Côtes arides.* — *Sables.* — *Id.* —

6 {
Feuilles supérieures entières ou dentées. . . . 7
Feuilles supérieures pinnatifides.. 8

7 {
Calice fermé; deux glandes sur le disque de la
fleur.. . . . . E. BARBAREA.
— Herbe de Sainte-Barbe; Cresson américain. Off., antiscorbutique.—*Lieux aquatiques.* — *Mai-juin.*—
Calice ouvert; quatre glandes sur le disque de la
fleur. . . . . SINAPIS (42).

8 { Tiges et feuilles couvertes de poils courts; siliq. cornue. . . . . SISYMBRIUM OBTUSANGULUM (36).
Tiges et feuilles très-glabres. . . . . E. PRÆCOX.
— *Bords des eaux.— Avril. R. —*

38. — LEPIDIUM. *Passeraye.* Calice ouvert; pétales égaux; silicule entière, comprimée, à valves carénées, à 2 loges monospermes ou polyspermes. — Fleurs blanches.

1 { Feuilles simples 2
Feuilles pinnatifides. 3

2 { Silicules pointues; feuilles de la tige linéaires, entières.. . . . . L. IBERIS.
　— *Bords des routes. — Saint-Mandé. — Juillet-octobre. R. —*
Silicules arrondies; feuilles de la tige ovales-lancéolées, denticulées. . . . . L. LATIFOLIUM.
— *Off., tonique, antiscorbutique. — Iles. — Août. R. —*

3 { Tige droite; feuilles pinnatifides; fruit à quatre graines.. . . . . L. PETRÆUM.
　　　　　(Hutchinsia petræa. Br.)
　— *Fontainebleau. — Rocailles. — Mars-avril. R. —*
Tige couchée; feuilles supérieures entières ou peu dentées; fruit à dix ou douze graines. . . . . .
. . L. PROCUMBENS. (Hutchinsia procumb. Desv.)
　— *Fontainebleau.—Sables.—Id. R. —*

39.— ISATIS. *Pastel.* Cal. peu ouvert; pétales étalés, onguiculés; stigmate sessile; silicule ovale ou elliptique, comprimée, monosperme, à 2 valves carénées. — Fleurs jaunes.

1 { Silicules glabres, obtuses. . . . . . . I. TINCTORIA.
　—Industrie : teinture bleue; — Guède. — *Champ* cultivés.— *Point-du-jour.—Mai-juin.R. —*

40. — MYAGRUM. *Caméline.* Cal. un peu ouvert, pétales égaux; style conique, persistant; silicule ovoïde ou globuleuse, à loges polyspermes, à valves presque hémisphériques.

1
> Feuilles subpinnatifides; fleurs jaunes; plante d'une odeur très-désagréable. . . . .
> M. DENTATUM. (Camelina dentata. Pers.)
> — *Moissons*, etc. — *Palaiseau*. — *Juin*. R. —
> Feuilles presque entières; fleurs blanches. . . . .
> . . . . . M. SATIVUM. (Camelina sativa. Crantz.)
> —Industrie : graines oléagineuses. — *Id.* —

41. — BRASSICA. *Chou.* Cal. fermé, bosselé à la base; disque de l'ovaire chargé de 4 glandes; silique comprimée, cylindrique ou tétragone; graines globuleuses.

1
> Silique terminée par un bec qui contient une graine à sa base. . . . . B. CHEÏRANTHOS.
> — *Sables*. — *Juillet-août.* —
> Silique non terminée par un bec, ou dont le bec ne contient pas de graine. 2

2
> Fleurs marquées de veines violettes ou noirâtres.
> . . . . B. ERUCA.
> — Roquette. — *Lieux incultes.* — *Dreux, Roche-Guyon.*
> — *Printemps.* R. —
> Fleurs non veinées. 3

3
> Siliques comprimées ou bosselées. 4
> Siliques carrées. B. PERFOLIATA. (B. orientalis. L.)
> — *Lieux secs.* — *Nemours, Malesherbes.* — *Été.* R. —

4
> Feuilles radicales lyrées. 5
> Feuilles radicales sinuées ou lobées, très-glauques, charnues. . . . . B. OLERACEA.
> — Alimentaire, cultivé. — *Mars-avril.* —

5
> Bas de la tige hispide, ainsi que les feuilles radicales et les pédoncules. . . . . B. RAPA. L.
> — Rave; cult., alimentaire. — *Sables.* — *Avril-mai.* —
> Bas de la tige glabre, ainsi que les feuilles radicales et les pédoncules. . . . . . . B. NAPUS. L.
> — Navet; cult., alimentaire. — *Id.* (¹) —

(¹) La var. *oleifera* (*Colza, Navette*) est cultivée pour ses semences oléagineuses.

42. — **SINAPIS.** *Séneué.* Cal. très-ouvert; disque de l'ovaire chargé de 4 glandes; silique souvent terminée par un bec saillant.

1 { Siliques velues. 2
{ Siliques non velues. 3

2 { Feuilles pinnatifides, scabres.. . . . . S. ALBA.
{ —Moutarde blanche. Off., graines purgatives. —
{ *Moissons.* — *Été.* —
{ Feuilles ovales sinuées, dentées, glabres; siliques
{ velues du haut en bas. S. VILLOSA (S. incana. T.)
{ — *Moissons.* — *Été.* —

3 { Fleurs grandes; siliques à bec anguleux, écartées
{ de la tige.. . . . . S. ARVENSIS.
{ — Moutarde sauvage. — *Moissons.* — *Été.* —
{ Fleurs petites; siliques à bec conique, serrées contre
{ la tige. . . . . S. NIGRA.
{ — Condiment. Off., purgat.; sinapisme. — *Id.* — *Id.* —

43. — **RAPHANUS.** *Radis.* Cal. serré; disque de l'ovaire chargé de 4 glandes; silique tantôt cylindrique, un peu charnue, à plusieurs loges disposées sur deux rangs, tantôt articulée et divisée en loges placées bout à bout.

1 { Silique bosselée, à deux loges. 2
{ Siliq. cylindrique, à 1 loge, terminée par une longue
{ pointe; gr. comprimées.. . . . R. RAPHANISTRUM.
{ — *Moissons.* — *Été.* —

2 { Racine blanche, jaune, rose ou violette à l'exté-
{ rieur. . . . . R. SATIVUS.
{ —Cultivé; racine alimentaire. — *Juin.* —
{ Racine grise ou noire à l'extérieur, d'une saveur très-
{ piquante. . . . . R. NIGER. M. (R. sativus β. L.)
{ — R. noir; Raifort des Parisiens. — Cultivé; racine
{ alimentaire. — *Été.* —

44. — **CAKILE.** *Caquillier.* Cal. presque fermé; disque de l'ovaire chargé de 4 glandes; style simple ou nul; stigmate obtus; silicule formée de 2 articles monospermes, indéhiscents.

1 { Fleurs petites et d'un jaune pâle . . . .
. . . . C. PERFOLIATA. (Myagrum perfoliatum. L.)
— Auteuil. — Moissons. — Juin. R. —

45. — BUNIAS. Cal. ouvert; pétales longs, à onglet droit; silicule arrondie, à 2-4 loges monospermes, à valves osseuses, indéhiscentes.

1 { Fleurs blanches, en grappes éparses; silicule ord.
uniloculaire. . . . B. COCHLEARIOÏDES (Myagrum
bursifolium. T. — Calepina corvini Desv.)
— Terres cultivées. — Mai-juin. R. —
Fleurs jaunâtres, en longs épis grêles; silicule bi-
loculaire. . . . . B. PANICULATA.
(Myagrum panic. L. — Neslia panic. Desv.)
— Moissons. — Été. —

Famille 7. CISTINÉES. DC.

Cal. à 5 folioles persistantes; cor. de 5 pétales hypogynes; étam. nombreuses; ovaire libre; 1 style; capsule polysperme; périsperme farineux. — Plantes souvent ligneuses, à feuilles ordinairement opposées et stipulées.

46. — HELIANTHEMUM. *Hélianthème.* Cal. à 5 folioles, dont 2 extérieures plus petites; pétales fugaces; capsule ovoïde, uniloculaire, trivalve; graines attachées sur le milieu des valves

1 { Tige sous-ligneuse. 2
Tige herbacée. 8

2 { Feuilles stipulées. 3
Feuilles dépourvues de stipules. 6

3 {
Fleurs blanches. **4**
Fleurs jaunes. . . . . H. **vulgare.**
(Cistus helianthemum. L.)
— Off., vulnéraire. — *Coteaux arides.* — *Été.* —

4 {
Calice pubescent. **5**
Calice glabre . . . H. **pilosum.** (Cistus pilosus. L.)
— *Coteaux pierreux.* — *Fontainebleau.* — *Juin.* —

5 {
Feuilles blanchâtres des deux côtés. . . . .
. . . . H. **pulverulentum.** (Cistus pulv. T.)
— *Sables.* — *Fontainebleau.* — *Juin-juillet.* R.—
Feuilles blanchâtres en dessous seulement. . . . . .
. . . . H. **apenninum.** (Cistus ap. L.)
— *Coteaux pierreux.* — *Fontainebleau.* — *Été.* R. —

6 {
Fleurs blanches disposées en ombelle. . . . .
. . . . H. **umbellatum.** (Cistus umbell. L.)
—*Coteaux pierreux.* — *Fontainebleau.* —
Mai-juin. R. —
Fleurs jaunes, en grappes. **7**

7 {
Stigmate à huit lobes; feuilles opposées, oblon-
gues. . . . . H. **œlandicum.**
— *Lieux escarpés.* — *Mantes.* — *Vernon,* etc. R. —
Stigmate trilobé; feuilles alternes ou éparses, li-
néaires. . . . . . . H. **fumana.** (Cistus fum. L.)
— *Coteaux pierreux.* — *Fontainebleau.* R. —

8 {
Pétales entiers, inégaux. . . . .
. . . . H. **guttatum.** (Cistus gutt. L.)
— Tubercule alimentaire. — *Sables.* — *Fontainebleau.*—
— *Été.* —
Pétales dentés. . . . . H. **serratum** M.
— *Sables.* — *Fontainebleau.* — *Id.* —

Famille 8. **VIOLACÉES.** Juss.

Cal. à 5 divisions; cor. de 5 pétales hypogynes inégaux, dont 1 prolongé souvent en éperon; 5 étamines
à anthères soudées; 1 ovaire libre; 1 style; capsule
uniloculaire, polysperme, à 3 valves; graines atta-

chées au milieu des valves; périsperme charnu. —
Herbes à feuilles alternes.

47. — **VIOLA.** *Violette.* Cal. à 5 divisions réfléchies; 5 pétales, dont le supérieur plus grand, prolongé en éperon à sa base; 5 étam., dont 2 portant
un appendice nectarifère, logé dans l'éperon.

1 { Stigmate courbé, aigu.. 2
{ Stigmate droit, en forme de godet.. 6

2 { Tige nulle; feuilles et pédoncules radicaux. . . 3
{ Tige portant les feuilles et les fleurs.. 5

3 { Feuilles radicales cordiformes. 4
{ Feuilles radicales réniformes. . . . . V. PALUSTRIS.
       — *Tourbières de Saint-Léger.* — *Avril.* —

4 { Pétioles glabres. . . . . V. ODORATA.
{   — Off., fleurs béchiques; racine émétique. — Cult.
{   — *Bois.* — *Mars-avril.* —
{ Pétioles velus. . . . . V. HIRTA. — *Id.*

5 { Feuilles cordiformes. . . . . . V. CANINA. — *Id.*
{ Feuilles ovales-lancéolées; stipules supér. pinnati-
{   fides. . . V. LANCIFOLIA (V. montana. T.) — *Id.*

6 { Tige et feuilles glabres. 7
{ Tige hérissée de poils sur la tige, les feuilles, les
{   pétioles, etc. V. ROTHOMAGENSIS. (V. hispida. Lam.)
{   — *Coteaux rocailleux.* — *Mantes.* — *Été.* R. —

7 { Pétales à peu près égaux au calice; feuilles supé-
{   rieures linéaires. V. ARVENSIS. (V. tricolor α. L.)
{   — *Terres cultivées.* — *Été.* —
{ Pétales du double plus grands que le calice; feuilles
{   ovales. . . . . . V TRICOLOR. (V. tricolor β. L.)
{   — *Pensée sauvage; cultivée.* —

Famille 9. DROSÉRACÉES. DC.

Cal. à 5 divisions égales, persistantes; cor. à 5 pétales hypogynes; étam. libres, en nombre égal ou
multiple de celui des pétales; 1 ovaire sessile; 3-5

styles; capsules à 1-5 loges, à 5-5 valves; périsperme cartilagineux ou charnu. — Herbes à feuilles alternes.

48. — **DROSERA.** *Rossolis.* Cal. à 5 divisions; 5 pét.; 5 étam.; 5 styles; graines nombreuses, insérées à la paroi interne des valves. — Herbes marécageuses, à feuilles radicales, chargées de poils rouges, glanduleux.

1 { Feuilles couchées, arrondies, orbiculaires; pétioles velus. . . . . D. ROTUNDIFOLIA.
— *Tourbières de Meudon.* — *Juin-juillet.* R. —
Feuilles dressées, oblongues; pétioles glabres. . 2

2 { Feuilles ovales allongées. . . . . . . D. LONGIFOLIA.
— *Acre, caustique.* — *Id. de Saint-Léger.* — *Id.* R. —
Feuilles linéaires lancéolées.. . . . . . D. ANGLICA.
— *Tourbières de Mortefontaine.* — *Id.* R. —

49. — **PARNASSIA.** *Parnassie.* Cal. à 5 divisions; 5 pét., munis d'une écaille glanduleuse à leur base; 5 étam.; 4 stigm.; capsule uniloculaire à 4 valves.

1 { Fleurs blanches, terminales.. . . . . P. PALUSTRIS.
— *Coteaux gazonnés et tourbières.* — *Automne.* —

Famille 10. POLYGALÉES. Juss.

Cal. à 5 folioles, dont 2 intérieures plus grandes, souvent pétaloïdes; corolle irrégulière, de 5-5 pét. hypogynes; 8 étamines à filaments réunis en 2 faisceaux; ovaire libre; style courbé; stigmate bilobé ou infundibuliforme; capsule à 2 loges monospermes; périsperme charnu ou rarement nul. — Plantes herbacées, à feuilles simples, le plus souvent alternes.

50. — **POLYGALA.** Cal. à folioles persistantes,

dont 2 en forme d'ailes ; 3–5 pétales unis aux filets des étamines, et formant deux lèvres, la supérieure à 2 lobes, l'inférieure concave, bifide.

1 { Feuilles inférieures ovales, pointues. 2
Feuilles inférieures arrondies, spatulées. . . . 3

2 { Grandes divisions du calice ovales, obtuses ; racine herbacée. . . . . P. MONSPELIACA.
— *Fontainebleau.* — *Mai-juin.* —
Grandes divisions du calice oblongues, aiguës ; racine presque ligneuse. . . . . P. VULGARIS.
—Herbe au lait. Off., pectorale, incisive. — *Pâturages secs.* — *Juillet-août.* —

3 { Fl. petites, blanches ou d'un bleu très-clair ; feuill. infér. en rosettes. . . . . . P. AUSTRIACA. Crantz.
— *Coteaux secs.* — *Fontainebleau.* —*Juin.* R. —
Fleurs d'un bleu foncé. . . . . P. AMARA.
— Off., tonique, incisif. — *Pâturages secs.* — *Fontainebleau, Saint-Germain.* — *Mai-juin.* R. —

Famille 11. RÉSÉDACÉES. DC.

Cal. à 4–6 divisions ; cor. à 4–6 pétales hypogynes, irréguliers, les supérieurs découpés ; 10–24 étam.; ovaire chargé de 3–6 styles ; capsules 1–6 loculaire, graines attachées à des placentas latéraux ; périsperme charnu.

51. — RESEDA. *Réséda.* Cal. à 4–6 div.; cor. à 4–6 pét. inégaux ; 10–24 étam.; caps. uniloculaire s'ouvrant au sommet, et surmontée de 3–6 styles. — Herbes à fleurs petites, disposées en grappes simples; feuilles alternes.

1 { Feuilles inférieures simples, entières.. 2
Feuilles inférieures pinnatifides. . . . . . R. LUTEA.
— *Sables arides.* — *Été.* —

$$2 \begin{cases} \text{Calice à quatre divisions.. . . . . . . R. LUTEOLA.} \\ \text{— Gaude. — Industr., teint. en jaune. — } Champs. — Id. \\ \text{Calice à 5-6 divisions. . . . . 3} \end{cases}$$

$$3 \begin{cases} \text{Calice de la longueur des pétales ; fleurs odorifé-} \\ \text{rantes. . . . . R. ODORATA.} \\ \qquad\qquad — Cultivé. — \\ \text{Calice plus grand que les pétales ; fleurs inodores.} \\ \text{. . . . . R. PHYTEUMA.} \\ \qquad — Bois de Vincennes. — Été. R. — \end{cases}$$

52. — ASTEROCARPUS. Cal. à 4-6 div.; cor. à 4-6 pét. inégaux ; 12-15 étam.; caps. à 4-6 loges, s'ouvrant en étoile.

$$1 \begin{cases} \text{Feuilles de la tige linéaires, entières. . . . . .} \\ \text{. . . A. SESAMOÏDES. (Reseda sesamoïdes. All.)} \\ — Lieux~arides. — Bouron~près~Fontainebleau. — Juin- \\ septembre \text{(Vicomte DE FORESTIER). R. —} \end{cases}$$

Famille 12. CARYOPHYLLÉES. Juss.

Cal. ordinairement persistant, à 4-5 folioles ou à 4-5 divisions ; cor. de 4-5 pét. hypogynes, onguiculés, alternes avec les divisions du calice ; étam. en nombre égal ou double de celui des pétales ; ovaire libre ; 2-5 styles ; caps. à une ou plusieurs loges poly- spermes ; graines nombreuses, attachées à un placenta central ; périsperme farineux. — Herbes à tiges cylin- driques, articulées, à feuilles opposées et entières.

53. — GYPSOPHILA. *Gypsophile.* Cal. campanulé, à 5 lobes membraneux sur les bords ; 5 pét. à onglet très-court; 10 étam.; 2 styles ; capsule uniloculaire, polysperme, à 5 valves.

$\left\{\begin{array}{l}\end{array}\right.$ 1

Fleurs munies de quatre écailles à la base de leur calice. . . . . G. SAXIFRAGA.
— *Rocailles. — Fontainebleau. — Eté.* —
Fleurs sans écailles à leur base. . . . . G. MURALIS.
—*Sables et murs. — Eté.* —

54. — DIANTHUS. *OEillet.* Cal. tubuleux à 5 dents, muni à sa base de 2-4 écailles opposées, imbriquées ; 5 pét., dont l'onglet égale la longueur du calice ; 10 étam.; 2 styles ; capsule uniloculaire. — Les écailles (ou bractées) manquent quelquefois.

1 Fleurs agglomérées. 2
Fleurs solitaires. 4

2 Écailles plus longues que les fleurs. 3
Écailles plus courtes que le calice. . . . .
. . . . D. CARTHUSIANORUM.
— *OEillet des Chartreux ; cult. — Lisières des bois. —
Eté. —*

3 Feuilles glabres pointues. . . . . D. PROLIFER.
— *Coteaux arides. — Juin-juillet. —*
Feuilles pubescentes, un peu obtuses ; bractées aiguës. . . . . D. ARMERIA.
— *OEillet velu. — Lieux secs. — Eté. —*

4 Pétales très-laciniés multifides. . . . D. SUPERBUS.
— *Prés et bois. — Forêt de Pontarmé, Senlis. —
Eté. R. —*
Pétales crénelés, dentés ou échancrés. 5

5 Deux écailles calicinales. 6
Quatre écailles calicinales. 7

6 Tige longue de 30 à 60 centimètres ; fl. rougeâtres, en panicule nombreuse. . . . . D. DELTOÏDES.
—*Bois. — Eté. —*
Tige longue de 15 à 25 centimètres ; 1-2 fleurs blanches. . . . . D. BIFLORUS M. — *Id.*

7 {
Pétales crénelés ; feuilles entières ; bractées poin-
tues. . . . . D. CARYOPYILLUS.
— Œillet des jardins, œillet-giroflée. — *Murs.* — *Poissy.*
— *Été.* R. —
Pétales entiers ou à peine denticulés ; feuilles un
peu dentées ; point de bractées. . . . .
. . . . D. ARENARIUS. T. (D. integer. M.)
— *Lieux secs. — Été.* —

55. — **SAPONARIA.** *Saponaire.* Cal. tubuleux, à
5 dents, dépourvu d'écailles à sa base ; 5 pét. dont
l'onglet égale la longueur du calice ; 10 étamines ;
2 styles ; capsule uniloculaire.

1 {
Calice à cinq angles saillants. . . . . S. VACCARIA.
— *Moissons. — Été.* —
Calice cylindrique à dents aiguës ; pédoncules très-
courts. . . . . S. OFFICINALIS.
—Diurétique, sudorifique. — Blanchit le linge.—
—*Bords des chemins. — Été.* —

56. — **SILENE.** *Silène.* Cal. tubuleux, souvent
ventru, à 5 dents ; 5 pét. à limbe bifide, dont l'onglet égale la longueur du calice, et muni souvent d'é-
cailles à leur gorge ; 10 étam.; 3 styles ; capsule à
3 loges, s'ouvrant en six valves.

1 {
Calice glabre ; fleurs blanches, souvent monoïques.
. . . . S. INFLATA. (Cucubalus beben. L.)
— Behen blanc. — *Prés. — Été.* —
Calice velu.. 2

2 {
Pétales entiers. 3
Pétales échancrés ou bifides.. 5

3 {
Fleurs blanches ou verdâtres.. 4
Fleurs rougeâtres. . . . . S. CONOÏDEA.
— *Terrains sablonneux. — Été.* —

4 {
Fleurs solitaires, alternes, toujours hermaphrodites.
. . . . S. GALLICA.
— *Moissons.* — *Eté.* —
Fl. très-petites, comme verticillées et souvent dioï-
ques. . . . . . S. OTITES. (Cucubalus otites. L.)
— *Lieux arides.* — *Fontainebleau, Saint-Maur*, etc. —
Eté. —

5 {
Fleurs blanches ou jaunâtres. 6
Fleurs rouges. 8

6 {
Fleurs droites et solitaires sur leur pédoncule. . 7
Fleurs penchées ou pendantes, formant une panicule
lâche. . . . . S. NUTANS.
— *Bois.* — *Mai-juin.* —

7 {
Fleurs presque sessiles, formant un épi unilatéral.
. . . . S. ANGLICA.
— *Moissons.* — *Août.* —
Fleurs pédonculées et non en épi ; cal. très-renflé
après la floraison. . . . . S. NOCTIFLORA.
— *Champs.* — *Versailles, Villepreux.* — *Eté.* R. —
(Cette espèce a évidemment été semée.)

8 {
Calice marqué de stries nombreuses ; pétales rosés.
. . . . S. CONICA.
— *Sables.* — *Eté.* —
Cal. peu ou point strié ; pét. blancs, quelquefois rou-
geâtres seulement en dehors. . . . S. NUTANS.
— *Bois secs.* — *Mai-juin.* —

57. — **CUCUBALUS.** *Cucubale.* Cal. campanulé, à
5 dents ; 5 pét. onguiculés, à limbe bifide ; capsule
charnue, uniloculaire.

1 {
Fleurs blanches ou verdâtres. . . . . C. BACCIFER.
— *Champs cultivés.* — *Vincennes, Charenton*, etc. —
Eté. —

58. — **LYCHNIS.** *Lychnide.* Cal. tubuleux, à 5
dents ; 5 pét. onguiculés, munis ordinairement d'appendices à leur gorge ; 10 étam.; 5 styles ; capsule à
1 ou 5 loges.

1 { Capsule à une loge. 2
Capsule à cinq loges ; tige très-visqueuse au-dessous des articulations. . . . . L. VISCARIA.
— *Bois secs. — Juin-juillet.* —

2 { Pétales légèrement échancrés ou à 2 lobes. . . 3
Pétales bifides ou laciniés. 5

3 { Fleurs blanches, odorantes le soir. . . . L. DIOÏCA.
— *Compagnon blanc. — Chemins. — Eté.* —
Fleurs rouges ou rougeâtres. 4

4 { Cal. à 5 lanières dépassant les pétales ; gorge de la cor. nue. . . . L. GITHAGO. (Agrostema gith. L.)
—*Coquelourde. — Nielle des blés. —Moissons.—Eté.* —
Calice ventru à 5 divisions plus courtes que les pétales ; gorge de la corolle munie d'une petite collerette.. . . . . L. SYLVESTRIS.
— *Compagnon rouge — Buissons. — Eté. R.* —

5 { Tige cannelée, rougeâtre; fleurs en panicule lâche. . . . . L. FLOSCUCULI.
— *Coucou cultivé. — Prés humides. — Eté.* —
Tige ni cannelée, ni rougeâtre ; fleurs en corymbe serré.. . . . . L. CHALCEDONICA.
— *Croix de Jérusalem , cultivée.* —

59. — **ALSINE.** Cal. à 5 div.; 5 pét. bifides ou dentés ; 3-10 étam.; 3 styles ; capsule à 1 loge.

1 { Pédoncules inégaux, simulant une ombelle simple. . . . . A. UMBELLATA. (Holosteum umb. L.)
— *Lieux arides. — Printemps.* —
Pédoncules axillaires, solitaires ; tiges marquées de lignes de poils, allant d'un nœud à l'autre. . . . . A. MEDIA. (Stellaria med. Lin.)
— Mouron des oiseaux. Off., vulnéraire. — *Eté.* —

60. — **SAGINA.** *Sagine.* Cal. à 4-5 divisions ; cor. nulle, ou de 4-5 pét.; 4-5 étam.; capsule polysperme, uniloculaire, à 4-5 valves.
— Ce genre offre un très-bon aliment pour les moutons. —

1 { Tiges droites ou presque droites. 2
Tiges couchées.. . . . . S. PROCUMBENS.
— *Lieux humides. — Eté.* —

2 { Pédicelles glabres ; pét. entiers. . . . . S. ERECTA.
— *Lieux stériles. — Printemps.* —
Pédicelles pubescents ; corolle souvent nulle ou à pétales échancrés. . . . . S. APETALA.
— *Lieux humides. — Été.*

61. — **ELATINE.** Cal. à 3-5 divisions ; 3-5 pétales sans onglet ; 3-8 étam.; 3-4 styles ; capsules à 3-4 loges, à 3-4 valves.

1 { Fl. blanches ; cal. à 4 div.; souvent 8 étam. . 2
Fleurs roses ; calice à 3 divisions ; six étamines. E. HEXANDRA.
— *Marais de Saint-Léger. — Été.* R. —

2 { Feuilles verticillées. . . . . E. ALSINASTRUM.
— *Marais de Bondy. — Été.* R. —
Feuilles opposées. . . . . E. HYDROPIPER.
— *Mares de Fontainebleau. — Été.* R. —

62. — **SPERGULA.** *Spargoute.* Cal. à 5 divisions ; 5 pét. entiers ; 5-10 étam.; 5 styles ; capsule à 1 loge, à 5 valves.

1 { Feuilles verticillées, accompagnées de stipules. . 2
Feuilles opposées, sans stipules. 3

2 { Tiges velues ; graines nues. . . . . . S. ARVENSIS.
— *Cultivée, bon fourrage. — Sables. — Été.* —
Tiges presque glabres ; graines entourées d'une membrane. . . . . S. PENTANDRA — *Id.*

3 { Pétales de la longueur du calice ; feuilles en alêne, à pointe crochue. S. SUBULATA. (S. saginoïdes. T.)
— *Sables. — Saint-Léger. — Mai-juin.* R. —
Pétales plus longs que le calice. . . . S. NODOSA.
— *Sables humides. — Saint-Gratien, etc. — Été.* R —

63. — **STELLARIA.** *Stellaire.* Cal. à 5 divisions ; 5 pét. bifides ; 3-10 étam.; 3 styles ; capsule uniloculaire, à 6 valves.

1 { Pétales plus longs que le calice.. 2
Pétales plus courts que le calice, ou l'atteignant à **peine.**. 4

2 {
Feuilles lancéolées ou linéaires. . . . . - . . 3
Feuilles ovales-cordiformes.. . . . . . S. NEMORUM.
— *Bois ombragés.* — *Juin-juillet.* —

3 {
Feuilles rudes sur les bords ; folioles du calice sans nervures. . . . . S. HOLOSTEA.
— *Haies, taillis, etc.* — *Mai-juin.* —
Feuilles lisses sur les bords ; fol. du calice à 3 nervures. . . . . . S. GLAUCA. (S. graminea β. L.)
— *Prairies tourbeuses.* — *Juin-juillet.* —

4 {
Pétales à peu près égaux au calice ; feuilles lancéolées-aiguës. . . . . S. GRAMINEA.
— *Bois taillis.* — *Avril-mai.* —
Pétales de moitié plus courts que les divisions du calice ; feuilles ovales, obtuses.. . . . .
. . . . S. AQUATICA. (S. graminea γ. L.)
— *Marécages tourbeux.* — *Juin-juillet.* —

64. — **ARENARIA.** *Sabline.* Calice à 5 divisions ; 5 pétales entiers ; 5-10 étam.; 3 styles; capsule uniloculaire à 5-6 valves.

1 {
Feuilles sétacées. 2
Feuilles ovales.. 8

2 {
Feuilles munies de stipules scarieuses à leur base.
. . . . 3
Feuilles sans stipules. 5

3 {
Tige rameuse couchée; fleurs rouges. 4
Tige dressée ; fleurs blanches ; calice à nervure verte. . . . . A. SEGETALIS. (Alsine seg. L.)
— *Moissons.* — *Mai-juin.*—

4 {
Graines bordées d'une large membrane ; fleurs grandes. . . . . A. MARGINATA. (A. media. L.)
— *Sables.*—*Eté.*—
Graines nues, anguleuses. . . . . A. RUBRA. — *Id.*

5 {
Capsules à 3 valves entières. 6
Capsule à 6 dents. . . . . A. TRIFLORA.
— *Sables.* - *Saint-Maur.* — *Fontainebleau.* — *Eté.* R.—

6 { Divisions du calice plus longues que les pétales.   7
Divisions du calice plus courtes que les pétales. . .
. . . . A. SETACEA. T. (A. saxatilis. L.)
— *Fontainebleau.* — *Murs.* — *Roches et sables.* —
Eté. —

7 { Tige et feuilles glabres. . . . . A TENUIFOLIA.
— *Lieux secs.* — *Mai-juin.* —
Tige et feuilles chargées de nombreux poils vis-
queux. . . . . A. VISCIDULA. T.
— *Chemins-couverts.* — *Avril-mai.*—

8 { Pétales plus courts que les divisions du calice. .   9
Pét. plus longs que le calice. . . . . A. MONTANA.
— *Coteaux arides.* — *Mai-juin.* —

9 { Feuilles pétiolées, marquées de trois à cinq nervures ; capsules à six divisions profondes ; plante
dichotome. . . . . A. TRINERVIA.
— *Bois.* — *Juin-juillet.* —
Feuilles sessiles, sans nervures ; capsules à six dents
courtes. . . . . A. SERPYLLIFOLIA.
— *Murs.* — *Eté.* —

65. — CERASTIUM. *Céraiste.* Cal. à 5 divisions ;
5 pétales bifides ; 10 étam. (ou par avortement 5) ;
5 styles ; capsule globuleuse ou cylindrique, à 1 loge,
s'ouvrant au sommet en dix dents.

1 { Pétales plus longs que le calice.   2
Pétales égaux au calice ou plus courts.   5

2 { Pétales présentant une glande à la base de leur on-
glet. . . . . C. AQUATICUM.
— *Fossés fangeux.* — *Mai-juin.* —
Pétales dépourvus de glandes.   3

3 { Tiges, feuilles et calice couverts d'un duvet coton-
neux blanc, remarquable. . . . C. TOMENTOSUM.
— *Cultivé.* — *Fontainebleau, Bagatelle.* — *Eté.* R.—
Plante non tomenteuse.   4

4 {
Tige simple, dressée.. . . . . C. PRÆCOX? Tenore.
(C. litigiosum. Loiseleur-Deslongchamps.)
— *Champs. — Printemps.* —
Tiges nombreuses, étalées à la base. . . . . . .
. . . . C. ARVENSE. (C. repens T.-M.)
— *Bords des chemins. — Avril-mai.* —
}

5 {
Dix étamines.. 6
Cinq étamines ; folioles du calice scarieuses sur les
bords. . . . . C. SEMIDECANDRUM.
— *Murs, chemins, sables. — Mars-avril.* —
}

6 {
Pédicelles plus longs que le calice.. 7
Pédicelles ne dépassant pas la longueur du calice.
. . . . 8
}

7 {
Tige visqueuse ; pétales à peu près égaux aux divi-
sions du calice. . . . . C. VISCOSUM.
— *Sables. — Avril-mai.* —
Tige non visqueuse ; pét. de moitié plus courts que
le calice. . . . . C. BRACHYPETALUM. — *Id.*
— *Champs. — Été.* —
}

8 {
Feuilles ovales, lancéolées ; pédoncules portant un
petit nombre de fleurs. . . . . . C. VULGATUM.
— *Bords des chemins. — Été.* —
Feuilles ovales, obtuses ; fl..nombreuses, ramassées
en tête. . . . . C. GLOMERATUM? T.
— *Champs. — Mai-juin.* —
}

Famille 13. LINÉES. DC.

Cal. de 3-5 folioles ; cor. de 4-5 pét. hypogynes ;
8 ou 10 étam., dont la moitié stériles, réunies en anneau à la base ; ovaire libre ; 4-5 styles ; capsule globuleuse, à 8-10 valves repliées, qui forment des loges
1-spermes ; périsperme ordinairement nul. — Plantes
herbacées, à feuilles le plus souvent alternes et entières.

66. — LINUM. *Lin.* Cal. à 5 folioles ; 5 pét.; 10
étam., dont 5 stériles ; 5 styles ; caps. à 10 loges.

1 { Fleurs blanches, bleuâtres ou rougeâtres. . . . 2
   { Fleurs jaunes. . . . . L. GALLICUM.
      — *Lieux secs. — Mai-juin.* —

2 { Feuilles éparses ou alternes; fleurs bleuâtres ou
   {   rougeâtres. 3
   { Feuilles opposées; fleurs blanches.. 6

3 { Folioles du calice scarieuses sur les bords.. . . 4
   { Folioles du calice garnies de cils glanduleux; fleurs
   {   couleur de chair.. . . . . L. TENUIFOLIUM.
      —*Coteaux arides. — Juin-juillet.* —

4 { Tige rameuse dès la base.. 5
   { Tige simple ou rameuse, mais seulement vers le som-
   {   met.. . . . . L. USITATISSIMUM.
      — Off., émollient; indust.; cultivé. — *Juillet.* —

5 { Pétales trois fois aussi longs que les folioles du ca-
   {   lice.. . . . . L. ALPINUM.
   {   — *Roches de Mennecy* (Mérat). — *Eté.* R. —
   { Pétales à peine doubles des folioles du calice en
   {   longueur. . . . . L. ANGUSTIFOLIUM.
      — *Sables. — Mai-juin.* —

6 { Cinq pétales; calices à cinq folioles; tige haute de
   {   12 à 16 centimètres. . . . . . . L. CATHARTICUM.
   {   — *Off., purgatif. — Bois. — Eté.* —
   { Quatre pétales; cal. à 4 folioles; tige haute d'envi-
   {   ron 25 millimètres. . . . . . . RADIOLA (67).

67. — RADIOLA. Cal. à 4 fol. trifides; 4 pétales;
8 étamines, dont 4 stériles; 4 styles; caps. à 8 loges.

1 { Fleurs blanches, très-petites. . . . . R. MILLEGRANA.
   {   (Linum radiola. L. — Fl. fr.)
      — *Sables ombragés. — Juin-juillet.* —

Famille 14. MALVACÉES. DC.

Cal. ordinairement double, l'intérieur 1-phylle à
3-5 divisions, l'extérieur polyphylle ou 1-phylle à
3-9 divisions; 3-5 pétales hypogynes, libres ou sou-

dés à leur base ; étam. nombreuses, monadelphes, réunies en une espèce de colonne ; ovaire libre ; 1 ou plusieurs styles ; plusieurs stigmates ; fruit composé de capsules réunies en forme d'anneau ; périsperme nul. — Plantes herbacées ou ligneuses, feuilles alternes, dentées ou lobées, stipulées ; suc mucilagineux.

68. — MALVA. *Mauve.* Cal. double ; l'intérieur à 5 divisions, l'extérieur à 3 folioles ; capsules nombreuses, 1-spermes, indéhiscentes.

— Toutes les espèces de ce genre sont émollientes. —

1 — Pédoncules solitaires à l'aisselle des feuilles. . . . 2
Plusieurs pédoncules réunis dans l'aisselle des feuilles supérieures. 3

2 — Folioles du calice extérieur linéaires ; capsules velues. . . . . M. MOSCHATA.
— *Bois humides. — Mai-juin.* —
Folioles du calice extérieur ovales ; capsules glabres. . . . . M. ALCEA. — *Id.* — *Eté.* —

3 — Tiges couchées ; fleurs petites ; folioles du calice extérieur très-étroites. . . . . . . M. ROTUNDIFOLIA.
— Petite mauve. — *Bords des chemins. — Eté.* —
Tige dressée ; fleurs grandes (25 à 50 millimètres de diamètre) ; folioles du calice extérieur ovales-lancéolées. . . . . M. SYLVESTRIS.
— Grande mauve. — *Haies. — Eté.* —

69. — ALTHÆA. *Guimauve.* Cal. double : l'intérieur à 5 divisions, l'extérieur à 6 ou 9 ; capsules nombreuses, monospermes, indéhiscentes.

1 — Capsules entourées d'un rebord membraneux et sillonné. . . . . A. ROSEA.
— Passe-rose ; Rose-trémière ; Bâton de Saint-Jacques, cultivée. — *Été.* —
Capsules non bordées. 2

8.

2 {
Tige dressée, haute de 60 centimètres à 1 mètre ; feuilles crénelées. . . . . A. OFFICINALIS.
— Émolliente ; cultivée. — Industrie ; filasse. — *Été.* —
Tige étalée, haute de 30 centimètres environ ; feuilles à trois lobes profonds.. . . . . . A. HIRSUTA.
— *Buissons.* — *Coteaux secs.* — *Été.* —
}

Famille 15. TILIACÉES. Juss.

Cal. à 4-5 divisions ; cor. de 4-5 pét. entiers ; étam. nombreuses, hypogynes, libres ; ovaire simple, surmonté d'un style et d'un ou plusieurs stigmates ; capsule à plusieurs loges polyspermes ; périsperme charnu. — Plantes le plus souvent ligneuses, à feuilles alternes, simples et stipulées.

70. — **TILIA**. *Tilleul.* Cal. caduc, à 5 divisions ; cor. à 5 pét. ; étam. nombreuses ; ovaire globuleux, velu, à 5 loges dispermes ; 1 style ; stigmate en tête : fruit coriace, indéhiscent, réduit, par avortement, à loge 1-2-sperme.

1 {
Feuilles velues en dessous, larges de 75 millimètres. . . . . T. PLATYPHYLLOS. (T. europæa α. L.)
— Fl. antispasmodiques. — Bois : industrie. — *Été.* —
Feuilles presque glabres, larges de 50 millimètres environ. . . T. MICROPHYLLA (T. europæa γ. L.)
}

Famille 16. HYPÉRICINÉES. DC.

Cal. à 4-5 divisions ; cor. de 4-5 pét. hypogynes ; étam. nombreuses ; réunies en faisceaux par leurs filets ; ovaire simple, libre ; 3-5 styles ; fruit polysperme, rarement charnu, à plusieurs valves et à plusieurs loges ; graines nombreuses insérées sur le bord des valves ou sur un placenta central ; périsperme nul. — Plantes herbacées ou ligneuses, à feuilles simples,

opposées, presque toujours munies de vésicules trans-
parentes. — Fleurs jaunes.

71. — **ANDROSÆMUM**. *Androsème*. Cal. à 5 divisions; 5 pét.; étam. réunies en 5 faisceaux; 3 styles;
baie à une loge polysperme, à 3 placentas.

1 {
Fleurs jaunes. . . . .
. . . . A. OFFICINALE (Hypericum androsæmum. L.)
— Toute-saine; Vulnéraire. — *Bois de Fontainebleau,
côte de Valvins*, etc. — *Mai-juillet*. R. —
}

72. — **HYPERICUM**. *Millepertuis*. Cal. à 5 div.;
5 pét.; étam. réunies en 5 faisceaux ; 3–5 styles ; capsules à 3 loges polyspermes.

1 {
Divisions du calice bordées de dents glanduleuses
et ciliées. 2
Divisions du calice entières.. 5
}

2 {
Tiges et feuilles velues. 3
Tiges et feuilles glabres. 4
}

3 {
Tige ferme, dressée. . . . . H. HIRSUTUM.
　　　　— *Bois.*— *Juin-juillet.* —
Tige faible, couchée. . . . . H. ELODES.
　　— *Marais de Saint-Léger*, etc. — *Id.* —
}

4 {
Feuilles ovales-allongées, bordées de points noirs
glanduleux.. . . . . H. MONTANUM.
　　— *Collines ombragées.* — *Juin-juillet.*—
Feuilles cordiformes, non bordées de points noirs
ou glanduleux.. . . . . H. PULCHRUM.
　　— *Bois secs.* — *Juin-juillet.* —
}

5 {
Tiges fortes, dressées. 6
Tiges filiformes, couchées ; feuilles marquées de
points noirs. . . . . H. HUMIFUSUM.
　　— *Coteaux boisés.* — *Juin-juillet.* —
}

6 {
Tige cylindrique. . . . . H. PERFORATUM.
　　— Off., vulnéraire. — *Prés et bois.* — *Eté.* —
Tige sensiblement quadrangulaire. H. QUADRANGULUM.
　　　　　　(H. tetrapterum. Fries. — *Id.*
　　— *Bois humides.* — *Juin-juillet.* —
}

Famille 17. ACÉRINÉES. DC.

Cal. de 4-9 divisions; cor. de 4-9 pétales, quelquefois nulle; 5-12 étam. (le plus souvent 8) hypogynes; ovaire libre à 2 lobes; 1 style; 2 stigmates; fruit formé de 2 capsules divergentes, comprimées, munies d'ailes membraneuses; périsperme nul. — Arbres à feuilles opposées, ordinairement simples.

73. — **Acer.** *Érable.* Cal. à 5 divisions; 5 pét.; 7-9 étam.; 1 style; 2 stigmates pointus. — Fleurs polygames; feuilles simples.

1 { Feuilles à cinq lobes aigus, dentés.. 2
{ Feuilles à lobes obtus.. 3

2 {
Fleurs d'un beau jaune, en corymbes redressés; pédoncules glabres. . . . . . . A. PLATANOÏDES.
— E. plane; platane; Faux sycomore; cultivé. —
Fin mars. —
Fleurs verdâtres, en grappes pendantes; pédoncules velus. . . . . A. PSEUDO-PLATANUS.
— Erable sycomore; cultivé. — *Avril-mai.* —

3 {
Fruit glabre, à ailes presque parallèles; fleurs en corymbe. . . . . A. OPULIFOLIUM.
— E. obier. — *Bois.* — *Avril.* —
Fruit pubescent, à ailes très-divergentes; fleurs en grappe. . . . . A. CAMPESTRE.
— *Bois et haies.* — *Avril.* —

Famille 18. HIPPOCASTANÉES. DC.

Cal. campanulé, à 5 lobes; cor. irrégulière de 4-5 pétales hypogynes; 7-8 étam. libres, inégales, insérées sur un disque hypogyne; ovaire à 3 lobes; 1 style aigu; capsule à 2-3 valves, à 2-3 loges 1-2 spermes; périsperme nul. — Arbres à feuilles opposées, palmées.

74. — ÆSCULUS. *Marronnier d'Inde.* Caractères de la famille.

1 { Fl. d'un blanc sale, tachetées de rouge; fr. chargé de piquants. . . . . Æ. HIPPOCASTANUM.
— Off., fébrifuge; cultivé. — *Avril-mai.* —

Famille 19. VINIFÈRES. Juss.

Cal. court, entier ou légèrement denté; cor. de 4-5 pétales hypogynes, élargis à la base; 4-5 étam. opposées aux pétales, insérées sur un disque hypogyne; ovaire libre; 1 style très-court ou presque nul: baie globuleuse, à une ou plusieurs loges, à une ou plusieurs graines osseuses; périsperme nul. — Arbrisseaux sarmenteux et grimpants, à feuilles inférieures opposées, les supérieures alternes, opposées aux pédoncules, qui se changent quelquefois en vrilles.

75. — VITIS. *Vigne.* Cal. à 4-5 dents; 5 pétales souvent adhérents par le sommet; 5 étam.; style nul; ovaire à 1-2 loges; baie à 1 loge, à 4 ou 5 graines. — Feuilles simples, découpées.

1 { Fleurs verdâtres, en grappe. . . . . . V. VINIFERA.
— Fruit off., alimentaire; cultivé. — *Juin.* —

Famille 20. GÉRANIÉES. Juss.

Cal. persistant, à 5 divisions ou à 5 folioles; cor. de 5 pét. hypogynes; 10 étam. à filaments soudés à la base, quelquefois stériles; ovaire libre; 1 style; 5 stigmates; fruit tantôt simple, à 5 loges, tantôt formé de 5 coques prolongées en arêtes; graines solitaires ; périsperme nul. — Herbes ou sous-arbrisseaux à tiges noueuses, articulées, à feuilles découpées et munies de stipules membraneuses.

76. — **Geranium.** Cal. à 5 folioles égales ; 5 pét. égaux ; 10 étam. fertiles, dont 5 plus grandes, portant chacune une glande à leur base ; 5 capsules monospermes, surmontées d'arêtes glabres sur leur face interne, se roulant avec élasticité, de la base vers le sommet de l'axe central, lors de la maturité.

1 { Pédoncules uniflores. . . . . G. SANGUINEUM.
      — Bois sablonneux. — Mai-juin. —
  Pédoncules portant au moins deux fleurs. . . . 2

2 { Graines lisses. 3
  Graines chagrinées. 6

3 { Capsules plissées ou ridées. 4
  Capsules sans plis, ni rides. 8

4 { Pétales entiers. 5
  Pétales bifides, échancrés ou crénelés. . . . G. MOLLE.
      — Lieux arides. — Mai-juin. —

5 { Tige glabre ; calice glabre, strié en travers ; fleurs
    rouges. . . . . G. LUCIDUM.
      — Murs et rocailles. — Mai-juin. —
  Tige velue ; calice velu, non strié en travers ; fleurs
    roses ou blanches. . . . G. ROBERTIANUM. — *Id.*
  — Herbe à Robert ; Épingles à la Vierge. — Off., astrin-
    gente. — Odeur fétide. — Été.

6 { Pétales échancrés. 7
  Pétales entiers. . . . . G. ROTUNDIFOLIUM.
      — Coteaux cultivés. — Avril-juin. —

7 { Pédoncules plus longs que les feuilles, dont les
    lobes sont pinnatifides. . . . . . G. COLUMBINUM.
    — Haies et bords des bois. — Mai-juillet. —
  Pédoncules plus courts que les feuilles, dont les lobes
    sont trifides. . . . . G. DISSECTUM. — *Id.*

8 { Pétales entiers. . . . . **G** PRATENSE.
       — Prés humides. — Eté. —
    { Pétales échancrés au sommet.. . . . . **9**

9 { Tige droite ; pétales beaucoup plus longs que le
       calice. . . . . **G.** PYRENAÏCUM.
       — Bois de Boulogne, Neuilly, etc. — Eté. —
    { Tige couchée ; pétales à peu près égaux en longueur
       aux divisions du calice. . . . . . . **G.** PUSILLUM.
       — Champs cultivés. — Eté. —

77. — ERODIUM. Cal. de 5 fol. égales ; 5 pétales réguliers ou irréguliers ; 10 étam., dont 5 stériles et 5 fertiles, ces dernières munies de glandes à leur base ; capsules surmontées d'arêtes velues sur leur face interne.

1 { Feuilles à folioles sessiles, peu odorantes. . . . . .
      . . . . E. CICUTARIUM. (Geranium cicut. **L.**)
      — Bec-de-grue. — Sables. — Avril-juin. —
    { Feuilles à folioles pétiolées, et exhalant une forte
      odeur de musc. . . . E. MOSCHATUM. (G. mosch. **L.**)
      — Magny. — Lieux arides. — Eté. R. —

Famille 21. BALSAMINÉES. A. Richard.

Cal. à 2 fol. courtes, caduques ; cor. de 4 pét. hypogynes, dont le supérieur voûté, l'inférieur prolongé en éperon à sa base, les deux latéraux à 2 lobes ou à 2 appendices ; 5 étam. à anthères conniventes ; ovaire libre ; style nul ; 5 stigmates distincts ou réunis en un seul ; capsules à 5 loges, à 5 valves se roulant avec élasticité ; graines nombreuses attachées à un placenta central ; périsperme nul. — Plantes herbacées d'une texture délicate.

78. — IMPATIENS. *Impatiente.* 5 stigmates soudés ou libres ; capsules glabres. — Feuilles alternes.

1. { Fl. jaunes ; stigmates soudés. . . . I. NOLI-TANGERE.
— *Bois humides.* — *Versailles.* — *Été.* R. —
. Fleurs roses, violettes ou blanches ; stigmates dis-
tincts, libres.. . . . . I. BALSAMINA.
— Balsamine cultivée. —

Famille 22. OXALIDÉES. DC.

Cal. à 5 fol. persistantes ; cor. de 5 pét. hypogynes,
égaux, adhérents entre eux par leur onglet ; 10 étam.
réunies par la base de leurs filets ; 1 ovaire libre ;
5 styles ; capsule à 5 angles, à 5 loges, à 5-10 valves ;
graines munies d'un arille qui s'ouvre avec élasticité ;
périsperme cartilagineux. — Herbes ou sous-arbrisseaux.

79. — **OXALIS.** *Oxalide.* Cal. à 5 folioles ; 5 pétales ; 10 étam. monadelphes, dont 5 plus courtes ;
5 styles ; capsule pentagone, oblongue ou cylindrique.
— Herbes vivaces.

1 { Tige simple ou rameuse. 2
·Hampe munie de deux bractées ; feuilles et pédoncules radicaux.. . . . . O. ACETOSELLA.
— Surelle. — Off., rafraîchissante. — Industr.: sel
d'oseille. — *Lieux couverts.* — *Printemps.* —

2 { Pétales échancrés ; feuilles velues ; tiges couchées,
flexueuses.. . . . . O. CORNICULATA.
— Alleluia. *Champs cultivés.* — *Mai-septembre.* R. —
Pét. entiers ; feuilles glabres. . . . . O. STRICTA.
— *Coteaux de Marcoussis, Mennecy, Saint-Cloud.*
— *Id.* R. —

Famille 23. RUTACÉES. Juss.

Cal. à 3-4-5 divisions ; cor. de 3-4-5 pétales, rarement nulle ; étam. le plus souvent en nombre double
de celui des pétales ; ovaire libre : 1 style ; fruit à

plusieurs loges ou à plusieurs capsules; périsperme ordinairement charnu. — Plantes glandulifères.

80.— RUTA. *Rue.* Cal. persistant à 4-5 divisions; 4-5 pétales onguiculés, creusés en cuiller; 8-10 étam.; 8-10 pores nectarifères à la base de l'ovaire; capsule globuleuse à 4-5 loges, s'ouvrant entre les valves. — Feuilles alternes.

Fleurs jaunes; pédoncules plus longs que le **fruit**; lobe terminal des feuilles obtus. . R. GRAVEOLENS. —Off., emménagogue.— *Carrières de Gouvieux.* — *Juillet-août.* R. —
Fleurs verdâtres; pédoncules courts; lobes des feuilles pointus. . R. MONTANA (R. sylvestris. Miller).—*Id.*

2e SOUS-CLASSE. CALICIFLORES.

Calice monophylle; pétales et étamines insérés sur le calice; corolle polypétale ou monopétale; **ovaire libre ou adhérent au calice.**

Famille 24. CÉLASTRINÉES. Br.

Cal. à 4-6 divisions; 4-6 pét. alternes avec les divisions du calice; étam. en nombre égal aux pétales et alternes avec eux; ovaire libre, à 2-3-4 loges, monospermes ou polyspermes; style unique ou nul; fruit variable; périsperme nul ou charnu. — Arbres.

81. — EVONYMUS. *Fusain.* Cal. à 4-6 divisions planes, muni d'un disque en bouclier à sa base; 4-6 pét. ouverts, insérés sur le disque; 4-6 étam. portées chacune sur une glande saillante au-dessus **du** disque; 1 style; capsules à 3-5 loges, à 3-5 angles; graines revêtues d'une tunique pulpeuse colorée. — Feuilles simples, opposées, non persistantes.

1 { **Fleurs** blanchâtres; fr. rouge-orangé. E. EUROPÆUS.
{ — Bonnet-de-prêtre; Bonnet-carré. Off., purgatif. —
{ Industriel. — *Bois.* — *Mai-juin.* —

82. — **ILEX.** *Houx.* Cal. persistant, à 4-5 dents. 4-5 pétales soudés à la base ; 4-5 étam.; 4-5 stigmates sessiles; baie arrondie; à 4 ou 5 noyaux monospermes. —Feuilles simples, persistantes, à dents épineuses.

1 { Fleurs blanchâtres; fruit rouge. . . I. AQUIFOLIUM.
{ — Off., fruit purgatif; Racine et écorce émollientes. —
{ Industrie : glu.— *Bois.* —*Avril-mai.* —

Famille 25. RHAMNÉES. Br.

Cal. adhérent à l'ovaire; à 4-5 divisions; cor. de 4-5 pétales, rarement nulle ; 4-5 étam. opposées aux pétales; ovaire tout à fait ou à moitié adhérent; 1 style; 2-4 stigmates; fruit capsulaire ou bacciforme, à plusieurs loges monospermes; périsperme charnu ou nul. — Plantes ligneuses, à feuilles simples.

83. — **RHAMNUS.** *Nerprun.* Cal. à 4-5 divisions; 4-5 pét. (nuls quelquefois); baie à 2-4 loges, à 2-4 graines munies d'un ombilic cartilagineux à leur base. — Fleurs souvent unisexuelles.

{ Arbrisseaux épineux. . . . . . . : . R. CATHARTICUS.
{ —Off., purgatif. — *Haies, broussailles.* — *Mai.* —
1 { Arbrisseaux non épineux. . . . . . R. FRANGULA.
{ — Bourdaine.— Industrie : vert de vessie. — *Bois.* —
{ *Id.* —

Famille 26. LÉGUMINEUSES. Juss.

Cal. monophylle, ordinairement à 5 dents; cor. à 5 pét., tantôt régulière (dans les genres exotiques), tantôt irrégulière, papillonacée; les pét. inférieurs, rapprochés ou réunis, forment une espèce de nacelle (*carène*); les deux latéraux ont reçu le nom d'*ailes*; et le supérieur, qui enveloppe les autres avant la floraison, porte le nom d'*étendard*; étam. le plus souvent au nombre de 10, réunies par leurs filets en 1 ou 2 faisceaux (9 dans l'un et 1 dans l'autre); ovaire simple, libre; 1 style; fruit bivalve (*gousse*), à une ou plusieurs loges, graines attachées à une seule des sutures latérales; périsperme nul. — Plantes à feuilles alternes, stipulées.

** Étamines monadelphes.*

84. — **ULEX.** *Ajonc.* Cal. à 2 lèvres, l'une à 2, l'autre à 3 dents, muni de 2 bractées à sa base; carène à 2 pét. distincts; gousse renflée, velue, renfermant peu de graines. — Fleurs jaunes.

1 {
Feuilles glabres. . . . . **U. NANUS.**
  — *Pelouses sèches.* — *Septembre-octobre.* —
Feuilles pubescentes. . . . . **U. EUROPÆUS.**
—Ajonc marin, Landier, Vigneau, Vignon.—Bon aliment pour les bestiaux; cult. — *Landes.* — *Avril.* —

85. — **GENISTA.** *Genêt.* Cal. à 2 lèvres, l'inférieure à 3, la supérieure à 2 dents; carène pendante, laissant à découvert les organes sexuels; gousse oblongue. — Fleurs jaunes.

1 {
Rameaux épineux. . . . . **G. ANGLICA.**
  — *Côtes arides.* — *Été.* —
Rameaux non épineux. **2**

2 {
Branches bordées d'ailes foliacées; fl. en épi très-court. . . . . **G. SAGITTALIS.**
  — *Bois de Boulogne, Saint-Léger*, etc. — *Mai.* R. —
Branches non bordées d'ailes foliacées. **3**

3 {
Calice à deux lèvres ou à cinq dents. **4**
Calice déjeté d'un seul côté. . . . . . . **G. JUNCEA.**
  — Genêt d'Espagne; cultivé. — *Été.* —

4 {
Pédicelles plus courts que les feuilles florales. . 5
Pédicelles sensiblement plus longs que les feuilles florales. . . . . G. PROSTRATA.
— *Coteaux pierreux.* — *Environs de Mantes*, etc. — *Mai.* —
}

5 {
Corolle et gousse glabres. . . . . . . G. TINCTORIA.
— Genêtrelle. — *Prés humides.* — Off., contre la rage ? — Industrie, teinture en jaune. — *Été.* —
Corolle et gousse soyeuses. . . . . G. PILOSA.
— *Bruyères.* — *Collines de Fontainebleau.* — *Mai.* —
}

86. — **CYTISUS.** *Cytise.* Cal. à 2 lèvres, la supérieure entière ou à 2 dents, l'inférieure à 5 ; carène droite, enveloppant complétement les organes sexuels ; gousse comprimée, rétrécie à sa base. — Feuilles à 3 folioles ; fleurs jaunes.

1 {
Feuilles supérieures simples. . . . C. SCOPARIUS.
Link. (Genista scoparia. Fl. fr.)
—Industrie : balais.— *Bois secs.*— *Printemps.*—
Toutes les feuilles à trois folioles. 2
}

2 {
Arbre à fleurs disposées en longues grappes pendantes. . . . . C. LABURNUM.
— Faux ébénier ; cultivé. — *Mai.* —
Arbrisseau à fleurs en tête. . . . . . . C. SUPINUS.
— *Côtes de Valvins.* — *Juin-juillet.* R. —
}

87. — **ONONIS.** Cal. campanulé, à 5 divisions linéaires ; étendard strié ; gousse renflée, sessile, renfermant un petit nombre de graines. — Feuilles à 3 folioles ; fleurs jaunes ou rougeâtres.

1 {
Fleurs jaunes. 2
Fleurs roses ou purpurines. 3
}

2 {
Fleurs presque sessiles ; gousse ovoïde, pubescente. . . . . O. COLUMNÆ. All.
— O. parviflora. Fl. fr. — O. minutissima. Jacq.-T. —
Coteaux arides de Saint-Maur, etc. — *Été.* R. —
Fl. pédonculées ; gousse allongée, velue ; plante d'une odeur forte. . . . . O. NATRIX.
— *Coteaux arides de Sèvres.* — *Été.* R. —
}

3 {
Tiges couchées, dont les rameaux sont presque tou-
jours épineux. . . . . O. ARVENSIS.
— Arrête-bœuf, Bugrane. Off., apéritif. — *Champs.* —
Été. —
Tiges élevées de 60 centim. à 1 mètre, mais jamais
épineuses.. . . . . O. ALTISSIMA (O. hircina. Jacq.)
— *Bois de Saint-Germain.* — *Été.* R. —

88. — ANTHYLLIS. *Anthyllide.* Cal. ovale-oblong,
renflé dans le milieu, à 5 dents ; gousse à 1-2 graines,
renfermée dans le calice. Feuilles à foliole impaire plus
grande que les autres.

1 {
Fl. jaunes ; bractées digitées. . . . A. VULNERARIA.
— Vulnéraire. Off., pour les contusions. — *Saint-Maur,
Bougival,* etc. — *Prés élevés.* — *Été.* R. —

** *Étamines diadelphes.*

99. — MEDICAGO. *Luzerne.* Cal. presque cylindrique, à 5 divisions égales ; carène un peu écartée de
l'étendard ; gousse polysperme, falciforme, ou contournée en spirale. — Fleurs jaunes, violettes ou
bleuâtres.

1 {
Plantes herbacées. 2
Arbuste. . . . . M. ARBOREA.
— Cytise de Virgile ; cultivé. — *Été.* —

2 {
Gousses falciformes, ou ne décrivant qu'un seul tour
de spirale. 3
Gousses décrivant plusieurs tours de spirale. . . 6

3 {
Stipules entières. 4
Stipules dentées. . . . . M. LUPULINA.
— Minette, Petit trèfle jaune ; bon fourrage. — *Terres
cultivées.* — *Bords des chemins.* — *Mai-septembre.* —

4 {
Folioles ovales-oblongues, denticulées. 5
Folioles cunéiformes. . . . . M. FALCATA.
— *Prés secs.* — *Été.* —

5 { Fleurs jaunes. . . . . M. WILLDENOWII.
      — *Prés secs et sablonneux. — Eté. —*
    Fleurs violettes. . . . . M. SATIVA.
      — *Bon fourrage. — Prés. — Eté. —*

6 { Gousses glabres.. . . . . **7**
    Gousses pubescentes.. . . . . **11**

7 { Gousses épineuses.. . . . . **8**
    Gousses non épineuses.. . . . . . . **10**

8 { Pédoncules portant 1-4 fleurs.. . . . . **9**
    Péd. portant 5-8 fleurs. . . . . . M. APICULATA.
      — *Moissons. — Printemps. —*

9 { Feuilles glabres; péd. à 1-2 fleurs.. . M. MACULATA.
      — *Prés humides. — Eté. —*
    Feuilles chargées de poils mous et couchés; pédon-
      cules à 5-8 fleurs.. . . . . . . M. MURICATA.
      — *Champs. — Eté. —*

10 { Tige et pétioles glabres. . . M. ORBICULARIS. — *Id*.
     Plante pubescente. . . . . . . M. SCUTELLATA.
      — *Moissons. — Eté. B. —*

11 { Stipules entières ou légèrement dentées. . . . **12**
     Stip. profondément découpées. . . . M. VILLOSA.
       (M. hirsuta. T. — M. Geraldi. W.) — *Eté*.

12 { Tige glabre; gousse formant 5-6 tours de spirale.
       . . . . M. RIGIDULA. — *Id*.
     Tige velue, blanchâtre; gousse formant 1-4 tours
       de spirale. . . . . M. MINIMA.
       — *Lieux arides. — Eté. —*

90. — TRIGONELLA. *Trigonelle.* Cal. campanulé,
à 5 divisions; carène très-petite; ailes et étendard ouverts, simulant une corolle à 3 pétales égaux; gousse
pointue, polysperme.

1 { Fleurs jaunes fort petites.. . . . . T. MONSPELIACA.
      — *Sables, bois de Boulogne, Point-du-Jour, etc. —*
      Mai-juin. —

91. — MELILOTUS. *Mélilot.* Cal. tubuleux à 5
dents; carène courte, d'une seule pièce; gousse plus
longue que le calice. — Feuilles ailées à 3 folioles;
fleurs en grappe.

1 { Fleurs jaunes ; calice gibbeux.. . . . . **2**
{ Fleurs blanches ; calice non gibbeux. . . . . . .
{ . . . . M. LEUCANTHA. (M. alba. T.)
{ — Emollient. — *Bois, champs.* — *Été.* —

2 { Calice à dents égales ; fruit glabre. . . . . . .
{ . . . . M. KOCHIANA. — *Id.*
{ Calice à dents inégales ; fruit pubescent ; fleurs aro-
{ matiques. . . . . . . M. OFFICINALIS. — *Id.*

92. — **TRIFOLIUM.** *Trèfle.* Cal. tubuleux, persistant, à 5 divisions ; carène d'une seule pièce, plus
courte que l'étendard et les ailes ; gousse très-petite,
à 1-2 graines, renfermée dans le calice. — Fleurs en
tête ; feuilles ternées.

Toutes les espèces de ce genre sont un bon aliment pour les
bestiaux.

1 { Fleurs jaunes. **2**
{ Fl. blanchâtres, jaunâtres ou rougeâtres. . . . **5**

2 { Foliole impaire sessile, ou insérée. avec les deux
{ latérales.. . . . . **3**
{ Fol. impaire pétiolée, où les deux latérales insérées
{ au-dessous d'elle. **4**

3 { Tige droite ; 20-40 fleurs en tête. . T. AGRARIUM.
{ — *Prés et bois.* — *Ville-d'Avray ; côte de Champagne*, etc.
{ — *Été.* R. —
{ Tige couchée ; 8-10 fleurs en tête ; pédoncule bien
{ plus long que le capitule. . . . . T. PARISIENSE.
{ — *Prés humides.* — *Saint-Gratien*, etc. — *Été.*

4 { Étendards striés ; fleurs jaunes, brunissant dans
{ l'herbier. . . . . T. PROCUMBENS.
{ — *Prés secs.* — *Bords des bois.* — *Printemps.* —
{ Étendards lisses ; fl. toujours jaunes. T. FILIFORME.
{ — *Bois et prés.* — *Été.* —

5 { Calice glabre.. . . . . **6**
{ Calice velu ou cilié.. . . . . **10**

6 { Folioles ovales, élargies. **7**
{ Folioles oblongues, linéaires. . . . . . T. STRICTUM.
{ — *Mares de Fontainebleau.* — *Été.* R. —

7 { Tige pleine, couchée ou rampante. 8
  { Tige fistuleuse, dressée. . . . . T. MICHELIANUM.
      — Prés humides de Palaiseau. — Mai. R. —

8 { Fleurs pédonculées. 9
  { Fleurs sessiles. . . . . T. GLOMERATUM.
      — Prés secs et pierreux. — Juin. R. —

9 { Stipules sétacées, entières. . . . . . T. ELEGANS.
  {   *— Bois. — Juin-juillet. —*
  { Stip. engaînantes, déchirées. . . . . . T. REPENS.
      — Trèfle blanc. — Triolet. — Prés. — Eté. —

10 { Calice très-renflé et rougissant après la fleuraison.
   { . . . . T. FRAGIFERUM.
   {   *— Trèfle-fraise. — Chemins. — Eté. —*
   { Calice non renflé après la fleuraison. 11

11 { Fleurs blanches ou jaunâtres. 12
   { Fleurs rouges ou rougeâtres. 16

12 { Dents du calice égales. 13
   { Dents du calice inégales. 15

13 { Tête de fleurs, pédonculée. 14
   { Tête de fleurs, sessile. . . . . . . T. SCABRUM.
   {   *— Sables arides. — Printemps. —*

14 { Folioles cordiformes. . . . . . . T. SUBTERRANEUM.
   {   *— Chemins. — Ville-d'Avray. — Printemps.* R. —
   { Folioles ovales allongées. . . . . . . T. MONTANUM.
   {   *— Bois secs. — Juillet. —*

15 { Fleurs d'un jaune pâle. . . . . . T. OCHROLEUCUM.
   {   *—Prés humides. — Juin-juillet. —*
   { Fl. blanches ou rougeâtres. . . . . . T. PRATENSE.
   {   *— Cultivé. — Prés. — Eté. —*

16 { Fleurs en épi cylindrique. 17
   { Fleurs en tête arrondie. 19

17 { Folioles étroites ou linéaires. 18
   { Folioles arrondies ou cordiformes ; fl. roses à éten-
   {   dard presque blanc. . . . . . . T. INCARNATUM.
   { *— Trèfle rouge. — Farouche. — Cultivée. — Printemps. —*

18 { Folioles glabres; calice glabre, à dents très-inégales. . . . . T. RUBENS.
       — *Bois.* — *Juin-juillet.* —
Folioles velues; calice très-velu, à dents presque
égales . . . . T. ARVENSE.
       — *Pied-de-lièvre.* — *Sables.* — *Été.* —

19 { Divisions du calice égales. 20
Divisions du calice inégales. 22

20 { Divisions du calice très-velues, plus longues que le
tube. 21
Divisions du calice peu velues, plus courtes que le
tube. . . . . T. STRIATUM.
       — *Sables ombragés.* — *Printemps.* —

21 { Tiges couchées; folioles ovales oblongues, ...
. . . . T. CILIOSUM. (T. diffusum. Wild.)
Tiges droites; folioles linéaires. . . . . T. ARVENSE.
       — *Champs sablonneux.* — *Été.* —

22 { Dents du calice droites. 23
Dents du calice déjetées en dehors. . . . .
. . . . T. SQUARROSUM. (T. dipsaceum. T.)
       — *Marcoussis.* — *Étangs et bois humides.* — *Été.* —

23 { Calice velu, à dents ciliées. . . . . . T. PRATENSE.
       — *Cultivé.* — *Prés.* — *Été.* —
Calice glabre, à dents ciliées. . . . . . T. MEDIUM.
       — *Bois.* — *Mai-juin.* —

93. — **LOTUS.** *Lotier.* Seringe. Cal. tubuleux, à
5 divisions; ailes de la corolle presque égales à l'é-
tendard; carène en forme de bec; style droit; stigmate subulé; gousse cylindracée ou comprimée, dépourvue d'ailes ou de bordures foliacées.

1 { Fleurs jaunes devenant vertes par la dessiccation. .
. . . . L. CORNICULATUS.
       — *Collines sèches.* — *Été.* —

Le *L. villosus* n'est qu'une variété qui se trouve dans les prés
humides.

94. — **TETRAGONOLOBUS.** Scopoli. Cal. tubuleux,
à 5 divisions; ailes de la corolle plus courtes que l'é-

tendard; carène en forme de bec; style flexueux; stigmate infundibuliforme, se terminant en un bec oblique; gousse cylindracée, bordée de 4 ailes foliacées.

1 { Fleurs jaunes. . . . . T. SILIQUOSUS. Roth.
(Lotus siliquosus. L. — Fl. fr.)
— *Prés humides.* — *Eté.* —

95. — GALEGA. *Galéga.* Cal. campanulé, à 5 dents pointues presque égales; gousse droite, comprimée, souvent bosselée par la saillie des graines. — Feuilles ailées.

1 { Fleurs blanches, rosées ou bleuâtres; gousses dressées. . . . . G. OFFICINALIS.
— Rue de chèvre; sudorifique; cultivée dans les jardins.
— *Taillis.* — *Sèvres.* — *Eté.* R. —

96. — ROBINIA. *Robinier.* Cal. petit, campanulé, à 4 dents très-courtes; style velu à sa face antérieure; gousse oblongue, comprimée, polysperme. — Arbres ou arbrisseaux à feuilles ailées.

1 { Fleurs blanches. . . . . R. PSEUDO-ACACIA.
— Faux Acacia; cult.; bon bois à tourner. —
Fleurs roses. 2

2 { Arbre à rameaux visqueux. . . . . . . R. VISCOSA.
— Cultivé. — *Mai-juin.* —
Arbrisseaux à rameaux non visqueux, hérissés de poils. . . . . R. HISPIDA.
— Cultivé. — *Mai-juin.* —

97. — COLUTEA. *Baguenaudier.* Cal. à 5 dents; carène obtuse; style barbu en dessous; gousse vésiculeuse, à 1 loge polysperme. — Feuilles ailées.

1 { Fleurs jaunes. . . . . C. ARBORESCENS.
— Faux Séné. — Cultivé. — *Juin-juillet.* —

98. — ASTRAGALUS. *Astragale.* Cal. à 5 dents;

carène obtuse; gousse à 2 loges formées par le repli de la suture inférieure. — Fleurs blanchâtres, jaunâtres, verdâtres ou rougeâtres.

1 { Fleurs d'un jaune verdâtre. 2
Fleurs purpurines. . . . . . . A. MONSPESSULANUS.
— *Coteaux de Mantes.* — *Juillet.* R. —

2 { Feuilles composées d'environ onze folioles glabres. . . . . A. GLYCYPHYLLOS. .
—*Réglisse bâtarde.* — *Près des bois.* — *Juin.* —
Feuilles à 21-29 folioles velues. . . . . A. CICER.
— *Bois de Boulogne, de Vincennes, etc.* — *Id.* —

89. — CORONILLA. *Coronille.* Cal. campanulé; à 5 dents, dont les deux inférieures plus petites; pétales à onglet souvent plus long que le calice; gousse cylindrique, à articulations monospermes. — Fleurs en ombelle.

1 { Fleurs jaunes.. 2
Fl. mélangées de rose et de blanc. . . C. VARIA.
— *Vénéneuse?* — *Champs, prés secs.* — *Juin.* —

2 { Stipules réunies en une seule, opposée à la feuille; plante herbacée. . . . . C. MINIMA.
— *Fontainebleau.* — *Mai-juillet.* R. —
Deux stipules distinctes, placées de chaque côté de la feuille; onglet des pétales bien plus long que le calice; arbrisseau. . . . . C. EMERUS.
— Cultivé; faux Baguenaudier, Séné bâtard. —
— *Printemps et automne.* —

100. — ORNITHOPUS. *Ornithope.* Cal. tubuleux, à 5 dents presque égales; carène très-petite; gousse arquée, cylindrique, pointue, articulée. — Fleurs petites, axillaires.

1 { Fl. d'un jaune rougeâtre. . . . . . O. PERPUSILLUS.
— Pied d'oiseau; Serradelle. — *Bois secs et sablonneux.*
— *Mai-juin.* —

101. — HIPPOCREPIS. *Hippocrépide.* Cal. à 5

dents inégales ; étendard à onglet plus long que le calice ; gousse articulée, courbée, découpée sur un de ses bords. — Fleurs jaunes.

1 { Fleurs blanches ou purpurines. . . . **C. ARIETINUM.**
{ — Fer à cheval. — *Coteaux arides et crayeux.* —*Été.* —

102. — ONOBRYCHIS. *Esparcette.* Cal. à 5 div. ; carène obtuse ; ailes extrêmement courtes ; gousse comprimée, uniloculaire, monosperme, souvent hérissée de pointes.

1 { Fleurs d'un rose vif, en épis terminaux. . . . . .
{ . . . . . . O. SATIVA. (Hedysarum onobrychis. **L.**)
{ — Sainfoin, Gros-foin ; cultivé. — *Mai.* —

103. — CICER. *Chiche.* Cal. à 5 divisions égales à la corolle, dont 4 penchées sur l'étendard ; gousse renflée, uniloculaire, à 2 graines.

1 { Fleurs en ombelle ; étendard **veiné. .** . H. COMOSA.
{ — Pois chiche ; cultivé ; alimentaire. — *Mai-juin.* —

104. — FABA. *Fève.* Gousse grande, coriace, un peu gonflée, à graines oblongues, dont l'ombilic est terminal.

1 { Fleurs blanches tachées de noir sur les ailes . . .
{ . . . . F. VULGARIS. (Vicia faba. **L.**)
{ — Fève de marais ; cultivée, alimentaire. — *Mai.* —

105. — VICIA. *Vesce.* Cal. tubuleux à 5 divisions ou 5 dents, les deux supérieures plus courtes ; style filiforme, formant un angle droit avec l'ovaire ; stigmate velu ; gousse oblongue, uniloculaire, polysperme. — Feuilles à folioles nombreuses.

1 { Fleurs presque sessiles. 2
{ Fleurs longuement pédonculées. 9

2 { Fleurs jaunes. 3
{ **Fleurs bleuâtres ou purpurines.** 4

3 { Étendard glabre ; stipules tachées de noir ; feuilles de 8-10 folioles. . . . . V. **LUTEA.**
— *Bois sablonneux. — Mai-juin.* —
Étendard velu ; stipules non tachées ; feuilles de 12 à 14 folioles. . . . . V. **HYBRIDA.** — *Id.*

4 { Fleurs solitaires ou géminées.. 5
Pédoncules portant 3 ou 4 fleurs ; calice hérissé de poils. 8

5 { Stipules tachées de noir. . . . . V. **SATIVA.**
— *Cultivée (hivernage); excellent fourrage. Été.* —
Stipules non tachées.. 6

6 { Graines lisses. 7
Graines chagrinées, tuberculeuses. . . . .
. . . . . V. **LATHYROIDES** (Ervum soloniense. L.)
— *Lieux arides. — Avril-mai.* —

7 { Graines globuleuses.. . . . . V. **ANGUSTIFOLIA** .
— *V. printanière; cultivée comme fourrage. — Sables.*
— Mai-juin. —
Graines comprimées. . . . . V. **SEGETALIS.**
— *Moissons. — Été.* —

8 { Gousse et étendard glabres. . . . . . . V. **SEPIUM.**
— *Haies. — Été.* —
Gousse pubescente ; étendard velu en dehors. . . .
. . . . . V. **PURPURASCENS.** (V. pannonica. Jacq.)
— *Moissons. — Ivry. — Été.* R. —

9 { Pédoncule ne portant que 1-2 fleurs.. 10
Pédoncule portant plusieurs fleurs. 13

10 { Fleurs purpurines.. 11
Fleurs blanches rayées de violet ; vrille simple ou nulle. . . . . ERVUM *ervilia* (106).

11 { Stipules semi-sagittées, entières. 12
Une stipule entière, l'autre divisée en six ou sept lobes. . . . . ERVUM *monanthos* (106).

12 { Pédoncules plus courts que les feuilles. . . . . .
. . . . ERVUM *tetraspermum* (106).
Pédoncules plus longs que les feuilles. . . . . . .
. . . . ERVUM *gracile* (106).

13 { Pédoncules plus longs que les feuilles. **14**
Pédoncules plus courts que les feuilles, qui sont comme argentées. . . V. GERARDI. (V. incana T.)
— *Haies. — Moissons. — Été.* —

14 { Pédoncules portant 1 à 5 fleurs d'un bleu pourpre. . . . . ERVUM *gracile* (106).
Pédoncules portant une vingtaine de fleurs d'un rouge bleuâtre. . . . . V. CRACCA.
— *Haies et buissons.* — Var. *tenuifolia* et *pseudo-cracca*. — *Juin-juillet.* —

106. — ERVUM. *Ers.* Cal. à 5 div. linéaires, aiguës, presque égales à la corolle; stigmate glabre; gousse oblongue, comprimée, à 2 graines, quelquefois plus.

1 { Feuilles dépourvues de vrilles ou terminées par une vrille simple. 2
Feuilles terminées en vrille rameuse. 6

2 { Point de vrilles. 3
Une vrille, au moins aux feuilles supérieures. . 4

3 { Gousse noueuse, à 3-4 graines; stipules lancéolées. . . . . E. ERVILIA. (Vicia erv. Fl. fr.)
— *Off., résolutive. — Moissons. — Juin.* —
Gousse plane ne contenant que 2 graines; stipules sagittées. . . . . E. LENTOIDES. Tenore.
— *Champs.—Montmorency, etc.* —

4 { Gousse contenant deux ou trois graines comprimées. . . . . E. LENS.
— *Lentille; cultivée; aliment. — Été.* —
Gousse contenant au moins 4 graines globuleuses. 5

5 { Pédoncules plus courts que les feuilles; gousse à 3-4 graines. . . . . E. TETRASPERMUM.
— *Buissons et moissons. — Printemps.* —
Pédoncules plus longs que les feuilles; cinq graines. . . . . . . E. GRACILE. (E. solonicnse. T.) — *Id.*

6 { Gousse velue, à deux graines. . . . . E. HIRSUTUM.
      — Guerchie. — *Haies et buissons.* — *Elé.* —
  { Gousse glabre, à 4-6 graines. E. MONANTHOS. L. . . .
                                (Vicia monantha. **Fl. fr.**)
      — Cultivée. — *Elé.*—

107. — **PISUM**. *Pois.* Cal. à 5 divisions, dont 2 supérieures plus courtes; style triangulaire, creusé inférieurement en carène; stigmate velu; gousse polysperme; graines à ombilic arrondi. — Stipules grandes, orbiculaires; pétioles terminés en vrille.

1 { Fl. purpurines, pédoncules uniflores; feuilles à folioles souvent dentées. . . . . P. ARVENSE.
      — Pois gris; pisaille; cultivé. — *Mai-juin.* —
  { Fl. blanches, pédoncules biflores ou multiflores; folioles entières. . . . . P. SATIVUM.
      — Cultivé; alimentaire.— *Mai-juillet.* —

108. — **LATHYRUS**. *Gesse.* Cal. à 5 divisions, dont 2 supérieures plus courtes; style plan, élargi au sommet et un peu velu; gousse oblongue, polysperme. — Stipules semi-sagittées; pétioles terminés en vrille.

1 { Fleurs jaunes. 2
  { Fleurs blanches, rouges ou bleues.. 3

2 { Pétioles portant 2 folioles. . . . . . L. PRATENSIS.
  {   — Excellent fourrage, selon Arthur Young. — *Bois et prés. — Mai-juin-juillet.* —
  { Pétioles dépourvus de folioles. . . . . . L. APHACA.
  {   — Pois de serpent. — *Moissons. — Juin-juillet.* —

3 { Pédoncule portant 1-3 fleurs. 4
  { Pédoncule portant 4-6 fleurs. 8

4 { Pétioles munis de folioles. 5
  { Pétioles élargis et simulant une feuille simple et sessile. . . . . L. NISSOLIA. — *Id.*

5 { Pédoncules uniflores.. 6
  { Pédoncules portant 2-3 fleurs.. 10

6 {
Pédoncule articulé très-près de la fleur. **1**
Pédoncule articulé vers le milieu de sa longueur;
fleurs rouges. . . . . L. CICERA.
— Gesse chiche. — Cultivée ; fourrage. — *Eté.* —

7 {
Pédoncule portant un filet aussi long que lui; gousse
très-étroite. . . . . L. ANGULATUS. T.
— *Moissons. — Mai-juin.* —
Pédoncule portant 2 folioles courtes, sétacées; gousse
ovale, courte, ailée. . . . . L. SATIVUS.
— Cult. ; aliment ; excellent fourrage. — *Juin.* —

8 {
Feuilles à 2 folioles. **9**
Feuilles de 4-8 folioles. . . . . L. PALUSTRIS.
— *Marécages de Saint-Gratien.* — *Juin-juillet.*R. —

9 {
Racine tuberculeuse; tige anguleuse, filiforme;
feuilles obtuses. . . . . L TUBEROSUS.
— Rac. aliment. — *Bois; moissons.* — *Eté.* —
Racine non tuberculeuse; tige ailée; feuilles poin-
tues. . . . . L. SYLVESTRIS.
—*Bois de Bougival.* — *Eté.* R.—

10 {
Fleurs grandes, très-odorantes ; pédicelles hérissés;
graines lisses. . . . . L. ODORATUS.
— Cultivé. — Pois à fleur, Pois de senteur. —
Fleurs petites, inodores ; pédicelles glabres ; gousses
comprimées; graines verruqueuses.. L. HIRSUTUS.
— *Moissons.* — *Eté.* —

109. — **OROBUS.** *Orobe.* Cal. à 5 divisions, dont
2 supérieures plus courtes ; style grêle, linéaire, velu
au sommet; gousse oblongue, à plusieurs graines,
dont l'ombilic est quelquefois linéaire. Stipules semi-
sagittées; pétioles terminés par un filet court.

1 {
Feuilles de 4-6 folioles. **2**
Feuilles de 8-12 folioles.. . . . . O. NIGER.
— *Fontainebleau.* — *Lieux élevés.* R. — *Mai.* —Cette
plante devient noire par la dessiccation. —

2 {
Rac. tubéreuse ; stipules dentées.. . O. TUBEROSUS.
— *Bois.* — *Printemps.* —
Rac. non tubéreuse ; stip. entières. . . O. VERNUS.
— *Bois de Montmorency.* — *Avril.* R.—

110. — PHASEOLUS. *Haricot.* Cal. à 2 lèvres, dont la supérieure échancrée, l'inférieure à 3 dents ; carène contournée en spirale ; gousse oblongue, **polysperme** — Tige souvent grimpante.

1 { Grappes plus courtes que les feuilles.. 2
Grappes au moins aussi longues que les feuilles.. .
. . . . P. **MULTIFLORUS**.
. — H. d'Espagne, cultivé pour ornement. — *Eté.* —

2 { Tige de 1 mètre, grimpante.. . . . . P. **VULGARIS**,
— Cultivé ; alimentaire. — *Eté.* —
Tige de 15 à 25 cent. et non grimpante. P. **NANUS**,
— Cultivé ; alimentaire. — *Eté.* —

Famille 27. ROSACÉES. Juss.

Cal. à plusieurs divisions, ordinairement 5 ; corolle à plusieurs pétales, le plus souvent 5, insérés sur le calice ; étamines en nombre indéfini ; ovaire simple ou multiple, libre ou adhérent ; fruit variable ; graines dépourvues de périsperme. — **Herbes ou arbres à feuilles alternes, stipulées à la base.**

Iʳᵉ TRIBU. AMYGDALÉES.

Ovaire simple, libre, surmonté d'un seul style ; drupe contenant une noix 1—2 sperme ; plusieurs étamines ; 5 pétales ; calice à 5 divisions.—Tige ligneuse ; feuilles simples.

111. — AMYGDALUS. *Amandier.* Cal. caduc, de 5 parties ; 5 pétales ; 20 étam. environ ; 1 style ; fruit oblong, chargé d'un duvet court ; noyau parsemé de petits pores épars.

1 { Fleurs d'un blanc rougeâtre. . . . . . A. **COMMUNIS**,
— Cultivé ; fr. alimentaire. Off.: huile, émulsion. —
Février-mars. —

112. — PERSICA. *Pêcher*. Fruit arrondi, charnu, velu ou glabre; noyau marqué de crevasses irrégulières et de sillons anastomosés.

1 {
Fruits lisses; feuilles très-allongées, à dents glanduleuses. . . . . P. LEVIS.
— Brugnonier; cultivé; fr. alimentaire. — *Avril.* —
Fruits couverts de duvet; feuilles non glanduleuses.
. . . . P. VULGARIS. (Amygd. pers. L.)
—Cultivé; fr. alimentaire; off., feuilles et fleurs purgatives. — *Mars-avril.* —
}

113. — ARMENIACA. *Abricotier*. Fruit arrondi, chargé d'un duvet court et marqué d'un sillon latéral; noyau comprimé, uni, marqué de 2 crêtes saillantes, dont l'une obtuse, l'autre aiguë.

1 {
Fl. blanches. . . . . . A. VULGARIS. (Prun. arm. L.)
— Cultivé; fr. alimentaire. —
}

114. — PRUNUS. *Prunier*. Drupe charnu, glabre, couvert d'une poussière glauque; noyau ovoïde, oblong, comprimé, pointu, raboteux, sillonné et anguleux sur les bords. — Fruits alimentaires.

1 {
Arbrisseau épineux. 2
Arbre ou arbrisseau non épineux. 3
}

2 {
Feuilles glabres, un peu ciliées. . . . P. SPINOSA.
— Prunellier. — Epine noire. — *Haies.* — *Avril.* —
Feuilles velues. . . . . P. INSITITIA. L.
— *Bois.* — *Id.* —
}

3 {
Arbrisseaux de 2 à 3 mètres; feuilles tout à fait glabres. . . . . P. SYLVATICA.
— *Haies.* — *Avril.* —
Arbre de 4 à 5 mètres; feuilles velues en dessous.
. . . . P. DOMESTICA. L.
— *Cultivé.* — *Id.* —
}

115. — CERASUS. *Cerisier*. Drupe charnu arrondi,

glabre, non couvert de poussière glauque ; noyau lisse,
arrondi, marqué latéralement d'un angle saillant.

1 { Fleurs se développant après les feuilles.. 2
  { Fleurs se développant avant ou avec les feuilles. 3

2 { Fleurs en corymbe ; bois d'une odeur agréable quand
  {   il est sec.. . . . . . C. MAHALED. (Prunus mah. L.)
  {   — Bois de Sainte-Lucie. — *Bois.* — *Avril.* —
  { Fleurs en grappes. . . . . . C. PADUS. (Pr. pad. L.)
  {   — C. à grappes ; cult. — *Bois, haies.* R. —

3 { Divisions du calice entières.. 4
  { Divisions du calice dentées ; feuilles à dents glan-
  {   duleuses. . . . . C. SEMPERFLORENS.
  {   — C. de la Toussaint ; cultivé ; fr. alimentaire..
  {   — *Bois.* — *Avril.* —

4 { Fruits cordiformes. 5
  { Fruits sphériques ou ovoïdes.. 6

5 { Fruit noirâtre, fondant. . . . .
  {   . . . . C. JULIANA. (Prunus cerasus. ε L.)
  {   —Guignier, cultivé ; fr. alimentaire. — *Avril.* —
  { Fruit rouge, cassant. . . . . C. DURACINA.
  {   — Bigarreautier ; cultivé ; fr. aliment.— *Id.* —

6 { Fruit acide. . . . . C. CAPRONIANA.
  {   (C. vulgaris. Miller. — Pr. cerasus. α L.)
  {   —Cerisier, Griottier ; cultivé ; fr. aliment. — *Id.* —
  { Fr. sucré, non acide. . . C. AVIUM. (Prunus av. L.)
  {   — Merisier ; cultivé ; fr. aliment.— *Bois.* — *Id.* —

IIᵉ TRIBU. SPIRÉACÉES.

*Plusieurs ovaires libres, surmontés chacun d'un style ;
autant de capsules à une ou plusieurs graines ; étamines nombreuses.*

116. — **SPIRÆA.** *Spirée.* Cal. ouvert à 5 divisions ;
5 pétales ; 3–12 ovaires ; capsules à 1 loge, contenant
1–3 graines insérées à la suture interne des valves.

$\left\{\begin{array}{l}\end{array}\right.$

1 {
Feuilles ailées. **2**
Feuilles simples. . . . . S. HYPERICIFOLIA.
  — Petit mai. (Naturalisé). — *Avril-mai.* —

2 {
Feuilles une fois ailées. **3**
Feuilles trois fois ailées. . . . . S. ARUNCUS.
  — Barbe de chèvre; cultivée. — *Juin.* —

3 {
Foliole terminale très-grande et à trois lobes. . .
  . . . . S. ULMARIA.
  — Reine des prés; Off., vuln.; cult. — *Été.* —
Folioles uniformes. . . . . S. FILIPENDULA.
  — Filipendule. Off., vuln. — *Juin.* —

IIIe TRIBU. DRYADÉES.

Plusieurs ovaires libres, monospermes, portés sur un ré-
ceptacle commun, et surmontés chacun d'un style;
étamines nombreuses.

117. — **GEUM.** *Benoîte.* Cal. à 10 divisions, dont
5 plus petites, alternes; 5 pétales; réceptacle long et
velu; graines terminées par de longues barbes, souvent plumeuses ou crochues.

1 {
Fleurs jaunes, dressées. . . . . G. URBANUM.
  — Off., vuln. — *Bois.* — *Juin-juillet.* —
Fl. d'un jaune rougeâtre, penchées . . . G. RIVALE.
  — *Lieux humides.* — *Juin-juillet.* R. —

118. — **RUBUS.** *Ronce.* Cal. ouvert, à 5 div.; 5
pétales; réceptacle court, conique, glabre; graines enveloppées d'une pulpe aqueuse, et formant, par leur
réunion, une espèce de baie.

1 {
Feuilles blanchâtres en dessous. **2**
Feuilles vertes en dessous. **4**

2 {
Folioles glabres en dessus. **3**
Folioles velues des deux côtés. . . R. TOMENTOSUS.
  — **Bois et collines sèches.** — *Juin-juillet.* R. —

3 { Feuilles inférieures ailées. . . . . R. IDÆUS.
— Framboisier; cult.; fr. alimentaire. — *Juin.* —
Feuilles ternées ou digitées, mais non ailées; fruits
noirs. . . . . R. FRUTICOSUS.
— *Haies et buissons.* — Fr. astringents. (Mûres). —
Eté. —

4 { Tige dressée; feuilles infér. à 5 folioles; folioles
latérales pétiolées. . . . . . . R. FRUTICOSUS. — *Id.*
Tige couchée; feuilles toutes à trois folioles dont les
latérales sessiles. . . . . R. CŒSIUS.
— *Haies, pied des murs,* etc. — *Juin-juillet.* —

119. — FRAGARIA. *Fraisier.* Cal. ouvert, à 10 divisions, dont 5 alternes plus petites; 5 pétales; réceptacle pulpeux, hémisphérique.

1 { Cal. étalé ou réfléchi, lors de la maturité du fruit
qui est glabre et caduc. . . . . F. VESCA.
— Fraisier; off., cultivé; fr. alimentaire. — Racines
apéritives. — *Avril-mai.* —
Cal. dressé, lors de la maturité du fruit qui est pubescent et marcescent. . . . . F. COLLINA.
— *Bois de Boulogne,* etc. — *Mai.* —

120. — COMARUM. *Comaret.* Cal. à 10 divisions,
dont 5 alternes plus petites; 5 pétales; réceptacle
ovoïde, spongieux et persistant.

1 { Fleurs d'un rouge noirâtre. . . . . . C. PALUSTRE.
— *Marais de Saint-Léger, Montfort, Rambouillet,* etc.
— *Mai-juin.* —

121. — POTENTILLA. *Potentille.* Cal. à 10 div.,
dont 5 alternes plus petites; 5 pétales; réceptacle
persistant, petit, non charnu, et souvent chargé de
poils.

1 { Fleurs blanches. 2
Fleurs jaunes. 3

2 { Folioles largement crénelées sur tout leur contour.
. . . . P. FRAGARIA. (Frag. sterilis. L.)
— *Avril-mai.* — *Bois et lieux arides.* —
Fol. dentées en scie, vers le sommet seulement. . .
. . . . P. SPLENDENS. (P. nitida. T.)
— *Bords des bois.* — *Fontainebleau.* — *Mai. R.* —

3 { Feuilles digitées. 4
Feuilles ailées. 8

4 { Tiges couchées ou rampantes. 5
Tiges dressées. 6

5 { Tige rampante; feuilles ciliées; fleurs solitaires . .
. . . . P. REPTANS.
— Quinte-feuille. — Off., vulnéraire. — *Bords des*
champs, etc. — *Été.* —
Tige couchée; feuilles non ciliées; pédoncules bi-
triflores. . . . . P. VERNA.
— *Collines sèches.* — *Mars-avril.* —

6 { Stipules entières. 7
Stipules pinnatifides. . . . . P. RECTA.
— *Bois de Boulogne, Sèvres, Vincennes.* — *Été.* —

7 { Folioles couvertes en dessous d'un duvet très-blanc
et cotonneux. . . . . P. ARGENTEA.
— *Lieux secs et incultes.* — *Bois de Boulogne.* —
Juin. —
Folioles légèrement velues, mais non cotonneuses.
. . . . P. VERNA.
— *Collines sèches.* — *Mars-avril.* —

8 { Tige rampante ou couchée. 9
Tige dressée, haute de 50 à 65 centimètres. . . .
. . . P. PENSYLVANICA. (*Exotique, naturalisée.*)
— *Bois de Boulogne.* — *Été.* —

9 { Feuilles à 15-17 fol., soyeuses, velues; stipules multifides. . . . . P. ANSERINA.
— Argentine; officinale, vulnéraire. — *Chemins et lieux*
humides. — *Été.* —
Feuilles à sept folioles, glabres au moins en dessus;
stipules entières. . . . . P. SUPINA. — *Id.*

122. — **TORMENTILLA.** *Tormentille.* Cal. à 8 divisions, dont 4 alternes plus petites; 4 pétales.

1 { Fleurs jaunes; tige filiforme.. . . . . . T. ERECTA.
    — Officinale, vulnéraire. — *Bois, pelouses, chemins.*
                    — Été. —

123. — AGRIMONIA. *Aigremoine.* Cal. à 5 lobes
entouré d'un petit involucre à 2 lobes; 5 pétales; 15
étam.; 2 ovaires; 2 graines renfermées dans le calice
endurci. — Fleurs jaunes.

1 { Folioles oblongues, presque glabres; fl. odorantes·
      tube du calice renflé. . . . . A. ODORATA.
      — Bois, château de la Chasse, près de Montmorency.
                      — Juillet. —
    Folioles ovales, tomenteuses, couvertes d'un duvet
      épais surtout en dessous; fleurs inodores ; calice
      à tube cylindrique. . . . . A. EUPATORIA.
      —Officinale, vulnéraire. — *Haies, chemins des bois.*
                  — Juillet-août. —

IVᵉ TRIBU. SANGUISORBÉES

*Fleurs souvent unisexuelles; corolle nulle ou à 4 pétales;
calice à plusieurs divisions, recouvrant un ou deux
ovaires monospermes, surmontés chacun d'un style.*

124. — ALCHEMILLA. *Alchimille.* Cal. à 8 découpures, dont 4 alternes plus petites ; corolle nulle ;
4 étamines très-courtes ; 1 ovaire.

1 { Fleurs axillaires, très-petites, verdâtres, agglomé-
      rées. . . . . A. ARVENSIS. (Aphanes arv. L.)
      — Pied-de-lion ; Perche-pied ; Ladies' mantle. — Off.,
        diurétique. — Champs. — Mai-juin. —

125. — SANGUISORBA. *Sanguisorbe.* Cal. coloré,
à 4 lobes, muni de 2 écailles à sa base ; 4 étamines ;
2 ovaires.

1 { Fleurs rougeâtres. . . . . S. OFFICINALIS.
    — Vulnéraire, astringente. — *Prés secs.—Bonneuil, etc.*
              — Juillet-août. R. —

126. — POTERIUM. *Pimprenelle.* Fleurs dioïques;

calice coloré, à 4 lobes, muni de 3 écailles à sa base;
corolle nulle; 20-30 étamines; **2** ovaires; stigmates
en forme de pinceau.

1 { Fleurs verdâtres, en tête. . . . . . . P. SANGUISORBA.
{ — Off., vuln., astringente, cultivée; alimentaire.
{ — *Prés secs et montagneux. — Juin.* —

Vᵉ TRIBU. ROSIERS.

*Ovaires nombreux, renfermés dans le calice, qui est res-
serré à son orifice; fleurs hermaphrodites; 20 étamines
environ. — Tige ligneuse; feuilles pinnées.*

127. — **ROSA**. *Rosier.* Calice à 5 lobes, dont
2-3 munis d'appendices foliacés; 5 pétales; graines
osseuses (*a*).

1 { Fleurs blanches, roses ou rouges. 2
{ Fleurs jaunes. . . . . R. EGLANTIERA.
{ — Eglantier; cultivé. — *Haies. — Juin-juillet.* R. —

2 { Fleurs roses ou rouges. 3
{ Fleurs blanches.. 11

3 { Styles distincts. 4
{ Styles réunis en colonne. . . . . R. STYLOSA.
{ — *Haies, bois. — Juin-juillet.* —

4 { Folioles à dents simples. 5
{ Folioles doublement dentées. 7

5 { Folioles velues ou pubescentes en dessous. . . . 6
{ Folioles tout à fait glabres. . . . . R. CANINA. — *Id.*

6 { Calice ovoïde. . . . . R. COLLINA. — *Id.*
{ Calice globuleux. . . . . . . R. DUMETORUM. — *Id.*

7 { Feuilles glabres en dessus. 8
{ Feuilles pubescentes sur les deux surfaces. . . 10

(*a*) Il est inutile de dire que nous ne croyons devoir indiquer ici aucune des variétés si nombreuses cultivées dans les
jardins. Nous laissons ce soin aux horticulteurs.

8 { Fleurs d'un rose pâle. 9
  { Fleurs d'un rouge foncé. . . . . . . R. GALLICA.
  { — Rose de Provins ; off., astringente. — *Bois de Yerres*
  { *et parc de Bougival. — Eté. —*

9 { Styles glabres. . . . . R. SEPIUM.
  { — *Buissons, haies, etc.* —
  { Styles velus. . . . . R. RUBIGINOSA. — *Été.*

10 { Calice globuleux. . . . . R. VILLOSA. — *Id.*
   { — *Lieux secs à Fontainebleau.* R. —
   { Calice ovoïde. . . . . R. TOMENTOSA. — *Id.*

11 { Styles distincts. 12
   { Styles soudés en colonne. . . . . R. ARVENSIS.
   { — *Champs. — Juin-juillet.* —

12 { Styles velus. 13
   { Styles glabres.. 14

13 { Folioles pubescentes en dessous ; calice globuleux,
   { allongé. . . . . R. DUMETORUM.
   { — *Id., haies, buissons. — Eté.* —
   { Folioles glabres des deux côtés. . R. CANINA. — *Id.*

14 { Folioles à dents simples ; aiguillons droits, horizon-
   { taux. . . . . R. PIMPINELLIFOLIA.
   { — *Bois de Fontainebleau. — Mai-juin.* —
   { Folioles doublement dentées ; aiguillons recourbés.
   { . . . . R. SEPIUM.
   { — *Haies, etc. — Eté.* —

VIe TRIBU. POMACÉES.

*Calice à 5 divisions ; 5 pétales ; ovaire simple, adhérent ;
plusieurs styles ; fruit ombiliqué, couronné par les divisions du calice ; 20 étamines environ. — Tige ligneuse.*

128. — **CRATÆGUS**. *Alisier*. Fruit sphérique ;
2-5 graines cartilagineuses ; 2-5 styles.

1 { Feuilles dentées, non lobées. 2
  { Feuilles à lobes dentés. 4

2 { Feuilles glabres. . . . . C. AMELANCHIER.
  { — *Bois de Fontainebleau. — Mai.* R. —
  { Feuilles velues, blanches en dessous. 3

3 { Feuilles au moins deux fois aussi longues que larges. . . . . C. ARIA.
— Allouchier; cultivé; baies alimentaires. — *Bois.* — *Saint-Léger.* — *Mai.* R. —
Feuilles n'étant pas deux fois aussi longues que larges. . . . . C. LATIFOLIA. (C. dentata. T.)
— *Al. de Fontainebleau.* — Cultivé. — *Mai.* R. —

4 { Feuilles cotonneuses en dessous, à lobes arrondis. . . . . C. LATIFOLIA. (C. dentata. T.) — *Id.*
Feuilles non cotonneuses, échancrées en cœur, à lobes pointus. . . . . C. TORMINALIS.
— Cultivé; fruit alimentaire. — *Id.* R. —.

129. — **MESPILUS.** *Néflier.* Fruit presque sphérique; 2-5 graines osseuses; 1-5 styles.

1 { Feuilles glabres ou à peine pubescentes. . . . 2
Feuilles velues ou cotonneuses en dessous; fruit grisâtre (*néfle*). . . . . M. GERMANICA.
— Cult.; fr. aliment., astringent. — *Bois de Saint-Léger, Saint-Germain, Fontainebleau.* — *Mai.* R. —

2 { Feuilles lobées. 3
Feuilles légèrement crénelées. . . M. PYRACANTHA.
— Cultivé. — Buisson-ardent. — *Mai.* —

3 { Un style; feuilles à lobes pointus. . . . .
. . . . M. OXYACANTHA. (Cratægus oxyac. L.)
— Cult. — Aubépine, var. à fleurs roses. — *Haies, bois.* — *Mai.* —
Deux à trois styles; feuilles à lobes obtus. . . . .
. . . . M. OXYACANTHOÏDES. — *Id.*

130. — **SORBUS.** *Sorbier.* Fruit mou, globuleux ou en forme de toupie, à 3 graines cartilagineuses; 3 styles. — Feuilles ailées ou pinnatifides.

1 { Feuilles pubescentes en dessous; fruits pyriformes.
. . . . S. DOMESTICA.
— Cultivé pour le cidre. — *Forêts.* — *Mai.* —
Feuilles glabres des deux côtés; fruits globuleux. .
. . . . S. AUCUPARIA.
— Sorbier des oiseaux; cultivé. — *Bois de Saint-Léger*, etc. — *Mai.* R.

131. — PYRUS. *Poirier*. Fruit en forme de toupie, ombiliqué au sommet (*a*) seulement, à 5 loges cartilagineuses contenant chacune 2 pepins; 5 styles distincts à leur base.

1
- Feuilles velues ou cotonneuses en dessous. . . . 2
- Feuilles glabres. . . . . P. COMMUNIS.
  — Cultivé; bois industriel; fruit alimentaire. — *Bois.* *— Avril. —*

2
- Arbre épineux. . . . . P. AMYGDALIFORMIS.
  — *Saint-Léger, Saint-Clair*, etc. — *Avril. —*
- Arbre sans épines.. 3

3
- Feuilles très-entières.. . . . . P. CYDONIA.
  — Cognassier; fruit alimentaire. Off., astringent; cultivé. — *Avril-mai. —*
- Feuilles fortement dentées, velues en dessous.. . . . . P. BOLLWYLLERIANA. (P. Pollveria. L.)
  — *Saint-Léger. — Avril. —*

132. — MALUS. *Pommier*. Fruit sphéroïde, ombiliqué aux deux extrémités; 5 styles velus, soudés à leur base.

1
- Feuilles ovales, velues ou pubescentes en dessous. . . . . M. COMMUNIS. (Pyrus malus. L.)
  — Cult.; fr. alimentaire. — *Bois. — Avril-mai. —*
- Feuilles ovales-lancéolées, glabres des deux côtés. . . . . M. ACERBA.
  — Cultivé; Pommier à cidre. — *Id. — Id. —*

Famille 28. CUCURBITACÉES. Juss.

Fleurs monoïques ou dioïques, rarement hermaphrodites; cal. adhérent à l'ovaire, à 5 divisions; cor. à 5 divisions, soudée avec le calice. — Fleurs *mâles* : 5 étam., dont les filets sont souvent réunis; anthères oblongues, à 1 loge, attachées au sommet des filets. — Fleurs *femelles* : 1 ovaire adhérent; plusieurs

(*a*) Voyez au Vocabulaire les mots *Base, Sommet.*

styles ou plusieurs stigmates; fruit charnu, à 1 ou plusieurs loges polyspermes (*péponide*); graines horizontales, attachées par de longs filets dans l'angle des cloisons; périsperme nul. — Plantes herbacées, sarmenteuses, grimpantes, à tige rude, à feuilles alternes, munies d'une vrille à leur aisselle.

133. — CUCURBITA. *Courge.* Fleurs monoïques; cor. campanulée, à 5 divisions; cal. à 5 dents sétacées; les *mâles :* 5 anthères soudées, portées sur 3 filets; les *femelles :* 1 style court; 3 stigmates dilatés; graines nombreuses, renflées sur les bords et nichées dans des cellules non pulpeuses.

1 { Limbe de la corolle rabattu en dehors; feuilles horizontales. . . . . C. MAXIMA.
— Potiron, Citrouille; cultivé, fruit alimentaire. — *Juin.* —
Limbe de la corolle droit; feuilles verticales. . . . . C. PEPO.
— Giraumon; cult.; fr. alimentaire. — *Id.* —

134. — CUCUMIS. *Concombre.* Fleurs monoïques; cal. à 5 divisions sétacées; cor. campanulée; les *mâles :* 5 anthères soudées et portées sur 3 filets; les *femelles :* 1 style; 3 stigmates épais, bifurqués; fruit à 3 loges; graines à bords aigus, nichées dans des cellules pulpeuses.

1 { Fruit ovoïde ou arrondi; lobes des feuilles à angles très-obtus. . . . . C. MELO.
— Cultivé; Melon, fruit alimentaire. — *Eté.* —
Fruit allongé, cylindrique; lobes des feuilles à angles aigus. . . . . C. SATIVUS.
— Cultivé; fruit alimentaire. — *Eté.* —

135. — BRYONIA. *Bryone.* Fleurs monoïques ou dioïques; cal. à 5 dents aiguës; cor. à 5 divisions;

les *mâles* : 5 anthères, dont 4 soudées et portées par 2 filets, la 5ᵉ libre ; les *femelles* : 5 styles ; baie globuleuse, à 1 loge polysperme.

1 { Plante grimpante ; fleurs d'un blanc verdâtre, feuilles palmées. . . . . B. DIOÏCA. (B. alba. T.) — Officin., drastique ; Navet du diable. — *Haies.* ⬥

Famille 29. ONAGRARIÉES. Juss.

Cal. 1-phylle, adhérent avec l'ovaire, à plusieurs divisions ; cor. rarement nulle, le plus souvent à 4 pétales insérés au sommet du calice ; étamines en nombre égal ou double des pétales ; 1 ovaire ; 1 style ; fruit polysperme, à plusieurs loges ; graines attachées au sommet des loges ; périsperme nul. — Plantes herbacées, à feuilles ordinairement opposées.

136. — EPILOBIUM. *Épilobe.* Calice allongé, à 4 divisions caduques ; 4 pétales ; 8 étam.; capsule allongée, à 4 angles obtus, à 4 loges ; graines couronnées de poils. — Fleurs rosées ou purpurines.

1 { Fleurs irrégulières ; étamines inclinées.. 2
　{ Fleurs régulières ; étamines dressées.. 3

2 { Feuilles linéaires ; style plus court que les étamines. . . . . E. ROSMARINIFOLIUM. (E. angustifolium. M.) — *Sables humides.* — *Marcoussis, Villers-Cotterets.* — *Juin-juillet.* — Feuilles lancéolées ; style plus long que les étamines. . . . . E. SPICATUM. — *Laurier St-Antoine ; cult.* — *Bois humides.* — *Été.* —

3 { Stigmate simple. 4
　{ Stigmate quadrifide. 6

4 { Tige cylindrique. 5
　{ Tige tétragone.. . . . . E. TETRAGONUM. — *Marais.* — *Été.* —

5 { Feuilles linéaires-lancéolées. . . E. PALUSTRE. — *Id*.
  { Feuilles ovales décurrentes. . . . . . E. ROSEUM.
  { — *Lieux humides. — Marly*, etc. — *Été*. R. —

6 { Tige simple. **7**
  { Tige rameuse.. . . . . **8**

7 { Tige velue ; feuilles lancéolées. . . . . E. MOLLE.
  {   — *Lieux humides. — Été.* —
  { Tige glabre ou pubescente ; feuilles ovales-lancéo-
  {   lées. . . . . E. MONTANUM.
  {   — *Bois secs. — Été.* —

8 { Feuilles opposées décurrentes.. . . . . E. HIRSUTUM.
  {   (E. aquaticum. T.)
  {   — *Marais. — Été.* —
  { Feuilles presque toutes alternes, non décurrentes. .
  { . . . . E. INTERMEDIUM. M. — *Id*.

137. — **ŒNOTHERA.** *Onagre.* Cal. allongé, cylindrique, à 4 divisions caduques ; 4 pétales ; 8 étam.;
capsule allongée, tétragone, polysperme, à 4 loges, à
4 valves ; graines nues.

1 { Fleurs jaunes, en épi. . . . . Œ. BIENNIS.
  { — *Herbe aux ânes ; racine alimentaire. — Marais et lieux*
  {   *humides ; bois de Boulogne, Fontenay-aux-Roses. —*
  {   *Été.* R. —

138. — **ISNARDIA.** *Isnardie.* Calice tubuleux, à
4 divisions ; corolle nulle ; 4 étamines ; style terminé
par un stigmate simple ; capsules à 4 loges polyspermes.

1 { Fleurs verdâtres, axillaires. . . . . I. PALUSTRIS.
  { — *Bords des eaux stagnantes. — St-Léger. — Été.* —

139. — **CIRCÆA.** *Circée.* Cal. court, caduc, à 2
divisions ; 2 pétales ; 2 étamines ; capsule indéhiscente,
à 2 loges, à 2 graines.

1 { Fl. d'un blanc rougeâtre. . . . . . C. LUTETIANA.
  { — Herbe aux magiciennes. — *Bois frais et ombragés.*
  {   — *Juin-juillet.* —

140. — TRAPA. *Mâcre.* Cal. persistant, à 4 divisions; 4 pétales; 4 étamines; ovaires à 2 loges; capsule coriace, à 2-4 cornes épineuses, à une seule loge, contenant une seule graine charnue. — Fruits alimentaires : *Châtaignes d'eau.*

1 { Fleurs petites, verdâtres.. . . . . T. NATANS.
      — *Bassins du jardin de Versailles.— Été.* R. —

Famille 30. HALORAGÉES. Br.

Calice adhérent à l'ovaire (quelquefois nul); pétales tantôt nuls, tantôt en nombre égal à celui des lobes du calice, alternes avec eux, et insérés au sommet du tube; étamines en nombre variable; ovaire ordinairement à plusieurs loges; périsperme charnu.

141. — MYRIOPHYLLUM. *Volant-d'eau.* Fleurs monoïques; *dans les fleurs mâles :* cal. à 4 divisions; 4 pétales caducs; 8 étamines; anthères à 2 loges s'ouvrant chacune par un sillon longitudinal; *dans les femelles :* cal. à 4 divisions; corolle nulle; 4 ovaires légèrement soudés; capsule à 4 loges monospermes, formée de 4 noix légèrement soudées entre elles. — Herbes aquatiques, à feuilles verticillées, pinnatifides.

1 { Fleurs en épi; feuilles florales plus courtes que la
     fleur. . . . . M. SPICATUM.
        — *Mares, eaux stagnantes.— Été.* —
    Fl. verticillées à l'aisselle des feuilles plus longues
     que la fleur. . . . . . . M. VERTICILLATUM. — *Id.*

142. — CALLITRICHE. *Callitric.* Fleurs hermaphrodites ou monoïques ; 2 bractées (*pétales.* L.) opposées, pétaloïdes, à la base de la fleur; cal. nul; 1 étamine à filet long, grêle, à anthère réniforme.

uniloculaire, s'ouvrant par une suture transversale ;
1 ovaire surmonté de 2 styles ; 1 capsule indéhiscente,
à 4 loges monospermes. — Plantes aquatiques (*a*).

1 { Fruits pédonculés. . . . . C. PEDUNCULATA.
— *Mares de la forêt de Fontainebleau. — Été. —*
Fruits sessiles. 2

2 { Feuilles supérieures ovales. . . . . C. VERNA. L.
Feuilles toutes linéaires, les supérieures bifides au
sommet. . . . . C. AUTUMNALIS. L.

143. — **HIPPURIS.** *Pesse.* Cal. dont le tube est
intimement soudé à l'ovaire, et dont le limbe est très-
petit et entier ; cor. nulle ; 1 étamine ; 1 style filiforme ; 1 noix monosperme, couronnée par le limbe
du calice. — Feuilles verticillées.

1 { Fleurs blanchâtres. . . . . H. VULGARIS.
— *Pesse d'eau. — Bords de l'eau. — Bercy, Saint-Cloud,
Yerres. — Juin-juillet.* R. —

Famille 31. CÉRATOPHYLLÉES. Gray.

Fleurs monoïques ; cal. libre, à plusieurs divisions ;
cor. nulle ; *dans les fleurs mâles :* 14-20 étamines à
anthères sessiles, ovales-oblongues, biloculaires ; *dans
les femelles :* un ovaire uniloculaire, surmonté d'un
style oblique et d'un stigmate simple ; noix uniloculaires, monospermes ; périsperme nul. — Herbes
aquatiques, à feuilles verticillées.

144. — **CERATOPHYLLUM.** *Cornifle.* Mêmes caractères que ceux de la famille.

(*a*) Ces plantes se modifient selon le lieu qu'elles habitent,
et présentent conséquemment de nombreuses variétés.

1 {
Fruit à trois cornes ; lobes des feuilles finement dentés. . . . . C. DEMERSUM.
— *Etangs, fossés, rivières.* — *Juin-juillet.* —
Fruit sans cornes ; lobes des feuilles non dentés. . . . . C. SUBMERSUM. — *Id.*

Famille 32. LYTHRARIÉES. Juss.

Cal. libre, tubuleux, persistant ; corolle nulle ou à plusieurs pétales insérés au sommet du calice et alternes avec ses divisions ; étamines en nombre égal ou double des pétales ; 1 ovaire ; un style ; capsule à une ou plusieurs loges, recouverte par le calice ; graines nombreuses insérées à un placenta central; périsperme nul. — Plantes herbacées, à feuilles sessiles, le plus souvent opposées.

145. — **LYTHRUM.** *Salicaire.* Cal. cylindrique, strié, à 6 ou à 12 dents, dont 6 alternes plus petites; 6 pétales; 6 — 12 étamines environ ; capsules à 2 loges, à 2 valves.

1 {
Six étamines ou moins ; feuilles alternes, linéaires. . . . . L. HYSSOPIFOLIA.
— *Lieux humides et sablonneux, Buttes de Sèvres,* etc. — *Juin-juillet.* —
Douze étamines ou plus ; feuilles opposées, ou verticillées, lancéolées. . . . . L. SALICARIA.
— Off., vulnéraire. — *Bords des eaux.* — *Eté.* —

146. — **PEPLIS.** *Péplide.* Cal. campanulé à 12 dents, dont 6 alternes plus petites ; 6 pétales avortant quelquefois ; 6 étamines ; capsule indéhiscente à 2 loges.

1 {
Feuilles entières ; fleurs rosées. . . . . P. PORTULA.
— *Mares et lieux humides.* — *Eté.* —

Famille 33. **PORTULACÉES**. Juss.

Cal. 1-phylle ; cor. à 5 divis. ou à 5 pétales, insérée sur le calice ; 5—12 étam. ; ovaire libre, ou adhérent à la base ; 1—3 styles ; capsule polysperme ; périsperme farineux. — Plantes herbacées, à feuilles entières, quelquefois charnues.

147. — **PORTULACA**. *Pourpier*. Cal. persistant, à 2 valves ; 5 pétales ; 6—12 étam. ; ovaire quelquefois adhérent au calice par sa base ; 1 style ; 4—5 stigmates ; capsule s'ouvrant en travers ; graines attachées à 5 placentas centraux.

1 { Fleurs jaunâtres (¹), réunies au bout des branches ; feuilles charnues. . . . . P. OLERACEA.
— Officinal, diurétique, alimentaire. — *Lieux cultivés.*
— *Été.* —

148. — **MONTIA**. *Montie*. Cal. persistant à 2—3 valves ; cor. à 5 divisions, dont 3 plus petites ; 3—5 étamines ; 3 styles ; capsule à 3 valves, à 3 graines, recouverte par le calice.

1 { Fleurs blanches, axillaires. . . . . . . M. FONTANA.
— *Le long des eaux vives. — Été.* —

Famille 34. **PARONYCHIÉES**. St-H.

Cal. à 5 folioles ou à 5 divisions profondes : cor. de 5 pétales ou nulle ; le plus souvent 5 étam. ; 1 ovaire libre, surmonté d'un style bifide ou de 2—3 styles ; capsule monosperme, indéhiscente, enveloppée par le calice persistant ; périsperme farineux. — Herbes à feuilles opposées ou alternes.

(¹) Elles s'ouvrent à onze heures du matin et se flétrissent vers deux heures après midi.

Bractées nulles; feuilles non stipulées.

149. — SCLERANTHUS. *Gnavelle.* Cal. tubuleux, rétréci à son orifice; cor. nulle; 5—10 étam.; 2 styles.

1 {
Divisions de la fleur linéaires, aiguës, ouvertes, à bords blanchâtres. . . . . S. ANNUUS.
— *Champs et moissons.* — *Été.* —
Divisions de la fleur ovales, obtuses, fermées, verdâtres. . . . . S. PERENNIS.
— *Sables; Fontainebleau, Compiègne, etc.* — *Id.* —
}

*** Bractées scarieuses; feuilles stipulées.*

150. — HERNIARIA. *Herniaire.* Cal à 5 divisions obtuses; 5 pétales filiformes; 5 étamines; 2 styles; 2 stigmates.

1 {
Feuilles glabres. . . . . H. GLABRA.
— Turquette, Herbe-du-Turc, Herniole; off., diurétique.
— *Sables.* — *Été.* —
Feuilles velues. . . . . H. HIRSUTA. — *Id.*
}

151. — PARONYCHIA. *Paronyque.* Cal à 5 fol. acérées; 5 pétales filiformes; 5 étamines; 1 style bifide; 2 stigmates.

1 {
Fleurs petites, axillaires, d'un blanc rosé. . . . . . .
. . . . . P. VERTICILLATA. (Illecebrum vertic. L.)
— *Mares, Fontainebleau, Saint-Léger.* — *Été.* R. —
}

152. — POLYCARPON. *Polycarpe.* Cal à 5 divisions; 5 pétales courts et échancrés; 3 étam.; 3 styles; capsule uniloculaire, à 3 valves.

1 {
Fleurs vertes; feuilles verticillées par quatre; stipules membraneuses. . . . . . . P. TETRAPHYLLUM.
— *Parc de Saint-Cloud, lieux ombragés.* — *Été.* R. —
}

153. — CORRIGIOLA. *Corrigiole.* Calice à 5 divisions; 5 pétales égaux au calice; 5 étamines plus courtes que la corolle: 3 styles; capsule triangulaire.

1 { Fleurs blanches, petites, agglomérées ; stipules ar-
gentées. . . . . C. LITTORALIS.
— *Sables humides ; Saint-Léger, Fontainebleau. Sablons.*
— Été. R. —

Famille 35. CRASSULACÉES. Juss.

Cal. libre, à plusieurs divisions ; cor. insérée à la base
du calice, le plus souvent polypétale, à parties égales
en nombre aux divisions du calice ; étam. en nombre
égal à celui des divisions de la corolle ou en nombre
double ; ovaires en nombre égal aux parties de la corolle, et munis chacun d'une écaille nectarifère à leur
base ; capsules polyspermes, à 2 valves séminifères,
périsperme charnu. — Plantes herbacées, à feuilles
simples, charnues.

154. — TILLÆA. *Tillée.* Cal. à 3 folioles ; 5 pétales ;
5 étamines ; 5 ovaires ; capsules dispermes, étranglées
par le milieu.

1 { Fleurs blanches ; feuilles opposées. . . T. MUSCOSA.
— *Mares et tourbières ; Saint-Léger, Fontaineblean, etc.*
— Juin-juillet. —

155. — BULLIARDA. *Bulliarde.* Cal. à 4 divis. ;
4 pétales ; 4 étam. ; 4 ovaires ; 4 écailles linéaires,
égales à la longueur du calice ; capsules polyspermes.

1 { Fleurs rougeâtres ; feuilles opposées. . . . .
. . . . . . B. VAILLANTII. (Tillæa aquatica. T.)
— *Bord des mares ; forêt de Fontainebleau, Saint-Léger*
— Malesherbes. — Été. R. —

156. — SEDUM. *Orpin.* Cal. de 4—7 divisions ;
pétales, écailles et ovaires en nombre égal aux divisions du calice ; étamines en nombre double ; écailles
obtuses, entières.

1 { Fleurs jaunes. 2
{ Fleurs rouges ou blanches.. 6

2 { Feuilles cylindriques ou sétacées. 5
{ Feuilles courtes, ovoïdes, très-obtuses ; plante d'une
{   saveur très-âcre.. . . . . S. ACRE.
{ — Vermiculaire, Pain d'oiseau ; officinal, purgatif, émé-
{   tique. — *Vieux murs et couvertures. — Mai-juin.* —

3 { Feuilles éparses sur la tige.. 4
{ Feuilles verticillées trois par trois, au bas de la
{   tige. . . . . S. SEXANGULARE.
{   — *Lieux arides, près Saint-Maur. — Eté.* R. —

4 { Fleurs sessiles. 5
{ Fleurs pédonculées.. . . . . S. REFLEXUM.
{   — *Murs et rocailles. — Eté.* —

5 { Feuilles obtuses.. . . . . S. BOLONIENSE.
{   — *Bois de Boulogne, près Longchamps.* — *Eté.* —
{ Feuilles pointues.. . . . . S. RUPESTRE.
{   — *Rochers et collines de Canneville. — Juin.* R. —

6 { Feuilles planes. 7
{ Feuilles cylindriques ou ovoïdes. 9

7 { Fleurs en corymbe serré.. 8
{ Fleurs en longue panicule. . . . . S. CEPÆA.
{   — *Fossés de Ville-d'Avray, Yerres, etc. — Eté.* —

8 { Feuilles planes, dentelées. . . . . S. TELEPHIUM.
{ — Orpin, Joubarbe des vignes, Herbe de Saint-Jean,
{   Herbe à la coupure ; officinale, anodine, vulnéraire. —
{   *Buttes de Sèvres, etc. — Août.* R. —
{ Feuilles cylindriques, cunéiformes, ovales, entières,
{   très obtuses au sommet. . . . . S. ANACAMPSEROS.
{   — *Collines sèches de Saint-Prix. — Eté.* R. —

9 { Feuilles velues. 10
{ Feuilles glabres.. 12

10 { Pétales terminés en pointe. 11
{ Pétales obtus. . . . . S. VILLOSUM.
{   — *Mares de Fontainebleau. — Juillet.* R. —

11 { Feuilles glabres, éparses sur la tige ; divisions du
{   calice aiguës. . . . . CRASSULA (157).
{ Feuilles velues, en rosettes radicales ; div. du calice
{   obtuses.. . . . . S. HIRSUTUM.
{   — *Coteaux d'Itteville, près Arpajon. — Eté.* R. —

11

12 {
Fleurs en grappes terminales ; feuilles coniques, blanchâtres, un peu glauques. . S. DASYPHYLLUM. — *Murs et lieux pierreux.* — *Été.* R. —
Fleurs en cymes corymbiformes ; feuilles cylindriques d'un beau vert. . . . . S. ALBUM. — Petite Joubarbe. — Trique-Madame. — *Murs et lieux arides ; Neuilly, bois de Boulogne,* etc. — *Été.* —
}

157. — CRASSULA. *Crassule.* Cal. à 5 ou 7 divisions profondes ; pétales, étamines, écailles et ovaires en nombre égal à celui des divisions du calice. Écailles nectarifères à la base des graines.

1 {
Ecailles nectarifères ovales ; plante s'élevant à 7-10 centimètres. . . . . C. RUBENS. — *Vignes et bords des chemins.* — *Été.* —
Ecailles nectarifères, linéaires ; plante haute de 25 millimètres environ. . . . BULLIARDA (155).
}

158. — SEMPERVIVUM. *Joubarbe.* Cal. à 6—12 divisions ; pétales, écailles et ovaires en nombre égal à celui des divisions du calice ; étam. en nombre double ; écailles ovales, larges, échancrées, ou découpées. — Feuilles planes, charnues, souvent ciliées.

1 {
Fleurs rougeâtres, unilatérales.. . . S. TECTORUM. — Officinale, anodine. — *Vieux murs et couvertures.* — *Juillet.* —
}

Famille 36. GROSSULARIÉES. DC.

Cal. adhérent à l'ovaire, à 5 divisions; 5 pétales insérés sur le calice; 5 étam.; 1 style biiïde, baie globuleuse, à 1 loge polysperme ; graines attachées à 2 placentas pariétaux, opposés ; périsperme corné. — Arbrisseaux à feuilles alternes, lobées.

159.— RIBES. *Groseillier.* Mêmes caractères que ceux de la famille.

1 {
Arbrisseau épineux. 2
Arbrisseau sans épines 3
}

2 {
Fruit glabre ; aiguillons ternés ; feuilles pubescentes
en dessous. . . . . R. UVA-CRISPA.
— Cult. ; fr. alimentaire. — *Lieux incultes.* — *Avril.* —
Fruit velu ; aiguillons simples ; feuilles glabres des
deux côtés. . . . . R. GROSSULARIA.
— Gr. à maquereau ; cult. ; fr. aliment. — *Mai-juin.* —
}

3 {
Fruits rouges ou jaunâtres.. . . . . . . R. RUBRUM.
— Gadellier; cultivé, alimentaire; off., acidule. — *Avril.* —
Fruits noirs.. . . . . R. NIGRUM.
— Cassis, aliment. ; off., tonique ; cultivé. — *Id.* —
}

Famille 37. SAXIFRAGÉES. Juss.

Cal. à 4—5 divisions ; cor. de 4—5 pétales insérés au sommet du calice, quelquefois nulle; étam. en nombre égal à celui des pétales ou en nombre double ; 1 ovaire libre ou adhérent ; 2—5 styles persistants ; 1 capsule ou une baie. — Plantes herbacées, à feuilles ordinairement simples.

160. — **SAXIFRAGA.** *Saxifrage.* Cal. adhérent ou libre à 5 divisions ; 5 pétales ; 10 étam.; 2 styles ; capsule à 2 loges.

1 {
Racine accompagnée de tubercules granuleux, rougeâtres.. . . . . S. GRANULATA.
— *Endroits arides, bois de Boulogne, Saint-Cloud,* etc.
— *Avril-mai.* —
Racine non tuberculeuse.. . . . . S. TRIDACTYLITES.
— Perce-pierre. — *Id. ; toits, murs,* etc. — *Avril.* —
}

161. — **CHRYSOSPLENIUM.** *Dorine.* Cal. à 4—5 divisions, un peu coloré, adhérent à l'ovaire ; cor. nulle ; 8—10 étam. ; 2 styles ; capsule à 1 loge.

1 {
Feuilles opposées.. . . . . C. OPPOSITIFOLIUM.
— Saxifrage dorée. — *Ombrages humides ; Senlis.*
— *Avril-mai.* R. —
Feuilles alternes. . . . . C. ALTERNIFOLIUM
— *Id.* — *Forêt de Compiègne.* — *Id.* R. —
}

162. — **ADOXA.** *Adoxe.* Cal. à 4—5 divisions, muni de 2—4 écailles en dehors ; cor. nulle ; 8 —10 étam. ; 4—5 styles ; baie infère, globuleuse, à 4—5 loges.

1 { Tiges portant quatre feuilles ; fleurs verdâtres, à odeur de musc. . . . . A. MOSCHATELLINA. — Moscatelle. — *Lieux humides et couverts ; Meudon, Boudy. — Avril.* —

Famille 38. OMBELLIFÈRES. Juss.

Calice adhérent à l'ovaire, et dont le limbe est à 5 dents, ou entier et à peine visible ; 5 pétales insérés sur l'ovaire ou sur une glande qui recouvre l'ovaire ; 5 étam. épigynes, alternes avec les pétales ; 2 styles ordinairement persistants : fruit composé de 2 akènes soudés entre eux par une surface plus ou moins étendue, et recouverts extérieurement par le calice, se détachant l'un de l'autre, de bas en haut, lors de la maturité, et restant suspendus par le sommet à l'extrémité d'un axe filiforme, nommé *carpophore.* Chaque akène présente 2 surfaces, l'une convexe, *dorsale,* l'autre, par laquelle les deux akènes s'appliquent l'un contre l'autre, plane ou concave, *commissurale.* La face dorsale est marquée de 5 côtes plus ou moins prononcées (*juga*), et séparées par des intervalles que l'on nomme *vallécules.* On appelle *côte carinale* celle qui occupe le milieu de la face dorsale ; *côtes latérales,* les 2 qui en occupent les bords, et *intermédiaires,* celles qui se trouvent entre la *carinale* et les *latérales.* Outre les 5 côtes que nous venons de spécifier, et que l'on nomme *primaires* (*juga pri-*

maria) parce qu'elles existent constamment, on en re-marque souvent 4 autres, *secondaires* (*juga secundaria*), occupant chacune l'une des vallécules. Celles qui occupent les deux vallécules internes sont les *côtes secondaires internes* (*juga secundaria interiora*); les 2 autres sont les *côtes secondaires externes* (*juga secundaria exteriora*). Dans le fond des vallécules, on aperçoit le plus souvent des lignes verticales, ordi-nairement colorées, que l'on nomme *vittæ* (bande-lettes), et qui sont formées par des canaux pleins de sucs propres ; le fruit est dit *paucivitté* (*paucivitta-tus*), quand les vallécules internes de chaque akène ne contiennent qu'une seule *vitta*, et que les externes n'en contiennent qu'une ou deux ; *multivitté* (*multi-vittatus*), quand les *vittæ* sont en plus grand nombre; sans *vittæ* (*evittatus*), quand il n'en présente aucune. Chacun des akènes contient une graine formée d'un périsperme charnu ou un peu corné, très-grand, et dont la forme détermine celle de la graine et de l'akène lui-même, et d'un embryon très-petit, placé vers le point où l'akène s'attache au carpophore. Les akènes dans lesquels la face commissurale de la graine est plane sont dits *orthospermes*; ceux dans lesquels elle est plus ou moins concave sont dits *campylospermes.* — Herbes à feuilles alternes, souvent décomposées; à fleurs très-rarement en tête (ombelles imparfaites), or-dinairement en ombelles simples ou composées ; les ombelles ou leurs subdivisions sont souvent pourvues, à leur base, de bractées, à l'ensemble desquelles on donne le nom de *collerette générale* ou *involucre*, pour celles qui sont placées à la base de l'ombelle générale, et de *collerette partielle*, ou *involucelle*, pour celles qui se trouvent à la base des ombelles partielles.

1ᵉʳ SOUS-ORDRE. — OMBELLIFÈRES IMPARFAITES.

Iʳᵉ TRIBU. HYDROCOTYLINÉES.

Fruit manifestement comprimé par les côtés; côtes primaires souvent peu marquées; côtes secondaires nulles; semence à peu près plane sur la surface commissurale, ombelles simples ou imparfaites.

163. — HYDROCOTYLE. Cal. à bord entier; pétales ovales, entiers; fruit lenticulaire, dépourvu de *vittæ*.

1 { Fleurs blanches ou rosées, sessiles; feuilles orbiculaires, crénelées. . . . . H. VULGARIS.
— Ecuelle d'eau, Herbe-aux-Patagons.— *Marais de Meudon, Bondy, Saint-Gratien.* — *Eté.* —

IIᵉ TRIBU. SANICULÉES.

Fruit offrant un cercle presque parfait sur sa coupe transversale; côtes primaires égales, souvent effacées par des écailles ou des aiguillons dont le fruit est couvert; côtes secondaires nulles; semence présentant un demi-cercle sur sa coupe transversale, presque plane par la surface commissurale; fleurs en tête ou en ombelle.

164. — ERYNGIUM. *Panicaut.* Cal. à 5 divisions; pétales oblongs, infléchis, échancrés au sommet; fruit ovoïde-oblong; akènes couverts d'écailles paléiformes, dépourvus de *vittæ*; carpophore nul. — Fleurs en tête, mêlées de paillettes; involucre polyphylle.

1 { Fl. blanches; feuilles épineuses. . . E. CAMPESTRE.
— Chardon Roland; officinal, racine diurétique. — *Chemins et lieux arides. — Eté.* —

165. — SANICULA. *Sanicle.* Cal. à 5 dents ; pétales entiers, infléchis ; fruits presque globuleux ; akènes multivittés, couverts d'aiguillons crochus. — Fleurs en ombelle composée ; un involucre et un involucelle polyphylles.

1 { Fleurs blanches ; ovaire lisse. . . . . S. EUROPÆA.
     { — Off., vulnéraire, astringente. — *Bois.* — *Mai.* —

IIe SOUS-ORDRE.

Ombellifères parfaites, paucijuguées, c'est-à-dire dont les akènes ne présentent que 5 côtes primaires, quelquefois même effacées à la base et sur le dos de l'akène, marquées seulement à son sommet.

IIIe TRIBU. SMYRNÉES.

Fruit comprimé par les côtés ; akènes campylospermes, paucijuguées.

166. — CONIUM. L. Cal. à bord entier ; pétales cordiformes et un peu inégaux ; fruit presque globuleux ; akènes à côtes saillantes, ondulées, crénelées ; valléculcs pourvues de stries nombreuses, sans *vittæ* ; semences offrant, sur leur face commissurale, un sillon longitudinal, profond ; carpophore bifide au sommet. — Un involucre et un involucelle.

     { Fl. blanches ; tige tachée. . . . . C. MACULATUM. L.
     {   (Cicuta major. DC. — Fl. fr.)
1 { — Grande Ciguë ; officinale, vénéneuse. — *Haies et*
     {   *décombres.* — *Juin-juillet.* —

167. — SMYRNIUM. *Maceron.* Cal. à bord entier ; pét. entiers, terminés par une pointe recourbée;

fruit didyme ; akènes dont les 3 côtes moyennes sont proéminentes, les deux latérales presque effacées ; vallécules multivittées ; semences concaves sur leur face commissurale, par la courbure des bords ; carpophore biparti. — Collerettes nulles.

1 { Tige glabre ; fleurs jaunes. . . . . S. OLUSATRUM.
— Officinale, alimentaire. — *Lieux cultivés : Charonne, Champigny*, etc. — *Mai-juin*. R. —

IVᵉ TRIBU. SCANDICINÉES.

Fruit comprimé ou resserré par les côtés, linéaire, allongé ; akènes campylospermes, à côtes filiformes toutes égales, quelquefois marquées au sommet du fruit.

168. — **SCANDIX.** Cal. à bord entier ; pétales obovales, infléchis ; fruit comprimé par les côtés, terminé par une longue pointe qui peut être comprimée en sens contraire ; akènes à côtes obtuses, à *vittæ* nulles ou à peine visibles ; carpophore fourchu au sommet ; semence marquée sur sa face commissurale d'un sillon longitudinal profond. — Inv. nul ou oligophylle ; involucelle polyphylle.

1 { Fleurs blanches. . . . . S. PECTEN-VENERIS.
— Peigne de Vénus ; Aiguille. — *Moissons*. — *Été*. —

169. — **ANTHRISCUS.** Pers. Cal. à bord entier ; pét. obovales, infléchis ; fruit resserré par les côtés, terminé par une pointe, et présentant sur sa coupe transversale une surface lancéolée ; carpophore bifide au sommet ; côtes marquées seulement sur la pointe qui termine le fruit ; semence profondément sillonnée en long sur la face commissurale. — Pas d'involucre ; involucelle polyphylle.

1 {
Fruits lisses. 2
Fruits chargés de pointes très-crochues. . . . . . .
. . . . . A. VULGARIS. Pers. (Caucalis scandicina.
Fl. fr. — Scandix anthriscus. L.)
— *Haies et buissons*. — *Avril-mai*. —

2 {
Involucelles de 5-6 folioles. A. SYLVESTRIS. Hoffm.
(Chærophyllum sylv. L. — Fl. fr.)
— Cerfeuil sauvage. — *Prés, haies*. — *Eté*. —
Involucre de 2-3 folioles unilatérales. . . . . . .
. . . . . A. CEREFOLIUM. Hoffm. (Chærophyllum
sativum. Fl. fr. — Scandix cerefolium. L.)
— Cerfeuil cultivé; off., alimentaire. — *Eté*. —

170. — CHÆROPHYLLUM. L. Cal. à bord entier;
pétales obovales, échancrés, infléchis au sommet; fruits
comprimés ou resserrés par les côtés; akènes à côtes
obtuses; commissure des deux akènes marquée par un
sillon profond; vallécules univittées; semence présentant sur sa coupe transversale une surface semi-lu-
naire; carpophore bifide. — Involucre nul ou à une
foliole; un involucelle.

1 {
Ombelles à 10-12 rayons. . . . . . . C. TEMULUM.
— *Haies et lieux incultes*. — *Eté*. —
Ombelles à 2-4 rayons. . . . . . C. NODOSUM. Lam
(Caucalis nod. Fl. fr. — Scandix nod. L.) — *Id*.

Vᵉ TRIBU. SÉSÉLINÉES.

*Fruit offrant un cercle sur sa coupe transversale, ou
bien quelquefois didyme par le resserrement des côtés;
akènes orthospermes, à côtes filiformes ou ailées, égales, ou à peu près égales.*

171. — CICUTA. *Ciguë*. L. Cal. à 5 dents; pétales
cordiformes, infléchis au sommet; fruit arrondi, didyme; côtes très-peu saillantes, égales; vallécules à
une seule *vitta*; graine offrant un cercle sur la coupe

transversale; carpophore biparti. — Involucre nul ou d'une seule foliole; un involucelle.

1 { Fl. blanches; presque régulières. . . C. virosa. L.
(Cicutaria aquatica. Fl. fr.)
— Off., vénéneuse. — *Fossés, Crépy.* — *Juin.* R. —

172. — ŒNANTHE. Cal. à 5 dents; pétales obovales, échancrés, infléchis au sommet; fruit offrant un cercle presque parfait sur sa coupe transversale, et couronné par les styles dressés; carpophore nul; côtes un peu saillantes, les latérales un peu plus larges; vallécules à une seule *vitta.* — Involucre variable; involucelle polyphylle.

1 { Involucre nul ou à 1-2 folioles. 2
Involucre de 4-6 folioles. 4

2 { Ombelle de cinq rayons au moins. 3
Ombelle de quatre rayons au plus. . Œ. fistulosa.
— *Marais de Meudon, etc.* — *Été.* —

3 { Feuilles supérieures simplement ailées. . . . .
Œ. peucedanifolia (Œ. filipend. T.) — *Id.*
Feuilles tripinnées. . . . . Œ. phellandrium.
(Phellandrium aquaticum. L.)
— Ciguë d'eau; vénéneuse? officinale, fébrifuge. —
Fossés. — *Été.* —

4 { Feuilles supér. à lobes linéaires et entiers. . . 5
Feuilles supérieures à lobes cunéiformes, incisés. .
. . . . Œ. crocata.
— Très-vénéneuse. — *Marais, etc., Versailles, Alet.*
— *Été.* R. —

5 { Feuilles radicales pinnées; racine fibreuse. . . 6
Feuilles radicales bipinnées; racine tubéreuse. .
. . . . Œ. pimpinelloïdes.
— Tubercules alimentaires. — *Prés humides.* — *Été.* —

6
{
Involucre de 4-6 folioles; involucelles à folioles plus courtes que les pédicelles de l'ombelle partielle. . . . . Œ. LACHENALII.
— *Prés de Saint-Gratien. — Eté. —*
Involucre nul; involucelle dont les folioles sont presque égales en longueur aux pédicelles de l'ombelle partielle. . . . . Œ. APPROXIMATA.
— *Prés de Montmorency. — Juin.* R. —
}

173. — **FŒNICULUM.** Adanson. *Fenouil*, Cal. à bord entier; pétales entiers, infléchis en demi-cercle; fruit offrant une section transversale presque circulaire; akènes à côtes saillantes; vallécules univittées. Pas d'involucre ni d'involucelle.

1
{
Fleurs jaunes. . . . . F. VULGARE. Gœrtn.
(F. officin. All. — Anethum fœn. L. et Fl. fr.)
— Off. tonique, apéritif, aromatique, alimentaire. —
Lieux secs et pierreux, Saint-Germain, etc. *— Eté. —*
}

174. — **HELOSCIADIUM.** Koch. Cal. à 5 dents, ou quelquefois à bord entier; pétales ovales, entiers; fruit comprimé par les côtés, ovoïde ou oblong; carpophore entier; côtes filiformes, un peu saillantes, égales; vallécules à une seule *vitta.* — Involucre et involucelle variables.

1
{
Feuilles simplement ailées. **2**
Feuilles décomposées. . . . . . . H. INUNDATUM. K.
(Sium inund. Fl. fr. — Sison inund. L.)
— *Mares de Saint-Léger. — Juin-juillet.* R. —
}

2
{
Involucre nul ou à une seule foliole. . . . . . .
. . H. NODIFLORUM. K. (Sium nodifl. L — Fl. fr.)
— *Ruisseaux. — Eté. —*
Involucre de 4-6 folioles. . . . . . H. REPENS. K.
(Sium repens. L. — Fl. fr.)
— *Marais de Saint-Gratien, Neuilly-sur-Marne. — Id. —*
}

175. — **SESELI.** L. Cal. à 5 dents; pétales obovales, infléchis au sommet; fruit ovoïde ou oblong dont

la section transversale est presque circulaire, couronné
par les styles réfléchis ; côtes plus ou moins saillantes,
les latérales souvent plus larges.— Involucre variable,
un involucelle.

1 { Involucre de 1-5 folioles, ou nul. 2
Involucre de 10-12 folioles. . . . . S. LIBANOTIS. K.
(Athamantha libanotis. L. —Fl. fr.)
— *Lieux secs et élevés, bois de Compiègne.*
— *Automne*. R. —

2 { Fruit tuberculeux et couronné par les dents du ca-
lice. . . . . S. ELATUM. T.
— *Fontainebleau ; bords des.bois.* — *Id.* —
Fruit non tuberculeux.. 3

3 { Pétiole des feuilles radicales échancré ; folioles de
l'involucelle plus longues que les fleurs et scarieuses sur les bords.. . . . . S. ANNUUM.
— *Mont Valérien, Fontainebleau, etc.* — *Été.* —
Pétiole des feuilles radicales entier ; folioles de l'involucelle plus courtes que les fleurs et non scarieuses.. . . . . S. MONTANUM.
— *Lieux secs, bois de la Grange, de Sèvres, etc.* —
Id. —

176. — **CNIDIUM.** Hoffm. Cal. à bord entier ;
pétales obovales, échancrés, infléchis au sommet ;
fruit dont la section transversale est presque circulaire ; akènes à côtes ailées ; valécules à une seule
villa.

1 { Ombelles composées de 20-40 rayons ; fleurs blanches.. . . . . C. APIOÏDES. Spreng.
(Laserpitium silaifolium. Jacq. — Ligusticum
apioïdes. Fl. fr.)
— *Bois exposés au midi.* — *Vincennes.* — *Été.* R. —

177. — **AMMI.** Cal. à bord entier ; pétales obovales,
échancrés, infléchis au sommet ; fruit comprimé par
les côtés, ovoïde–oblong, couronné par les styles ré-

fléchis ; akènes à côtes filiformes ; carpophore biparti ; vallécules à une seule *vitta*. — Un involucre et
un involucelle.

1
{
Feuilles inférieures bipinnées, à folioles ovales lan-
céolées. . . . . A. MAJUS.
— *Lieux cultivés, Saint-Cloud, Charenton. — Eté. —*
Feuilles inférieures à folioles linéaires comme les
supérieures.. . . . . A. GLAUCIFOLIUM?
— *Entre Charenton et Saint-Maur. — Id. —*
}

178. — **SISON.** Koch. Cal. à bord entier ; pétales profondément échancrés, infléchis; fruit comprimé
par les côtés, ovoïde-globuleux, couronné par les
styles très-courts;, carpophore biparti ; côtes filiformes, égales ; vallécules pourvues d'une seule *vitta*
en forme de massue. — Involucre et involucelle de 2
—3 folioles.

1
{
Fleurs blanches ; pét. lancéolés.. . S. AMOMUM. L.
(Sium amomum. Fl. fr.)
— Off., carminatif. — *Haies, terres glaises. — Eté. —*
}

179. — **TRINIA.** Hoffm. Fleurs dioïques ou polygames ; cal. à bord entier; pétales ovales ou lancéolés,
infléchis ; fruit comprimé par les côtés, couronné
par les styles réfléchis; côtes un peu saillantes, égales;
villæ nulles ou à peine marquées dans les vallécules,
mais très-visibles sur les côtes. Carpophore membraneux, bifide.

1
{
Fleurs blanches.. . . . . . T. VULGARIS. DC. Prod.
(Pimpinella dioïca. L. DC. — Fl. fr.
— *Bois de Fontainebleau. — Mai-juin. —*
}

180. — **CONOPODIUM.** Cal. à bord entier ; pétales arrondis; fruit linéaire oblong, comprimé, multivitté, couronné par les styles ; carpophore bifide. —
Involucre et involucelle oligophylles.

1 { Feuilles bipinnées; fleurs blanches. . . . .
. . . . C. DENUDATUM. Koch (Bunium denud. DC.)
— Génotte. Racine alimentaire. — *Lieux secs: Dreux,
Beauvais. — Mai-juillet*. R. —

181. — ÆTHUSA. *Ethuse.* Cal. à bord entier; pétales obovales, échancrés, infléchis; fruit ovoïde-globuleux; côtes élevées, épaisses, en forme de carène; vallécules à une seule *vitta*. — Involucre nul ou monophylle; involucelle latéral, pendant.

1 { Fleurs blanches. . . . . Æ. CYNAPIUM.
— Petite Ciguë; vénéneuse, dangereuse à cause de sa ressemblance avec le persil et le cerfeuil. — *Lieux cultivés. — Juillet septembre.* —

182. — APIUM. Hoffm. Cal. à bord entier; pétales arrondis, infléchis; fruit resserré sur les côtés, didyme; côtes filiformes. — Ni involucre, ni involucelle; carpophore entier.

1 { Fleurs d'un jaune pâle. . . . . . . A. GRAVEOLENS.
— Ache des marais; vénéneuse à l'état inculte. —
Cultivée: Céleri, alimentaire. —

183. — PETROSELINUM. Hoffm. Cal. à bord entier; pétales arrondis, infléchis; fruit ovoïde, resserré sur les côtés, presque didyme; côtes filiformes, égales; vallécules à une seule *vitta*; carpophore biparti. — Involucre variable; involucelle polyphylle.

1 { Feuilles inférieures bipinnées; ombelles de six à douze rayons. . . . . P. SATIVUM. Hoffm.
(Apium petroselinum. L. — Fl. fr.)
— Persil cultivé; alimentaire. —
Feuilles pinnées; ombelles de deux à trois rayons.
. . . . P. SEGETUM. K. (Sium. Fl. fr. — Sison. L.)
— *Champs, Yerres, Montmorency, etc. — Été.* —

184. — FALCARIA. Rivin. Fleurs hermaphrodites ou mâles sur la même ombelle; cal. à 5 dents; pétales échancrés, infléchis; fruit cylindrique, couronné par

les styles réfléchis; côtes filiformes, égales ; valléculer
à une seule *vitta* filiforme. — Un involucre et un involucelle.

1 { Fl. blanches; pét. cordiformes. . . F. RIVINI. Host.
(Sium falcaria. L. — Fl. fr.)
— *Moissons de Bourg-la-Reine et Arcueil. — Eté.—*

185. — CARUM. Koch. Cal. à bord entier, pétales obovales, échancrés, infléchis au sommet; fruit
oblong, comprimé par les côtés, couronné par les
styles réfléchis; côtes filiformes, égales ; vallécules à
une seule *vitta.* Carpophore fourchu au sommet.

1 { Involucre nul ou à une seule foliole. . . . . . .
. . . . C. CARVI. L. (Seseli carvi. Fl. **fr.**)
— Carvi ; off., carminatif. — *Prés de Meudon. — Mai. —*
Involucre et involucelle de plusieurs folioles.. . 2

2 { Racine présentant plusieurs tubercules fasciculés. .
. . . . C. VERTICILLATUM. Koch.
(Sium vertic. Fl. fr. — Sison vertic. L.)
— *Prés humides, Saint-Léger, Rambouillet, etc. —*
Eté. —
Racine n'offrant qu'un seul tubercule arrondi. . .
. . . . C. BULBOCASTANUM. Koch.
(Bunium bulb. L. — Fl. fr.)
— Terre-noix; alimentaire. — *Butte Saint-Chaumont,*
Montfaucon. — Eté. —

186. — ÆGOPODIUM. *Egopode.* Cal. à bord entier;
pétales obovales, échancrés, infléchis au sommet; fruit
comprimé par les côtés, oblong, couronné par les
styles réfléchis; côtes filiformes; vallécules dépourvues
de *vittæ.* — Ni involucre, ni involucelle.

1 { Fleurs blanches. . . . . Æ. PODAGRARIA.
— Herbe aux goutteux. — *Bois et haies, Marly,*
Parc de Versailles. — Eté. —

187. — SILAUS. Besser. DC. Cal. à bord entier ou à 5 dents peu marquées; pétales oblongs, infléchis au sommet; fruit présentant une coupe transversale presque circulaire; côtes un peu ailées; vallécules pourvues de plusieurs *vittæ* très-rapprochées et qui semblent se confondre en une seule. — Involucre nul ou d'une seule foliole, un involucelle.

1 {
Fleurs jaunâtres. . . . . . . S. PRATENSIS. Besser.
(Peucedanum silaus. L. — Fl. fr.)
— Officinal, diurétique. — *Prés humides.* — *Été.* —

188. — SIUM. *Berle.* Koch. Cal. à 5 dents ou à bord entier; pétales obovales, échancrés, infléchis au sommet; fruit comprimé latéralement, ou resserré par les côtés et presque didyme, couronné par les styles réfléchis; akènes multivittés, à côtes filiformes égales; carpophore biparti. — Un involucre et un involucelle.

1 {
Ombelles terminales. . . . . S. LATIFOLIUM.
— *Ruisseaux et mares.* — *Été.* —
Ombelles latérales opposées aux feuilles; graines ovoïdes. . . . . S. ANGUSTIFOLIUM. — *Id*.

189. — PIMPINELLA. *Boucage.* Cal. à bord entier; pétales obovales, échancrés, infléchis au sommet; fruit comprimé par les côtés, ovoïde, couronné par les styles réfléchis; akènes multivittés, à côtes filiformes, égales; carpophore bifide. — Ni involucre, ni involucelle.

1 {
Divisions des feuilles inférieures ovales ou arrondies. 2
Divisions des feuilles toutes profondes et étroites. 5

2 {
Tige de 30 à 60 centimètres, cylindrique ; feuilles supérieures simples. . . . . P. SAXIFRAGA.
— Petite Boucage. — *Prés secs et élevés. — Eté.* —
Tige de 1 mètre à 1 mètre 30 centim., anguleuse ; feuilles supérieures ailées. . . . . . P. MAGNA.
— Grande Boucage. — *Bois humides. — Eté.* —
}

3 {
Ombelles petites, fort nombreuses ; fleurs dioïques. . . . . P. DIOÏCA.
— *Bois de Fontainebleau. — Mai-juin.* —
Ombelles peu nombreuses ; fleurs hermaphrodites. . . . . P. DISSECTA.
— *Prés humides, Sceaux, etc. — Eté.* —
}

190. — **BUPLEVRUM**. *Buplèvre.* Cal. à bord entier, pétales arrondis, entiers, courbés en demi-cercle vers le centre de la fleur ; fruit comprimé latéralement, ou presque didyme par la contraction des côtés ; carpelles à côtes ailées ou filiformes, quelquefois très-peu marquées ; valléules pourvues ou non de *villæ*. — Feuilles entières ; fleurs jaunes.

1 {
Un involucre. 2
Involucre nul. 4
}

2 {
Ombelles partielles à moins de six fleurs. 3
Ombelles partielles à plus de six fleurs ; fol. de l'involucelle courtes. . . . . B. FALCATUM.
— *Oreille-de-lièvre. — Buissons, haies. — Eté.* —
}

3 {
Fruits tuberculeux. . . . . B. TENUISSIMUM.
— *Point-du-Jour. — Bercy. — Eté. R.* —
Fruits non tuberculeux. . . . . . B. JUNCEUM. — *Id.*
}

4 {
Feuilles arrondies perfoliées. . . B. ROTUNDIFOLIUM.
— *Champs secs, moissons. — Juillet.* —
Feuilles linéaires à trois nervures. . B. ARISTATUM.
— *Lieux arides ; Nemours, Malesherbes. — Eté. R.* —
}

VIᵉ TRIBU. ANGÉLICÉES

Akènes comprimés par le dos, à bord ailé, et soudés entre eux par le milieu seulement de leur face commissurale.

en sorte que le fruit présente deux ailes de chaque côté; cinq côtes primaires, dont les trois dorsales sont filiformes ou ailées ; les deux latérales toujours prolongées en ailes; fruit orthosperme.

191. — SELINUM. Hoffm. Cal. à bord entier; pétales obovales, échancrés, infléchis au sommet, toutes les côtes ailées; akènes paucivittés; commissures présentant 2 *vittæ*; carpophore biparti. — Involucre nul ou d'une seule foliole; un involucelle.

1 { Ombelle de 20 fl. blanches environ. S. CARVIFOLIA. — *Prés tourbeux.* — *Eté.* —

192. — ANGELICA. Hoffm. Cal. à bord entier ; pétales lancéolés, entiers; les 5 côtes dorsales de chaque akène filiformes et saillantes, les 2 latérales dilatées en une aile membraneuse beaucoup plus large; vallécules à une seule *vitta*; commissure présentant 2—4 *vittæ*; carpophore biparti. — Involucre nul ou à 1—2 folioles ; un involucelle.

1 { Ombelles de 30-40 fleurs blanches. A. SYLVESTRIS. L.
(Imperatoria sylv. — Fl. fr.)
—*Ruisseaux et lieux humides, Montmorency, Meudon, Gentilly.* — *Eté.* —

193. — ARCHANGELICA. Hoffm. Calice à 5 dents; pétales elliptiques, entiers, à pointe recourbée; fruit multivitté, à deux ailes de chaque côté; involucre presque nul, involucelle dimidié de plusieurs folioles.

1 { Feuilles grandes, bipinnées; foliole terminale bitrilobée; fleurs blanches. . . . . A. OFFICINALIS.
(Angelica archangelica. L.)
— Angélique cultivée, aromatique, alimentaire. —

VIIe TRIBU. PEUCÉDANÉES.

Fruit comprimé par le dos, qui est plan ou en forme de lentille, entouré d'un rebord uni, ailé ; akènes soudés entre eux par toute l'étendue de leur face commissurale, en sorte que le fruit ne présente qu'une aile de chaque côté ; côtes filiformes, quelquefois très-peu marquées, les latérales contiguës au rebord ou se confondant avec lui ; fruit orthosperme.

194. — **PEUCEDANUM.** *Peucédane.* Koch. Cal. à 5 dents; pétales obovales, infléchis au sommet, échancrés ou presque entiers ; fruit comprimé par les faces dorsales qui sont planes ou lenticulaires, côtes à peu près à égale distance l'une de l'autre, les trois intermédiaires filiformes, les deux latérales presque effacées, contiguës au rebord, ou se confondant avec lui ; valléculves pourvues de 1—3 *vittæ.* Involucre variable; un involucelle.

1 { Un involucre à plusieurs folioles. 2
Point d'involucre. . . . . . . P. CARVIFOLIUM. Vill.
(Selinum Chabræi. L. — Fl. fr.)
— *Prés et bois humides, Saint-Léger, Montmorency, etc.*
— Eté. —

2 { Tige striée. 3
Tige lisse, non striée. . . . . . P. SYLVESTRE. DC.
Prodrom. (Selinum sylv. L. — Fl. fr.)
— *Officinal, purgatif, emménagogue, diurétique. —*
— Prés des bois, Montmorency. — Juin.

3 { Feuilles radicales, tripinées, à folioles linéaires, entières, ensiformes. . . . . P. PARISIENSE
— *Bois de Meudon, Sèvres, Bondy. — Eté. —*
Feuilles à folioles incisées ou dentées. 4

4 {

Feuilles glauques à folioles dentées en scie ; involucelle à 5-6 folioles.. . . . P cervaria. Lapeyr. (Selinum cerv. Fl. fr. — Athamantha cerv. L. — *Coteaux pierreux de Fontainebleau. — Été.* R. —
Feuilles non glauques ; folioles incisées. . . . . . . P. oreoselinum. Mœnch. (Selin. or. — Fl. fr. — Officinal, diurétique, sudorifique. — *Coteaux boisés de Chatou. — Été.* R. —

195. — **Anethum**. Hoffm. *Aneth.* Cal. à bord entier ; pétales arrondis, entiers, infléchis en demi-cercle ; fruit comprimé par le dos, en forme de lentille ; côtes filiformes à égale distance l'une de l'autre ; les 3 intermédiaires en carène tranchante, les deux latérales presque effacées, se confondant avec le rebord ; valécules à une seule *vitta* ; commissure offrant 2 *vittæ*. — Ni involucre, ni involucelle.

1 {

Fleurs jaunes. . . . . A. graveolens. L. — Fenouil bâtard ; officinal, aromatique, alimentaire. — *Moissons. — Été.* R. —

196. — **Pastinaca**. *Panais.* Cal. à bord entier ou à 5 dents peu marquées ; pétales arrondis, entiers, infléchis en demi-cercle ; fruit comprimé par le dos et aplati ; côtes très-fines : les 3 intermédiaires à égale distance l'une de l'autre, les 2 latérales éloignées, contiguës au rebord, dont néanmoins elles se distinguent ; valécules à une seule *vitta.* — Ni involucre, ni involucelle.

1 {

Fleurs jaunes. . . . . P. sativa. — Cultivé, alimentaire ; off., graines fébrifuges. — — *Haies, chemins, lieux incultes. — Été.* —

197. — **Heracleum**. *Berce.* Cal. à 5 dents, pétales obovales, échancrés, infléchis au sommet, les extérieurs plus grands et bifurqués ; fruit comprimé par le dos et aplati ; côtes très-fines ; les 3 moyennes à égale distance, les 2 latérales écartées, contiguës au rebord; vallécules pourvues d'une seule *vitta* en forme de massue. — Un involucre caduc, un involucelle.

1 { Tige de 1 m. à 1 m. 50 ; fl. blanches. H. SPONDYLIUM.
{ — Branc-ursine; officinale, carminative. — *Prés et haies.*
         — *Eté.* —

VIIIᵉ TRIBU. TORDYLINÉES.

Fruit comprimé par le dos, qui est plan ou en forme de lentille, entouré d'un rebord épais, noueux ou plissé; akènes à côtes souvent très-fines ou presque effacées, les latérales contiguës au rebord ou le formant; fruit orthosperme.

198. — TORDYLIUM. Cal. à 5 dents; pétales obovales, échancrés, infléchis au sommet, les extérieurs plus grands et bifurqués; fruit comprimé par le dos et aplati, à rebord épais, tuberculeux; côtes très-fines, les 3 moyennes à égale distance, les 2 latérales contiguës au rebord ou cachées par lui; vallécules pourvues d'une seule *vitta* filiforme; commissure offrant 2 *vittæ*. — Un involucre et un involucelle.

1 { Fleurs blanches, rougeâtres.. . . . . . T. MAXIMUM.
{ — *Fontainebleau, côte de Champagne.* — *Eté.* R. —

IIIᵉ SOUS-ORDRE.

Ombellifères parfaites, multijuguées, c'est-à-dire dont les akènes présentent 5 côtes primaires et 4 secondaires.

IXe TRIBU. CORIANDRÉES.

Fruit globuleux ou didyme ; akènes multijugués ; côtes dépourvues d'ailes, les 4 secondaires plus saillantes que les 5 primaires ; graine concave sur sa face commissurale, par la courbure de sa base et de son sommet, vers le milieu.

199. — CORIANDRUM. Hoffm. *Coriandre.* Cal. à 5 dents ; pétales obovales, échancrés, infléchis au sommet ; les extérieurs bifides, fruit globuleux ; côtes primaires déprimées, flexueuses ; côtes secondaires plus saillantes, carénées ; vallécules dépourvues de *villæ* ; commissures à 2 *villæ*. Involucre nul ou à une foliole ; un involucelle.

1 { Fleurs d'un blanc purpurin. . . . . . . C. SATIVUM.
— Officinale, purgative. — *Champs de Belleville et Saint-Denis.* — Eté. R. —

Xe TRIBU. CAUCALINÉES.

Fruit resserré sur les côtés ou presque cylindrique ; akènes multijugués ; les 5 côtes primaires filiformes, pourvues de soies ou d'aiguillons ; les 4 secondaires pourvues d'aiguillons ou effacées par le grand nombre d'aiguillons qui remplissent la vallécule ; graine concave sur sa face commissurale par la courbure des bords.

200. — TORILIS. Sprengel. Cal. à 5 dents ; pétales obovales, échancrés, infléchis au sommet, les extérieurs plus grands, bifides ; fruit resserré par les côtés ; côtes primaires couvertes de soies ou de petites pointes, les latérales placées sur le plan commissural ; côtes secondaires effacées par un grand nombre d'aiguillons qui occupent la vallécule; vallécule pourvue d'une *villa* cachée dans les aiguillons.

1
{
Involucre nul ou d'une seule foliole. . . . . . .
    T. HELVETICA. Gmel. (Caucalis arvensis. Fl. fr. —
        C. segetum. T. — Scandix infesta. L.)
    — *Champs arides.* — *Été.* —
Involucre de plusieurs folioles. 2
}

2
{
Ombelles pédonculées et terminales, de 4-8 rayons
    T. ANTHRISCUS. Gmel. (Caucalis anth. Fl. fr. —
        Tordylium anthr. L.)
    — *Champs et chemins.* — *Été.* —
Ombelles de 2-4 rayons, presque sessiles aux nœuds
    des tiges. . . . . T. NODOSA. Gærtn.
    C. nodiflora. Fl. fr. — Tordyl. nodosum. L.)
    — *Champs arides.* — *Mai-juin.* —
}

201. — **TURGENIA.** Hoffm. Cal. à 5 dents; pétales obovales, échancrés, infléchis au sommet, les extérieurs plus grands, bifides; fruit resserré par les côtés; côtes primaires latérales placées sur le plan commissural, pourvues de petites pointes disposées en un seul rang, toutes les autres côtes présentant deux ou trois rangées d'aiguillons; vallécules à une seule *villa* placée sous la côte secondaire ; un involure et un involucelle.

1
{
Fleurs d'un blanc rosé. . . . T. LATIFOLIA. Hoffm
    (Caucalis latifolia. Fl. fr.)
    — *Moissons.* — *Juin-juillet.* R. —
}

202. — **CAUCALIS.** Hoffm. Cal. à 5 dents ; pétales obovales, échancrés, infléchis au sommet, les extérieurs plus grands, profondément bifides; fruit un peu comprimé par les côtés ; côtes primaires latérales placées sur le plan commissural; côtes secondaires plus saillantes, présentant une ou deux rangées d'aiguillons;

vallécules pourvues d'une seule *vitta* placée sous la côte secondaire ; commissure présentant 2 *vittæ*.

1 { Tige presque glabre, lisse.. . . . . . . C. DAUCOÏDES.
— *Champs incultes.* — *Juin-juillet.* —
Tige hérissée de poils, rude au toucher.. . . . . .
. . . . . C. LEPTOPHYLLA. L. (C. parviflora. Fl. fr.)
— *Lieux stériles, Etampes.* — *Juin.* —

XIᵉ TRIBU. DAUCINÉES

Fruit à coupe transversale circulaire, ou bien comprimé par le dos en forme de lentille; akènes multijugués, à côtes primaires filiformes, les latérales placées sur le plan commissural ; à côtes secondaires plus saillantes, pourvues d'aiguillons ; fruit orthosperme.

203. — **ORLAYA.** Hoffm. Cal. à 5 dents; pétales obovales, échancrés, infléchis au sommet, et dont l'un, extérieur, est très-grand et profondément bifide; fruit comprimé par le dos, en forme de lentille ; côtes secondaires pourvues de 2 ou 3 rangées d'aiguillons; vallécules à une seule *vitta* placée sous la côte secondaire.

1 { Fleurs blanches. . . . . . O. GRANDIFLORA. Hoffm.
(Caucalis grandifl. L. — Fl. fr.)
— *Moissons.* — *Juin-juillet.* R. —

204. — **DAUCUS.** *Carotte.* Cal. à 5 dents; pétales obovales, échancrés, infléchis au sommet, plus **grands** sur le bord de l'ombelle; fruit comprimé par le dos; côtes secondaires pourvues d'aiguillons disposés sur une seule rangée; vallécules à une seule *vitta* placée sous la côte secondaire; 2 *vittæ* commissurales; involucre à folioles pinnatifides, un involucelle.

1 { · Fleurs blanches ou rougeâtres. . . . . . **D.** CAROTA.
  — Carotte ; cultivée ; racine alimentaire ; officinale :
  ictère. — *Prés secs.* — *Été.* —

XIIe TRIBU. THAPSIÉES.

*Côtes primaires filiformes ; côtes secondaires internes,
filiformes ou ailées, côtes secondaires externes, ailées ;
ailes dépourvues d'aiguillons ; fruit orthosperme.*

205. — LASERPITIUM. Cal. à 5 dents ; pétales obovales, échancrés, infléchis au sommet ; fruit comprimé par les côtés, ou à section transversale presque
circulaire ; les deux côtes primaires latérales placées
sur le plan commissural ; côtes secondaires ailées ;
valléeules à une seule *vitta* placée sous la côte secondaire. — Un involucre et un involucelle.

1 { Fleurs blanches ; folioles ovales, rudes et blanchâtres en dessous. . . . . . L. ASPERUM. Crantz.
  — *Compiègne, Fontainebleau, Juvisy.* — *Été.* R. —

Famille 39. CAPRIFOLIACÉES. Juss.

Calice à 4—5 divisions, adhérent à l'ovaire ; corolle
à 4—5 lobes ou à 4— 5 pétales ; étamines en nombre
égal aux divisions de la corolle ; 1 style surmonté d'un
stigmate, ou trois stigmates sessiles ; baie ou capsule
à une ou plusieurs loges ; périsperme charnu. — Arbrisseaux à feuilles opposées ; fleurs en corymbe.

** Corolle polypétale ; 1 style.*

206. — HEDERA. *Lierre.* Calice à 5 dents ; 5 pétales ; 5 étam. alternes avec les pétales ; anthères bi-
furquées à la base ; baies à 5 loges monospermes,
s'oblitérant à la maturité.

1 { Fl. verdâtres, en ombelles simples. . . . . H. HELIX.
— Officinal, vulnéraire. — *Automne.* —

207. — **CORNUS.** *Cornouiller.* Cal. à 4 dents ; 4 pétales ; 4 étamines alternes avec les pétales ; drupe contenant un noyau à 2 loges, à 2 graines.

1 { Fleurs jaunes, naissant avant les feuilles ; fruits d'un beau rouge à leur maturité. . . . . C. MAS.
— Fr. alimentaire : *Corme*; bois très-dur, industr. —
— *Haies et bois. — Mars-avril.* —
Fleurs blanches, naissant après les feuilles ; fruits noirâtres à leur maturité. . . . . C. SANGUINEA.
— C. sanguin. — Cultivé ; fr. oléagineux. — *Id. — Été.* —

** *Corolle monopétale ; style nul ; 3 stigmates.*

208. — **SAMBUCUS.** *Sureau.* Calice à 5 lobes courts ; cor. en roue, à 5 lobes ; 5 étamines alternes avec les lobes de la corolle; baie à une loge trisperme.
— Fleurs blanches.

1 { Tige herbacée. . . . . S. EBULUS.
— Yèble ; officinal, purgatif. — *Haies. — Juin.* —
Tige ligneuse.. 2

2 { Fleurs en grappes ; fruits rouges à leur maturité .
. . . . S. RACEMOSA.
— S. à grappes ; cultivé. — *Avril-mai.* —
Fleurs en corymbes; fruits noirâtres à leur maturité. . . . . S. NIGRA.
— Off., fl. sudorifiques ; fr. employé en teinture. —
— *Haies. — Juin-juillet.* —

209. — **VIBURNUM.** *Viorne.* Cal. à 5 lobes courts; cor. campanulée, à 5 lobes; 5 étam. alternes avec les lobes de la corolle; baie 1 — sperme.

1 { Feuilles très-simples, non lobées. 2
Feuilles à 3-5 lobes. . . . . V. OPULUS.
— Cultivé; Obier, Boule de neige, Rose de Gueldres. —
Bois. — Mai. —

2 | Feuilles entières, lisses; fruit couronné par le ca-
lice. . . . . V. TINUS.
— Cultivé; Laurier-Tin. — Mars. —
Feuilles dentées, ridées en dessus et cotonneuses;
baie nue. . . . . V. LANTANA.
— Mentiane; Cochène. — Bois. — Mai. —

*** *Corolle monopétale; 1 style.*

210. — **LONICERA**. *Chèvrefeuille*. Calice à 5 dents,
cor. tubuleuse, campanulée ou infundibuliforme, à 5
divisions un peu inégales; baie à 1—2—3 loges polyspermes.

1 | Fleurs terminales nombreuses.. 2
Fleurs latérales et géminées sur chaque pédoncule;
feuilles velues.. . . . . L. XYLOSTEUM.
— *Bois et buissons. — Juin.* —

2 | Feuilles supérieures, soudées à la base, perfoliées.
. . . . L. CAPRIFOLIUM.
— *Chèvrefeuille des jardins; cultivé.* —
Feuilles toutes distinctes. . . . . . L. PERICLYMENUM.
— Ch. d'Allemagne; Ch. des bois; cultivé. — *Bois
et haies. — Mai-juin.* —

Famille 40. LORANTHÉES. Juss. et Rich.

Cal. entier, à limbe peu visible; cor. de 4—6 pétales; 4—6 étamines à anthères sessiles; ovaire adhérent au calice; 1 style; 1 stigmate; baie 1 — sperme.
— Plantes parasites, à feuilles opposées, entières.

211. — **VISCUM**. *Gui*. Fl. monoïques ou dioïques;
cal. à limbe à peine visible; 4 pétales herbacés, soudés à la base; fl. *mâles:* 4 anthères sessiles, attachées
sur le milieu des pétales; fl. *femelles:* ovaire couronné
par le bord du calice; baie globuleuse, monosperme.

1 { Fleurs jaunâtres ; fruit sessile. . . . . . . V. ALBUM.
— Officinal : baies purgatives ; industrie : glu. —
— *Sur le Pommier, le Chêne, etc. — Mars. —*

Famille 41. RUBIACÉES. Juss.

Cal. adhérent à l'ovaire, à 4—5—6 lobes peu visibles; corolle régulière, à 4—5—6 lobes, insérée sur l'ovaire ; étamines en nombre égal aux divisions de la corolle ; 1 style ; 2 stigmates ; fruit formé de 2 graines accolées ; périsperme corné. — Plantes herbacées, à racine colorée à l'intérieur, à tiges tétragones, à feuilles entières et verticillées; fleurs petites en roue, en tube ou en cloche.

212. — **RUBIA.** *Garance.* Cal. ouvert campanulé, à 4—5 lobes ; 4—5 étamines ; fruit formé de 2 baies glabres et arrondies.

1 { Verticilles de cinq à six feuilles ; tige rude. . . 2
Vertic. de quatre feuilles; tige lisse. . . R. LUCIDA.
— *Côte de Champagne, près Fontainebleau. —*
Juin-juillet. R. —

2 { Lobes de la corolle larges et brusquement rétrécis
en pointe.. . . . . R. PEREGRINA. — *Id.*
Lobes de la corolle étroits et insensiblement rétrécis au sommet. . . . . R. TINCTORUM.
— Officinale ; astringente, diurétique ; industrie :
teinture. — *Haies, buissons. — Id. —*

213. — **GALIUM.** *Gaillet.* Cor. en roue ou en cloche, à 4 divisions; fruit formé de 2 capsules ovoïdes, non couronné par le limbe du calice.

1 { Fruit ou ovaire glabre.. 2
Fruit ou ovaire hérissé de poils. 26

2 { Fruit lisse, non tuberculeux. 3
Fruit tuberculeux.. 23

3 { Fleurs blanches.. 4
Fleurs jaunes.. 22

4 { Tige (lisse ou rude) toujours glabre. 5
  { Tige pubescente, au moins dans le bas.. 19

5 { Tige lisse sur les angles. 6
  { Tige rude sur les angles. 15

6 { Tige droite, ferme, cylindrique. . . G. SYLVATICUM.
  {   — Bois d'Orsay. T. — Juillet. —
  { Tige à quatre angles plus ou moins marqués, sou-
  {   vent grêle et couchée. 7

7 { Feuilles linéaires, acérées. 8
  { Feuilles ovales, oblongues ou obtuses. 11

8 { Feuilles rapprochées les unes des autres et couvrant
  {   presque les tiges. . . . . G. LÆVE.
  {   — Coteaux de Bièvre. — Juin. —
  { Feuilles espacées, ne couvrant pas les tiges. . . 9

9 { Feuilles de huit millimètres de longueur au moins.
  { 10
  { Feuilles de quatre millimètres de longueur au plus.
  { . . . . G. DIVARICATUM.
  {   — Fossés secs des bois, Fontainebleau, etc. —
  {   Mai-juin. R. —

10 { Tige droite à rameaux lâches.. . . . . . G. ERECTUM
   {   — Bois de Bondy. — Juin-juillet. —
   { Tige ascendante à rameaux dressés. . . . . G. LÆVE
   {   — V. Accolade 8. —

11 { Verticilles formés la plupart de huit feuilles. . . .
   { . . . . G. MOLLUGO
   { — Caille-lait-blanc. — Off., astringent. — Rac. colorant
   {   en rouge. — Été.
   { Moins de huit feuilles aux verticilles. 12

12 { Quatre à cinq feuilles à la plupart des verticilles. 13
   { Six à sept feuilles à tous les verticilles.. . . . 14

13 { Feuilles obtuses. . . . . G. PALUSTRE.
   { —Devient noir par la dessiccation. — Racine colorant
   {   en rouge. — Mares. — Été. —
   { Feuilles terminées toutes par une petite pointe sail-
   {   lante. . . . . G. HARCYNICUM.
   {   — Bois de Malesherbes. etc. — Été. R.—

14 { Tige droite à rameaux lâches. . . . . . G. ERECTUM.
        — V. Accolade 10. —
     Tige couchée. . . . . G. SUPINUM.
        — Lieux secs, bois de Boulogne. — Eté. —

15 { Tige grêle, couchée au moins à la base. 16
     Tige droite. . . . . G. ERECTUM.
        — V. Accolade 10. —

16 { Feuilles acérées. 17
     Feuilles obtuses. . . . . G. PALUSTRE.
        — V. Accolade 13. —

17 { Feuilles terminées par une pointe épineuse. . . .
        . . . . G. SPINULOSUM. M.
     — Meudon, etc. — Ne noircit pas en séchant. — Eté. —
     Feuilles terminées par une pointe non épineuse. 18

18 { Tige couchée, accrochante; feuilles terminées par
        un long poil. . . . . G. ULIGINOSUM.
        — Il noircit. — Marais fangeux. — Mai-juin. —
     Tige demi-couchée, rude; feuilles aiguës; fleurs
        d'un blanc jaunâtre. . . . . G. ANGLICUM.
     — Lieux secs, bois de Boulogne, Fontainebleau, etc.
        — Eté. —

19 { Tige droite. 20
     Tige couchée, au moins à la base. 21

20 { Tige cylindrique. . . . . G. SYLVATICUM.
        — Bois d'Orsay. T. — Juillet. —
     Tige quadrangulaire. . . . . G. MOLLUGO.
        — V. Accolade 11. —

21 { Tige ascendante ou demi-couchée. . . G. BOCCONI.
        — Bois de Boulogne, Vincennes, etc. — Eté. —
     Tige tout à fait couchée. . . . . . . G. SUPINUM.
        — V. Accolade 14. —

22 { Verticilles de quatre feuilles couvertes de longs poils
        blancs. . . G. CRUCIATUM (Valantia cruciata. L.)
     — Off., vulnéraire. — Bois, buissons. — Mai. —
     Verticilles de six feuilles au moins, glabres ou pu-
        bescentes. . . . . G. VERUM. (Caille-lait jaune.)
     — Off., astringent, vulnéraire. — Prés secs. — Eté. —

23 { Feuilles linéaires, très-rudes sur les bords. . . 24
Feuilles ovales, lancéolées, presque lisses sur les bords. . . . . G. HARCYNICUM.

V. Accolade 13. —

24 { Aspérités du bord de la feuille dirigées vers le sommet. 25
Aspérités du bord de la feuille dirigées vers la base. . . . . G. TRICORNE.

— Moissons. — Juin. —

25 { Pédoncules plus longs que les feuilles dont les aspérités sont semblables à celles des tiges. G. SPURIUM.

— Lieux cultivés. — Été. —

Pédoncules au plus égaux aux feuilles dont les aspérités sont dirigées en sens inverse de celles des tiges.. . . . G. SACCHARATUM. (Valantia aparine. L.)

— Moissons. — Juin. —

26 { Verticilles de sept feuilles au moins 27
Verticilles de trois à six feuilles; fruits blanchâtres. . . . . G. LITIGIOSUM. (G. parisiense.)

— Étang Coquenard. M. — Été. R. —

27 { Tige rameuse, grimpante ou couchée. G. APARINE.

— Gratteron; off., contre la rage? — Été. —

Tige simple, roide, dressée.. . . . . G. VAILLANTII.

— Moissons, Montmartre, etc. — Été. —

214. — ASPERULA. *Aspérule.* Cor. infundibuliforme, à 3-4 divisions; fruit formé de deux baies sèches, non couronnées.

1 { Fleurs blanches ou couleur de chair.. 2
Fleurs bleues. . . . . A. ARVENSIS.

— Dans les moissons. — Mai-juin. —

2 { Feuilles verticillées par quatre ou six. 3
Feuilles verticillées par huit. . . . . A. ODORATA.

— Petit Muguet; cultivé, aromatique, officinal, vulnéraire. — Bois ombragés. — Avril-mai. —

3 { Verticilles inférieurs de quatre feuilles; fleurs couleur de chair. . . . . A. CYNANCHICA

— Herbe à l'esquinancie. — Collines sèches. — Été. —

Verticilles inférieurs de six feuilles; fleurs blanches. . . . . A. TINCTORIA.

— Petite Garance; racine colorante. — Id. — Mai-juin. R. —

215. — **SHERARDIA.** *Shérarde.* Cor. infundibuli-forme, à 4 divisions ; fr. couronné par les dents du calice, s'accroissant après la fleuraison.

1 { Fleurs bleues, terminales. . . . . . . S. ARVENSIS.
— *Commune dans les moissons. — Eté.* —

Famille 42. VALÉRIANÉES. DC.

Cal. adhérent à l'ovaire, ayant son limbe tantôt plumeux et roulé en dedans jusqu'à la maturation, tantôt droit, denté : cor. tubuleuse, à 5 lobes souvent inégaux, insérée au sommet de l'ovaire ; 1—5 étamines ; 1 style ; 1—3 stigmates ; capsule indéhiscente, à 1—3 loges monospermes ; périsperme nul. — Plantes herbacées, à tige cylindrique, à feuilles opposées.

216. — **VALERIANA.** *Valériane.* Calice à limbe plumeux, roulé en dedans pendant la fleuraison, et se déroulant lors de la maturité ; cor. sans éperon, à 5 lobes inégaux ; ordinairement 3 étam. ; capsule à 1 loge monosperme.

1 { Feuilles radicales entières. . . . . V. DIOÏCA.
— *Prés et bois humides. — Avril-juin.* —
Feuilles radic. pinnatifides. . . . . V. OFFICINALIS.
— Herbe aux coupures ; off., diurétique, sudorifique, antispasmodique. — *Id. — Id.* —

217. — **CENTRANTHUS.** *Centranthe.* Calice plumeux ; cor. éperonnée à sa base ; 1 étamine.

1 { Fleurs rouges ou blanches, en panicules terminales.
. . . . C. RUBER. (Valeriana rubra. L.)
— *Valériane rouge des jardins ; cultivée. — Murs de Meudon, Saint-Germain, etc. — Eté.* —

218. — **VALERIANELLA.** *Mâche.* Calice à limbe denté ; corolle sans éperon, à 5 lobes inégaux ; 3 étamines ; capsule à 3 loges, dont 2 avortant souvent.

1 { Fruits glabres. 2
  { Fruits velus. 3

2 { Fruit pyriforme ou oblong, couronné par les dents
  {   du calice. . . . . . V. DENTATA. (V. Locusta δ. L.)
  {   — *Champs cultivés.* — *Avril-mai.* —
  { Fruit aplati, non couronné de dents. . . . . . .
  {   . . . . V. OLITORIA. (V. Locusta α. L.)
  { — Doucette, Herbe royale; cult., aliment.—*Mars-avril.*—

3 { Fruit terminé par une pointe aiguë. 4
  { Fr. couronné de 6-10 dents; feuill. supér. à dé-
  {   coupures profondes. . . . . V. CORONATA. —*Id*
  {   — *Champs : Saint-Maur,* etc. — *Eté.* R. —

4 { Graines garnies de poils roides; pédoncules munis
  {   d'écailles membraneuses. . V. ERIOCARPA. — *Id*.
  {   — *Champs : Lardy, Beauvais.* — *Eté.* R.—
  { Graines pubescentes; pédoncules ne portant pas
  {   d'écailles. . . . . V. PUBESCENS.—*Id*.
  {   —*Moissons.* — *Eté.*—

— Ces prétendues espèces ne sont pour la plupart, selon nous,
que des variétés auxquelles on pourrait ajouter les *V. vesicaria*
et *auricula,* etc.

Famille 43. **DIPSACÉES**. Juss.

Fleurs réunies sur un réceptacle commun et entourées d'un involucre polyphylle; cal. double, persistant,
l'interne embrassant étroitement l'ovaire sans y être
adhérent, et son limbe formant souvent une espèce
d'aigrette; cor. monopétale, à 4—5 lobes, insérée au
sommet du calice interne; étam. en nombre égal à
celui des lobes de la corolle et alternes avec eux; 1
style; graine solitaire. munie d'un périsperme charnu.
— Plantes herbacées, à feuilles opposées.

219. — **SCABIOSA**. *Scabieuse.* Réceptacle garni de

poils ou de paillettes. — Cal. double: l'interne terminé par des arêtes ou des soies; l'externe membraneux ou scarieux; cor. à 4—5 lobes inégaux; 4—5 étam.; graine cachée par les 2 calices.

1 {
Corolle à quatre divisions. 2
Corolle à cinq divisions. 5

2 {
Réceptacle nu ou garni de poils.. 3
Réceptacle garni de paillettes ou d'écailles; racine tronquée à l'extrémité. . . . . S. SUCCISA.
—Succise, Mors-du-Diable; officinale, sudorifique, vuln.
Bois, collines sèches. — Automne. —

3 {
Feuilles inférieures pinnatifides. . . . S. ARVENSIS.
— Off., sudorifique, vuln. — *Prés, champs. — Été. —*
Feuilles inférieures entières ou dentées. . . 4

4 {
Feuilles de la tige embrassantes; feuilles radicales entières . . . . S. SYLVATICA.
— *Bois montueux. — Mai-juin.* R. —
Feuilles de la tige rétrécies en pétiole; feuilles radicales pinnatifides. . . . . S. ARVENSIS.
— *Champs, chemins. — Été. —*

5 {
Feuilles radicales ovales ou lancéolées. 6
Feuilles radicales pinnatifides; fleurs d'un jaune bleuâtre. . S. GMELINI. (St-H.) (S. ucranica. L.)
— *Lieux stériles: Fontainebleau, Roncevaux. — Id.—*

6 {
Feuilles radicales ovales, crénelées; nœuds de la tige purpurins. . . . . S. COLUMBARIA.
— *Lieux secs et montueux. — Été. —*
Feuilles radicales lancéolées, entières; nœuds de la tige verts. . . . . S. SUAVEOLENS.
— *Fontainebleau: lieux secs. — Été.* R. —

220. — **DIPSACUS.** *Cardère.* Réceptacle garni de paillettes épineuses. Calice double, à bord entier; cor. à 4 divisions; 4 étamines saillantes; graine anguleuse, recouverte par les 2 calices.

1
{
Fleurs en tête allongée. **2**
Fleurs en tête arrondie ou hémisphérique, d'un blanc
  bleuâtre. . . . . **D. PILOSUS.**
  — Verge-de-pasteur. — Haies et fossés humides :
      — Montmorency, etc. — Été. R. —
}

2
{
Paillettes florales recourbées en dehors sous forme
  de crochet. . . . . **D. FULLONUM.**
  — Chardon à foulon ; cultivé, industriel. — Été. —
Paillettes très-droites. . . . . **D. SYLVESTRIS.**
  — Officinal, diurétique, préconisé contre la gangrène.
      — Haies et chemins. — Été. —
}

Famille 44. COMPOSÉES. Adanson.

Fleurs réunies sur un réceptacle commun et entourées d'un involucre de plusieurs folioles. — Chaque fleur en particulier offre un calice adhérent à l'ovaire, dont le limbe, rarement nul, se présente sous la forme de dents ou d'une aigrette poilue ou plumeuse qui couronne la graine ; une corolle monopétale, insérée au sommet de l'ovaire, tantôt tubuleuse et ordinairement à 5 dents (*fleuron*), tantôt déjetée en languette d'un seul côté (*demi-fleuron*) ; 5 étamines insérées avec la corolle, alternes avec ses lobes, et dont les anthères sont oblongues, linéaires et réunies en un tube qui donne passage au pistil ; 1 style ; 1—2 stigmates ; 1 capsule monosperme, indéhiscente (*akène*), le plus souvent sessile, quelquefois pédicellée, ordinairement couronnée d'une aigrette ; placenta presque charnu, situé à la base de l'ovaire ; périsperme nul. — Plantes à feuilles entières ou découpées, le plus souvent alternes ; fleurs agrégées d'une manière si intime que leur assemblage parait ne former qu'une seule fleur.

Iᵉ TRIBU. CORYMBIFÈRES.

Fleurs tantôt toutes tubuleuses (FLOSCULEUSES); *tantôt tubuleuses au centre. et en languette à la circonférence* (RADIÉES); *réceptacle peu ou point charnu; stigmate non articulé sur le style.*

* *Graines couronnées d'aigrettes; réceptacle nu.*

221. — **EUPATORIUM.** *Eupatoire.* Calice oblong, imbriqué ; fleurons en petit nombre, tubuleux et hermaphrodites ; aigrette de poils simples ou dentés.

1 { Fleurs blanches ou rosées. . . . . . E. CANNABINUM.
{ — E. d'Avicenne ; officinale, purgative, vulnéraire. —
{ *Lieux humides. — Eté.* —

222. — **GNAPHALIUM.** *Gnaphale.* Involucre imbriqué d'écailles inégales, obtuses, souvent colorées sur les bords; fleurons tubuleux, les uns hermaphrodites, les autres femelles; aigrette de poils simples ou dentés au sommet.

1 { Ecailles extérieures de l'involucre entièrement scarieuses. 2
{ Ecailles extérieures de l'involucre cotonneuses au moins à la base.. 4

2 { Fleurs en tête ou en corymbe terminal. . . . 3
{ Fleurs en épis terminaux et axillaires, mêlés de feuilles. . . . . . G. SYLVATICUM (G. rectum. Sm.)
{ — *Bois élevés ; Meudon, Saint-Cloud, etc. — Eté.* —

3 { Tige simple.. . . . . G. LUTEO-ALBUM.
{ — *Lieux humides, — Eté.* —
{ Tige très-rameuse. . . . . . G. ULIGINOSUM. — *Id.*

4 { Feuilles radicales spatulées. 5
{ Feuilles toutes oblongues. 6

5 { Feuilles caulinaires rétrécies à la base. 6
Feuilles caulinaires supérieures non rétrécies à la
base. . . . . . G. germanicum. (Filago germ. L.)
— Off., vulnéraire., astringent. — *Chemins.* — *Eté.* —

6 { Plante dioïque, à réceptacle plan. . . . G. dioicum.
— Pied-de-chat; off., béchique. — *Herbages élevés;*
Montmorency, Sénart. — *Printemps.* —
Plante hermaphrodite; réceptacle bombé. G. jussiæi.
— *Champs, chemins,* etc.

7 { Involucre très-cotonneux, même au sommet des
écailles. . . . . . G. arvense. (Filago arv. L.)
— *Champs sablonneux.* — *Eté.* —
Involucre presque glabre vers le sommet. . . . 8

8 { Tête composée de six fleurs au plus. 9
Tête composée de huit à dix fleurs au moins. . .
. . . . G. germanicum (Fil. germ. L.)
Herbe-à-coton ; off., vul. — *Champs.* — *Eté.* —

9 { Tige irrégulièrement rameuse à branches divari-
quées. . . . . . . G. gallicum (Filago gallica L.)
— *Sables.* — *Eté.* —
Tige bifurquée ou dichotome, à rameaux non diva-
riqués. . . . G. montanum. (Filago montana. L.)
— *Côtes arides.* — *Eté.* —

223. — Conysa. *Conyse.* Involucre arrondi, imbriqué d'écailles; fleurons tubuleux, hermaphrodites,
à 5 dents au centre; femelles, stériles, à 3 dents à la
circonférence; aigrette simple.

1 { Fleurs jaunâtres . . . . C. squarrosa.
Herbe-aux-mouches. — *Bord des bois.* — *Eté.* —

224. — Chrysocoma. *Chrysocome.* Involucre imbriqué, ovoïde ou hémisphérique; réceptacle marqué
d'alvéoles à bords dentés; fleurons tubuleux, hermaphrodites; aigrettes ciliées.

1 { Fleurs jaunes; plante glabre. . . . . C. linosyris.
— *Terres argileuses : Fontainebleau, Marcoussis.* —
— *Eté.* R. —

13

225. — **Aster**. Involucre imbriqué ; écailles extérieures étalées ; réceptacle nu ; fleurs radiées ; *demi-fleurons* femelles oblongs, d'une couleur différente de celle des *fleurons* (lorsque la fleur est simple) ; aigrette simple.

1
Feuilles presque entières ; folioles de l'involucre scarieuses. . . . . A. AMELLUS.
— *Bois de Villiers, près Nemours* (Devilliers). — *Juillet-septembre*. R. —
Feuilles à larges dentelures ; folioles de l'involucre ciliées. . . . . A. CHINENSIS
— Reine-Marguerite, cultivée. —

226. — **Erigeron**. *Vergerette*. Involucre oblong, imbriqué ; fleurs radiées ; *demi-fleurons* femelles, nombreux ; *fleurons* hermaphrodites ; aigrette simple.

1
Involucre glabre ; demi-fleurons couleur de chair, ou d'un blanc sale. . . . . E. CANADENSE.
Lieux stériles et pierreux. — *Eté*.
Involucre velu ; demi-fleurons bleuâtres ou rougeâtres. . . . . E. ACRE. — *Id*.

227. — **Inula**. *Inule*. Involucre imbriqué ; fleurs radiées ; *fleurons* hermaphrodites, jaunes ; *demi-fleurons* femelles, de la couleur des fleurons : anthères prolongées en 2 pointes à leur base ; aigrette simple, entourée quelquefois d'une membrane entière ou dentée.

1
Tige et feuilles velues. 2
Tige et feuilles glabres ou pubescentes. 6

2
Fol. extér. de l'involucre linéaires. 3
Fol. extérieures de l'involucre ovales ; anthères simples. . . . . I. HELENIUM. (Corvisartia hel. M.)
— Aulnée ; off., tonique. — *Bois humides*. — *Eté*. —

3
Feuilles ondulées sur les bords. 4
Feuilles planes sur les bords. 5

$\left\{\begin{array}{l}\text{4}\end{array}\right.$ Demi-fleurons si courts qu'ils paraissent presque nuls ; fl. d'un jaune sale. . . . . . I. PULICARIA.
— *Fossés humides.* — *Eté.* —
Demi-fl. très-apparents. . . . I. DYSENTERICA. — *Id.*
— Herbe-de-saint-Roch ; off., antidyssentérique. —

$\left\{\begin{array}{l}\text{5}\end{array}\right.$ Graines hispides, appendiculées ; feuilles très-embrassantes.. . . . . I. BRITANNICA.— *Id.*
Graines glabres, non appendiculées ; feuilles peu embrassantes. . . . . I. HIRTA.
— *Coteaux de Saint-Maur, Fontainebleau.* — *Id.* —

$\left\{\begin{array}{l}\text{6}\end{array}\right.$ Tige entièrement glabre. . . . . I. SALICINA.
— *Prés de Gentilly, Saint-Gratien, etc.* — *Eté.* —
Tige pubescente vers le haut. . . . . I. SQUARROSA.
— *Bouron et côte de Champagne.* — *Eté.* —

228. — **SOLIDAGO**. *Solidage*. Involucre imbriqué ; fleurs radiées; *fleurons* hermaphrodites, jaunes; *demi-fleurons* femelles, au nombre de 5 —6, et de la couleur des fleurons; aigrette simple.

$\left\{\begin{array}{l}\text{1}\end{array}\right.$ Tige rameuse, visqueuse du haut ; plante à odeur forte.. . . . . S. GRAVEOLENS. (Erigeron grav. L.)
— *Lieux pierreux et humides.* — *Eté.* —
Tige simple, non visqueuse. . . . . S. VIRGA-AUREA.
— Verge-d'or ; officinale, vulnéraire, détersive. — *Bois.*
— *Eté.* —

229. — **TUSSILAGO**. *Tussilage*. Involucre à un seul rang de folioles; fleurs flosculeuses ou radiées ; aigrette simple, sessile.

$\left\{\begin{array}{l}\text{1}\end{array}\right.$ Fleurs radiées, jaunes. . . . . T. FARFARA.
— Pas-d'âne ; officinal, béchique. — *Terres glaises.* —
Avril. —
Fl. flosculeuses, purpurines ; aigrette courte. . . .
. . . . . . T. PETASITES. (Petasites vulgaris. Desf.)
— Herbe-aux-teigneux ; racine sudorifique. — *Lieux humides.* — *Mars-avril.* —

230. — **SENECIO**. *Seneçon*. Involucre à un seul rang de folioles noirâtres au sommet, entouré de quelques bractées à sa base ; fleurs flosculeuses ou **radiées**; aigrette simple, molle et sessile.

1 { Fleurs flosculeuses.. . . . . **2**
  { Fleurs radiées. **4**

2 { Plante visqueuse, fétide. . . . . S. **VISCOSUS.**
  { — *Coteaux pierreux des bois. — Été. —*
  { Plante non visqueuse. **3**

3 { Tige tendre, fistuleuse, haute de 30 cent. environ ;
  {   fleurs paniculées. . . . . S. **VULGARIS.**
  {   — *Officinal, émollient. — Été. —*
  { Tige ferme, haute de 60 cent. . . . . . S. **JACOBÆA.**
  { — *Herbe-de-saint-Jacques, Jacobée. — Prés. — Été. —*

4 { Feuilles découpées ou pinnatifides. **5**
  { Feuilles simples, dentées en scie. . . S. **PALUDOSUS.**
  { — *Lieux humides, Saint-Gratien, Charenton. — Été. —*

5 { Demi-fleurons grands, étalés. **6**
  { Demi-fleurons courts, roulés en dehors.. . . . . **9**

6 { Lobes des feuilles oblongs, obtus. **7**
  { Lobes des feuilles linéaires, pointus, souvent tri-
  {   fides.. . . . . S. **ADONIDIFOLIUS.** (Lois.)
  {   — *Fontainebleau, Marcoussis, bois de Boulogne. —*
  {   *Juillet-août. R. —*

7 { Tige et feuilles glabres ou à peu près. **8**
  { Tige et feuilles velues. . . . . . . S. **ERUCÆFOLIUS.**
  { —*Bois montagneux : Marcoussis, Saint-Cloud. — Été. —*

8 { Lobe terminal des feuilles ovale, très-grand, à peine
  {   denté. . . . . S. **AQUATICUS.**
  {   — *Bois, près humides. — Juin-juillet. R. —*
  { Lobes à peu près égaux. . . . . S. **VULGARIS.**

9 { Plante visqueuse, fétide. . . . . . . S. **VISCOSUS**
  {   — *Voyez accolade 2. —*
  { Plante non visqueuse.. . . . . S. **SYLVATICUS.**
  { —*Bois de Boulogne, Romainville, Meudon. — Été. —*

231. — **CINERARIA.** *Cinéraire.* Involucre à un seul rang de folioles égales; fleurs radiées, aigrette simple, sessile.

1 {
Feuilles embrassantes ; fleurs en corymbe terminal.
. . . . C. PALUSTRIS.
— *Marais sablonneux. — Été.* R. —
Feuilles non embrassantes ; fleurs en ombelle im-
parfaite. . . . . C. CAMPESTRIS.
— *Bois humides : Montmorency, Neuilly-sur-Marne. —
Mai-juin.* R. —

232. — DORONICUM. *Doronic.* Involucre à 1 ou 2 rangs de folioles égales ; fleurs radiées ; *fleurons* hermaphrodites, à graines surmontées d'une aigrette simple; *demi-fleurons* femelles, fertiles, à 3 dents; graines nues.

1 {
Feuilles radicales cordiformes, dont le pétiole est muni d'un appendice foliacé ; tige rameuse. . .
. . . . D. PARDALIANCHES.
— *Bois de Malesherbes* (Adrien de Jussieu). — *Été.* —
Feuilles radic. ovales, oblongues, sans appendice; tige simple. . . . . D. PLANTAGINEUM.
— *Saint-Germain, Neuilly-sur-Marne, Meudon, Dreux.
— Printemps.* R. —

** *Aigrette nulle ; réceptacle nu.*

233. — CALENDULA. *Souci.* Involucre à un seul rang de folioles égales ; fleurs radiées; *fleurons* mâles au centre, hermaphrodites à la circonférence ; *demi-fleurons* femelles. fertiles; graines membraneuses, irrégulières, contournées.

1 {
Fl. d'un jaune pâle, petites, en tête.. C. ARVENSIS.
— *Ces fleurs servent à colorer le beurre. — Été.* —

234. — CHRYSANTHEMUM. *Chrysanthème.* Involucre hémisphérique, imbriqué d'écailles scarieuses sur les bords; fleurs radiées; *fleurons* hermaphrodites; *demi-fleurons* femelles, fertiles; graines nues.

1 {
Demi-fleurons jaunes.. . . . . C. SEGETUM.
— Marguerite dorée; indust., teinture en jaune. — *Été.*—
Demi-fleur. blancs. . . . . C. LEUCANTHEMUM. — *Id.*
— Grande Marguerite. — Grande Pâquerette. —

235. — **PYRETHRUM.** *Pyrèthre.* Involucre à écailles imbriquées, scarieuses au sommet; fleurs radiées, graines couronnées par une membrane.

1
- Involucre glabre.. 2
- Involucre velu, à folioles scarieuses, déchirées au sommet.. . . . . P. PARTHENIUM. (Matricaria parth. L.) — Matricaire; off., emménagogue. — *Iles.* — *Eté.* —

2
- Graine couronnée de cinq dents; divisions des feuilles oblongues, dentées.. . . . P. CORYMBOSUM (Chrysanthemum corymb.) — *Coteaux de Bréauté, près Vincennes.* — *Eté.* R. —
- Graine couronnée d'une membrane entière; divisions des feuilles linéaires. . . . . P. INODORUM. (Chrysanthemum inodor.) — Tête-de-jument. — *Juin-juillet.* —

236. — **MATRICARIA.** *Matricaire.* Involucre hémisphérique, imbriqué d'écailles foliacées et pointues; fleurs radiées; réceptacle conique; graines nues.

1
- Fleurs blanches à disque jaune; plante d'une odeur forte. . . . . M. CHAMOMILLA. — Camomille; off., stomachique, fébrifuge. — *Eté.* —

237. — **BELLIS.** *Pâquerette.* Involucre hémisphérique, à un seul rang de folioles égales; fleurs radiées; réceptacle conique; graines nues.

1
- Hampe uniflore; fleurs terminales, blanches ou rosées, à disque jaune.. . . . . B. PERENNIS. —Margueriette; off., vulnéraire. —

238. — **TANACETUM.** *Tanaisie.* Involucre hémisphérique, imbriqué; fleurs flosculeuses; fleurons du centre hermaphrodites, à 5 divisions; ceux de la circonférence femelles, fertiles, à trois divisions; graines couronnées d'une membrane entière.

1
- Fl. jaunes, en corymbe terminal. . . . T. VULGARE. — Off., fébrifuge; teinture en vert. — *Eté.* —

239. — **ARTEMISIA.** *Armoise.* Involucre ovoïde ou arrondi, imbriqué ; fleurs flosculeuses ; fleurons du centre nombreux, hermaphrodites, à 5 dents, ceux de la circonférence femelles, fertiles, peu nombreux, entiers ; graines nues ; réceptacle nu ou garni de poils.

1 { Réceptacle nu. 2
{ Réceptacle garni de poils ; feuilles plusieurs fois ailées. . . . . A. ABSINTHIUM.
{ — Absinthe ; off., aromatique, stomachique. — *Été.* —

2 { Feuilles la plupart découpées. 3
{ Toutes les feuilles entières ; tige un peu tordue ; fleurs paniculées. . . . . A. DRACUNCULUS.
{ — Estragon ; off., tonique ; cultivé, aliment. — *Sept.*

3 { Involucre ovoïde ; tige dressée, haute de 1 mètre à 1 mètre 30 cent. . . . . A. VULGARIS.
{ — Off., emménagogue, vulnéraire. — *Été.* —
{ Inv. hémisphérique ; tige de 70 centimètres au plus, couchée à la base.. . . . . A. CAMPESTRIS.
{ — *Terrains sablonneux.* — *Été.* —

*** *Graines sans aigrettes ; réceptacle garni de paillettes.*

240. — **MICROPUS.** *Micrope.* Involucre de 5—9 folioles lâches ; fleurs flosculeuses ; fleurons du centre hermaphrodites, stériles, à stigmate simple ; ceux de la circonférence femelles, à 2 stigmates ; réceptacle conique, garni de paillettes seulement à la circonférence ; graines comprimées, enveloppées par les folioles de l'involucre.

1 { Plante cotonneuse à fleurs jaunâtres. . M. ERECTUS.
{ — *Champs stériles.* — *Fontainebleau.* — *Saint-Germain,* etc. — *Été.* R. —

241. — **ANTHEMIS.** *Camomille.* Involucre à folioles imbriquées, presque égales, scarieuses sur les bords ; fleurs radiées ; *fleurons* hermaphrodites ; *demi-*

fleurons femelles, fertiles, lancéolés, nombreux; réceptacle convexe; graines couronnées par une membrane entière ou dentée.

1 {
Graines lisses.. 2
Graines tuberculeuses; plantes presque glabres, à odeur repoussante. . . . . A. COTULA.
— C. puante; Maroute; off., résolutive, fébrifuge, vermifuge. — *Printemps.* —

2 {
Demi-fleurons tout à fait blancs.. 3
Demi-fleurons jaunes à la base. . . . . . A. MIXTA.
— *Lieux humides; La Gare, Etampes.* — *Eté.* R. —

3 {
Plante d'une odeur agréable; graine ovoïde, lisse, entière. . . . . A NOBILIS.
—C. romaine; off., stomachique.— *Prés secs.* — *Eté.* —
Plante d'une odeur fétide; graine anguleuse, offrant une cavité à son sommet. . . . . . A. ARVENSIS.
— *Moissons.* — *Eté.* —

242. — **ACHILLEA.** *Achillée.* Involucre ovoïde, imbriqué; fleurs radiées; *fleurons* hermaphrodites; *demi-fleurons* femelles, au nombre de 5—10; réceptacle plan; graines nues.

1 {
Demi-fleurons cordiformes; feuilles ailées, finement découpées.. . . . . A. MILLEFOLIUM.
— Millefeuille, Herbe-au-charpentier, Dent-de-loup; off., vuln. — *Eté.*—
Demi-fleurons dentés; feuilles simples, dentées en scie. . . . . A. PTARMICA.
— Herbe-à-éternuer; off., sternutatoire, résolutive, détersive. — *Prés humides.* — *Eté.* —

243. — **HELIANTHUS.** *Hélianthe.* Involucre à folioles lâches, imbriquées; réceptacle plan, très-large; fleurs radiées; *fleurons* hermaphrodites, renflés dans leur milieu; *demi-fleurons* ovales-oblongs, stériles; graines couronnées par 2 arêtes molles et caduques.

$\left\{\begin{array}{l}\end{array}\right.$

1
> Folioles de l'involucre ciliées; graines à sommet écailleux ; racine tubéreuse. . . H. TUBEROSUS.
> — Topinambour ; cult., racine alimentaire. —
> Folioles de l'involucre non ciliées ; racine fibreuse.
> 2

2
> Fleur terminale, très-grande, penchée. . H. ANNUUS.
> — Grand Soleil ; cultivé.—
> Tige multiflore. . . . . H. MULTIFLORUS.
> — Petit Soleil; cultivé. —

244. — **BIDENS.** *Bident.* Involucre à 2 rangs de folioles dont l'extérieur étalé ; fleurs flosculeuses (rarement radiées); *fleurons* hermaphrodites; *demi-fleurons* femelles ou hermaphrodites; graines couronnées par 2—5 arêtes persistantes.

1
> Feuilles dentées en scie. . . . . B. CERNUA.
> — Industrie, teinture en jaune. — *Fossés.* — *Été.* —
> Feuilles à lobes profonds. . . . . . . B. TRIPARTITA.
> — Cornuet; Chanvre aquatique; Id. — *Id.* — *Id.* —

IIᵉ TRIBU. CYNAROCÉPHALES (Flosculeuses).

Fleurs toutes tubuleuses; réceptacle charnu, presque toujours garni de paillettes ; stigmate articulé au sommet du style; feuilles souvent épineuses.

** Aigrette nulle.*

245. ECHINOPS. *Echinope.* Fleurs en tête sphérique, munies chacune d'un involucre particulier, à folioles imbriquées ; involucre commun, court et peu apparent; réceptacle nu, globuleux; graine pubescente, couronnée par une aigrette avortée.

1
> Tige dressée, rameuse; têtes de fleurs globuleuses, bleuâtres. . . . . E. SPHÆROCEPHALUS.
> —Boule d'azur ; off., apéritive. — *Haies et lieux arides.*
> — *Été.* R. —

*** Aigrette simple; fleurons tous hermaphrodites.*

246. — **CARDUNCELLUS.** *Cardoncelle.* Involucre

13.

imbriqué, épineux; étam. à filets velus; réceptacle
garni de paillettes divisées en lanières soyeuses; aigrettes de poils roides ou inégaux.

1 { Fleurs bleues, en têtes; feuilles à lobes dentés ou
pinnatifides.. C. MITISSIMUS. (Carthamus mitiss. L.)
— *Coteaux : Etampes, La Ferté-Alais.* — *Eté.* R. —

247. — **LAPPA.** *Bardane.* Involucre sphérique;
imbriqué d'écailles terminées par une épine crochue;
réceptacle garni de paillettes; aigrette courte, persistante.

1 { Involucre glabre.. 2
Involucre cotonneux. . . . . L. TOMENTOSA.
— *Lieux incultes.* — *Eté.* —

2 { Pédoncules uniflores.. . . . . L. MAJOR.
— Glouteron, Napolier, Herbe-aux-teigneux; officinale,
sudorifique, dépurative. — *Id.* — *Eté.* —
Pédoncules portant 5 à 6 fleurs disposées en
grappes.. . . . . L. MINOR.
— *Id.* — *Eté.* —

248. — **ONOPORDUM.** *Onopordone.* Involucre
ventru, composé d'écailles oblongues, épineuses; réceptacle ponctué; graines tétragones, comprimées, can-
nelées en travers; aigrette caduque.

1 { Fl purpurines ou blanches. . . . . . O. ACANTHIUM.
— Pédane, Chardon-acanthe; réceptacle alimentaire.
— *Bords des chemins.* — *Eté.* —

249. — **CARDUUS.** *Chardon.* Involucre imbriqué
d'écailles épineuses; réceptacle garni de paillettes
soyeuses; aigrette caduque.

1 { Feuilles décurrentes. 2
Feuilles non décurrentes.. . . . . . . C. MARIANUS.
— Chardon-Marie; sudorifique, fébrif., etc. — *Eté.* —

2 { Fleurs agglomérées. 3
Fleurs terminales solitaires. . . . . . . C. NUTANS.
— *Lieux incultes.* — *Eté.* —

3 {
Tige glabre; calice étalé. . . . . C. CRISPUS.
— *Routes, lieux fréquentés. — Été.* —
Tige cotonneuse, ailée; folioles du calice dressées.
. . . . C. TENUIFLORUS. (C. acanthoïdes. T.)
— *Chemins, décombres. — Été.* —

250. — SERRATULA. *Sarrette.* Involucre imbriqué d'écailles non épineuses; réceptacle garni de paillettes simples; aigrette roide, persistante.

1 {
Fl. purpurines, en corymbe. . . . . S. TINCTORIA.
— Off., vuln.; industrie, teinture en jaune. — *Bois humides : Meudon, Montmorency. — Été.* —

*** *Aigrette simple; fleurons extérieurs stériles.*

251. — CENTAUREA. *Centaurée.* Involucre imbriqué d'écailles épineuses, foliacées ou ciliées; fleurons extérieurs stériles et plus grands que ceux du centre; réceptacle garni de paillettes laciniées; graines à ombilic latéral.

1 {
Involucres à folioles épineuses. 2
Involucres à folioles non épineuses. 5

2 {
Fleurs jaunes. 3
Fleurs purpurines ou blanches. 4

3 {
Tige ailée; feuilles décurrentes; folioles extérieures de l'involucre munies de cinq épines simples. .
. . . . C. SOLSTITIALIS.
— *Bords des chemins.— Été.* R.—
Tige non ailée; feuilles embrassantes. . . . . . .
. . C. LANATA. (Carthamus lan. L.) — *Id.* — *Id.*

4 {
Feuilles pinnatifides à découpures étroites; tige velue. . . . . C. CALCITRAPA.
— Chardon étoilé, Chausse-trape; officinale, sudorifique, alimentaire. — *Chemins. — Été.* —
Feuilles dentées ou lobées à la base; tige glabre. .
. . . . C. MYACANTHA. (C. calcitrapoïdes. T.)
— *Versailles, Vincennes, Cachan. — Été.* R. —

5 { Graines du disque surmontées d'une aigrette très-visible. 6
Graines du disque à aigrette si petite qu'elle paraît tout à fait nulle.. . . . . C. JACEA.
— Jacée, Hanon ; teinture. — *Prés, champs.* — *Eté.* —

6 { Fleurons extérieurs hermaphrodites et égaux à ceux du centre. . . . . C. NIGRA
— *Bois, prés.* — *Eté.* —
Fleurons extérieurs stériles et plus grands. 7

7 { Feuilles pinnatifides ou ailées, à découpures profondes.. 8
Feuilles entières ou dentées ; tige cotonneuse ; fleurs bleues. . . . . C. CYANUS.
— Bluet, Barbeau ; cultivé ; arts, peinture. — *Moissons.* — *Eté.* —

8 { Folioles intérieures de l'involucre entières ou lacérées.. . . . . C. NIGRESCENS.
— *Bois ombragés.* — *Eté.* —
Toutes les folioles de l'involucre munies de cils jaunes.. . . . . C. SCABIOSA.
— *Champs et bois secs.* — *Eté.* —

**** *Aigrette plumeuse ; fleurons tous hermaphrodites.*

252. — CIRSIUM. *Cirse.* Involucre imbriqué d'écailles pointues ou épineuses au sommet ; réceptacle garni de paillettes.

1 { Feuilles décurrentes. 2
Feuilles sessiles, non décurrentes. 4

2 { Involucre légèrement velu.. 3
Involucre cotonneux à la base ; tige de 1 à 2 mètres. . . . . . . C. PALUSTRE. (Carduus palustris. L.)
— Réceptacle alimentaire. — *Marais.* — *Eté.* —

3 { Fl. jaunes, lavées de rouge ; anthères saillantes, violettes. . . . . . C. HYBRIDUM. (Fl. fr. suppl.)
— *Marais tourbeux.* — *Eté.* R. —
Fleurs purpurines. . . . . C. LANCEOLATUM.
(Carduus lanceolatus. L.)
— *Lieux stériles.* — *Juin-juillet.* —

4 { Fleurs purpurines.. 5
Fleurs d'un blanc jaunâtre. . . . . . C. OLERACEUM.
(Cnicus oleraceus. L.)
— *Bois marécageux. — Meudon, Montmorency.* —
— *Lieux incultes. — Juin-juillet.* —

5 { Tige feuillée. 6
Hampe uniflore ; feuilles toutes radicales et étalées.
. . . . C. ACAULE. (Carduus acaulis. L.)
— *Lieux incultes. — Été.* —

6 { Involucre glabre ou presque glabre. 7
Involucre très-cotonneux ; fleurs très-grandes.. . . .
. . . . C. ERIOPHORUM. (Carduus erioph. L.)
— Chardon-aux-ânes ; réceptacle alimentaire. —
— *Id. — Été.* R.—

7 { Tige tomenteuse ; fl. solitaires. . . . . C. ANGLICUM.
(Carduus dissectus. T.)
— *Marécages ; Meudon, etc. — Juin-juillet.* —
Tige glabre ; feuilles pinnatifides ; fleurs agglomé-
rées.. . . . . C. ARVENSE. (Serratula arvensis. L.)
— Chardon vulgaire, C. hémorrhoïdal. — *Été.* —

253. — **CARLINA.** *Carline.* Involucre imbriqué
de folioles : les extérieures lâches, épineuses, les intérieures scarieuses, luisantes, colorées, et formant
une espèce de couronne ; réceptacle garni de paillettes
nombreuses; graines hérissées de poils roux et soyeux.

1 { Fleurs d'un blanc jaunâtre.. . . . . . C. VULGARIS.
— Officinale, sudorifique. — *Chemins.* — *Été.* —

IIIe TRIBU. CHICORACÉES. (Semi-Flosculeuses.)

Fleurs toutes en languettes et hermaphrodites.

* *Aigrette nulle*

254. — **LAMPSANA.** *Lampsane.* Involucre caliculé,
réceptacle nu ; graines lisses, caduques.

1 {
Tiges nues ; feuilles radicales ; fleurs terminales. . . . . L. MINIMA (Hyoscris min. L.)
—*Sables de Saint-Léger, Marcoussis,* etc. — *Mai-juin.* —
Tige feuillée ; fleurs nombreuses formant une panicule. . . . . L. COMMUNIS.
— Herbe-aux-mamelles ; off., émolliente. — *Eté.* —

** *Aigrette simple.*

255. — **PRENANTHES.** *Prénanthe.* Involucre caliculé ; réceptacle nu ; aigrette simple, sessile. —Fleurs peu nombreuses.

1 {
Feuilles de la tige ovales, sagittées ; graines obtuses. . . . . P. PULCHRA. (Crepis pulchra. L.)
— *Chemins.* — *Juin.* R. —
Feuilles de la tige pinnatifides ; aigrette pédicellée. . . . . CHONDRILLA (256).

256. — **CHONDRILLA.** *Chondrille.* Involucre caliculé ; réceptacle nu ; aigrette simple, pédicellée. — Fleurs petites, jaunes.

1 {
Feuilles de la tige pinnatifides, embrassantes ; graines lisses. . . . . . C. MURALIS. (Prenanthes mur. L.)
— *Sèvres, Auteuil.* — *Eté.* —
F. de la tige entières ; graines rudes. . C. JUNCEA.
— *Champs de Sèvres* et *Point-du-Jour.* — *Eté.* —

257. — **LACTUCA.** *Laitue.* Involucre oblong, composé de folioles imbriquées, membraneuses sur les bords ; réceptacle nu ; aigrette pédicellée, capillaire, molle et fugace. — Fleurs jaunes ou bleues.

1 {
Tige ou feuilles épineuses. 2
Tige et feuilles sans épines. 4

2 {
Feuilles de la tige dentées ou découpées. . . . 3
Feuilles de la tige entières. . . . . . . L. SALIGNA.
— *Champs, vignes.* etc. — *Eté.* —

3 — Feuilles dentées, verticales. . . . . L. VIROSA.
— Vénéneuse, off., narcotique, antispasmodique.—
Vieux murs et rocailles. — Été. —
Feuilles lobées ou pinnatifides, horizontales ; graines
noires. . . . . . . L. SYLVESTRIS. (L. scariola. L.)
— *Haies, etc. — Juin-juillet. —*
Fleurs bleues ; feuilles pinnatifides. . L. PERENNIS.
— *Moissons et champs cultivés.—Id.—*
Fleurs jaunes ; feuilles ondulées. . . . L. SATIVA.
—Officinale, sédative ; cultivée, alimentaire. — La laitue
romaine et quelques autres variétés sont aussi culti-
vées comme aliment. — *Juin-juillet. —*

258. — SONCHUS. *Laitron.* Involucre oblong, imbriqué, ovoïde à la base; réceptacle nu; graines striées
en long ; aigrette sessile, courte et capillaire.

1 — Involucres hispides et glanduleux. 2
Involucres glabres.. . . . . S. OLERACEUS.
— Laceron, Chardon-de-porc ; aliment. — *Lieux cultivés. — Été.* — Dans les terrains arides, on trouve une
variété à feuilles crispées : S. *asper*. Villars. —

2 — Feuilles sagittées à la base.. . . . . . S. PALUSTRIS.
— *Marais de Gentilly, Saint-Gratien, etc. — Été. —*
Feuill. cordiformes à la base. . S. ARVENSIS.—*Id.*

259. — HIERACIUM. *Epervière.* Involucre imbriqué ; réceptacle nu ou garni quelquefois de soies
plus courtes que les graines ; aigrettes sessiles, dont
les poils sont souvent dentés. — *Fleurit en été.*

1 — Tige portant plusieurs fleurs. 2
Tige uniflore, présentant des rejets rampants à sa
base. . . . . H. PILOSELLA.
— Piloselle, Oreille-de-souris ; off., vulnéraire. —

2 — Tiges feuillées. 3
Tige nue ou presque nue.. . . . . . H. AURICULA.
— *Marécages de Saint-Léger, Neuilly-sur-Marne.* R.—

3 — Feuilles radic. sessiles ; tige très-feuillée. . . . 4
Feuilles radicales pétiolées ; tige chargée de 2-3
feuilles au plus. . . . . H. MURORUM.
— Pulmonaire des Français ; off., vulnéraire. — *Lieux*

4 {
Feuilles de la tige ovales, oblongues, embrassantes
à la base. . . . . H. SABAUDUM.
— Bois, bruyères, etc. —
Feuilles de la tige lancéolées, étroites, non embras-
santes. . . . . H. UMBELLATUM.
— Bois. —

260. — CREPIS. *Crépide.* Involucre lâche, caliculé, sillonné et ventru à la base; réceptacle nu; aigrette blanche, sessile.

1 {
Graines à côtes lisses. 2
Graines à côtes tuberculeuses.. . . . . . C. TECTORUM.
— Lieux arides. — Eté. R. —

2 {
Tige droite.. 3
Tige étalée. . . . . . C. DIFFUSA. (C. Dioscoridis. T.)
— Champs, fossés, etc. — Juin-juillet. —

3 {
Feuilles glabres.. 4
Feuilles velues ou hispides.. 5

4 {
Tige presque nue; feuilles caulinaires presque en-
tières. . . . . C. STRICTA.
— Moissons. — Eté. —
Tige feuillée; feuilles caulinaires dentées et sagit-
tées. . . . . C. VIRENS.
— Herbages. — Eté. —

5 {
Rameaux floraux rudes et hérissés de poils; tige
profondément sillonnée. . . . C. BIENNIS. —*Id.*
Rameaux floraux lisses et glabres; tige striée et
scabre. . . . . C. SCABRA.
— Herbages secs. — Eté. —

261. — BARKHAUSIA. *Barkhausie.* Involucre lâche, caliculé, sillonné à la maturité; réceptacle nu; aigrette pédicellée.

1 {
Involucres hérissés de poils saillants. 2
Involucres couverts d'un léger duvet grisâtre ou noi-
râtre.. . . . . B. TARAXACIFOLIA. (Crepis tarax. L.)
— Prés secs et graveleux. — Mai-juin. —

2 {
Plante puante, d'un vert grisâtre et sale ; involucre velu. . . . . . . B. FŒTIDA. (Crepis fœtida. L.)
— *Bords des champs, des chemins. — Été.* —
Plante non odorante, d'un vert clair ; involucre soyeux, jaunâtre.. . . . . B. SETOSA.
— *Malesherbes, Cachan (Maire). — Été.* —
}

262. — **TARAXACUM**. *Pissenlit.* Involucre à 2 rangs de folioles, dont l'extérieur court et étalé ; réceptacle nu : aigrette pédicellée. — Hampes uniflores.

1 {
Folioles extérieures de l'involucre réfléchies. . . . . T. DENS-LEONIS. (Leontodon tarax. L.)
— Dent-de-lion ; off., stomachique, diurétique, alimentaire. — *Avril-septembre.* —
Folioles extérieures de l'involucre dressées ; feuilles ordinairement entières. . . . . . . T. PALUSTRE.
— *Prés humides. — Juin-juillet.* —
}

*** *Aigrette plumeuse*

263. — **HYPOCHŒRIS**. *Porcelle.* Involucre oblong, imbriqué ; réceptacle garni de paillettes ; aigrette pédicellée (quelquefois sessile dans les fleurs de la circonférence).

1 {
Aigrettes de la circonférence sessiles ; feuilles glabres.. . . . . H. GLABRA.
— *Bois humides. — Juin-juillet.* —
Toutes les aigrettes pédicellées ; feuilles velues. . 2
}

2 {
Tige feuillée et velue.. . . . . H. MACULATA.
— *Bruyères et bois : St-Léger, Fontainebleau. — Id. R.* —
Tige non feuillée, garnie de courtes bractées ou de petites écailles. . . . . H. RADICATA. — *Id.*
}

264. — **THRINCIA**. *Thrincie.* Involucre imbriqué ; réceptacle ponctué ; graines du centre munies d'une aigrette plumeuse, sessile ; graines de la circonférence portant une aigrette courte et avortée.

1 { Fleurs jaunes.. . . . T. HIRTA. (Leontodon hirt. L.)
— *Sables stériles. — Mai-juin.* — }

265. — **LEONTODON**. *Liondent*. Involucre imbriqué; réceptacle ponctué; aigrette sessile.

1 {
Hampes uniflores. 2
Tige multiflore. . . . . L. AUTUMNALE.
— *Champs, chemins.* — *Septembre-octobre.* —
}

2 {
Tiges et feuilles garnies de poils. 3
Tiges et feuilles glabres. . . . . L. HASTILE.
— *Prés.* — *Printemps.* —
}

3 {
Involubre glabre. . . . . TURINCIA (264).
Involucre hérissé de poils. . . . . . . L. HISPIDUM.
— *Lieux pierreux.* — *Été.* —
}

266. —. **PICRIS**. *Picride.* Involucre caliculé, réceptale nu ; graines striées en travers ; aigrette sessile ou presque sessile.

1 {
Pédoncules multiflores écailleux; graines droites. .
. . . . P. HIERACIOÏDES.
— *Chemins : Saint-Gratien,* etc. — *Été.* —
Pédoncules uniflores non écailleux; graines arquées.
. . . . P PAUCIFLORA.
— *Champs : Belleville, Saint-Mandé,* etc. — *Été.* —
}

267. — **HELMINTHIA**. *Helminthie.* Involucre à 2 rangs de folioles, dont l'extérieur très-lâche; graines striées en travers; aigrette pédicellée.

1 {
Fleurs jaunes. . . . . . H. ECHIOÏDES. (Picris ech. L.)
— *Champs et chemins.* — *Été.* —
}

268. — **SCORZONERA**. *Scorzonère.* Involucre imbriqué, entouré d'écailles membraneuses sur les bords; réceptacle nu ; graines sessiles ; aigrette pédicellée.

1 {
Tige simple portant une ou deux fleurs au plus. 2
Tige rameuse ; cinq à six fleurs. . . . S. HISPANICA.
— **Salsifis noir; cultivé, alimentaire.** —
}

2 { Racine entourée de fibres desséchées ; pédoncule
glabre. . . . . S. GRAMINIFOLIA.
— *Landes de la forêt de Fontainebleau. — Mai. R. —*
Racine nue ; pédoncule velu. . . . . . . S. HUMILIS.
— *S. des marais. — Bois humides : Montmorency, Meudon,
Fontainebleau, etc. — Mai-juin. —*

269. — **PODOSPERMUM**. *Podosperme*. Involucre
imbriqué, entouré d'écailles membraneuses sur les
bords ; graines pédicellées ; réceptacle tuberculeux
après la chute des graines ; aigrette sessile.

1 { Fleurs jaunes. . . . . P. LACINIATUM. (Scorz. lac. L.)
— *Champs. — Mai-juin.*

270. — **TRAGOPOGON**. *Salsifis*. Involucre de 8—10
folioles égales et soudées ; réceptacle nu ; graines striées
en long ; aigrette pédicellée.

1 { Fleurs jaunes. 2
Fleurs violettes. . . . . T. PORRIFOLIUM.
— Salsifis blanc ; officinal, pectoral ; cultivé, alimentaire.
— *Été.* —

2 { Pédoncule cylindrique. . . . . T. PRATENSE.
— *S.-des-prés. — Barbe-de-bouc ; off., diurétique,
alimentaire. — Prés. — Mai-juin. —*
Pédoncule très-fortement renflé au-dessous de la
fleur ; involucre de 8-12 folioles.. . . . T. MAJUS.
— *Prés secs. — Mai-juin. —*

**** *Aigrette écailleuse.*

271. — **CICHORIUM**. *Chicorée*. Involucre double :
l'intérieur à 8 folioles droites, soudées à la base, l'extérieur à 5 folioles ouvertes ; réceptacle nu ou garni de
poils ; aigrette sessile, plus courte que la graine.

1 { Fleurs toutes sessiles ; feuilles roncinées, un peu ve-
lues. . . . . C. INTYBUS.
— *Officinale, alimentaire. — Été. —*
Fleurs, les unes sessiles, les autres pédonculées ;
feuilles glabres, dentées-crénelées. . . C. INDIVIA.
— **Endive, Scariole**; cultivée, alimentaire. — *Id.* —

Famille 45. LOBÉLIACÉES. Juss.

Cal. à 5 divisions, adhérent à l'ovaire ; cor. irrégulière, à 5 divisions ; 5 étam. à anthères soudées en tube ; 1 style ; 1 stigmate simple ou bifide ; capsule à 2—3 loges polyspermes, s'ouvrant sur les côtés ; graines insérées à l'angle des valves ; périsperme charnu. — Plantes herbacées, à suc laiteux ; feuilles alternes.

272. — **LOBELIA.** *Lobélie.* Cor. irrégulière formant 2 lèvres, la supérieure bifide, l'inférieure plus grande, trifide ; stigmate ordinairement simple ; capsule ovoïde.

1
{
Fleurs d'un bleu clair. . . . . L. URENS.
— *Prés de Saint-Léger, Saint-Hubert,* etc. — *Été.* R. —
Fleurs rouges, éclatantes. . . . . . . L. CARDINALIS.
— Cultivée. — Belle plante d'ornement. — *Été.* —

Famille 46. CAMPANULACÉES. Juss.

Cal. à 5 divisions, adhérent à l'ovaire ; cor. régulière à 5 divisions, ordinairement marcescente ; 5 étam. à filaments élargis à la base, à anthères libres ou soudées en tube ; 1 style, 1 stigmate simple ou divisé ; capsule le plus souvent à 3 loges s'ouvrant sur les côtés ; graines attachées à l'angle interne des loges ; périsperme charnu. — Plantes herbacées, à suc laiteux ; feuilles alternes.

273. — **JASIONE.** Cor. à tube court, à 5 divisions linéaires ; stigmate à 2 lobes ; capsule pentagone à 2 loges. — Fleurs réunies sur un réceptacle commun, et entourées d'un involucre général à plusieurs folioles

1 { Fleurs d'un beau bleu.. . . . . J. MONTANA.
— *Pâturages secs : Meudon, etc. — Juillet-août. —*

274. — PHYTEUMA. *Raiponce.* Cor. à tube court, à 5 lobes aigus ; stigmate trifide ; capsule à 3 loges, s'ouvrant par un trou latéral. — Fleurs rapprochées en tête ou en épis serrés.

1 {
Fleurs en épi allongé. . . . . P. SPICATA.
— *Pâturages montagneux : Fontainebleau, Montmo-
rency, etc. — Mai-juin. R. —*
Fleurs en tête sphérique. . . . . P. ORBICULARIS.
— *Coteaux gazonnés de Fontainebleau. — Juin-
août. R. —*

275. — CAMPANULA. *Campanule.* Cor. en cloche, à 5 divisions ; stigmate 5-fide ; capsule ovoïde, striée, à 3—5 loges polyspermes.

1 {
Feuilles radicales cordiformes ou réniformes.. . 2
Toutes les feuill. lancéolées ou linéaires. . . . 4

2 {
Tiges grêles, étalées ou couchées. 3
Tige robuste, anguleuse, dressée, haute de 60 cent. à 1 mètre.. . . . . C. TRACHELIUM.
— *Gants-de-N.-D. — Bois. — Juin-août. —*

3 {
Tige longue de 30 à 60 centimètres ; feuilles supé-
rieures sessiles, entières. . . . C. ROTUNDIFOLIA.
— *Lieux arides, pierreux. — Eté. —*
Tige longue de 5 à 10 centimètres ; feuilles supé-
rieures pétiolées, crénelées. . . . C. HEDERACEA.
— *Buissons de Verrières et Saint-Léger. — Eté. —*

4 {
Trois stigmates. 5
Cinq stigmates. . . . . C. MEDIUM.
— *Carillon ; cultivé. — Juillet-août. —*

5 {
Dents du calice sétacées, très-longues. 6
Dents du calice ovales ou lancéolées. 7

6 {
Corolle tout à fait glabre ; divisions du calice diver-
gentes. . . . . C. RAPUNCULUS.
— *Raiponce ; feuill. et racine aliment. ; cultivée. —
— Bois, champs. — Mai-juin. —*
Cor. un peu ciliée ; divisions du calice un peu ré-
fléchies.. . . . . C. RAPUNCULOÏDES.
— *Coteaux secs. — Juin-août. R. —*

$$\left.\begin{array}{l}\end{array}\right.$$

7 { Fleurs en tête arrondie. 8
Fleurs en épi lâche.. . . . . C. PERSICIFOLIA.
— Bâton-de-Jacob ; cultivé. — *Bois taillis.* — *Id.* —

8 { Feuilles ovales-lancéolées, finement dentées ; div. du
calice lancéolées. . . . . C. GLOMERATA.
— *Lieux secs et montueux.* — *Juin-août.* —
Feuilles linéaires-lancéolées, crénelées ; cor. velue
sur les angles.. . . . . C. CERVICARIA.
— *Bois et coteaux pierreux.* — *Livry, près Melun.* —
Août-septembre. R. —

276. — PRISMATOCARPUS. *Prismatocarpe.* Cor.
en roue, à limbe plan ; stigmate trifide ; capsule prismatique, allongée, à 2—3 loges s'ouvrant au sommet
par des trous.

1 { Corolle étalée, presque aussi longue que le calice. .
. . . . P. SPECULUM. (Campanula spec. L.)
— Miroir-de-Vénus, Doucette. — *Moissons.* — *Été.* —
Cor. resserrée, moitié plus courte que le calice. . .
. . . . . P. HYBRIDUS. (Camp. hybrida. L.) — *Id.*

Famille 47. VACCINIÉES. DC.

Cal. entier ou à 4—5 divisions, adhérent à l'ovaire ;
cor. à 4—5 divisions ; 8—10 étam. ; anthères bicornes à la base ; 1 style simple ; baie à 4 loges polyspermes. — Sous-arbrisseaux à feuilles simples, alternes ; fleurs axillaires.

277. — VACCINIUM. *Airelle.* Corolle campanulée ;
baie globuleuse, ombiliquée.

1 { Tige à peu près droite ; corolle à quatre dents. . 2
Tige couchée et rampante ; corolle à quatre divi-
sions. . . . . V. OXYCOCCOS.
— Canneberge. — Baies alimentaires. — *Marais de
Saint-Léger, Chantilly.* — *Été.* R. —

2 {
Calice entier. . . . . V. MYRTILLUS.
— Myrtille ; Baies aliment. ; Catelinettes ; officin., astrin-
gentes ; industrie, teinture. — *Bruyères de Montmo-
rency, Fontainebleau*, etc., etc. — *Avril-mai*. R. —
Calice à quatre divisions. . . . . . . V. VITIS-IDÆA.
— *Bois humides, Compiègne, Bains.* — *Été*. R. —

Famille **48**. ÉRICINÉES. Desv.

Cal. persistant, à 4—5 divisions ; cor. marcescente, monopétale, à 4—5 divisions ; étam. en nombre défini ; anthères bicornes à la base ; ovaire libre ; 1 style ; 1 stigmate ; capsule polysperme, à plusieurs loges et à plusieurs valves ; périsperme charnu. — Plantes ordinairement ligneuses, à feuilles simples, éparses ou verticillées.

278. — ERICA. *Bruyère.* Cal. à 4 divisions ; cor. persistante, à 4 divisions ; 8 étam. ; capsule à 4—8 loges. — Feuilles toujours vertes.

1 {
Style saillant hors de la corolle. 2
Style renfermé dans la corolle. 4

2 {
Feuilles ciliées. . . . . E. CILIARIS.
— *Bois de Saint-Léger.* — *Juillet-août.* R. —
Feuilles glabres. 3

3 {
Etamines saillantes ; stigmate presque filiforme ;
fleurs roses.. . . . . E. VAGANS. — *Id.* R.
Etamines incluses ; stigmate élargi en forme de bou-
clier ; fleurs verdâtres. . . . . E. SCOPARIA.
— Bruyère-à-balais. — *Fontainebleau, Saint-Léger.* —
Lieux stériles. — *Mai.* R. —

4 {
Feuilles ciliées.. . . . . E. TETRALIX.
— *Bois humides et tourbeux.* — *Saint-Léger.* —
Été. R. (¹). —
Feuilles glabres . . . . E. CINEREA.
— *Bois arides et élevés.* — *Juillet-août.* —

(¹) La var. *anandra* se trouve à Montmorency. R.

279. — **CALLUNA.** *Callune.* Cal. double, à 4 divisions ; cor. persistante à 4 divisions ; 8 étam. ; capsules à cloisons adhérentes au réceptacle, et opposées aux sutures des valves. — Feuilles toujours vertes.

1 { Fl. purpurines ou blanches. . . . . C. ERICA.
(Erica vulgaris. L.)
— Bruyère commune. — *Juillet-août.* — Var. *anandra,*
à Satory. R. —

280. — **PYROLA.** *Pyrole.* Cal. très-petit, à 5 divisions ; cor. à 5 divisions très-profondes ; 10 étamines ; stigmate à 5 lobes ; capsule à 5 loges.

1 { Pistil court, dressé. . . . . P. MINOR.
— *Bois de Meudon, Satory,* etc. — *Mai-juin.* —
Pistil long et recourbé en forme de trompe ; stigmate étoilé.. . . . . . . P. ROTUNDIFOLIA. — *Id.*

Famille 49. MONOTROPÉES. Nuttal.

Cal. libre, persistant, à 4—5 divisions très-profondes, quelquefois nul ou remplacé par des bractées ; cor. monopétale, persistante, très-profondément divisée en 4—5 parties, de manière à paraître polypétale ; 8—10 étamines ; ovaire libre, surmonté d'un seul style et d'un stigmate simple, discoïde ; fruit capsulaire à 4—5 loges et à 4—5 valves ; graines nombreuses, très-petites. — Herbes charnues, colorées, parasites, portant des écailles au lieu de feuilles.

281. — **MONOTROPA.** *Monotrope.* Mêmes caractères que ceux de la famille.

1 { Fleurs jaunâtres, unilatérales. . . . . M. HYPOPITYS.
— Suce-pin ; parasite sur la racine de différents arbres.
— *Juin-août.* R. —

III° SOUS—CLASSE. COROLLIFLORES

Calice libre, monophylle ; corolle monopétale portant les étamines, et insérée sur le réceptacle.

Famille 50. JASMINÉES. Juss

Calice tubuleux (nul dans le *fraxinus*) ; **cor.** tubuleuse, régulière (polypétale dans l'*ornus*, **nulle dans le** *fraxinus*) ; 2 étam. ; 1 style à stigmate bilobé ; fruit capsulaire ou charnu ; périsperme ordinairement charnu. — Végétaux ligneux à feuilles opposées.

282. — **JASMINUM.** *Jasmin.* Cal. à 5 dents ; cor. à limbe plan, à 5 divisions obliques ; baie biloculaire, à loges 1—2-spermes.

1 { Fl. blanches, odoriférantes. . . . . . J. **OFFICINALE.**
— Cultivé pour l'agrément. — *Eté.* —
Fl. jaunes ; baie noirâtre. . . . . J. **FRUTICANS.** — *Id.*

283. — **LIGUSTRUM.** *Troëne.* Cal. très-petit, à 4 dents ; cor. à tube court, à 4 divisions étalées ; baie à 2 loges monospermes ou dispermes.

1 { Fl. blanches ; fr. noir. à sa maturité. . **L. VULGARE.**
— Cult., off., astringent. *Haies, bois.* — *Mai-juin.* —

284. — **SYRINGA.** *Lilas.* Cal. petit, à 4 dents ; cor. à 4 divisions ; capsule ovoïde, comprimée, bivalve, à 2 loges 2-spermes.

1 { Arbrisseau à fleurs violettes ou blanches, très-odorantes. . . . . . S. **VULGARIS.** L. (Lilas vul. Fl. fr.)
— Cultivé.—*Avril-mai.* —

285. — **ORNUS.** *Orne.* Pers. Cal. à 4 parties ; cor. à 4 pétales linéaires ; capsule ailée (*samare*), à 2 loges 1-spermes, dont une s'oblitère parfois à la maturité.

1 { Fleurs blanchâtres. . . . . O. EUROPÆA. Pers.
(Fraxinus ornus. L. — F. florifera. Fl. fr.)
— Cultivé, officinal. — *Melun.* — *Mai.* R. — C'est cet
arbre qui produit la Manne. —

286. — **FRAXINUS.** *Frêne.* Fleurs polygames;
dans les *hermaphrodites,* calice et corolle nuls; **2**
étam. à anthères sessiles; 1 pistil; capsule (*samare*)
terminée par une aile plane. Fleurs *femelles* semblables, si ce n'est que les étam. ont avorté.

1 { Fleurs verdâtres. . . . . F. EXCELSIOR.
— Cultivé, industrie. — *Juin-juillet.* —

Famille 51. APOCYNÉES. Juss.

Calice à 5 divisions; cor. à 5 lobes; 5 étam. alternes avec les lobes de la cor.; ovaire géminé, libre,
placé sur un réceptacle glanduleux; fruit formé par
deux *follicules* conjugués, uniloculaires, s'ouvrant
par une fente longitudinale interne; graines attachées
à un placenta situé près de l'ouverture du follicule;
périsperme charnu. — Plantes ligneuses ou vivaces,
à feuilles opposées.

287. — **VINCA.** *Pervenche.* Cal. à 5 parties; cor.
à 5 découpures obliquement tronquées, contournées,
à gorge munie d'un rebord saillant, pentagone; anthères rapprochées, cachées dans le tube; stigmate en
tête; graines nues.

1 { Feuilles lancéolées, très-glabres. . . . . . V. MINOR.
— Off., vuln., fébrifuge. — *Bois, haies.* — *Mai.* R. —
Feuilles cordiformes, ciliées. . . . . . V. MAJOR.
—Off.. id.. id., cultivée.— *Mai-juin.* —

288. — ASCLEPIAS. *Asclépiade.* Cal. à 5 dents ; cor. à 5 lobes coupés obliquement, contournés ; 5 cornets alternes avec les lobes de la corolle, donnant chacun naissance à une petite corne qui s'insère vers le centre de la fleur ; 5 écailles situées entre les cornets et le pistil, et divisées en deux loges à leur partie supérieure ; 5 corpuscules noirs, fendus en deux parties du côté intérieur, placés devant les fentes du pistil, et émettant de leur base deux filets qui aboutissent chacun dans l'une des loges de chaque écaille ; style court, surmonté d'un couvercle pentagone, présentant une fente sur chacun de ses côtés ; graines surmontées de poils.

1 { Fleurs blanches. . . . . **A. VINCE-TOXICUM.** — Dompte-venin ; officinal, détersif. — *Bois, endroits pierreux.* — *Mai-juin.* —

Famille 52. GENTIANÉES. Juss.

Calice monophylle, divisé, persistant ; cor. régulière, souvent marcescente, à divisions en nombre égal à celles du calice ; étam. en même nombre ; ovaire libre ; capsule polysperme, bivalve, 1—2-loculaire ; bord des valves toujours rentré en dedans, et, dans les biloculaires, formant la cloison ; graines insérées au bord rentrant des valves ; périsperme charnu. — Herbes glabres, amères, à feuilles opposées.

289.—MENYANTHES. *Ményanthe.* Cal. à 5 lobes ; cor. infundibuliforme, à 5 divisions barbues intérieurement ; 5 étam ; 1 style ; stigmate en tête, bi-trilobé ;

capsule 1-loculaire; graines nues, *insérées sur le milieu des valves* (a).

1 { Fleurs d'un blanc rougeâtre. . . . **M.** TRIFOLIATA. — Trèfle-d'eau; officinal, antiscorbutique, détersif. — *Etangs de Ville-d'Avray*, *Saint-Clair*, *Saint-Germain*, etc. — *Avril-mai.* —

290. — VILLARSIA. *Villarsie.* Cal. à 5 lobes; cor. rotacée, à 5 divisions ciliées; 5 étam.; 1 style court; stigmate bilobé; capsule 1-loculaire; graines bordées d'une membrane, *insérées au bord rentrant des valves.*

1 { Tiges longues; fleurs jaunes. . . . **V.** NYMPHOÏDES. (Menyanthes nymph. **L.**) — Faux nénuphar. — *Etangs et rivières.* — *Juin.* —

291. — CHLORA. *Chlore.* Cal. à 8 divisions; cor. hypocratériforme; tube court; limbe à 8 divisions; 8 étam. très-courtes; stigmate quadrifide; capsule 1-loculaire.

1 { Plante glauque à fleurs jaunes. . . **C.** PERFOLIATA. — *Juillet-Août.* —

292. — GENTIANA. *Gentiane.* Cal. à 4—5 lobes; corolle à 4—5 divisions; 4—5 étam.; style bifide; capsule 1-loculaire.

1 { Gorge de la corolle nue. 2
{ Gorge de la corolle barbue. . . . . . **G.** GERMANICA. — *Pâturages montueux de Saint-Germain, Compiègne, etc.* — *Août-septembre.* R. —

2 { Corolle tubulée ou campanulée. 3
{ Corolle en entonnoir. 4

(a) Ce genre, qui se lie aux GENTIANÉES par ses rapports avec le *Villarsia,* diffère essentiellement de cette famille par l'insertion des graines.

3
- Tige grêle, droite ; feuilles linéaires ; corolle à cinq divisions. . . . . G. PNEUMONANTHE.
  — *Marécages.* — *Saint-Germain, Meudon, Fontainebleau. Juin-juillet.* R. —
- Tige grosse, courbée ; feuilles lancéolées ; corolle à quatre divisions. . . . . G. CRUCIATA.
  — *Croisette.* — *Prés montueux.* — *Compiègne, Fontainebleau.* — *Juin-juillet.* R. —

4
- Corolle à quatre divisions. . . . . EXACUM (294).
- Corolle à cinq divisions.. . . . . CHIRONIA (293).

293. — **CHIRONIA.** *Chironie.* Cal. 5-fide ; cor. infundibuliforme, à 5 divisions ; 5 étam. courtes, à anthères tordues en spirale après la fécondation ; 1 style ; 1 stigmate ; capsule biloculaire. — Tube de la corolle globuleux par la présence de l'ovaire.

—Les deux espèces de ce genre sont connues sous le nom de Petite centaurée : officinale, tonique, fébrifuge. —

1
- Calice égal à la longueur du tube de la corolle ; fleurs pédicellées. . . . . C. PULCHELLA.
  — *Marécages.* —*Saint-Léger, Fontainebleau, etc. Juin-juillet.* —
- Calice moitié plus court que le tube de la corolle ; fleurs presque sessiles. . . . . . C. CENTAURIUM.
  (Gentiana cent. L.)
  — *Prés et bois.* —*Juin-août.* —

294. — **EXACUM.** Cal à 4 divisions ; cor. à 4 divisions ; tube de la corolle globuleux ; 4 étam.; 1 style ; 1 stigmate ; capsule biloculaire.

1
- Fleurs jaunes ou rougeâtres.. 2
- Fleurs bleues.. . . . . GENTIANA (292.)

2
- Limbe ouvert ; capsule à une loge. . . . . . .
  . . . . E. FILIFORME. (Gentiana filiformis. L.)
  — *Lieux humides.* — *Meudon, Jouy, etc.* — *Été.* —
- Limbe fermé ; capsule à deux loges. 3

3 | Fleurs rougeâtres, solitaires. . . . . E. CANDOLLII.
— *Id.* — *Saint-Léger.* — *Juillet-septembre.* R. —
Fleurs jaunes, rapprochées deux ou trois ensemble et presque sessiles. . . . . E. PUSILLUM.
— *Id.* — *Fontainebleau, Saint-Léger, etc.* — *Id.* —

Famille 53. **CONVOLVULACÉES**. Juss.

Calice à 5 lobes, persistant; corolle régulière; 5 étamines insérées à la base de la corolle et alternes avec ses divisions; ovaire simple, libre, surmonté de 1 ou plusieurs styles; stigmate simple ou divisé; capsule ordinairement 3-loculaire et 3-valve; placenta central triangulaire, à angles prolongés en cloisons, et correspondant aux sutures des valves sans y adhérer; semences osseuses; périsperme mucilagineux. — Plantes herbacées, à tige grimpante; feuilles alternes.

295. — **CONVOLVULUS**. *Liseron.* Cal. à 5 divisions; cor. campanulée, à limbe entier, présentant 5 angles et 5 plis; 1 style à stigmate bifide; capsule à 2—3—4 loges 1—2-spermes.

1 | Calice entouré de deux larges bractées à sa base. . . . . C. SEPIUM.
— L.-des-haies, Lignolet; off., rac., purgative. — *Juillet-août.* —
Calice nu; pédoncules longs. . . . . . C. ARVENSIS.
— L.-des-champs, officinal, vulnéraire. — *Été.* —

296. — **CUSCUTA**. *Cuscute.* Cal. à 4—5 divisions; cor. à 4—5 divisions; 4—5 étam. insérées à la gorge de la corolle, souvent pourvues, à la base de chaque filet, d'une écaille crénelée qui recouvre l'ovaire; 2 styles courts; capsule biloculaire, s'ouvrant vers la base par une scissure transversale, chaque loge contenant 2 graines attachées au bas de la cloison, sur la partie persistante de la capsule. — Plantes parasites, à tiges filiformes.

1 { Styles inclus. 2
  { Styles saillants. . . . . C. MINOR.
  { — Teigne. — *Sur le Serpolet, les Bruyères*, etc. — *Eté.* —

2 { Corolle le plus souvent à quatre divisions; fleurs courtement pédicellées. . . . . C. MAJOR.
  {   — *Sur l'Ortie, le Genêt, etc.— Eté.* —
  { Corolle le plus souvent à cinq divisions; fleurs tout à fait sessiles. . . . . C. EPILINUM. Veih.
  {   — *Sur le Lin cultivé.* — *Eté.* —

Famille 54. BORRAGINÉES. Juss.

Cal. à 5 divisions, persistant; cor. à 5 lobes, ordinairement réguliers, à gorge nue ou fermée par 5 appendices; 5 étam. insérées vers la base du tube, à anthères biloculaires et marquées de 4 sillons longitudinaux; ovaire libre, quadrilobé; style simple, persistant, s'élevant au centre des lobes de l'ovaire, et terminé par un stigmate entier ou bilobé; fruit formé de 4 akènes adhérents par leur côté interne à la base du style et dont 2 avortent quelquefois; périsperme nul. — Plantes herbacées, hispides, à feuilles et rameaux alternes.

297. — **BORRAGO.** *Bourrache.* Cor. rotacée, à 5 lobes plans, pointus; gorge fermée par 5 écailles obtuses, échancrées; stigmate simple; fruit ridé.

1 { Fleurs ordinairement bleues. . . . . B. OFFICINALIS.
  { — Mucilagineuse, diurétique, alimentaire. — *Eté.* —

298. — **CYNOGLOSSUM.** *Cynoglosse.* Cor. infundibuliforme, à 5 lobes courts; écailles convexes conniventes ; stigmate échancré ; akènes déprimés, attachés latéralement au style.

1 {
Feuilles tomenteuses. . . . . C. OFFICINALE.
— Langue-de-chien, Herbe-au-diable ; pectorale, narcotique, émolliente. — *Mai-juin.* —
Feuilles rudes, presque glabres ; tige peu ou pas rameuse. . . . . C. MONTANUM. Lam.
— *Saint-Germain, Compiègne,* etc. — *Mai-juin.* —
}

299. — ASPERUGO. *Rapette.* Cal. à 5 divisions inégales, dentées ; cor. à tube court ; écailles convexes, conniventes ; stigmate simple ; fruit caché par le calice, qui est refermé après la floraison et comme comprimé.

1 {
Fleurs bleues ou blanches. . . . . . A. PROCUMBENS.
— Off., vulnéraire, détersive, incisive. — *Lieux arides, bois de Boulogne, Saint-Germain,* etc. — *Été.* R. —
}

300. — LYCOPSIS. *Lycopside.* Cor. infundibuliforme, à tube courbé ; écailles ovales, proéminentes, conniventes ; akènes adhérents par leur base, qui est comme tronquée.

1 {
Fleurs bleues ou blanches. . . . . . . L. ARVENSIS.
— Petite Buglosse, Grisette ; officinale, béchique. — *Champs.* — *Avril-juin.* —
}

301. — ANCHUSA. *Buglosse.* Cor. infundibuliforme, à tube droit ; écailles ovales, proéminentes, conniventes ; akènes attachés au fond du calice et adhérents par leur base qui est comme tronquée.

1 {
Fleurs violettes ou blanches en grappes unilatérales ; feuilles lancéolées. . . . . A. ITALICA.
— Langue-de-bœuf ; officinale, béchique, expectorante. — *Charenton.* — *Juin-juillet.* R. —
Fleurs bleues, en tête entourée de deux feuilles opposées ; feuilles ovales. . . . . . A. SEMPERVIRENS.
— *Bois de la Brèche, à Versailles.* — *Mai-juin.* —
}

302. — MYOSOTIS. *Myosote, Scorpione.* Cor. hypocratériforme, à 5 divisions échancrées ; écailles convexes, conniventes ; stigmate simple ; akènes lisses ou bordés, sur les angles, d'appendices dentés.

1
{ Fleurs en panicule ou en épi lâche, dépourvu de feuilles. 2
{ Fleurs en épi foliacé ; semences chagrinées et épineuses. . . . . M. LAPPULA.
    — Petite Bardane. — *Été.* —

2
{ Tube de la corolle plus court que les divisions du calice. 3
{ Tube de la corolle au moins égal en longueur aux divisions du calice. . . . . M. PERENNIS.
    — Ne-m'oubliez-pas. — *Mai-juillet.* —

3
{ Toutes les fleurs bleues. 4
{ Fleurs les unes bleues, les autres jaunes, sur le même pied.. . . . . M. VERSICOLOR. Roth.
    — *Bois de Boulogne*, etc. — *Avril-juin.* —

4
{ Feuilles radicales spatulées. . . . . . . M. STRICTA.
    — *Bois arides et montueux* (Decaisne). — *Id.* R. —
{ Toutes les feuilles ovales-obtuses ; rameaux et pédicelles étalés. . . . . M. COLLINA.
    — *Bois montueux*. — *Avril-juin.* —

303. — **SYMPHYTUM**. *Consoude*. Cor. campanulée, à 5 lobes courts, droits et presque fermés ; écailles oblongues, subulées, rapprochées en cône ; stigmate simple.

1
{ Fl. jaunâtres ou rougeâtres. . . . . . S. OFFICINALE.
    — Grande Consoude ; mucilagineuse, astringente. —
    Prés. — Mai-juin. —

304. — **PULMONARIA**. *Pulmonaire*. Cal. à 5 angles, à 5 divisions ; cor. infundibuliforme, à 5 lobes peu étalés, à gorge nue ; stigmate échancré.

1
{ Fleurs bleues, terminales. . . . . . P. OFFICINALIS.
    — Pectorale, vulnéraire. — *Bois.* — *Avril-mai.* —

305. — **LITHOSPERMUM**. *Gremil.* Cor. infundibuliforme, petite, à gorge nue, stigmate bifurqué.

1
- Fleurs blanches ou jaunâtres. 2
- Fleurs violettes ou purpurines ; tiges couchées, dif-
fuses. . . . . L. PURPURO-CÆRULEUM.
  — *Fontainebleau, Côte de Champagne.* — *Mai.* R. —

2
- Graines luisantes, lisses ; feuilles lancéolées, à plu-
sieurs nervures. . . . . L. OFFICINALE.
—Herbe-aux-perles ; apéritive. — *Chemins.* — *Mai.* —
- Graines rugueuses ; feuilles étroites, à une seule
nervure. . . . . L. ARVENSE.
  — *Champs.* — *Mai-juin.* —

306. — **ECHIUM**. *Vipérine.* Corolle en forme de
tube évasé vers le haut, divisée en 5 lobes inégaux
et tronqués obliquement au sommet ; gorge nue ; stigmate bifide, très-velu.

1
- Fl. bleues, roses ou blanches. . . . . . E. VULGARE.
  — Off., pectorale. — *Chemins.* — *Eté.* —

307. — **HELIOTROPIUM**. *Héliotrope.* Cal. tubuleux, à 5 dents ; cor. hypocratériforme, à 5 lobes
entremêlés de 5 petites dents ; gorge nue ; stigmate
échancré.

1
- Tige herbacée ; fl. inodores. . . . H. EUROPÆUM.
  — Herbe-aux-verrues. — *Bois de Boulogne, etc.* —
  Eté. —
- Tige ligneuse ; fleurs d'une odeur suave et péné-
trante. . . . . H. PERUVIANUM.
  —Cultivée à cause de son parfum de vanille. —

Famille 55. SOLANÉES. Juss.

Cal. à 5 divisions plus ou moins profondes, ordinairement persistant ; cor. régulière à 5 divisions, 5
étam., insérées à la base de la corolle et alternes
avec ses divisions ; ovaire libre ; 1 style ; 1 stigmate ;
fruit tantôt capsulaire, biloculaire et bivalve, à cloison

parallèle aux valves, tantôt bacciforme, à 2—3—4 loges, à placenta médian ; périsperme charnu. — Feuilles alternes.

308. — LYCIUM. *Lyciet.* Cal. court, tubuleux, plus ou moins régulièrement divisé en 3—5 découpures peu profondes ; cor. infundibuliforme ; filets des étamines velus à la base ; stigmate sillonné ou bilobé ; baie arrondie, biloculaire.

1 {
Calice à trois divisions profondes, obtuses ; baie noirâtre. . . . . L. BARBARUM.
—Jasminoïde ; cultivé. — *Eté.* —
Calice à cinq dents ; baie rouge. . . L. EUROPÆUM.
— *Haies. — Eté.* R. —
}

309. — SOLANUM. *Morelle.* Cor. rotacée, à tube très-court, à limbe étalé ; anthères dressées, conniventes, s'ouvrant au sommet par deux pores ; baie bi-multiloculaire. — Fleurit en été.

1 {
Tige herbacée, non grimpante.. 2
Tige presque ligneuse, grimpante ; feuilles supérieures laciniées . . . . S. DULCAMARA.
— *Douce-amère* ; off., apéritive. — *Buissons.* —
}

2 {
Feuilles ovales, entières ou peu sinuées, ou anguleuses.. 3
Feuilles découpées en lobes distincts, et presque ailées. 6
}

3 {
Péd. multiflores ; fr. noirs, rouges ou jaunes. . 4
Pédoncules uniflores ; plante un peu épineuse ; fruits violets.. . . . . S. MELONGENA.
— *Aubergine* ; cultiv., alimentaire. —
}

4 {
Plante glabre ; fruits noirs ou rouges. 5
Plante velue ; fruits jaunes. . . . . . S. VILLOSUM.
— *Champs cultivés.* —
}

5 {
Baies noires, sphériques.. . . . . S NIGRUM.
— *Morelle* ; off., anodine. — *Champs.* —
Baies rouges, ovoïdes. . . . . S. MINIATUM.
— *Champs cultivés.* — *Sèvres.* —
}

6 { Fleurs blanches ou violettes. . . . . S. TUBEROSUM.
— Pomme de terre ; cultivée, alimentaire. —
Fleurs jaunes. . . . . S. LYCOPERSICUM.
— Tomate, Pomme d'amour ; cultivée. —

310. — PHYSALIS. *Coqueret.* Cor. rotacée ; anthères oblongues, dressées, conniventes ; baie globuleuse renfermée dans le calice qui s'accroît et se ren-
fle en vessie pendant la maturation.

1 { Fleurs blanches ; fr. rouge. . . . . P. ALKEKENGI.
— Alkekenge ; off., diurétique, anodin. — *Vignes.* —
Mai-juin. —

311. — ATROPA. Cal. campanulé ; cor. campanulée, deux fois plus longue que le calice ; baie globuleuse, biloculaire, portée par le calice persistant.

1 { Fleurs d'un pourpre noirâtre. . . . A. BELLADONA.
— Belladone ; off., narcotique, vénéneuse. — *Bois.* —
Juin-juillet. —
Fleurs d'un violet clair. . . . . . A. PHYSALOÏDES.
— Cultivée pour l'agrément. — *Id.* —

312. — DATURA. Cal. grand, tubuleux, ventru,
pentagone, 5-fide au sommet, caduc, à l'exception de
sa partie inférieure qui persiste ; cor. très-grande,
infundibuliforme, dont le tube est long et le limbe
présente 5 angles, 5 plis et 5 pointes ; stigmate bila-
mellé ; capsule hérissée ou lisse, ovoïde, biloculaire ;
chaque loge subdivisée inférieurement en 2, par une
portion de cloison.

1 { Fleurs blanches ou violettes. . . . D. STRAMONIUM.
— Stramoine, Pomme épineuse ; off., céphalique, narcotique, antispasmodique, vénéneuse. — *Lieux sablonneux, décombres,* etc. — *Eté.* R. —

313. — NICOTIANA. *Nicotiane.* Cal. en godet à 5

divisions; cor. infundibuliforme; à tube long; étamines inclinées; fruit capsulaire.

Fleurs d'un jaune verdâtre. . . . . . . N. RUSTICA.
— Tabac; cult., narcotico-âcre, émétique. — *Été.*—

314. — HYOSCYAMUS. *Jusquiame.* Cal. tubuleux, 5-fide : cor. à 5 divisions inégales; étamines inclinées; stigmate en tête; capsule s'ouvrant horizontalement vers le sommet.

1 Fleurs jaunâtres, purpurines au centre; feuilles sinuées, embrassantes, pubescentes. . . H. NIGER.
— Off., narcotique, résolutive. — *Chemins.* — *Été.* —

315. — VERBASCUM. *Molène.* Cor. rotacée, à 5 lobes un peu inégaux; 5 étamines inégales entre elles, inclinées, souvent barbues; style persistant, épaissi; fruit capsulaire. — Fleurit en été.

1 Feuilles décurrentes.. 2
Feuilles non décurrentes. 4

2 Filets des étamines garnis de poils. 3
Filets glabres.. . . . . V. CRASSIFOLIUM.

3 Tige simple.. . . . . V. THAPSUS.
— Bouillon-blanc; off., béchique, émollient. —
Tige rameuse.. . . . . V. THAPSOÏDES.

4 Feuilles glabres ou chargées de poils rares et peu apparents. 5
Feuilles pulvérulentes ou cotonneuses.. 6

5 Fleurs solitaires. . . . . V. BLATTARIA.
—Herbe-aux-mites.— *Fossés humides.* —
Deux à trois fleurs dans l'aisselle de chaque bractée.
. . . . V. BLATTARIOÏDES.
— *Marécages de Charenton.*—

6 Filets des étamines garnis de poils violets.. . . . 7
Filets des étamines garnis de poils jaunes ou blancs.
. . . . 9

7 Fleurs en épis simples ou peu rameux.. 8
Fleurs en panicule rameuse.. . . . . . . V. MIXTUM.
— *Bois de Boulogne.* R. —

8 {
Feuilles molles ; les supérieures presque glabres ; tige cylindrique. . . . . V. NIGRUM.
— Bouillon-noir. — *Bois de Boulogne.* —
Feuilles fermes ; les supérieures cotonneuses des deux côtés ; tige anguleuse ; calice presque glabre.
. . . . V. ALOPECURUS. — *Id.*
}

9 {
Filets des étam. hérissés de poils blancs. . . . 10
Filets des étam. hérissés de poils jaunes. . . . 11
}

10 {
Tige anguleuse ; feuilles inférieures ovales-oblongues pétiolées. . . . . V. FLOCCOSUM. — *Id.*
Tiges cylindriques ; feuilles infér. cordiformes, sessiles. . . V. PULVERULENTUM. (V. pulvinatum. T.)
— *Bois de Boulogne.* —
}

11 {
Feuilles supérieures échancrées en cœur, drapées en dessous. . . . . V. PHLOMOÏDES.
— *Bois de Boulogne.* R. —
Feuilles supérieures ovales, velues, non drapées ; cal. petit, glabre au sommet. . . . V. LYCHNITIS.
}

Famille 56. ANTIRRHINÉES. Juss.

Cal. divisé, souvent persistant ; cor. souvent irrégulière, à limbe divisé ; étam. ordinairement au nombre de 4 et didynames (*a*), rarement 2 ; fruit capsulaire, biloculaire, bivalve, à placenta médian, formant une cloison parallèle aux valves, et portant les graines sur chacune de ses faces ; périsperme charnu.

* *Feuilles opposées.*

316. — GRATIOLA. *Gratiole.* Cal. à 5 divisions, muni à la base de deux bractées linéaires ; cor. tubuleuse, à deux lèvres peu distinctes ; la supérieure échancrée, l'inférieure à 5 lobes inégaux ; 4 étam. didynames, dont deux dépourvues d'anthères ; capsule ovoïde.

(*a*) Dans les plantes de cette famille qui ont quatre étamines didynames, on trouve souvent le rudiment d'une cinquième.

1 { Fleurs d'un blanc jaunâtre. . . . . . **G. officinalis.**
— Herbe-au-pauvre-homme ; émétique, purgative. —
Lieux humides : Ville-d'Avray, Gentilly, etc. — *Été.* —

** *Feuilles alternes ; 4 étamines didynames.*

317. — **DIGITALIS.** *Digitale.* Cal. à 5 parties inégales ; cor. campanulée, ventrue, à 4 lobes obliques, inégaux ; capsule ovoïde, s'ouvrant en bec d'oiseau, à cloison double.

1 { Fl. jaunes. . . . . D. **parviflora.** (D. lutea. L.)
— *Bois.* — *Valvins, Bougival.* — *Été.* R. —
Fleurs d'un pourpre tigré. . . . . D. **purpurea.**
— Gant-de-N.-D,; officinale, calmant les battements du
cœur. — *Bois.* — *Été.* —

318. — **ANTIRRHINUM.** *Muflier.* Cal. persistant, à 5 lobes profonds ; cor. bossue à la base, à deux lèvres, avec un palais proéminent, la supérieure à 2 lobes réfléchis, l'inférieure à 3 ; capsule oblique à sa base, biloculaire, s'ouvrant au sommet par 3 trous ; graines nues.

1 { Calice à divisions linéaires, plus longues que la corolle. . . . . A. **orontium.**
— *Tête-de-mort.* — *Moissons.* — *Été.* —
Calice à divisions ovales arrondies, plus courtes que la corolle. . . . . A. **majus.**
— Mufle-de-veau, Gueule-de-lion ; cultivé ; officinal,
vulnéraire. — *Vieux murs.* — *Été.* —

319. — **LINARIA.** *Linaire.* Cal. persistant, à 5 lobes profonds ; cor. éperonnée à la base, labiée, avec un palais proéminent, la lèvre supérieure à 2 lobes réfléchis, l'inférieure à 3 ; capsule biloculaire, s'ouvrant au sommet par 2 trous ; graines ordinairement nombreuses.

1 { Feuilles pétiolées, larges, anguleuses.. 2
Feuilles sessiles, étroites, entières.. 4

2 {
Tiges et feuilles velues.. 3
Tiges et feuilles glabres. . . . . . . L. CYMBALARIA.
(Antirrhinum cymbalaria. L.)
— Off., vulnéraire. — *Vieux murs.* — *Eté.* —

3 {
Feuilles supérieures hastées. . . . . . . L. ELATINE.
(Antirrh. elatine. L.)
— *La Gare, Saint-Gratien.* — *Eté.* —
Feuilles supérieures ovales.. . . . . . . L. SPURIA.
(Antirrhinum spurium. L.)
— Velvote; officinale, vulnéraire. — *Eté.* —

4 {
Toutes les feuilles éparses, alternes ou opposées. 5
Feuilles inférieures verticillées. 6

5 {
Fleurs jaunes; éperon aigu. . . . . . L. VULGARIS.
(Antirrhin. linaria. L.)
— Lin sauvage; off., détersif, vénéneux. — *Eté.* —
Fleurs d'un blanc pourpre; éperon obtus. . . . .
. . . . L. MINOR. (Antirrhinum minus. L.)
— *Lieux stériles.* — *Eté.* —

6 {
Fleurs jaunes ou blanches. 7
Fleurs pourpres, violettes ou rayées. 10

7 {
Tige dressée. 8
Tige couchée. . . . . . . L. SUPINA. (Antir. sup. L.)
— *Sables.* — *Eté.* —

8 {
Eperons aigus. 9
Eperons obtus; fleurs blanches à gorge jaune. . .
. . . . L. MONSPESSULANA. (Antir. monsp. L.)
— *Lieux arides.* — *Eté.* —

9 {
Tige très-simple; fleurs très-petites; calice vis-
queux.. . . . L. SIMPLEX. (Antirrh. arvense β. L.)
— *Crécy, Champagne.* — *Juin.* R. —
Tige rameuse, pubescente; fleurs grandes. . . . .
. . . . . L. THUILLIERII. M. (Ant. bipunctatum. T.)
— *Champagne, Valvins.* — *Juillet.* R. —

10 {
Cor. sensiblement rayée longitudinalement. . . 11
Corolle non rayée.. 12

11 {
Eperon obtus, très-court. . . . . L. REPENS.
Desf. (Antirrh. repens. L.)
— Eté. —
Eperon aigu, plus long que la corolle; graines ci-
liées. . . L. PELISSERIANA. (Antirrh. pelisser. L.
— Belle-Croix, près Fontainebleau. — Eté. R. —
}

12 {
Tige et calice glabres.. . . . . L. PURPUREA.
(Antirrh. purpureum. L.
—Champagne, Valvins, etc. — Eté. R. —
Sommet de la tige et calice velus, visqueux.. . .
. . . . L. ARVENSIS. (Antirrh. arv. α. L.)
— Champs de Poigny. — Eté. R. —
}

320. — SCROPHULARIA. *Scrofulaire.* Cal. court,
à 5 lobes arrondis; cor. presque globuleuse, à 5 divisions, dont les deux supérieures, plus grandes, forment une sorte de lèvre supérieure, et les trois inférieures, plus petites, une lèvre inférieure; capsule
acuminée, globuleuse, biloculaire, bivalve, à cloison
double.

1 {
Feuilles simples. 2
Feuilles ailées.. . . . . S. CANINA.
— Fontainebleau : bois, près humides. — Eté. R. —
}

2 {
Fleurs d'un pourpre noirâtre.. 3
Fleurs jaunâtres. . . . . S. VERNALIS.
— Bois ombragés : Meaux. — Avril-mai.—
}

3 {
Feuilles dentées, pointues. . . . . S. NODOSA.
— Officinale, vulnéraire, antipsorique, résolutive.—
Buissons et lieux couverts. — Eté.—
Feuilles crénelées, un peu obtuses; lobes du calice
scarieux.. . . . . S. AQUATICA.
— Herbe-du-siége, Bétoine aquatique; officinale,
vulnéraire. — Bords des eaux. — Eté. —
}

321. — LIMOSELLA. *Limoselle.* Cal. quinquéfide
irrégulier; cor. campanulée, à 5 lobes presque égaux :
4 étamines didynames, ou 2 seulement : capsule ovoïde

à cloison incomplète, biloculaire à la base et uniloculaire au sommet.

1 { Petite plante à fleurs blanchâtres. . . **L. aquatica.**
{ — *Mares de Bondy, Sénart, Saint-Maur,* etc. — *Eté.* —

Famille 57. **RHINANTHACÉES**. **Juss.**

Cal. divisé, persistant, souvent tubuleux; cor. souvent irrégulière; étamines ordinairement au nombre de 4 didynames, et quelquefois 2; ovaire et style simples; capsule à 2 loges, à deux valves, réunies par leur nervure longitudinale, de manière à former une cloison qui leur est opposée, et qui porte les graines sur chacune de ses faces.

322. — Melampyrum. *Mélampyre.* Cal. tubuleux, à 4 divisions sétacées; cor. à 2 lèvres, la supérieure comprimée, à bord replié, l'inférieure trilobée; étam. didynames; capsule oblique à 2 loges monospermes.

1 { Fleurs en épi conique ou quadrangulaire.   2
{ Fleurs axillaires, géminées, en épi unilatéral, allongé. . . . . **M. pratense.**
{ — *Bois, prés élevés.* — *Eté.* —

2 { Epi quadrangulaire; bractées verdâtres, cordiformes, ciliées. . . . . **M. cristatum.** — *Id.*
{ Epi conique; bractées rouges, ovales, à dents sétacées. . . . . **M. arvense.**
{ — Rougeole, Blé-de-vache. — *Moissons.* — *Eté.* —

323. — Pedicularis. *Pédiculaire.* Cal. ventru, à 5 divisions; cor. tubuleuse, à 2 lèvres, la supérieure comprimée, en casque; l'inférieure plane, trilobée; capsule comprimée, arrondie, à 2 loges polyspermes.

1 { Calice à 5 lobes; lèvre supérieure de la corolle à 2 dents aiguës.. . . . . P. SYLVATICA.
— *Bois marécageux : Meudon, Sèvres, Sénart, etc.* — *Mai-juin.* —
Calice à 2 lèvres découpées; lèvre supérieure de la corolle obtuse.. . . . . P. PALUSTRIS.
—Herbe-aux-poux; oft., détersive.— *Id. Eté.* —

324. — **RHINANTHUS**. *Rhinanthe*. Cal. comprimé, large, à 2 divisions arrondies, obtuses, bifides ; cor. à 2 lèvres, la supérieure en casque, l'inférieure à 5 lobes; étam. didynames; capsule comprimée, à 2 loges polyspermes; graines bordées d'une large membrane. — Habite les prés.

1 { Cal. velu; fl. jaune, tachée de violet. . R. HIRSUTA.
— *Prés humides.* — *Mai-juin.* —
Calice glabre.. 2

2 { Tige branchue du haut, maculée; pistil violet, saillant.. . . . . R. CRISTA.-GALLI. L.
— Trompe-cheval, Cocrète.— *Moissons.* — *Id.* —
Tige simple, sans tache; pistil jaune, inclus dans la corolle.. . . . . R. MINOR.(Ehrhart.)
— *Prés.* — *Mai.* —

325. — **EUPHRASIA**. *Eufraise*. Cal. à 4 lobes; cor. à 2 lèvres, l'inférieure à 3 divisions égales; étam. didynames, à anthères bilobées, bicornes; stigmate en tête; capsule ovoïde, à 2 loges polyspermes.

1 { Fleurs rougeâtres ou blanches tachetées. . . . 2
Fleurs d'un beau jaune. . . . . E. LUTEA.
— Forêts : *Sénart, Remy, près Compiègne.*— *Eté.* R. —

2 { Feuilles ovales, glabres; fleurs unilatérales; étamines incluses. . . . . E. OFFICINALIS.
— Ophthalmique. — *Lieux herbus.*— *Eté.* —
Feuilles linéaires-lancéolées, pubescentes; étamines saillantes.. . . . . E. ODONTITES.
— *Lieux incultes.*— Fleurit en automne.— Var. *E. jaubertiana* : Lèvres de la corolle fermées. — *Champs, près Moret.* —

326. — **SIBTHORPIA.** *Sibthorpie.* Calice à 5 divisions; cor. à 5 divisions presque égales; étam. didynames; stigmate en tête; capsule comprimée, orbiculaire, à 2 loges polyspermes.

1 { Fleurs jaunâtres ou rougeâtres . . . . S. EUROPÆA.
{ — *Lieux humides: Mantes, Saint-Léger.* — *Été.* —

327. — **VERONICA.** *Véronique.* Cal. à 4, rarement à 5 divisions; cor. rotacée, à 4 divisions un peu inégales; 2 étam.; capsule comprimée, échancrée en cœur au sommet, à 2 loges polyspermes.

1 { Fleurs disposées en grappes axillaires. 2
{ Fleurs solitaires ou en grappes terminales.. . . 10

2 { Tige glabre. 3
{ Tige velue ou pubescente. 5

3 { Feuilles lancéolées ou linéaires. 4
{ Feuilles ovales ou arrondies. . . . . V. BECCABUNGA.
{ — **Cresson-de-cheval.** — *Ruisseaux et lieux humides.*
{ — *Été.* —

4 { Tige couchée ou rampante; capsules profondément
{ échancrées au sommet . . . . . . V. SCUTELLATA.
{ — *Marais de Meudon, Saint-Léger*, etc. — *Mai.* —
{ Tige droite; capsules non ou très-peu échancrées au
{ sommet.. . . . . V. ANAGALLIS.
{ — Off., antiscorbutique. — *Fossés aquatiques.* — *Été.* —

5 { Poils épars sur la tige.. 6
{ Poils formant deux lignes opposées le long de la
{ tige. . . . . V. CHAMÆDRYS.
{ — Petit-Chêne; off., tonique. — *Prés, haies.* — *Mai.* —

6 { Tige couchée ou rampante. 7
{ Tige droite. . . . . V. TEUCRIUM.
{ — *Coteaux des bois.* — *Mai.* —

7 { Feuilles ovales ou en cœur 8
{ Feuill. oblongues ou linéaires.. . . . V. PROSTRATA.
{ — *Pelouses sèches.* — *Fontainebleau.* — *Printemps.* —

8 { Feuilles sessiles.. 9
{ Feuilles pétiolées. . . . . V. MONTANA.
{ — *Bondy; bois de la Selle, près Malmaison.* — *Été.* R.—

9 {
Tiges couchées dans presque toute leur longueur. . . . . V. OFFICINALIS.
— Véronique mâle, Thé d'Europe ; vulnéraire. — *Été.* —
Tige ascendante ou un peu couchée à la base seule-
ment. . . . . V. TEUCRIUM.
— *Coteaux et bois. — Mai.* —
}

10 {
Fleurs solitaires à l'aisselle des feuilles, qui sont
semblables à celles de la tige. 11
Fleurs en grappes entremêlées de bractées plus
courtes qu'elles. 19
}

11 {
Plante velue ou pubescente. 12
Plante entièrement glabre ; divisions du calice plus
longues que la capsule. . . . . . . V. PEREGRINA.
— *Versailles : lieux cultivés. — Mai-juin.* —
}

12 {
Feuilles dentées, crénelées ou pinnatifides. . . 13
Feuilles supérieures à 3-5 digitations profondes ;
capsules très-grandes. . . . . V. TRIPHYLLOS.
— *Champs. — Avril-mai.* —
}

13 {
Tige droite. 14
Tige couchée. 17
}

14 {
Feuilles inférieures ovales-oblongues. 15
Feuilles inférieures cordiformes. 16
}

15 {
Poils terminés par un globule opaque ; caps. dépas-
sant le calice. . . . . V. ACINIFOLIA.
— *Prés des bois : Saint-Cloud, Montreuil.* —
— *Printemps.* R. —
Poils non terminés par un globule opaque ; cal. plus
long que la capsule. . . . . V. VERNA.
— *Romainville, bois de Boulogne. — Avril.* R. —
}

16 {
Fleurs pédicellées, style plus long que les lobes de
la capsule. . . . . V. PRÆCOX.
— *Champs : Choisy, Bondy, Saint-Hubert. — Id.* —
Fleurs presque sessiles ; style plus court que les lobes
de la capsule. . . . . V. ARVENSIS.
— *Id. — Très-commune.* —
}

17 {
Feuilles ovales, dentées ou crénelées, plus courtes que les pédoncules. 18
F. arrondies, lobées, aussi longues que les pédonc.; lobes du calice ciliés. . . . . . . V. HEDERÆFOLIA.
— *Champs.* — *Avril-juillet.* —
}

18 {
Caps. ciliées contenant 5 à 6 graines par loges; feuilles dentées. . . . . V. FILIFORMIS.
— *Champs près Versailles.* — *Avril.* —
Caps. pubescentes à graines nombreuses; feuilles crénelées. . . . . V. AGRESTIS.
— *Champs.* — *Été.* —
}

19 {
Feuilles velues ou pubescentes sur leur surface. 20
Feuilles glabres ou ciliées. . . . V. SERPILLIFOLIA.
— *Gazons, bords des bois.* — *Avril-juin.* —
}

20 {
Feuilles dentées en scie. . . . . . V. LONGIFOLIA.
— *Coteaux de Fontainebleau.* — *Été.* —
Feuilles crénelées ou à dents obtuses; lobes de la corolle pointus. . . . . V. SPICATA.
—*Lieux secs des bois : Fontainebleau, bois de Boulogne, etc.* — *Juin-juillet.* —
}

Famille 58. OROBANCHÉES. Juss.

Cal. à 4—8 divisions; cor. labiée; étam. didynames; 1 ovaire simple, libre; 1 style; 1 stigmate; capsule à 1 loge, à 2 valves libres, portant les graines sur leur nervure longitudinale; périsperme charnu. — Plantes parasites, à tige herbacée, garnie d'écailles alternes, qui tiennent lieu de feuilles; fleurs en épi muni de bractées.

328. — **OROBANCHE.** *Orobanche.* Cal. à 2 lobes souvent bifides, entouré de 1—3 bractées; cor. à 2 lèvres, la supérieure courte, entière, crénelée; l'inférieure trilobée; étam. presque égales entre elles, à anthères glabres, bicornes; capsule ovoïde, allongée. — **Plantes parasites.**

1 { Calice à 4 divisions; corolle à 5 divisions.. . . . **2**
  { Calice nul; corolle à 4 divisions. **4**

2 { Tige rameuse; style glabre. **3**
  { Tige ordinairement simple; style velu; stigmate
  {   bilobé.. . . . . O. CÆRULEA. (O. lævis. L.!
  {   — Sur l'Armoise et l'Achillée. — *Juin.* —

3 { Tige pubescente; fleurs petites.. . . . . O. RAMOSA.
  {   — Sur le Chanvre. — *Juin.* —
  { Tige glabre; fleurs grandes. . . . . . . O. COMOSA.
  {   — Sur diverses espèces de plantes, mais non sur le
  {   Chanvre. — *Id.* —

4 { Bractées entières. **5**
  { Bractées bifides.. . . . . **7**

5 { Filets des étamines glabres. **6**
  { Filets des étamines velus. . . . . . . O. EPITHYMUM.
  {   — Sur le Serpolet. — *Eté.* —

6 { Bractées velues.. . . . . O. MINOR.
  { — Sur les Cistes, les Graminées, la Luzerne. — *Eté.* —
  { Bractées non velues. . . . . O. HEDERÆ.
  {   — Sur le Lierre. — *Eté.* —

7 { Style velu ou pubescent. **8**
  { Style glabre. **9**

8 { Epi court; tige violette. . . . . O. VULGARIS.
  {   — Sur les Caille-lait, Aubépine, Rosiers. — *Eté.* —
  { Epi long; tige jaunâtre. . . . . O. ELATIOR.
  {   — Sur le Genêt et la Centaurée scabieuse. — *Eté.* —

9 { Tige très-anguleuse; fleurs courtes. . . O. MAJOR.
  {   — Sur le Genêt et l'Ajonc. — *Juin.* —
  { Tige arrondie; fleurs allongées.. . . . . O. ERYNGII.
  {   —Sur le Panicaut. — *Eté.* —

329. — LATHRÆA. *Lathrée.* Calice campanulé,
4-fide; cor. tubuleuse à 2 lèvres; la supérieure en
casque; l'inférieure 3—fide, réfléchie; étam. mani-
nifestement didynames, à anthères poilues, sans cornes;
stigmate à deux lobes.

1 { Tige écailleuse; fl. jaunâtres. . . . L. SQUAMMARIA.
  {   — *Bois touffus de Fontainebleau,* etc.— *Mai.* R. —

Famille 59. LABIÉES. Juss.

Cal. tubuleux, 5—fide ou bilabié; cor. tubuleuse, irrégulière, labiée, à lèvre supérieure souvent bifide, à lèvre inférieure trifide; étam. rarement au nombre de 2, presque toujours 4, didynames, insérées sous la lèvre supérieure de la corolle; ovaire libre, quadri-lobé; 1 style prenant naissance au milieu des lobes de l'ovaire, et terminé par un stigmate bifide; fruit formé de 4 akènes cachés au fond du calice; péri-sperme nul. — Herbes ou sous-arbrisseaux à tige té-tragone; feuilles opposées; fleurs opposées ou verti-cillées, axillaires ou en épi, souvent accompagnées de bractées.

** Genres à 2 étamines.*

330. — **SALVIA.** *Sauge.* Cal. campanulé; à 2 lèvres, la supérieure tridentée, l'inférieure bifide; cor. lon-guement tubulée, à 2 lèvres, la supérieure en faucille, entière ou échancrée, l'inférieure bilobée; filet des étam. fourchu et attaché transversalement sur une espèce de pivot. — Fleurit l'été.

	Bractées courtes, non colorées.	2
1	Bractées plus longues que le calice et colorées de rose ou de violet. . . . . S. SCLAREA.	
	—Orvale, Sclarée, Toute-bonne; off., stomachique, an-tihystérique, détersive. — *Calvaire, coteaux de Mont-morency,*etc. — *Eté.*R.—	
2	Lèvre supérieure de la corolle comprimée. . .	3
	Lèvre supérieure de la corolle concave, non com-primée.	4
3	Lèvre supérieure de la corolle très-grande et plus longue que le tube.. . . . . S. PRATENSIS.	
	—S. des prés.— *Eté.*—	
	Lèvre supér. de la cor. plus courte que le tube; pédoncules cotonneux. . . . . . . S. SYLVESTRIS.	
	— *Longjumeau, Soissons* (Mérat). — *Eté.*—	

Feuilles finement crénelées; corolle une fois plus grande que le calice; fleurs d'un bleu rougeâtre ou blanches. . . . . S. OFFICINALIS.
—Cult., tonique, astringente, culinaire. — *Été.* —
4 {
Feuilles grossièrement crénelées ou pinnatifides; corolle à peine plus grande que le calice; fleurs d'un bleu clair. . . . . S. VERBENACA.
— *Pâturages secs et élevés. — Montgeron. — Été.* R. —

.331. — **LYCOPUS.** *Lycope.* Cal. tubuleux 5 à divisions; cor. tubuleuse, presque régulière, à 4 lobes, dont le supérieur, plus large, est un peu échancré.

1 {
Fleurs petites, blanches. . . . . L. EUROPÆUS.
— Pied-de-loup, Marrube-d'eau. — Officinal, astringent.
— *Marécages. — Été.* —

** *Genres à 4 étamines didynames.*

332. — **AJUGA.** *Bugle.* Cal. à 5 divisions presque égales; cor. à 2 lèvres, la supérieure très-courte, bidentée; l'inférieure à 3 lobes, dont le moyen grand, obcordé; akènes réticulés.

1 {
Fleurs jaunes, marquées de points noirs. . . . . .
. . . . . A. CHAMÆPITYS. (Teucrium chamæp. L.)
— Faux-pin, Yvette; off., apéritif, emménagogue.—
— *Champs arides et sablonneux. — Août.* —
Fleurs bleues, rouges ou blanches. 2

2 {
Tige poussant de longs rejets rampants à sa base.
. . . . A. REPTANS.
— Off., vulnéraire. — *Prés, gazons des bois. — Été.* —
Tige simple, ne poussant point de rejets rampants à sa base. 3

3 {
Feuill. infér. beaucoup plus grandes que les supérieures; fl. bleues. . . . . A. PYRAMIDALIS.
— *Prés et bois secs. — Mai-juin.* —
Feuilles à peu près égales; fleurs roses ou rougeâtres.. . . . . A. GENEVENSIS
— *Bois de Vincennes. — Id.* —

333. — **TEUCRIUM.** *Germandrée.* Cal. à 5 dents

cor. à 2 lèvres, la supérieure extrêmement courte, fendue profondément en 2 lobes réfléchis; l'inférieure à 3 lobes, celui du milieu plus grand; étamines sortant par la fente de la lèvre supérieure; akènes non réticulés.

1 {
Feuilles entières ou crénelées.. 2
Feuilles pinnatifides. . . . . T. BOTRYS.
— G. femelle. — *Porte-Maillot, Neuilly*, etc. — *Eté.* —

2 {
Fl. axillaires ou en grappes terminales.. 3
Fleurs en tête serrée.. . . . . T. MONTANUM.
—*Côtes arides: Saint-Germain, mail de Henri IV,
à Fontainebleau. — Eté. R.* —

3 {
Feuilles ovales.. 4
Feuilles cordiformes.. . . . . T. SCORODONIA.
— G. sauvage, Sauge-des-bois; off., vulnéraire.—
— *Bois. — Eté.* —

4 {
Feuilles sessiles, molles, dentées en scie; fleurs géminées.. . . . . T. SCORDIUM.
— G. aquatique; off., vulnéraire. — *Saint-Gratien.* —
Eté. R. —
Feuilles atténuées en pétiole, dures, crénelées; fleurs ternées.. . . . . T. CHAMÆDRYS.
Petit-chêne; officinal, tonique, emménagogue —
Bois et coteaux arides. — Eté. —

334. — SATUREIA. *Sariette.* Cal. campanulé, à 5 dents ou 5 lobes; cor. à 5 lobes presque égaux; étam. écartées les unes des autres.

1 {
Feuilles ponctuées en dessous et plus longues que les entre-nœuds.. . . . . S. MONTANA.
— *Roches de Malesherbes. — Eté. R.* —
Feuilles lisses, la plupart moins longues que les entre-nœuds.. . . . . S. HORTENSIS.
— Cultivée.—

335. — HYSSOPUS. *Hysope.* Cal. à 5 dents, légèrement strié; cor. à 2 lèvres; la supérieure courte, échancrée; l'inférieure à 3 lobes, celui du milieu crénelé; étamines dressées. divergentes.

1 { Fleurs bleues, rouges ou blanches, verticillées ;
feuilles sessiles, entières. . . . . . II. OFFICINALIS.
—Pectorale, incisive. — *Coteaux de Mantes.*—*Eté.* R. —

336. — NEPETA. Cal. à 5 dents ; cor. à tube allongé, courbé, à 2 lèvres ; la supérieure échancrée, droite ; l'inférieure à 3 lobes, dont celui du milieu concave, crénelé, les deux latéraux petits et réfléchis ; étamines rapprochées.

1 { Fl. blanches ou purpurines. . . . . . N. CATARIA.
—Cataire, Herbe-aux-chats ; officinale, emménagogue. —
Fossés : Saint-Denis, bois de Boulogne, de Vincennes.
— *Eté.* R. —

337. — LAVANDULA. *Lavande.* Cal. ovoïde, strié, nu en dedans, muni d'un opercule ; cor. à tube long, à 2 lèvres, l'une à 2, l'autre à 3 divisions à peu près égales ; stigmate charnu.

1 { Calice cotonneux.. . . . . . **L. VERA.** Fl. fr.(suppl.)
— *Roches de Malesherbes.* — *Juin-septembre.* R. —

338. — MENTHA. *Menthe.* Cal. à 5 dents ; corolle le dépassant peu, à 4 divisions presque égales, la supérieure plus large, ordinairement échancrée ; étamines distantes et divergentes.

1 { Verticilles rapprochés en tête ou en épis terminaux. **2**
Vertic. écartés, entremêlés de feuilles. **6**

2 { Feuilles et tiges glabres.. . . . . **3**
Feuilles ou tiges velues. **4**

3 { Feuilles sessiles ; pédicules glabres ; étamines saillantes. . . . . M. VIRIDIS.
— *Lieux secs et cultivés.* — *Madrid, Lisy,* etc.— *Eté.* —
Feuilles pétiolées ; pédicules souvent velus ; étamines incluses. . . . . M. PIPÉRITA.
— Cult., off., aromatique, antispasmodique. — *Eté.* —

4 { Feuilles sessiles ; épis allongés. **5**
Feuilles pétiolées; fleurs en tête, à pédoncules velus. . . . . M. HIRSUTA.
— M. aquatique. — *Bords des eaux.* — *Été.* —

5 { Bractées longues, sétacées. . . . . . M. SYLVESTRIS.
— *Lieux humides : Bondy, Saint-Léger.* — *Été.* —
Bractées larges, lancéolées ; feuilles crépues et arrondies. . . . . M. ROTUNDIFOLIA.
— *Endroits marécageux.* — *Été.* —

6 { Lobe supérieur de la corolle échancré ; calice nu après la floraison. **7**
Lobe supér. de la corolle entier; calice fermé de poils après la floraison. . . . . . . M. PULEGIUM.
—Pouliot ; off., sudorifique, anti-asthmatique. —
Marécages. — *Été.* —

7 { Pédicelles hérissés. **8**
Pédicelles glabres. . . . . M. GENTILIS.
—*Fossés et bords des chemins.* — *Juin-juillet.* R. —

8 { Calice cylindrique ; feuilles pétiolées, presque glabres. . . . . . M. SATIVA. (M. procumbens. T.)
— Baume. — *Fossés humides : Neuilly,* etc. — *Été.* —
Calice campanulé ; feuilles presque sessiles, velues.
. . . . M. ARVENSIS. (M. austriaca. T.)
— *Champs.* — *Été.* —

339. — **GLECHOMA.** *Gléchome.* Cal. strié, à 5 dents; cor. labiée, à tube dilaté ; lèvre supérieure bifide, l'inférieure trilobée ; anthères conniventes deux à deux, en forme de croix.

1 { Tige couchée; feuilles crénelées ; fleurs axillaires, bleuâtres ou blanches. . . . . . . G. HEDERACEA.
— *Lierre terrestre ; off., vulnéraire.* — *Printemps.* —

340. — **LAMIUM.** *Lamier.* Cal. à 5 dents aristées; cor. à tube dilaté, à 2 lèvres, la supérieure entière et voûtée, l'inférieure bilobée ; gorge renflée, dentée sur les bords ; anthères poilues. — Printemps.

1 { Toutes les feuilles pointues. **2**
Feuilles la plupart obtuses. **5**

2 { Fleurs blanches. 5
Fleurs rouges ou purpurines. 4

3 { Feuilles à dents aiguës; corolle grande; anthères
noires. . . . . L. ALBUM.
— Ortie blanche; off., vulnéraire. —
Feuill. à dents obtuses; corolle petite; anthères
pourpres. . . . . L. PURPUREUM. Var. alba.

4 { Feuilles pétiolées, dentées, hérissées et souvent ta-
chées. . . . . . L. HIRSUTUM. (L. maculatum. M.)
— *Route de Poissy à Mignaux* (Le Duc). —
Feuilles presque sessiles, profondément découpées au
sommet, glabres ou pubescentes. . L. HYBRIDUM.
(L. incisum. Wild.) — *Lieux cultivés.* —

5 { Feuilles caulinaires pétiolées. . . . . L. PURPUREUM.
Feuilles caulinaires sessiles. . . . . L. AMPLEXICAULE.

341. — **GALEOPSIS.** Calice à 5 dents épineuses;
cor. à tube court; gorge renflée, à 2 dents; limbe à
2 lèvres, la supérieure en voûte et crénelée, l'inférieure trilobée; lobes latéraux petits, le moyen plus
grand, échancré, crénelé; anthères poilues.

1 { Tige hérissée de poils, dont les articulations sont
très-renflées. . . . . G. TETRAHIT.
— *Champs, haies.* — *Eté.* —
Tige non renflée par intervalles. 2

2 { Fleurs jaunes ou rougeâtres. 5
Fleurs rouges, tachées souvent de jaune à l'entrée
de la gorge. . . . . G. LADANUM.
— Ortie rouge. — *Champs.* — *Eté.* —

3 { Lèvre supérieure entière, striée, écartée de l'infé-
rieure; fleurs jaunes. . . . . GALEOBDOLON (342).
Lèvre supérieure crénelée et peu écartée de l'infé-
rieure; fleurs jaunâtres ou rougeâtres. . . . . .
. . . . G. OCHROLEUCA. (G. grandiflora. T.
— *Moissons: Marcoussis, ferme de la Ronce.* — *Eté.* —

342. — **GALEOBDOLON.** Cal. à 5 dents épineuses;
cor. à 2 lèvres, la supérieure entière, très-grande, en
casque; l'inférieure à trois lobes pointus.

1 { Fl. jaunes. . . . . G. LUTEUM. (Galeopsis galeob. L)
— *Bois de Bondy, Montmorency, Meudon.* — *Mai.* —

343. — BETONICA. *Bétoine.* Cal. à 5 dents égales ; cor. à tube cylindrique, courbé, à 2 lèvres : la supérieure dressée, un peu plane, entière ; l'inférieure à trois lobes étalés, le moyen plus large, échancré.

1 { Calice velu ou pubescent. 2
Calice glabre et lisse. . . . . B. OFFICINALIS.
— Vulnéraire, céphalique ; feuilles à fumer. — *Bois.*
— *Juillet-août.* —

2 { Feuilles cordiformes arrondies ; lèvre supérieure étroite. . . . B. STRICTA. Aiton (B. hirsuta. T.)
— *Bois de Marcoussis, Montmorency.* — *Juin.* —
Feuilles cordiformes très-allongées ; lèvre supérieure arrondie, lobe moyen de la lèvre inférieure entier.
. . . . B. ORIENTALIS. (B. grandiflora. T.)
— *Bois de Meaux* (Thuillier). — *Juin.* —

344. — STACHYS. *Epiaire.* Cal. anguleux, à 5 dents inégales, sétacées ; cor. tubuleuse, à 2 lèvres : la supérieure concave ; l'inférieure à 3 divisions, dont les deux latérales réfléchies, et celle du milieu grande, échancrée ; étamines se déjetant de côté après la fécondation. — Fleurit en été.

1 { Fleurs blanches ou jaunâtres. 2
Fleurs rouges ou purpurines. 3

2 { Feuilles inférieures velues, presque sessiles ; fl. rayées de rouge ou de noir. . . . . . . S. SIDERITIS.
(S. recta. L. — S. bufonia. T.)
— Crapaudine. — *Lieux arides, bois de Boulogne.* —
Feuilles inférieures glabres, fortement pétiolées ; fl. blanches à lèvre infér. jaunâtre. . . . . S. ANNUA.
— *Champs.* —

3 { Feuilles inférieures longuement pétiolées. . . . 4
Toutes les feuilles sessiles. . . . . . S. PALUSTRIS.
— Ortie morte. — *Marais de Meudon, Gentilly, etc;*
champs de Châtenay. —

4 { Feuilles supérieures cordiformes. 5
{ Feuilles supérieures oblongues. 6

5 { Tige haute de 50 cent. à 1 mètre.. . S. SYLVATICA.
{ — Ortie puante ; teint en jaune. — *Bois de Bondy,*
{ *Saint-Cloud, Ville-d'Avray,* etc. —
{ Tige de 15 à 25 centimètres. . . . . S. ARVENSIS.

6 { Verticilles rapprochés en épi terminal ; graines ar-
{ rondies. . . . . S. GERMANICA.
{ — *Chemins : Vincennes, Labarre,* etc. —
{ Verticilles écartés, ne formant pas l'épi ; graines
{ ovoïdes. . . . . S. ALPINA.
{ — *Bois de Montmorency, Vernon* (Mérat).—

345. — BALLOTA. *Ballote.* Cal. à 10 stries, à 5
angles, à 5 lobes obtus surmontés d'une pointe ; cor.
tubuleuse, velue à 2 lèvres : la supérieure concave,
crénelée ; l'inférieure trilobée.

1 { Fleurs rougeâtres ou jaunâtres.. . . . . B. FŒTIDA.
{ — Marrube noir ; off., antispasmodique. — *Eté.* —

346. — MARRUBIUM. *Marrube.* Cal. cylindrique,
à 10 stries, à 5—10 dents ; cor. à deux lèvres, la supérieure étroite, linéaire, bifide ; l'inférieure à 3 lobes, dont celui du milieu grand, échancré.

1 { Fleurs blanches ; calices très-velus . . M. VULGARE.
{ — Marrube blanc ; off., stimulant. — *Eté.* — Var. à
{ feuilles incisées au sommet : M. *Vaillantii* (Cosson et
{ Germain). — *Étréchy.* —

347. — LEONURUS. *Agripaume.* Cal. cylindrique,
à 5 angles, à 5 dents acuminées ; cor. tubuleuse, à 2
lèvres, la supérieure entière, concave ; l'inférieure réfléchie, à 3 divisions égales ; anthères parsemées de
points brillants.

1 { Etamines velues ; ovaires surmontés de poils ; grai-
{ nes ovoïdes, lisses. . . . . L. CARDIACA.
{ — Off., tonique. — *Bois pierreux, haies, décombres.*
{ — *Versailles, Armainvilliers.* — *Eté.* R. —
{ Etam. et ovaires glabres ; gr. anguleuses. 2

2 { Feuilles ovales, oblongues ; tige haute de 30 à 60 centimètres. . . . . L. MARRUBIASTRUM.
— *Etampes : lieux cultivés.* — *Juin-juillet.* R. —
Feuilles cordiformes ; tige n'atteignant pas 30 cent. de hauteur. . . . . . . STACHYS ARVENSIS. (344)

348. — **CLINOPODIUM.** *Clinopode.* **Cal.** bilabié ; lèvre supérieure trifide, l'inférieure bifide ; cor. à 2 lèvres, la supérieure dressée, échancrée ; l'inférieure à 3 lobes, dont celui du milieu grand, échancré ; stigmate simple.

1 { Fleurs rouges ou blanches. . . . . . . **C.** VULGARE.
— *Eté.* —

349. — **ORIGANUM.** *Origan.* **Cal.** tantôt à 5 dents, tantôt à 2 divisions ou bilabié ; cor. à tube comprimé ; limbe à 2 lèvres, la supérieure échancrée, l'inférieure à 3 lobes presque égaux.

1 { Fleurs blanches ou rouges. . . . . . . **O.** VULGARE.
— Marjolaine. — *Eté.* —

350. — **THYMUS.** *Thym.* **Cal.** strié, dont l'entrée est poilue, le limbe à 2 lèvres, la supérieure tridentée, l'inférieure bifide ; cor. courte, à 2 lèvres, la supérieure échancrée ; l'inférieure trilobée, à lobe médian plus large, entier ou échancré.

1 { Division moyenne de la lèvre inférieure échancrée.. . . . . **2**
Division moyenne de la lèvre inférieure entière. **4**

2 { Pédoncules portant plus de trois fleurs. **3**
Pédoncules ne portant jamais plus de trois fleurs. .
. . . . T. ACYNOS. (Acynos vulg. Pers.)
—*Lieux secs et pierreux.*—*Montmorency,* etc. — *Eté.* —

3 {
Dents du calice presque égales ; graines arrondies.
. . . . T. NEPETA. (Melissa nep. L.)
— *Bois et terrains secs : La Ferté-sous-Jouarre, —*
— *Tribardou, etc. — Septembre et octobre. R. —*
Dents du calice inégales, les deux inférieures plus
profondes, conniventes au sommet ; graines tri-
gones. . . . . . . T. CALAMINTHA. (Melissa cal. L.)
— *Saint-Germain, Meudon. —Septembre et octobre. —*
}

4 {
Tiges couchées ; feuilles ovales ou oblongues, pla-
nes. . . . . T. SERPYLLUM.
— T. bâtard, Serpolet ; officinale, tonique, céphalique,
odontalgique. — *Eté.* —
Tiges dressées ; feuilles presque linéaires à bords
roulés.. . . . . T. VULGARIS.
— Officinal, tonique, aromatique, alimentaire ; cultivé.
— *Eté.* —
}

351. — BRUNELLA. *Brunelle.* Cal. à 2 lèvres, la
supérieure grande, presque tronquée, à 3 dents ; l'inférieure bifide ; cor. à tube cylindrique, à 2 lèvres,
la supérieure voûtée, entière ; l'inférieure trilobée ;
étamines à filaments bifurqués, dont l'une des bifur-
cations porte l'anthère et l'autre est nue. — Fleurs en-
tre-mêlées de grandes bractées.

1 {
Feuilles supérieures laciniées. 2
Feuilles toutes entières ou dentées.. 3
}

2 {
Corolle renflée, triple du calice ; feuilles supérieures
peu découpées. . . . . . . B. PINNATIFIDA. Pers.
— *Bois de Fontainebleau, Meudon, etc. — Eté.* —
Corolle non renflée, à peine double du calice en
longueur ; feuilles supérieures profondément divisées. . . . . B. LACINIATA. — *Id.*
}

3 {
Feuilles pétiolées, ovales, souvent dentées. . . . 4
Fenilles sessiles longues, très-entières ; fleurs rouges.
. . . . B. HYSSOPIFOLIA. T.
— *Bois de Marcoussis. — Eté.* —
}

> Corolle renflée, triple du calice, dont la lèvre su-
> périeure est à trois lobes.. . . . B. GRANDIFLORA.
> — *Côtes arides : Fontainebleau, Meudon, etc. — Été. —*
> **4** Corolle non renflée, double du calice, dont la lèvre
> supér. est à trois dents. . . . . . . B. VULGARIS.
> — Officinale, vulnéraire, astringente.— *Été. —*

352. — MELITTIS. *Mélitte.* Cal. campanulé, beaucoup plus ample que la fleur, à 2 lèvres; la supérieure aiguë, entière; l'inférieure plus courte, bifide;
cor. à 2 lèvres; anthères en croix, conniventes.

> Fleurs grandes, d'un blanc rosé; feuilles ovales
> **1** crénelées.. . . . . M. MELISSOPHYLLUM.
> — *Bois de Saint-Cloud, Meudon, etc. — Printemps. —*

353. — MELISSA. *Mélisse.* Cal. presque tubuleux,
strié, pubescent, évasé au sommet, à gorge fermée
de poils, à 2 lèvres, la supérieure à 3 divisions, l'inférieure à 2, toutes terminées par une pointe; cor. à
2 lèvres : la supérieure en voûte, bifide; l'inférieure
à 3 lobes, dont le moyen est en forme de cœur.

> Fleurs blanches ou rouges. . . . . M. OFFICINALIS.
> **1** —Citronnelle; antispasmodique, alimentaire.—Thé indi-
> gène. — *Haies : Auteuil, Saint-Cloud, près Saint-
> Gervais. — Juin-juillet.* R. —

354. — SCUTELLARIA. *Toque.* Cal. court, à 2 lèvres entières, la supérieure surmontée d'une écaille
concave qui ferme le calice après la floraison; corolle
courbée à sa base, comprimée au sommet; à 2 lèvres;
la supérieure bidentée à sa naissance, voûtée; l'inférieure, large, échancrée; stigmate simple.

> Fleurs naissant deux à deux à l'aisselle des brac-
> tées. **2**
> **1** Fleurs solitaires dans l'aisselle des bractées et for-
> mant un épi.. . . . . S. COLUMNÆ.
> — *Bois de Vincennes. — Juin-juillet. —*

2 { Tige haute de 30 centim. et plus; feuilles crénelées; tube de la corolle courbé.. . . . S. GALERICULATA.
— Tertianaire. — *Fossés humides.* — *Eté.* —
Tige longue de 15 cent. environ; feuilles presque entières; tube de la corolle droit. . . S. MINOR.
—*Mares et étangs: Meudon, Sénart, Saint-Léger,* etc. —
— *Eté.* —

Famille 60. VERBÉNACÉES. Juss.

Cal. tubuleux; cor. tubuleuse, ordinairement irrégulière; 4 étamines didynames, rarement 2 ou 6; ovaire libre; 1 style à stigmate simple ou bilobé; fruit formé d'un péricarpe charnu, contenant 1 à 4 osselets monospermes; périsperme nul.

355. — VERBENA. *Verveine.* Cal. persistant, à 5 dents, dont une est tronquée; cor. un peu irrégulière, infundibuliforme, courbée, à 5 divisions; 4 étam. didynames; stigmate obtus; 4 graines entourées par un tissu charnu.

1 { Arbrisseau à feuilles dentées, très-odorantes. . . . .
. . . . V. TRIPHYLLA.
— Citronnelle; cultivée.—
Plante herbacée à feuilles lobées ou pinnatifides, inodores.. . . . . V. OFFICINALIS.
— Vulnéraire. — *Chemins,* etc. — *Eté.* —

Famille 61. LENTIBULARIÉES. Rich.

Cal. de 2 à 5 parties; cor. monopétale, irrégulière, éperonnée, bilabiée; 2 étam. à anthères uniloculaires; 1 ovaire libre; 1 style; 1 stigmate; une capsule uniloculaire; graines insérées à un placenta central; périsperme charnu. — Plantes herbacées, aquatiques.

356. — UTRICULARIA. *Utriculaire.* Cal. à 2 folioles égales, caduques; cor. à 2 lèvres; la supé-

rieure droite, portant les étamines ; l'inférieure pourvue d'un palais saillant, cordiforme, et d'un éperon à
la base ; style bifide ; capsule globuleuse, s'ouvrant en
boîte à savonnette.

1 { Lèvre supérieure de la corolle entière. 2
Lèvre supér. de la corolle fendue. . . . U. **minor.**
— *Etangs, fossés humides*, etc. — *Eté.* —

2 { Eperon conique de la longueur de la fleur ; stig-
mate hispide. . . . . U. **vulgaris.** — *Id.*
Eperon plus court que la corolle ; stigmate glabre.
. . . . U. **intermedia.** (U. minor. T.) — *Id.*
— *Saint-Léger, Sénart*, etc. R. —

357. — Pinguicula. *Grassette.* Cal. à 5 divisions ;
cor. à 2 lèvres, la supérieure à 2 lobes ; l'inférieure à
à 3, prolongée en éperon à la base ; style bifide ; **2**
stigmates, dont un plus large, roulé, couvrant les étamines ; capsule indéhiscente.

1 { Fleur d'un violet pâle.. . . . . P. **vulgaris.**
— *Coteaux humides : Saint-Léger, Montmorency,*
Saint-Gratien, etc. — *Mai-juin.* R. —

Famille 62. PRIMULACÉES. Juss.

Cal. monophylle, persistant, à 4—5 divisions ; **cor.**
monopétale, ordinairement régulière, à limbe divisé ;
étam. égales en nombre aux divisions de la corolle et
opposées à ces divisions ; 1 ovaire libre ; 1 style ; 1
stigmate ; capsule uniloculaire, polysperme ; graines
insérées sur un placenta central ; périsperme charnu.
— Plantes herbacées.

358. — Centunculus. *Centenille.* Cal. 4—fide ;
cor. rotacée, 4—lobée ; 4 étam. ; capsule globuleuse,
s'ouvrant en boîte à savonnette.

1 { Fleurs petites, d'un blanc verdâtre.. . C. MINIMUS..
— *Sables humides : Meudon, Fontainebleau,* etc.
— *Eté.* R. —

359. — **ANAGALLIS.** *Mouron.* Cal. à 5 lobes; cor
rotacée à 5 lobes; 5 étam.; capsule globuleuse, s'ouvrant en boîte à savonnette.

1 { Tige carrée; fleurs rouges ou bleues. 2
Tige filiforme, cylindrique; fleurs verdâtres ou d'un
rose tendre. 3

2 { Fleurs bleues. . . . . A. CÆRULEA.
— M. bleu. — Off., vulnéraire. — *Eté.* —
Fleurs rouges. . . . . A. PHŒNICEA. — *Id.*
— M. rouge. — *Id.* —

3 { Fleurs sessiles d'un blanc verdâtre; feuilles alter-
nes. . . . . CENTUNCULUS. (358.)
Fleurs pédonculées, d'un rose tendre; feuilles op-
posées.. . . . . A. TENELLA.
— *Prés tourbeux : Saint-Léger, Meudon, Montmorency,
Sèvres,* etc. — *Eté.* R. —

360. — **LYSIMACHIA.** *Lysimaque.* Cal. à 5 divisions profondes; cor. rotacée à 5 divisions; 5 étamines; capsule globuleuse, s'ouvrant au sommet en
plusieurs valves.

1 { Tiges couchées; fl. solitaires, axillaires.. 2
Tige ferme, dressée; fl. en panicule. . L. VULGARIS.
—Corneille; Chasse-bosse. — Off., vulnéraire. —*Lieux
humides.— Eté.* —

2 { Tige cylindrique, couchée; fleurs petites; pédon-
cules filiformes, sensiblement plus longs que les
feuilles. . L. NEMORUM. (Lerouxia nemorum. M.)
— *Bois humides : Montmorency, Jouy.* — *Eté.* R. —
Tige quadrangulaire, rampante; fl. grandes; péd.
fermes. égaux aux feuilles. . . . . L. NUMMULARIA.
— Monnoyère, Herbe-aux-écus. — *Lieux humides.* —
Eté. —

361. — **HOTTONIA.** *Hottonie.* Cal. à 5 parties,
cor. hypocratériforme, à 5 lobes; 5 étam. à filet très-

court ; capsule globuleuse, un peu pointue, indéhiscente.

1 { Fleurs d'un blanc rosé. . . . . II. PALUSTRIS.
{ — Millefeuille aquatique. — *Marais de Bondy, Saint-Léger, Versailles*, etc. — *Mai-juin*. R. —

362. — **ANDROSACE**. Cal. à 5 divisions ; cor. hypocratériforme, à gorge resserrée, pourvue de 5 protubérances glanduleuses ; limbe à 5 divisions ; 5 étam. courtes ; capsule globuleuse à 5 valves.

1 { Fleurs blanches, en ombelles. . . . . . A. MAXIMA.
{ — *Bois de Meaux*. — *Printemps*. R. —

363. — **PRIMULA**. *Primevère*. Cal. à 5 dents ; cor. hypocratériforme, à tube cylindrique, à gorge dépourvue de glandes, à limbe à 5 divisions ; étam. sans filets ; capsule s'ouvrant en 10 dents au sommet.

1 { Feuilles plus ou moins ridées.. 2
{ Feuilles lisses sur leurs surfaces, sinuées ou crénelées sur les bords. . . . . P. AURICULA.
{ — Oreille-d'ours, cultivée. — *Mai*. —

2 { Calice à 5 dents lancéolées aiguës.. 3
{ Calice à 5 dents ovales-lancéolées, courtes et obtuses. . . . . P. OFFICINALIS.
{ — Coucou ; vulnéraire. — *Prés, bois*. — *Avril*. —

3 { Divisions du calice atteignant presque le sommet du tube de la corolle. 4
{ Divisions du calice atteignant à peine la moitié du tube de la corolle. . . . . P. ELATIOR.
{ — *Bois humides*. — *Mai-juin*. —

4 { Style aussi long que le tube de la corolle ; étamines courtes. . . . . P. GRANDIFLORA.
{ — *Bois*. — *Avril-mai*. —
{ Style bien moins long que le tube de la corolle, étam. presque saillantes ; anth. situées à la gorge de la corolle. . . . . . . P. BREVISTYLA — *Id*.
{ — *Mai-juin*. —

364. — **SAMOLUS**. *Samole*. Cal. un peu adhérent

à l'ovaire, à 5 lobes courts ; cor. hypocratériforme, à
5 divisions, à gorge pourvue de 5 écailles ; 5 étam.;
capsule s'ouvrant au sommet en 5 valves.

1 { Plante glabre à fl. blanches. . . . . . S. VALERANDI.
{ — Mouron-d'eau. — *Mares de Meudon*, etc. — *Eté.* —

Famille 63. GLOBULARIÉES. DC.

Cal. 1—phylle, tubuleux, à 5 divisions ; cor. tubuleuse, irrégulière, à 5 lobes inégaux ; 4 étam. insérées
à la base de la corolle ; ovaire libre ; 1 style ; 1 stigmate ; fruit formé par 1 akène que recouvre le calice
persistant ; périsperme charnu. — Fleurs en tête, entourées d'un involucre polyphylle, placées sur un réceptacle paléacé.

Observation. Cette famille ne diffère des DIPSACÉES
que par l'ovaire libre.

365. — **GLOBULARIA.** *Globulaire.* Mêmes caractères que ceux de la famille.

1 { Fleurs bleues, en tête sphérique. . . G. VULGARIS.
{ — Off., vuln. — *Prés secs : Saint-Germain, Fontainebleau.*
                      — *Mai. R.* —

IVe SOUS-CLASSE. MONOCHLAMYDÉES.

Plantes à périgone simple, ou dont le calice et la
corolle ne forment qu'une seule enveloppe.

Famille 64. PLUMBAGINÉES. Juss.

Enveloppe double, persistante ; l'extérieure (*involucre*) monophylle, tubuleuse, entière ou dentée ; l'intérieure (*périgone*) pétaloïde, hypogyne, mono ou
polypétale ; 5 étam. ; ovaire simple, libre ; plusieurs
styles, ou un seul portant plusieurs stigmates ; fruit

capsulaire, 1—sperme; périsperme farineux. — Feuilles simples, entières, alternes ou radicales ; fleurs en tête ou en épi.

366. — **STATICE**. *Staticé*. Involucre scarieux, entier ; périgone coloré, persistant, formé de 5 pétales ; 5 étam. insérées sur l'onglet des pétales ; 5 styles ; capsule indéhiscente, couverte par le périgone.

1 {
Hampes de 15 à 20 centim. ; feuilles linéaires, obtuses, sans nervures. . . . . S. ARMERIA.
— Gazon-d'Olympe, Pas-de-chat; cultivé. — *Parc de Saint-Mandé. — Eté.* R. —
Hampe de 50 à 60 centim. ; feuilles lancéolées aiguës, nervées. . . . . S. PLANTAGINEA.
— *Coteaux sablonneux : Fontainebleau, Calvaire, etc. — Juin.* —
}

Famille 65. PLANTAGINÉES. Juss.

Enveloppe double : l'extérieure (*involucre*) à 4 divisions ; l'intérieure (*périgone*) tubuleuse, hypogyne, scarieuse, persistante, portant les étamines à sa base ; 4 étamines à filets allongés ; ovaire simple, libre ; 1 style et 1 stigmate ; fruit capsulaire s'ouvrant en boîte à savonnette ; périsperme corné. — Fleurs hermaphrodites ou monoïques.

367. — **PLANTAGO**. *Plantain*. Fleurs hermaphrodites, disposées en tête ou en épi ; capsule 2—4—loculaire, 2—polysperme.

1 {
Tige nue ; feuilles radicales. 2
Tige rameuse, feuillée. . . . . P. ARENARIA.
— Herbe-aux-puces; officinale, mucilagineuse. — *Fontainebleau, bois de Boulogne, etc. — Sables. — Juin-juillet.* —
}

2 {
Feuilles entières ou dentées. 3
Feuilles découpées, pinnatifides, à divisions linéaires . . . . P. CORONOPUS.
— Corne-de-cerf. — *Lieux arides. — Eté.* —
}

3 { Capsules à 2 loges monospermes. **4**
{ Capsules à 2 loges polyspermes. **5**

4 { Epi ovoïde ou globuleux.. . . . . P. LANCEOLATA.
{ — *Eté.* —
{ Epi cylindrique, allongé. . . . . P. MEDIA. — *Id.*

5 { Hampe longue de 30 centimètres au moins ; épi de
{ 30-40 fleurs. . . . . P. MAJOR.
{ — Officinal, ophthalmique. — *Eté.* —
{ Hampe de 10 centimètres au plus ; épi de 3-6 fleurs.
{ . . . . P. MINIMA.
{ — *Sénart, Compiègne.* — *Eté.* R. —

368. — **LITTORELLA.** *Littorelle.* Fleurs monoïques ;
les *mâles* pédicellées et à 4 divisions ; les *femelles*
sessiles, cachées entre les feuilles, et à 3 divisions ;
capsule monosperme.

1 { Fleurs verdâtres.. . . . . L. LACUSTRIS.
{ — Plantain de moine. — *Marais de Saint-Léger, Saint-*
{ *Gratien.* — *Juin.* R. —

Famille 66. AMARANTHACÉES. Juss.

Périgone libre, persistant, divisé, souvent coloré ;
3 ou 5 étamines hypogynes, libres ou monadelphes ;
1 ovaire ; styles ou stigmates simples ou multiples ;
fruit monosperme (*utricule*) ; périsperme farineux.

369. — **AMARANTHUS.** *Amaranthe.* Fleurs monoïques ; les *mâles* : périgone 3—5—phylle ; 3 ou 5
étam. ; les *femelles* : périgone *idem* ; 3 styles surmontés chacun d'un stigmate.

1 { Fleurs verdâtres ; plantes incultes. 2
{ Fleurs colorées ; plantes d'agrément. 5

2 { La plupart des feuilles échancrées ou bifides au
{ sommet.. . . . . A. BLITUM.
{ — Blète ; alimentaire. — *Saint-Denis.* — *Eté.* —
{ Feuilles non échancrées au sommet. 3

3 {
Périgone à trois folioles; 3 étamines. 4
Périgone à 5 folioles; 5 étamines; capsules comprimées. . . . . A. RETROFLEXUS.
— *Vincennes, le Point-du-Jour, bois de Boulogne.* — *Août-septembre.* —
}

4 {
Tiges couchées; fleurs disposées en épis très-serrés. . . . . A. PROSTRATUS.
— *Place du Louvre, etc.* — *Eté.* R. —
Tiges droites ou ascendantes; fl. agglomérées à l'aisselle des feuilles.. . . . . . A. SYLVESTRIS.
— *Lieux cultivés, décombres.* — *Eté.* —
}

5 {
Feuilles vertes.. 6
Feuilles panachées. . . . . A. TRICOLOR.
— Cultivée. —
}

6 {
Fleurs formant de longs épis pendants et cramoisis.. . . . . A. CAUDATUS.
— Queue-de-renard; cultivée. —
Fleurs en crêtes dressées.. . . . . . A. CRISTATUS.
— Crête-de-coq; cultivée. —
}

Famille 67. ATRIPLICÉES. Juss

Périgone libre, 1—phylle, divisé; 1—5 étam. insérées à la base du périgone; ovaire unique; style simple ou multiple; fruit monosperme, indéhiscent; périsperme ordinairement farineux. — Plantes herbacées, à feuilles alternes, simples, sans stipules ni gaines à leur base.

370. — POLYCNEMUM. *Polycnème.* Périgone à 5 divisions; 3 étam.; 1 style bifide; fruit caché par le périgone; périsperme charnu.

1 {
Fleurs blanchâtres, petites. . . . . . P. ARVENSE.
— *Sèvres, Champigny, Point-du-Jour.* — *Eté.* R. —
}

371. — CHENOPODIUM. *Ansérine.* Périgone à 5 divisions, persistant, non tubuleux, ne s'accroissant pas après la floraison ; 5 étam.; 1 style bifide ; 2—3 stigmates ; fruit non couvert par le périgone.

1 { Feuilles dentées, lobées ou anguleuses..... **2**
{ Feuilles entières. **7**

2 { Feuilles ovales, obtuses. .... **C. GLAUCUM.**
{ — *Endroits humides. — Eté. —*
{ Feuill. triangulaires, dentées ou anguleuses... **3**

3 { Feuilles vertes sur les deux faces....... **4**
{ Feuilles chargées en dessous d'une poudre blanchâtre.. .... **9**

4 { Feuilles fortement dentées. **5**
{ Feuilles presque entières.. .... **7**

5 { Feuilles à 15 ou 20 larges dentelures. **6**
{ Feuilles à 5 ou 7 lobes aigus.. .... **C. HYBRIDUM.**
{ *Odeur fétide. — Bois sablonneux. — Eté. —*

6 { Feuilles luisantes en dessus. ...... **C. MURALE.**
{ — *Routes, décombres. — Eté. —*
{ Feuilles ternes en dessus........ **C. URBICUM.**
{ — *Lieux fréquentés. — Eté. —*

7 { Feuilles ovales.. .... **8**
{ Feuilles sagittées. .... **C. BONUS-HENRICUS.**
{ — Toute-bonne ; Epinard sauvage ; off., vuln., aliment.
{ — *Chemins. — Mai-août. —*

8 { Tige dressée ; feuilles grandes, minces, très-vertes ; fl. verdâtres. .... **C. POLYSPERMUM.**
{ — *Lieux cultivés. — Eté. —*
{ Tige couchée ; feuilles petites, épaisses, farineuses, d'une odeur forte et repoussante ; fleurs blanchâtres. .... **C. VULVARIA.**
{ — *Jardins et champs cultivés. — Eté. —*

9 { Tige droite.. .... **10**
{ Tige couchée. .... **C. VULVARIA. —** *Id.*

10 { Fleurs blanchâtres ; feuilles larges.. ..... **11**
{ Fleurs rougeâtres ; feuilles allongées, échancrées à la base.. .... **C. RUBRUM.**
{ — *Décombres. — Septembre-octobre. —*

14 { Feuilles inférieures ovoïdes, rongées, sinuées ou en-
tières. . . . . . . C. LEIOSPERMUM. (C. album. L.)
— *Champs et chemins. — Eté.* —
Feuilles infér. rhomboïdales, larges, inégalement
dentelées. . . . . . C. OPULIFOLIUM. (C. viride. M.)
— *Id. — Eté.* —

372. — **ATRIPLEX.** *Arroche.* Fleurs polygames;
les *hermaphrodites:* périgone à 5 divisions; 5 étamines; les *femelles:* périgone à 2 divisions appliquées
l'une contre l'autre, s'accroissant et recouvrant le
fruit.

1 { Toutes les feuilles triangulaires, hastées. . . . 2
Feuilles supérieures non hastées. 4

2 { Valves des fleurs femelles dentées. 3
Valves des fl. femelles entières. . . A. HORTENSIS.
— Bonne-Dame, Poule grasse; officinale, laxative,
alimentaire. — *Juin.* —

3 { Toutes les feuilles dentées. . . . . . A. HASTATA.
— *Chemins, décombres. — Septembre.* —
Feuilles inférieures dentées, les supérieures en-
tières. . . . . A. PATULA.
— *Id. — Lieux cultivés. — Avril.* —

4 { Feuilles inférieures hastées.. 5
Feuilles infér. non hastées. . . . . A. LITTORALIS.
— *Bords de la rivière d'Argenteuil. — Août.* —

5 { Grappes filiformes, simples; feuilles inférieures
dentées.. . . . . A. MICROSPERMA. Lois.
—*Champs de Bougival. — Août.* —
Grappe rameuse.. . . . . . A. ANGUSTIFOLIA. — *Id.*

373. — **SPINACIA.** *Epinard.* Fleurs dioïques; les
mâles: périgone à 5 divisions; 5 étam.; les *femelles:*
périgone à 2—4 divisions; 4 styles; fruit recouvert
par le périgone qui s'accroît pendant la maturation.

1 { Fruit à 2 ou 4 cornes.. . . . . S. SPINOSA.
— Epinard des jardiniers ; cult., aliment. — *Mai.* —
Fruit sans cornes. . . . . S. INERMIS.
— Epinard de Hollande ; cult., aliment. — *Mai.* —

374. — BETA. *Bette.* Périgone à 5 divisions ; un peu adhérent à l'ovaire par sa base ; 5 étamines ; 2 styles ; fruit réniforme, recouvert par le périgone qui s'endurcit, et prend l'apparence d'une capsule.

1 { Fleurs verdâtres, en panicule.. . . . . B. VULGARIS.
— Betterave, Poirée ; cultivée, alimentaire, officinale.
— *Juin.* —

375. — BLITUM. *Blite.* Périgone à 5 divisions ; une étamine ; 2 styles ; fruit recouvert par le périgone qui devient bacciforme.

1 { Tige feuillée dans toute sa longueur ; fl. éparses le long de la tige. . . . . B. VIRGATUM.
— *Vincennes, Montmartre, la Gare,* etc. — *Eté.* —
Tige dépourvue de feuilles au sommet ; fl. ramassées en tête. . . . . B. CAPITATUM.
— Epinard-fraise ; cultivé, alimentaire. — *Eté.* —

376. — PHYTOLACCA. Périgone à 5 divisions ; 8-20 étam. ; 8-10 ovaires striés ; 8-10 stigmates ; baie à 8-10 loges monospermes.

1 { Plante très-élevée ; tige rougeâtre ; fleurs en longues grappes axillaires. . . . . P. DECANDRA.
— Herbe à la laque ; Raisin d'Amérique ; cultivé, officinal, alimentaire. — *Eté.* —

Famille 68. POLYGONÉES. Juss.

Périgone libre, monophylle, divisé ; étam. en nombre défini, insérées à la base du périgone ; anthères biloculaires, présentant 4 sillons, et s'ouvrant par 2 fentes latérales ; 1 ovaire ; plusieurs styles ou plusieurs stigmates sessiles ; fruit consistant en une caryopse

nue ou recouverte par le périgone ; périsperme farineux. — Plantes à feuilles alternes, dont les bords
sont, à leur naissance, roulés en dehors jusqu'à la
nervure longitudinale, et dont le pétiole engaîne la
tige au moyen d'une membrane qui se prolonge d'ordinaire entre la tige et le pétiole.

377. — POLYGONUM. *Renouée.* Périgone à 4-6 divisions, persistant ; 5-9 étamines (ordinairement 8) ;
2-5 ovaires portant autant de styles et de stigmates ;
caryopse nue, ovoïde ou triangulaire.

1	Feuilles hastées ou cordiformes..	2
	Feuilles ovales, lancéolées ou linéaires.	5
2	Tige dressée.	3
	Tige couchée ou grimpante..	4

3 ⎰ Graines à bords entiers. . . . . . . P. FAGOPYRUM.
  ⎱ —Blé noir, Sarrasin ; cult., aliment.— *Été.* —
    Graines dentées sur les angles ; fleurs verdâtres ;
    stipules aiguës. . . . . P. TATARICUM. L.
    — Sarrasin de Tartarie ; cult., aliment. — *Été.* —

4 ⎰ Tige arrondie ; graines à trois ailes membraneuses.
  ⎱   . . . . P. DUMETORUM.
    — Grande Vrillée bâtarde. — *Haies, buissons.* — *Été.* —
    Tige anguleuse ; graines dépourvues d'ailes mem-
    braneuses. . . . . P. CONVOLVULUS.
    — Vrillée bâtarde, faux Liseron. — *Été.* —

5	Fleurs en épis.	6
	Fleurs axillaires.	14
6	Un seul épi.	7
	Plusieurs épis.	8

7 ⎰ Trois stigmates ; racines grosses et plusieurs fois
  ⎱ tordues.. . . . . P. BISTORTA.
    ⌐Bistorte ; officinale, vulnéraire, astringente. — *Côtes
      de Villers-Cotterets, Compiègne.* — *Été.* R. —
    Deux stigmates ; racine non tordue ; plante aqua-
    tique. . . . . P. AMPHIBIUM.
    — *Lieux marécageux.* — *Été.* —

8 { Cinq étamines; feuilles un peu cordiformes à la base. . . . . P. AMPHIBIUM. — *Id*.
Six étamines; feuilles non échancrées en cœur à la base. 9

9 { Stipules entières. 10
Stipules ciliées. 12

10 { Plante entièrement glabre, ayant une saveur âcre. . . . . P. HYDROPIPER.
— Poivre-d'eau; off., diurétique, etc. — *Eté*. —
Plante pubescente ou velue en quelque partie. . 11

11 { Stipules glabres; feuilles blanchâtres et cotonneuses en dessous. . . . . P. INCANUM.
— *Marécages de Marcoussis, Palaiseau*, etc. — *Eté*. —
Stipules pubescentes; feuilles marquées de points roux en dessus.. . . . . P. LAPATHIFOLIUM.
— *Saint-Hubert, Saint-Léger*, etc. — *Juillet*. —

12 { Epis denses; feuilles souvent marquées d'une tache brune.. . . . . P. PERSICARIA.
— Persicaire; officinale, vulnéraire. — *Lieux humides.* — *Eté*. —
Epis grêles; feuilles jamais tachées. 13

13 { Tige de 15 à 20 centim.; feuilles linéaires, rudes sur les bords. . . . P. PUSILLUM (P. minus. W.)
— *Saint-Léger, Marcoussis*. — *Eté. R.* —
Tige de 30 à 60 centim.; articulations gonflées; feuilles lancéolées. . . . . P. HYDROPIPER.
— Officinale; topique. — *Eté*. —

14 { Tige droite. . . . . P. BELLARDI.
— *Champs*. — *Nemours*. — *Eté*. R. —
Tiges couchées. . . . . P. AVICULARE.
— Traînasse, Centinode, etc. — *Eté*. —

378. — **RUMEX.** Périgone à six divisions, dont les 3 intérieures persistent et enveloppent le fruit, et les trois extérieures plus petites se rejettent sur le pédicelle; 6 étamines; 3 styles portant chacun plusieurs stigmates; caryopse triangulaire.

1 { Divisions internes du périgone entières. . . . 2
Divisions internes du périgone dentées.. 10

2 {
Divis du périg. portant des tubercules. 3
Point de tubercules sur les div. du périgone. . 8

3 {
Pétioles et nervures verdâtres. 4
Pétioles et nervures d'un rouge foncé; tige noi-râtre. . . . . R. SANGUINEUS.
— Patience rouge, Sang-de-dragon; officinale, vulné-raire. — *Aubervilliers*, etc. — *Eté.* —

4 {
Une seule division du périgone portant un tuber-cule. 5
Deux ou trois divisions du périgone portant chacune un tubercule. 6

5 {
Divisions du périgone obcordées; feuilles radicales ovales-cordiformes. . . . . R. PATIENTIA.
— Patience; off., amère, astringente. — *Eté.* —
Divisions du périg. oblongues; feuilles radicales lan-céolées, étroites. . . . . R. NEMOROSUS.
— *Bois humides.* — *Eté.* —

6 {
Feuilles radicales longues de 15 centim. environ; divisions du périgone obtuses. 7
Feuilles radicales longues de 50 à 60 centim.; divi-sions du périgone lancéolées. . . R. AQUATICUS.
— Off.; racine purgative, dépurative. — *Aout.* R. —

7 {
Tige simple; feuilles inférieures cordiformes à la base un peu ondulées. . . . R. NEMOLAPATHUM.
— *Lieux humides.* — *Juin-juillet.* —
Tige rameuse; feuilles crépues, non échancrées en cœur à la base. . . . . . . R. CRISPUS. — *Id.*

8 {
Fleurs dioïques. 9
Fleurs hermaphrodites. . . . . . . R. SCUTATUS.
— *Murs, rocailles.* — *Morainville, forêt de Compiègne. Mai-juillet.* —

9 {
Feuilles ovales à oreillettes parallèles; pétales per-sistants. . . . . R. ACETOSA.
— Oseille, Surelle; officinale, rafraîchissante, antiscor-butique, alimentaire. — *Eté.* —
Feuilles linéaires à oreillettes très-divergentes, pé-tales caducs. . . . . R. ACETOSELLA.
— Petite Oseille, petite Surelle. — *Id.* — *Id.* —

10 { Feuilles lancéolées ou linéaires: div. internes du
périg. munies de dents longues. 11
Feuilles ovales, cordiformes ou en violon; dents du
périg. courtes. 12

11 { Feuilles linéaires; divisions internes du périgone,
munies de dents aussi longues qu'elles. . . . .
. . . . R. MARITIMUS.
— *Étang de Saint-Gratien.* — *Été.* R. —
Feuilles lancéolées; divisions internes du périgone,
munies de dents beaucoup plus courtes qu'elles.
. . . . \ . . R. PALUSTRIS.
— *La Gare, Charenton, Marcoussis.* — *Été.* R. —

12 { Feuilles veinées de pourpre; fleurs en grappes axillaires. . . . . . . R. PURPUREUS. (Poiret.)— *Id*.
Feuilles non veinées de pourpre. 13

13 { Feuilles radicales glabres et sans échancrures latérales. 14
Feuilles radicales pubescentes en dessous et munies
de deux échancrures latérales, en forme de violon.. . . . . R. PULCHER.
— R. violon. — *Yerres, bois de Boulogne.* — *Été.* —

14 { Feuilles obtuses, cordiformes; fleurs en épis axillaires ou terminaux. . . . . . . R. OBTUSIFOLIUS.
— Doche, Parée, Epinards éternels. — *Été.* —
Feuilles aiguës, non échancrées en cœur à la base;
fleurs en panicule. . . . . . . S. ACUTUS. — *Id*.

Famille 69. THYMÉLÉES. Juss.

Périgone libre, coloré, monophylle, à 4-5 divisions; étamines insérées à l'orifice du tube, en nombre
double des divisions du périgone; 1 ovaire; 1 style
souvent latéral; 1 fruit monosperme, recouvert par le
périgone; périsperme nul.

379. — DAPHNE. *Daphné.* Périgone tubuleux, à
4 divisions; 8 étamines; style court: baie uniloculaire, monosperme.

17

1 {
Fleurs latérales, axillaires ou disposées entre les feuilles. 2
Fleurs en panicule terminale. . . . . . D. GNIDIUM.
— Garou, Saint-Bois ; cult. ; off., épispastique. — *Mars.* —

2 {
Fleurs rouges ou blanches, disposées en paquets. . . . . D. MEZEREUM.
— Bois-gentil; off., caustique, dangereux. — *Bois.* — *Id.*—
Fleurs jaunâtres en grappe. . . . . . D. LAUREOLA.
— Off., émétique, purgatif, vénéneux. — *Id.* — *Id.* —

380. — STELLERA. *Stellère.* Périgone tubuleux, à 4 divisions ; 8 étamines ; style court ; fruit consistant en une coque dure, luisante, terminée en bec crochu.

1 {
Fleurs blanchâtres, sessiles. . . . . . S. PASSERINA.
— Passerine, Herbe-à-l'hirondelle. — *Champs : Livry, Saint-Germain.* — *Septembre-octobre.* R. —

Famille 70. SANTALACÉES. Br.

Périgone adhérent à l'ovaire, monophylle, tubuleux, pétaloïde seulement à sa face interne, à 4-5 divisions; 4-5 étamines insérées à l'orifice du tube, et opposées aux divisions du périgone ; 1 style ; stigmate ordinairement simple ; fruit monosperme ; périsperme charnu.

381. — THESIUM. *Thésion.* Périgone 4-5 fide ; 4-5 étamines opposées aux divisions du périgone ; capsule monosperme, indéhiscente, couronnée par le périgone persistant.

1 {
Périgone à 5 divisions aiguës ; fleurs pédonculées, à cinq étamines. . . . . T. LINOPHYLLUM.
— *Lieux arides.* — *Bondy,* etc. — *Été.* R. —
Périgone à 4 divisions obtuses ; fleurs presque sessiles, à 4 étamines. . . . . T. ALPINUM.
— *Collines de Soissons,* etc. (Mérat.) — *Été.* —

Famille 71. ARISTOLOCHES. Juss.

Périgone monophylle, adhérent à l'ovaire ; étamines en nombre défini, épigynes ; style court ; stigmate divisé ; une capsule ou une baie coriace, multiloculaire, polysperme ; périsperme cartilagineux.

382. — **ARISTOLOCHIA.** *Aristoloche.* Périgone tubuleux, ventru à la base, dilaté au sommet, et prolongé en languette d'un côté ; 6 anthères, presque sessiles, insérées sur le style ; stigmate 6-fide; capsule 6-gone, 6-loculaire.

1 { Fleurs axillaires, d'un jaune pâle ; feuilles cordiformes, veinées en dessous.. . . . A. CLEMATITIS. — Off., tonique.— *Haies et buissons.—Mai-juin-juillet.—*

383. — **ASARUM.** *Asaret.* Périgone campanulé, à 3 divisions ; 12 étam. insérées sur l'ovaire; anthères attachées au milieu du filet ; style court ; stigmate étoilé, divisé en 6 lobes.; capsule 6-loculaire.

1 { Fleurs d'un rouge noirâtre. . . . . . A. EUROPÆUM. — Cabaret, Oreille d'homme ; off., émétique, purgatif. — *Bois de Saint-Maur,* etc. — *Avril-mai.* R. —

Famille 72. EUPHORBIACÉES. Juss.

Fleurs monoïques ou dioïques, disposées souvent en épi ou réunies dans un involucre, ou plus rarement solitaires ; périgone à 3-6 divisions, souvent nul dans les femelles ; *dans les fleurs mâles :* étamines insérées au réceptacle, à filament souvent articulé dans son milieu ; *dans les femelles :* ovaire libre, sessile ou pédicellé ; ordinairement 3 styles bifides (quelquefois 2 ou 1); fruit formé de 2-3 coques, 1-2 spermes, s'ouvrant en 2 valves avec élasticité ; périsperme charnu. — Plantes contenant ordinairement un suc laiteux, caustique.

384. — **Euphorbia.** _Euphorbe._ Fleurs monoïques entourées d'un involucre monophylle, campanulé, à 8-10 lobes alternativement extérieurs et intérieurs : les extérieurs calleux, souvent bicornes, étalés ; les intérieurs membraneux, dressés. _Fleurs mâles :_ plusieurs réunies dans un même involucre ; périgone caché par l'involucre, composé de lanières fines et et laciniées sur les côtés ; 1 étamine à filet articulé dans son milieu. _Fleurs femelles_ solitaires au milieu des mâles, dépourvues de périgone ; ovaire pédicellé; 3 styles ordinairement bifurqués ; capsule pédicellée, saillante, à 3 coques et trois graines. Suc caustique.

1 { Capsules glabres, lisses. 2
  { Capsules velues ou tuberculeuses. 15

2 { Ombelle à 2, 3 ou 4 rayons. 3
  { Ombelle à 5 rayons ou plus. 6

3 { Feuilles éparses.. 4
  { Feuilles opposées.. . . . . E. LATHYRIS.
  {   — Epurge ; off., caustique, émétique, drastique. —
  {   _Sables, Charonne,_ etc. — _Printemps._ R. —

4 { Feuilles caulinaires lancéolées ou linéaires, pointues. 5
  { Feuilles caulinaires arrondies. . . . . . . E. PEPLUS.
  {   — _Eté._ —

5 { Bractées lancéolées, aiguës. . . . . E. EXIGUA. — _Id._
  { Bractées presque cordiformes; graines sillonnées en travers. . . . . E. FALCATA.
  {   — _Coteaux calcaires._ — _Etampes_ (A. de Jussieu). — _Eté._ —

6 { Lobes externes de l'involucre obtus et entiers. . 7
  { Lobes externes de l'involucre échancrés. 9

7 { Ombelle à 5 rayons ; feuilles dentées au sommet. .
. . . . E. HELIOSCOPIA
— Réveille-matin. — *Lieux cultivés.* — *Été.* —
Ombelle à plus de 5 rayons ; feuill. entières. . 8

8 { Feuilles linéaires-lancéolées ; ombelle de 10 à 20
rayons dichotomes. . . . . E. GERARDIANA.
— *Sables de Saint-Maur, Saint-Germain, etc.* — *Mai-juin. R.* —
Feuilles ovales oblongues, terminées par une pointe
remarquable. . . . . E. NICÆENSIS.
— *Lieux arides.* — Orsay (Thuillier). — *Juin. R.*—

9 { Ombelle à 5 rayons.. 10
Ombelle à plus de 5 rayons. 12

10 { Racine herbacée ; lobes de l'involucre terminés par
2 cornes.. 11
Racine ou souche presque ligneuse. 13

11 { Lobes externes de l'involucre jaunâtres ; capsules
rudes. . . . . E. SEGETALIS.
— *Moissons.* — *Melun, Clagny.* — *Juillet. R.* —
Lobes externes de l'involucre rougeâtres ; capsules
lisses. . . . . E. FALCATA.
— *Coteaux calcaires.* — *Étampes,* etc. (A. de Jussieu).
— *Été.* —

12 { Bractées réunies et perfoliées. . . . E. SYLVATICA.
— *Bois.* — *Printemps.* —
Bractées distinctes. 13

13 { Feuilles linéaires.. 14
Feuilles ovales oblongues ; lobes extérieurs de l'in-
volucre en forme de croissant.. . . E. NICÆENSIS.
— *Lieux arides.* — Orsay (Thuillier). — *Juin. R.* —

14 { Bractées pointues ; rameaux stériles naissant sous
l'ombelle. . . . . E. CYPARISSIAS.
— *Lieux arides.* — *Été.* —
Bractées obtuses ; point de rameaux stériles naissant
sous l'ombelle. . . . . E. ESULA.
— *Lieux arides.* — *Fontainebleau, Passy.* — *Été. R.* —

15 { Capsules tuberculeuses glabres. 16
Capsules velues.. . . . . E. DULCIS
— *Bois.* — *Juillet.* —

16 { Lobes externes de l'involucre entiers. 17
Lobes externes de l'involucre échancrés en croissant. . . . . E. SEGETALIS.
— *Lieux cultivés. — Juillet. —*

17 { Lobes externes de l'involucre jaunâtres.. . . . 18
Lobes externes de l'involucre d'une teinte pourprée . . . . E. PURPURATA.
—*Bois de Saint-Germain, Palaiseau. — Printemps. R. —*

18 { Tiges hautes de 50 centim. environ. 19
Tige haute de 60 centim. à 1 mètre. . E. PALUSTRIS.
— *Marais de Vincennes, Fontainebleau, etc. — Id. —*

19 { Tige rameuse à la base ; nervure des bractées glabres. . . . . E. VERRUCOSA.
— *Coteaux arides de Sèvres, Valvins. — Été. R. —*
Tige simple à la base ; nervures des bractées poilues. . . . . E. PLATYPHYLLOS.
— *Bois de Vincennes, etc. — Été. R. —*

385. — BUXUS. *Buis.* Fleurs monoïques ; périgones à 3-4 divisions. *Fleurs mâles :* entourées à leur base d'une écaille bilobée ; 4 étam. insérées sous le rudiment de l'ovaire. *Fleurs femelles :* 3 petites écailles à la base ; 3 styles ; 3 stigmates obtus ; capsule 3-corne, 3-loculaire, 6-sperme.

1 { Fl. jaunes, axillaires. . . . . . . B. SEMPERVIRENS.
— *Cultivé ;* off., feuilles sudorifiques ; industrie : **bois.**
— *Saint-Cloud, Marly, etc.—Mars-avril.—*

386. — MERCURIALIS. *Mercuriale.* Fleurs dioïques (ou très-rarement monoïques) ; périgone à 3 div. *Fleurs mâles :* 9-12 étam. *Fleurs femelles :* ovaire à 2 bosses, à 2 sillons, accompagné de 2 filaments stériles, courts, naissant de chaque sillon ; 2 styles bifurqués ; capsule à 2 coques et à deux graines.

1 {
Tige très-simple, velue. . . . . M. PERENNIS.
— Vénéneuse. — *Bois.* — *Mars-avril.* —
Tige rameuse, glabre. . . . . M. ANNUA.
— Foiroude; off., émolliente. — *Lieux cultivés.* — *Été.* —
}

Famille 73. URTICÉES. Juss.

Fleurs petites, verdâtres, monoïques ou dioïques, tantôt solitaires, tantôt en chaton, tantôt renfermées dans un involucre monophylle; périgone monophylle, lobé. *Fleurs mâles :* étamine en nombre défini, insérées à la base du périgone. *Fleurs femelles :* ovaire simple, libre; deux styles ou un seul bifurqué; fruit variable.

Iʳᵉ TRIBU. URTICÉES proprement dites.

Fleurs solitaires, en chatons ou en épis; fruits jamais charnus; périsperme nul.

387. — **URTICA.** *Ortie.* Fleurs monoïques (rarement dioïques). Les *mâles* disposées en longues grappes, périgone à 4 divisions; 4 étamines. Les *femelles* en grappe ou en tête ; périgone à 2 folioles; 1 ovaire; 1 stigmate velu; fruit 1-sperme, entouré par le périgone. — Les espèces de ce genre produisent des piqûres brûlantes.

1 {
Fleurs en chatons globuleux; feuilles grossièrement dentées. . . . . U. PILULIFERA.
— O. romaine. — *Saint-Germain, Chaillot,* etc. —
— *Champs.* — *Été.* — R. —
Fleurs en grappes. 2
}

2 {
Feuilles cordiformes; fl. dioïques. . . . . U. DIOICA.
— Grande Ortie. — *Été.* —
Feuilles ovales; fleurs monoïques. . . . . U. URENS.
— O. Grièche. — *Été.* —
}

388. — HUMULUS. *Houblon.* Fleurs dioïques. Les *mâles* en grappes rameuses, axillaires ; périgone à 5 divisions ; 5 étamines. Les *femelles* dépourvues de périgone et consistant en 1 ovaire surmonté de 2 styles. placées chacune à l'aisselle d'une écaille qui grandit après la floraison et forme un cône foliacé ; fruit monosperme, indéhiscent.

1 { Fleurs verdâtres ou jaunâtres.. . . . . H. LUPULUS.
{ — Officinal, amer, tonique, alimentaire : bière. — *Haies,*
{ *buissons. — Meudon,* etc. — *Juillet.* —

389. — CANNABIS. *Chanvre.* Fleurs dioïques. Les *mâles :* périgone à 5 divisions ; 5 étamines. Les *femelles :* périgone oblong, fendu de côté ; 1 ovaire ; 2 styles ; capsule crustacée, cachée sous le périgone, à 2 valves presque globuleuses.

1 { Tige simple, rude ; fl. verdâtres. . . . C. SATIVA.
{ — Cultivé ; industriel. — *Juin-juillet.* —

390. — PARIETARIA. *Pariétaire.* Fleurs polygames, réunies dans un involucre à plusieurs divisions, au nombre de 4-5, dont 1 femelle et les autres hermaphrodites. *Fleurs hermaphrodites :* périgone, à 4 divisions ; 4 étamines ; 1 ovaire ; 1 style ; 1 stigmate ; fruit 1-sperme couvert par le périgone. *Fleurs femelles* à étamines nulles, mais du reste semblables aux hermaphrodites.

{ Fleurs mâles allongées en tube saillant ; tiges cou-
{ chées. . . . . P. JUDAÏCA.
{ — *Vieux murs, au midi.* — *Eté.* —
1 {
{ Fleurs ni allongées, ni saillantes ; tiges ascendantes.
{ . . . . P. OFFICINALIS.
{ — Diurétique. — *Vieux murs.* — *Eté.* —

391. — XANTHIUM. *Lampourde.* Fleurs monoïques. *Fleurs mâles :* involucre polyphylle, multiflore ; ré-

ceptacle paléacé ; périgone tubuleux, à 5 lobes ; 5 éta
mines. — *Fleurs femelles* : involucre monophylle,
hérissé en dehors de pointes crochues, divisé à l'intérieur en 2 loges uniflores ; périgone nul ; 1 ovaire ;
2 styles ; fruit recouvert par l'involucre endurci.

1 {
Tige chargée d'épines jaunes, trifides ; toutes les
　feuilles à trois lobes. . . . . X. SPINOSUM.
— *Pied des murs.* — *Versailles, Juvisy.* — *Eté.* R. —
Tige non épineuse. . . . . X. STRUMARIUM.
— Petite Bardane ; officinale, antiscrofuleuse. — *Lieux
　humides.* — *Juin-juillet.* —
}

IIᵉ TRIBU. ARTOCARPÉES.

*Fleurs portées sur un réceptacle commun ; fruit charnu ;
un périsperme*

392. — **MORUS.** *Mûrier.* Fleurs monoïques. Les
mâles en chatons ovoïdes ; périgone à 4 divisions ;
4 étamines. Les *femelles* en chatons arrondis ; périgone à 4 divisions ; ovaire libre, surmonté de 2 stigmates, se changeant par la maturation en une capsule
ou une baie 1-2-sperme, recouverte par le périgone
qui devient pulpeux.

1 {
Fruit noirâtre ; feuilles rudes.. . . . . . M. NIGRA.
— Cult. ; fr. alimentaire, rafraîchissant. — *Printemps.* —
Fruit blanchâtre ; feuilles lisses. . . . . . M. ALBA.
— Cultivé, pour nourrir les vers à soie. — *Id.* —
}

393. — **FICUS.** *Figuier.* Fleurs monoïques, renfermées en grand nombre dans un réceptacle commun,
charnu, ombiliqué au sommet, creux à l'intérieur.
Fleurs mâles : périgone trilobé ; 3 étamines. *Femelles* : périgones à 5 parties ; 1 ovaire, surmonté d'un
style à 2 stigmates, devenant un fruit monosperme
enchâssé dans la pulpe du réceptacle.

17.

1 { Fleurs renfermées dans la cavité du fruit (*réceptacle*) ; feuilles palmées. . . . . F. CARICA.
— Cultivé ; fr. alimentaire, off. mucilagineux. — *Eté.*
— Le suc de cet arbre est caustique. —

Famille 74. JUGLANDÉES. DC.

Fleurs monoïques ; les *mâles*, disposées en chatons, à périgone formé d'une écaille caliciforme, partagé latéralement en 2-6 lobes plus au moins profonds ; étamines en nombre indéfini, à filet libre, très-court, à anthère biloculaire ; *fleurs femelles* réunies en petit nombre à l'extrémité des rameaux, à périgone double ou simple, adhérent à l'ovaire, l'externe à 4 divisions, l'interne, quand il existe, à 4 folioles; ovaire uniloculaire; drupe charnue, contenant une noix à 2-4 valves; graine dépourvue de périsperme, divisée en 4 lobes, munie d'un tégument membraneux; cotylédons charnus, bilobés. — Arbres à feuilles alternes, imparipinnées, à 5-9 folioles, sans stipules.

394. — **JUGLANS.** *Noyer.* Mêmes caractères que ceux de la famille.

1 { Fleurs jaunâtres ; fruits sessiles. . . . . . J. REGIA.
— Cultivé ; industriel ; fruit alimentaire. — *Juin.* —

Famille 75. AMENTACÉES. Juss.

Fleurs monoïques, dioïques, ou rarement hermaphrodites. *Fleurs mâles* disposées en chatons composés tantôt seulement d'écailles qui portent les étamines, tantôt de périgones monophylles qui portent les étamines et les écailles ; étamines en nombre fixe ou variable, insérées à l'écaille, presque jamais monadelphes, à anthères 2-loculaires. *Fleurs femelles :* ou solitaires ou en faisceaux, ou en chatons, munies tantôt simplement d'une écaille, tantôt d'un vrai périgone ; ovaire libre, simple, ou rarement multiple, ordinairement plusieurs stigmates ; péricarpes en nombre égal à celui des ovaires, osseux ou membraneux, uni-multiloculaires, mono-polyspermes ; périsperme nul. — Arbres ou arbrisseaux à feuilles alternes, munies, dans leur jeunesse, de deux stipules à leur base.

*Fleurs hermaphrodites

395. — ULMUS. *Orme.* Fleurs hermaphrodites ; périgone campanulé, à 4-5 dents, coloré, persistant ; 5-6 étamines ; ovaire comprimé ; 2 stigmates ; capsule (*samare*) presque orbiculaire, foliacée sur les bords, renflée au milieu, où se trouve une graine solitaire.

1
- Fruits glabres ; fleurs sessiles contenant 4, 5 ou 6 étamines. . . . . U. CAMPESTRIS. — Cultivé ; industriel. — *Avril-mai.* —
- Fruits ciliés sur les bords ; fleurs pédonculées, à 8 étamines. . . . . U. EFFUSA. — Cultivé ; industriel. — *Mai.* —

396. — CELTIS. *Micocoulier.* Fleurs hermaphrodites ou polygames ; périgone à 5 lobes ; 5 étamines, presque sessiles ; 2 styles ; une drupe globuleuse, osseuse et monosperme.

1 Fleurs verdâtres, axillaires. . . . . . C. AUSTRALIS. — Cultivé ; industriel. — *Avril.* R. —

** *Fleurs dioïques.

397. — SALIX. *Saule.* Fleurs dioïques ou très-rarement monoïques, disposées en chatons ovoïdes ou cylindriques ; écailles uniflores, imbriquées, portant à leur base un corpuscule glanduleux qui entoure les organes générateurs. *Fleurs mâles* : 1–5 étamines, ordinairement 2. *Fleurs femelles* : 1 ovaire ; style bifide; 2 ou 4 stigmates ; capsule uniloculaire, bivalve, polysperme; graines munies d'aigrettes.

1 { Ovaire glabre. 2
{ Ovaire velu. 12

2 { Style allongé. 3
{ Style court. 7
{ Style nul. . . . .

3 { Feuilles larges. 4
{ Feuilles étroites.. . . . . . . S. LAVANDULÆFOLIA.

4 { Fleurs précoces ou hâtives. . . . . . S. PRÆCOX.
{ Fleurs tardives ou simultanées.. 5

5 { Fleurs tardives. . . . . S. PENTANDRA.
{ Fleurs simultanées.. 6

6 { Périgone laineux. S. PHYLICIFOLIA. (S. stylaris. Ser.)
{ Périgone soyeux.. . . . . S. HASTATA.

7 { Feuilles larges. 8
{ Feuilles étroites. 9

8 { Feuilles presque elliptiques. . . . . S. RETUSA.
{ Feuilles presque arrondies. . . . . . S. HERBACEA.

9 { Rameaux dressés. 10
{ Rameaux pendants. S. BABYLONICA. (S. Procumbens.)

10 { Périgone aussi long que l'ovaire. 11
{ Périgone plus court que l'ovaire. . S. TRIANDRA.

11 { Chatons à fleurs lâches. S. PENDULA (S. fragilis. L.)
{ Chatons à fleurs serrées. . . . . S. ALBA.

12 { Style allongé. 13
{ Style court. 22
{ Style nul. 26

13 { Feuilles larges. 14
   { Feuilles étroites. 19

14 { Nervures saillantes à la surface supérieure. . . 15
   { Nervures non saillantes à la surface supérieure. 17

15 { Feuilles couvertes d'un duvet blanc. . . . . . .
   { . . . . S. NIVEA. (S. Helvetica Vill.)
   { Feuilles non couvertes de duvet blanchâtre. . 16

16 { Nervures de la surface supérieure fortes. . . . .
   { . . . . S. ARBUTIFOLIA. (Myrsinites. L.)
   { Nervures supérieures faibles.. . . . S. PRUNIFOLIA.

17 { Feuilles tomenteuses. 18
   { Feuilles non tomenteuses. . . . . . . S. OVATA.

18 { Feuilles presque entières. . . . . S. VERSIFOLIA.
   { Feuilles manifestement dentées en scie. . . . .
   { . . . . S. NIGRICANS.

19 { Fleurs précoces. . . . S. FISSA. (S. Rubra. Sm.)
   { Fleurs tardives.. 20

20 { Fleurs tomenteuses.. 21
   { Fleurs soyeuses.. . . . . S. VIMINALIS.

21 { Périgone très-velu. . . . . S. MOLLISSIMA.
   { Périgone légèrement poilu. . . . S. LANCEOLATA.

22 { Chatons précoces. . . . . S. PONTEDERANA.
   { Chatons tardifs. 23

23 { Feuilles larges. 24
   { Feuilles étroites ; chaton à fleurs serrées. S. GLAUCA.

24 { Pédoncules longs. . . . . S. RETICULATA.
   { Pédoncules courts. 25

25 { Chatons grands.. . . . . S. OBTUSA.
   { Chatons petits.. . . . . S. PROSTRATA.

26 { Chatons précoces. 27
   { Chatons tardifs 30

27 { Feuilles larges. 28
{ Feuilles étroites. . . . . S. MONANDRA.

28 { Feuilles lisses. 29
{ Feuilles rugueuses. . . . S. RUGOSA. (S. aurita. L.)

29 { Feuilles lancéolées. . . . . S. ACUMINATA.
{ Feuilles non lancéolées. S. TOMENTOSA. (S. caprea. L.)

30 { Feuilles étroites. 31
{ Feuilles larges. 32

31 { Chatons longs. . . . . S. PATULA.
{ Chatons courts. . . . . S. DEPRESSA,

32 { Feuilles soyeuses. . . . . S. ARGENTEA.
{ Feuilles non soyeuses. . . . . . . S GRANDIFOLIA.

398. — **POPULUS.** *Peuplier.* Fleurs dioïques.
Chatons cylindriques ; écailles déchirées au sommet.
Fleurs mâles : 8—30 étamines sortant d'un petit godet
tronqué obliquement ; *femelles :* 1 ovaire ; 4 stigmates ; capsule bivalve, biloculaire, polysperme ; graines
munies d'aigrettes.

1 { Feuilles glabres des deux côtés. 2
{ Feuilles cotonneuses en dessous. 5

2 { Rameaux redressés en pyramide allongée ; douze à
{   dix-huit étamines. . . . . P. FASTIGIATA.
{   — P. pyramidal, P. d'Italie ; cultivé, industriel. —
{   *Mars-avril.* —
{ Rameaux étalés ou formant une tête arrondie, mais
{   peu serrée. 5

3 { Bourgeons glabres, glutineux ; 12-20 étamines. 4
{ Bourgeons velus, non glutineux ; 8 étamines ; pé-
{   tioles purpurins. . . . . P. TREMULA.
{   — Tremble ; cultivé. — *Mars-avril.* —

4 { Pétiole de la longueur des feuilles. . . . . P. NIGRA.
    — P. noir. — Off. Populeum. — *Mars.* —
    Pétioles plus longs que les feuilles qui se terminent
    en languette. . . . . V. VIRGINIANA.
    — P. de Virginie, P. suisse. — *Mai.* —

5 { Feuilles grisâtres en dessus ; pétiole très-comprimé.
    . . . . P. TREMULA.
    — *V.* Accolade 3. —
    Feuilles d'un vert foncé en dessus ; pétiole peu com-
    primé.. 6

6 { Feuilles peu dentées ; chatons cylindriques, à écailles
    brunes.. . . . . P. CANESCENS.
    — *Lieux humides.* — *Bois de Boulogne,* etc. —
    Printemps. —
    Feuilles presque lobées ; chatons oblongs, à écailles
    jaunâtres.. . . . . P. ALBA.
    — P. blanc ; Blanc de Hollande ; Ypréau, cultivé. —
    — *Terrains frais.* — *Id.* —

399. — **MYRICA.** Fleurs dioïques. Chatons ovoïdes,
écailles en forme de croissant. *Fleurs mâles :* 4—6
étamines ; anthères à 4 valves. *Femelles :* 1 ovaire ;
2 stigm.; drupe uniloculaire, monosperme.

1 { Tige rameuse, noirâtre ; fleurs jaunâtres. M. GALE.
    — Galé, Myrthe bâtard, Piment royal ; aromatique. —
    Marais de Saint-Léger. — *Avril.* R. —

***** *Fl. monoïques.***

400. — **BETULA.** *Bouleau.* Fleurs monoïques.
Chatons allongés et cylindriques. *Fleurs mâles :* écailles rapprochées 3 à 3, l'intermédiaire portant les étamines au nombre de 12. *Femelles :* écailles trilobées;
2 styles ; ovaire comprimé, à 2 loges, dont une avorte;
capsule uniloculaire, monosperme, entourée d'une
large membrane.

1 — Feuilles à pointe allongée, glabres, ainsi que les
jeunes rameaux. . . . . B. ALBA.
— Arbre de la Sagesse ; off., écorce fébrifuge ; feuilles
diurétiques, vermifuges. — *Bois.* — *Printemps.* —
Feuilles presque cordiformes, un peu velues, ainsi
que les jeunes rameaux.. . . . . . . B. PUBESCENS.
— *Marais de Saint-Léger, Meudon, etc.* — *Id.* —

401. — **ALNUS.** *Aune.* Fleurs monoïques. *Fleurs
mâles :* chatons allongés et cylindriques : écailles pédicellées, cordiformes, portant en-dessous 3 petites écailles : 4 étamines sortant d'un godet quadrilobé. *Femelles :*
chatons ovoïdes à pédicelles rameux ; écailles biflores ;
ovaire comprimé ; 2 stigmates ; fruit dur, non membraneux, biloculaire, disperme.

1 — Feuille glabres, arrondies, comme tronquées au
sommet. . . . . A. GLUTINOSA.
— Cultivé ; industrie ; tour, etc. — *Lieux humides.* —
Mars-avril. —
Feuilles pubescentes ou cotonneuses en dessous, terminées en pointe. . . . . . A. INCANA. — *Id.*

402. — **CARPINUS.** *Charme.* Fleurs monoïques.
Les *mâles :* chatons allongés et cylindriques ; écailles
ciliées à la base ; 8—14 étamines un peu barbues au
sommet. *Femelles :* chatons composés de grandes
écailles foliacées, biflores ; ovaire denticulé au sommet,
à 2 loges, dont l'une avorte ; 2 stigmates ; fruit osseux.

1 — Fleurs rougeâtres ; feuilles glabres. . C. BETULUS.
— *Cultivé.* — *Avril.* —

403. — **FAGUS.** *Hêtre.* Fleurs monoïques. *Fleurs
mâles :* chatons pendants, globuleux, denses ; périgone à 6 lobes ; 8 étamines. *Fleurs femelles* réunies
au nombre de 2 dans un involucre 4—lobé, muni extérieurement d'épines molles ; périgone adné à l'ovaire.

tomenteux, à 6 lobes; 3 stigmates; ovaire trigone, à 3 loges, dont 2 avortent, celle qui subsiste 1—2—sperme.

1 { Fleurs verdâtres; feuilles entières. . F. SYLVATICA. Foyard.—Industr., etc. fruit alimentaire: Faîne — *Cultivé.* — *Mai-juin.* —

404. — **CASTANEA.** *Châtaignier.* Fleurs polygames. *Fleurs mâles :* chatons très-longs, cylindriques, composés de fleurs agglomérées çà et là; périgone à 6 div.; 5—20 étam. *Fleurs hermaphrodites* réunies, 2 ou 3 ensemble, dans un involucre à 4 lobes, hérissé en dehors d'épines dures et rameuses; périgone adné à l'ovaire, à 5—6 lobes; renfermant un duvet roide dans lequel sont cachées 12 étamines rouges et avortées; ovaire à 6 lobes dispermes, dont 5 avortent; 6 styles; fruit 1—loculaire, 1—3 sperme.

1 { Fl. verdâtres. . . . . C. VULGARIS. (Fagus cast. L.) Cult., industriel; fruit alimentaire. —*Juin.* —

405. —**QUERCUS.** *Chêne.* Fleurs monoïques. *Fleurs mâles :* chatons lâches et pendants, périgone découpé; 5—10 étam. *Fleurs femelles :* involucre composé d'écailles imbriquées, soudées en une cupule hémisphérique et coriace, qui s'accroît après la floraison; périgone adhérent à l'ovaire, à 6 lobes; ovaires à 3 loges, dont 2 avortent; 3 stigmates; fruit (*gland*) uniloculaire, monosperme, entouré à sa base par la cupule. — Toutes nos espèces sont cultivées pour l'excellence de leur bois. Le fruit est alimentaire.

1 { Feuilles velues en dessous. . . . . 2 Feuilles glabres des deux côtés. 3

2 {
Écailles de la cupule appliquées . . . .
. . . . Q. PUBESCENS. (Q. lanuginosa. T.)
— Bois de Boulogne. — *Avril-mai.* —
Écailles de la cupule redressées à leur sommet
. . . . Q. CERRIS.
Marly ; Fontainebleau, etc. — *Id.* —
}

3 {
Fruits pédonculés. . . . . . . Q. RACEMOSA. — *Id.*
Fruits sessiles . . . . Q. SESSILIFLORA. — *Id.*
— Rouvre, Chêne blanc. — *Id.* —
}

406. — **CORYLUS.** *Coudrier, Noisetier.* Fleurs monoïques. *Mâles :* chatons cylindriques ; écailles deltoïdes, à 3 lobes, dont le moyen plus large, recouvrant les latéraux ; 8 étamines à anthères uniloculaires. *Femelles :* naissant plusieurs ensemble dans un bourgeon écailleux ; 1 ovaire surmonté de 2 stigmates, paraissant d'abord dénué d'enveloppe, mais ensuite entouré d'un périgone coriace, découpé sur ses bords, qui s'est développé après la fécondation, et persiste à la base du fruit ovoïde, lisse, 1—sperme, à enveloppe osseuse.

1 {
Fleurs roussâtres. . . . . C. AVELLANA.
—Fr. alimentaire : Noisette. — *Février-mars.* —
}

407. — **PLATANUS.** *Platane.* Fleurs monoïques. Chatons globuleux. *Fleurs mâles :* étamines nombreuses, entremêlées d'écailles linéaires. *Femelles :* écailles en spatule ; ovaire filiforme, un peu épaissi au sommet, et terminé par un stigmate crochu ; fruit nu, en massue, garni de poils à la base. — Ce bois est précieux pour la menuiserie et l'ébénisterie ; on le nomme vulgairement *Plasne.*

1 {
Feuille à 5-7 lobes . . . . P. ORIENTALIS.
—*Cultivé dans les parcs et jardins.* — *Mars.* —
Feuilles à 3 grands lobes. P. OCCIDENTALIS. — *Id.*
}

Famille 76. CONIFÈRES. Juss.

Fleurs mónoïques ou dioïques. Les *mâles* disposées en chatons, munies d'une écaille et souvent d'un périgone ; étamines en nombre variable, insérées au périgone ou à l'écaille, souvent monadelphes. Les *femelles :* tantôt solitaires, tantôt disposées en tête ou en cône, munies d'écailles imbriquées ; périgone monophylle, quelquefois remplacé par une écaille ; un ou plusieurs ovaires monostyles ; cariopses osseuses ou membraneuses, tantôt sessiles à l'aisselle des écailles, tantôt réunies en un fruit par l'accroissement des écailles. — Arbres ou arbrisseaux à suc résineux, à feuilles toujours vertes.

408. — **PINUS.** *Pin.* Fleurs monoïques. *Mâles :* chatons disposés en grappes compactes et terminales, composés d'écailles staminifères au sommet ; 2 étamines à anthères uniloculaires. *Femelles :* chatons simples, composés d'écailles imbriquées, acuminées ; 2 ovaires ; 2 stigmates glanduleux ; cônes formés d'écailles oblongues, en massue, ligneuses, anguleuses à leur sommet, qui est ombiliqué sur le dos ; 2 cariopses monospermes, recouvertes d'une membrane qui se prolonge sous forme d'appendice. — Feuilles sortant, 2 ou plusieurs ensemble, d'une gaîne membraneuse, courte et cylindrique.

1 {
Cônes pointus au sommet. 2
Cônes obtus, d'un jaune luisant ; feuilles longues d'un décimètre. . . . . P. **MARITIMA.**
— P. maritime, P.-des-landes. — Industrie, construction, résine ; cultivé. — *Mai.* —
}

$$2 \begin{cases} \text{Jeunes pousses vertes.} \ldots \ldots \ldots \ldots \quad \text{5} \\ \text{Jeunes pousses rouges.} \ldots \ldots \ldots \text{P. RUBRA.} \\ \text{— P. d'Ecosse, cultivé, industr. : mâture. — } Id. — \end{cases}$$

$$3 \begin{cases} \textbf{Écailles} \text{ des cônes terminées en massue à 4 an-} \\ \quad \text{gles; feuilles droites, raides.} \ldots \text{P. SYLVESTRIS.} \\ \quad \text{— P. sylvestre, — Industrie, } id. \; Id. — \\ \text{Ecailles des cônes non anguleuses; feuilles chiffon-} \\ \quad \text{nées.} \ldots \ldots \ldots \ldots \text{P. LARICIO. — } Id. \end{cases}$$

409. — ABIES. *Sapin.* Fleurs monoïques. *Mâles.* chatons solitaires non réunis en grappes; écailles sta-minifères au sommet; 2 étamines à anthères unilocu-laires. *Femelles :* chatons simples; 2 ovaires; 2 stig-mates glanduleux; cônes formés d'écailles minces, arrondies au sommet et non ombiliquées. — Feuilles solitaires, et ne sortant pas d'une gaîne commune.

$$1 \begin{cases} \text{Feuilles planes, déjetées sur deux rangées; cônes} \\ \quad \text{redressés.} \ldots \ldots \ldots \ldots \text{A. PECTINATA.} \\ \quad \text{— Cult. : industrie : construction. — } Avril. — \\ \text{Feuilles quadrangulaires, éparses en tous sens; cônes} \\ \quad \text{pendants.} \ldots \ldots \ldots \ldots \ldots \text{A. EXCELSA.} \\ \quad \text{— Pesse, Picéa, Epicéa, cultivé; industrie : résine.} \\ \quad \text{— } Id. — \end{cases}$$

410. — JUNIPERUS. *Genévrier.* Fleurs dioïques, rarement monoïques. *Mâles :* chatons ovoïdes, à écailles verticillées, pédicellées, en bouclier; 4—8 anthères uniloculaires. *Femelles :* réunies en chatons globuleux, formées de 3 écailles concaves, rapprochées; 1 ovaire à stigmate béant; fruit composé de 3 cariopses osseu-ses, 1—spermes, enveloppées par les écailles qui sont soudées, charnues, et semblent former une baie.

$$1 \begin{cases} \text{Fruit noirâtre, alimentaire.} \ldots \ldots \text{J. COMMUNIS} \\ \quad \text{Off.: baies diurétiques, toniques.— } Coteaux \; arides. \\ \quad \text{— } Mars\text{-}avril. — \end{cases}$$

411. — TAXUS. *If.* Fleurs dioïques ou monoïques, entourées de plusieurs écailles. *Mâles :* 8—10 étamines monadelphes : anthères en bouclier, à 6—8 loges. *Femelles :* style nul; stigmate concave; drupe charnue, ouverte au sommet; noyau 1—sperme.

1 { Fruit rouge, vénéneux. . . . . T. BACCATA. Off., diurétique ; industrie, bon bois à tourner; cult. — *Bois de Boulogne, Bondy,* etc.— *Avril.* —

2ᵉ CLASSE ENDOGÈNES (MONOCOTYLÉDONÉES

PHANÉROGAMES.

Tige dépourvue de moelle centrale et de rayons médullaires, ne se composant pas de deux parties distinctes, mais formée de fibres éparses, entremêlées d'un tissu cellulaire qui les unit entre elles, plus compacte à la circonférence qu'au centre, où se trouvent les fibres les plus jeunes ; feuilles ordinairement entières et à nervures simples, quelquefois lobées et à nervures rameuses; fleurs distinctes ; embryon muni d'un seul cotylédon ou de plusieurs cotylédons alternes.

Famille 77 HYDROCHARIDÉES. Juss.

Fleurs hermaphrodites ou unisexuelles; périgone à 5 divisions pétaloïdes; 2—20 étamines insérées sur l'ovaire dans les fleurs hermaphrodites, et à la place de l'ovaire dans les fleurs mâles ; ovaire simple, adhérent; capsule polysperme, à 1 ou 6 loges; périsperme farineux ou charnu. — Herbes aquatiques.

412. — **HYDROCHARIS.** *Hydrocharide.* Fleurs dioïques. Les *mâles* réunies trois ensemble dans une spathe à deux feuilles ; périgone à 6 divisions pétaloïdes, dont les 3 internes plus grandes; 7—9 étamines disposées sur 3 rangs. Les *femelles* dépourvues de spathe, à ovaire adhérent au périgone, qui est semblable à celui des fleurs mâles ; 6 styles surmontés chacun de deux stigmates ; capsule coriace, arrondie, à 6 loges.

1 {
Divisions du périgone blanches à onglet jaune . . . . H. MORSUS-RANÆ.
Morrène : Petit Nénuphar. — *Lieux aquatiques; Fontainebleau, Yerres,* etc. — *Juin-juillet.* —
}

Famille 78. ALISMACÉES. Ventenat.

Fleurs hermaphrodites ou monoïques, munies de spathe; périgone coloré entièrement ou en partie : 6 —25 étamines; ovaires libres, nombreux, surmontés chacun de 1 style et de 1 stigmate ; capsules uniloculaires à 1—3 graines; périsperme nul. — Plantes aquatiques.

413. — **ALISMA.** — *Fluteau.* Périgone à 6 divisions, dont 3 extérieures caliciformes, et 3 intérieures pétaloïdes; 6 étamines; 6 à 25 ovaires; capsules distinctes, indéhiscentes, ordinairement caduques et monospermes.

1 {
Six capsules divergentes. . . . . . . A. DAMASONIUM — *Mares et étangs.* — *Meudon, la Gare,* etc. — *Eté.* —
Plus de six capsules. 2
}

2 {
Capsules disposées circulairement. 3
Capsules en tête hérissée. . . . . A. RANUNCULOÏDES. — *Marais; St-Gratien, forêt de Sénart. — Eté. R.* —
}

$$3 \begin{cases} \text{Tige droite ; capsules obtuses. . . . A. } \text{\sc plantago.} \\ \text{—Off. ; Plantain d'eau, préconisé comme remède contr}\text{\textperiodcentered} \\ \quad\text{l'hydrophobie. } \textit{Eaux stagnantes.} \text{ — } \textit{Eté.} \text{ —} \\ \text{Tige rampante ou flottante. . . . . . A. } \text{\sc natans.} \\ \text{— } \textit{Mares de Saint-Léger, Fontainebleau.} \text{ — } \textit{Eté.} \text{ R. —} \end{cases}$$

414. — SAGITTARIA. *Sagittaire.* Fleurs monoïques. Les *mâles :* 24 étamines environ. Les *femelles :* ovaires nombreux, placés sur un réceptacle globuleux ; capsules bordées, comprimées, monospermes.

$$1 \begin{cases} \text{Fleurs blanches, ternées. . . . . S. } \text{\sc sagittæfolia.} \\ \text{Racine contenant une fécule alimentaire analogue à l'Ar}\text{\textperiodcentered\textperiodcentered} \\ \quad\text{row-root. — } \textit{Lieux aquatiques.} \text{ — } \textit{Eté.} \text{ —} \end{cases}$$

415. — BUTOMUS. *Butome.* Périgone à 6 divisions ; 9 étamines ; 6 ovaires ; 6 styles ; capsules polyspermes.

$$1 \begin{cases} \text{Fleurs rougeâtres. . . . . B. } \text{\sc umbellatus.} \\ \text{— Jonc-fleuri ; racine charnue, aliment. — } \textit{Marais,} \\ \quad\textit{étangs.} \text{ — } \textit{Mai-juin.} \text{ —} \end{cases}$$

416. — TRIGLOCHIN. *Trocart.* Périgone à 6 divisions, dont les trois internes pétaloïdes ; 6 étamines très-courtes ; 3 à 6 ovaires soudés, dépourvus de styles ; 3 à 6 capsules droites, monospermes.

$$1 \begin{cases} \text{Fleurs verdâtres ou rougeâtres . . . . T. } \text{\sc palustre.} \\ \text{— } \textit{Prairies marécageuses.} \text{ — } \textit{Juin-juillet.} \text{ R. —} \end{cases}$$

Famille 79. POTAMÉES. Juss.

Fleurs hermaphrodites ou unisexuelles ; périgone herbacé, à plusieurs divisions, ou nul ; étamines en nombre défini ; plusieurs ovaires libres ; capsules uniloculaires, monospermes ; périsperme nul. — Herbes aquatiques.

417. — POTAMOGETON. *Potamot.* Fleurs hermaphrodites, formant des épis souvent munis de spathes à leur base; périgone à 4 divisions; 4 étam.; 4 ovaires se changeant en noix sessiles. — Fleurit en été.

1 { Feuilles de deux sortes : les unes inondées, les autres flottantes. 2
Feuilles toutes inondées. 4

2 { Feuilles flottantes ovales, arrondies à leur base. 3
Feuilles flottantes oblongues, rétrécies en pointe à la base. . . . . P. FLUITANS.
— *Saint-Léger.* —

3 { Épi long de 25 à 50 millimètres. . . . P. NATANS.
— *Epi d'eau, Bèle.* —
Épi n'atteignant pas 25 mill.; feuilles inférieures presque linéaires. . . . . . P. HETEROPHYLLUM.
— *Sénart.* R. —

4 { Feuilles ovales, oblongues ou lancéolées. . . . 5
Feuilles linéaires. 11

5 { Feuilles pétiolées. 6
Feuilles sessiles et demi-embrassantes. 7

6 { Feuilles rétrécies à leur base. . . . . P. LUCENS.
Feuilles élargies à leur base en forme de cœur et pétiolées. . . . . P. PLANTAGINEUM. (Du Croz.)
— *Mortefontaine, Mennecy,* etc. R. —

7 { Feuilles inférieures alternes. 8
Feuilles presque toutes opposées. 10

8 { Feuilles crépues ou dentées sur les bords; épis de 5 à 7 fleurs. . . . . P. CRISPUM.
Feuilles non crépues, entières. 9

9 { Feuilles pointues, très-serrées, disposées sur deux rangs. . . . . P. DENSUM.
Feuilles obtuses, écartées, embrassantes, éparses. . . . . P. PERFOLIATUM.

10 { Feuilles toutes opposées, à trois ou cinq nervures. . . . . P. OPPOSITIFOLIUM.
Feuilles inférieures alternes, à une seule nervure. . . . . P. DENSUM.

11 { Tige cylindrique. 12
   { Tige comprimée. . . . . 15 .

12 { Feuilles assez larges pour y distinguer une nervure
   {   longitudinale. . . . . P. GRAMINEUM.
   { Feuilles trop étroites pour en bien distinguer les
   {   nervures. 13

13 { Feuilles longues de 25 millimètres au plus et dé-
   {   pourvues de gaîne. 14
   { Feuilles de 5 à 10 centimètres et munies d'une lon-
   {   gue gaîne. . . . . P. PECTINATUM.

14 { Capsules bossues à la base. P. MONOGYNUM. (Gay.)
   {   — Cette espèce noircit en se desséchant. — *Versailles,*
   {   *Sénart.* — *Juin-juillet.* —
   { Capsules sans bosses. . . . . P. PUSILLUM.
   {   —, *Saint-Léger, Corbeil,* etc. —

15 { Tige arrondie; deux glandes à la base des feuilles.
   {   . . . . P. OBTUSIFOLIUM.
   {   *Marais.* — *Été.* R. —
   { Tige très-comprimée; point de glandes à la base des
   {   feuilles. . . . . P. COMPRESSUM.

418. — **ZANICHELLIA.** *Zanichellie.* Fleurs solitaires, monoïques. Les *mâles:* 1 étamine nue. Les
femelles: périgone campanulé; 2—6 ovaires; capsules sessiles, comprimées, gibbeuses et crénelées du
côté interne.

1 { Plante aquatique à fl. herbacées. . . Z. PALUSTRIS.
  {   — *Saint-Cloud, Gentilly,* etc. — *Printemps.*

419. — **NAYAS.** *Naïade.* Fleurs monoïques. Les
mâles : périgone bilobé ou nul ; une étamine s'ouvrant
par quatre valvules au sommet. Les *femelles :* périgone
nul ; un ovaire ovoïde ; 1 style ; 2—3 stigmates ; capsule ovoïde, monosperme. Plantes aquatiques.— Été.

1 {
Feuilles oblongues, droites, disposées le long des branches ; périgone des fleurs mâles bilobé. . . . . N. MAJOR. (N. marina. L.)
— *Bords de la Seine, étang d'Enghien, etc.* —
Feuilles linéaires, recourbées, réunies vers le sommet des branches ; périgone des fleurs mâles nul ou denté au sommet. . . . . N. MINOR. R.
— *Meudon, étang de Moret, etc.* —
— Ces deux espèces servent d'engrais. —
}

Famille 80. ORCHIDÉES. Juss.

Périgone pétaloïde, adhérent à l'ovaire, à 6 divisions profondes, irrégulières, dont 5 supérieures et 1 inférieure d'une forme particulière (*tablier*) ; 1—2 anthères sessiles, tantôt au sommet, tantôt sur les côtés du style, qui est en forme de colonne ; stigmate arrondi, visqueux, situé à la base, au sommet ou sur le côté du style ; capsule à une loge, à 3 valves polyspermes ; graines petites, souvent munies d'un appendice membraneux, et attachées à 3 placentas longitudinaux ; périsperme charnu. — Herbes à racines fibreuses ou formées de tubercules ovoïdes ou palmés ; feuilles entières, embrassantes ; fleurs en épi muni de bractées.

420. — **ORCHIS.** Périgone dont la division supérieure est voûtée, et l'inférieure prolongée en éperon à sa base ; ovaire souvent tordu ; stigmate convexe placé au-devant du style ; une anthère biloculaire terminale.

1 {
Tablier à plusieurs lobes distincts. 2
Tablier linéaire ; fl. odorantes. . . . . O. BIFOLIA.
— Tubercules fournissant le Salep ; off., alimentaire.
— *Prés et buissons humides, — Printemps —*
}

2 {
Tablier à trois lobes. 3
Tablier à quatre lobes. 8
Tablier à cinq lobes. 18

3 {
Racine formée de tubercules ovoïdes entiers. 4
Racine fibreuse ou à tubercules palmés. . . . 19

4 {
Éperon plus court que l'ovaire. 6
Éperon au moins égal à l'ovaire. 5

5 {
Fleurs purpurines. . . . . O. PYRAMIDALIS.
— *Prés secs.* — *Fontainebleau.* — *Mai-juin.* R. —
Fleurs d'un blanc jaunâtre. . . . . . O. PALLENS.
— *Bois de Montmorency* (Thuillier). — *Mai.* —

6 {
Lobes du tablier ovales, à peu près égaux. . . 7
Lobe moyen du tablier très-long, grêle, linéaire et
velu. . . . . . O. HIRCINA. (Satyrium hirc. L.)
— Odeur repoussante. — *Bois et prés montueux.* —
Saint-Cloud, Meudon, etc. — *Juin-juillet.* R. —

7 {
Lobe moyen du tablier, divisé en 2 lobes ou échan-
cré. 8
Lobe moyen entier ou denté ; plante ayant l'odeur
de punaise. . . . . O. CORIOPHORA.
— *Prés humides.* — *Marcoussis,* etc. — *Mai-juin.*

8 {
Éperon égal ou presque égal à l'ovaire. . . . 9
Éperon de moitié, au moins, plus court que l'o-
vaire. 13

9 {
Lobes latéraux du tablier plus courts que les lobes
moyens. 10
Lobes latéraux du tablier plus longs que ceux du
milieu. 11

10 {
Lobe moyen du tablier légèrement échancré ; épi
court. . . . . O. PALUSTRIS.
— *Prés humides.* — *Meudon,* etc. — *Mai-juin.* —
Lobe moyen du tablier profondément échancré ; épi
long. . . . . O. MASCULA.
— Pain-de-couleuvre. Tubercules fournissant le Salep,
aliment., off. — *Pâturages.* — *Montmorency, Sèvres,* etc. — *Printemps.* —

11 {
Divisions supérieures de la fleur rapprochées par le sommet. 12
Div. supér. de la fleur ouvertes ; lobe moyen du tablier très-petit. . . . . . . O. LAXIFLORA. — *Id*.
}

12 {
Lobes inférieurs du tablier linéaires, plus courts que les supérieurs. . . . . O. VARIEGATA. — *Id*.
Lobes inférieurs du tablier arrondis et plus longs que les lobes moyens. . . . . O. MORIO,
— Tubercules fournissant le Salep, alimentaire, off. — *Saint-Maur, etc. — Avril-mai.* —
}

13 {
Une petite pointe entre les deux lanières supérieures du tablier. 14
Aucune pointe entre les divisions supérieures du tablier. 15
}

14 {
Div. supér. du tablier parallèles aux infér. ; fleurs d'un rouge pâle. . . . . O. MILITARIS.
— *Bois herbus. — Saint-Cloud, Rueil, etc. — Avril-mai.*
— La variété O. *fusca* a les fleurs d'un pourpre foncé. —
Div. sup. du tablier plus divergentes que les infér., fl. purpurines, ponctuées. . . . . O. GALEATA.
— *Gazons de Saint-Germain, Fontainebleau, etc. — Mai-juin.* R. —
}

15 {
Tubercules ovoïdes ; fleurs rougeâtres. . . . 16
Tubercules palmés ; fleurs verdâtres ou jaunâtres. . . . . O. VIRIDIS. (Satyrium viride. L.)
— *Bois et prés humides. — Montmorency, etc. — Juin.* —
}

16 {
Épi très-serré ; feuilles larges de 10 à 15 millimètres environ. 17
Épi un peu lâche ; feuilles larges de 25 millimètres au moins. . . . . O. MILITARIS.
— V. ci-dessus Accolade 14. —
}

17 {
Lobe moyen du tablier crénelé ; fleurs d'un pourpre pâle. . . . . O. VARIEGATA.
— V. Accolade 12. —
Lobe moyen du tablier entier ; éperon très-court fleur pourpre foncé. . . . . O. USTULATA.
— *Prés. — Fontainebleau, Chailly, etc. — Mai-juin.* R. —
}

18	Lobe terminal du tablier, long et linéaire . . . . O. SIMIA. (O. Tephrosanthos. Vill.) —*Id.* Lobe terminal du tablier court, avorté. 19

19 {
Éperon plus court que l'ovaire. 20
Éperon beaucoup plus long que l'ovaire et en forme
d'alène. . . . . O. CONOPSEA.
— *Prés humides. — Fontainebleau, Montmorency. —*
Mai-juillet. —

20 {
Éperon cornu, atteignant environ le milieu de l'o-
vaire. 21
Éperon gibbeux et très-court. O. VIRIDIS. — *Id.*

21 {
Tige pleine. 22
Tige fistuleuse. . . . . O. LATIFOLIA
— *Prés humides. — Saint-Gratien, Meudon, etc. — Id.—*

22 {
Divisions supérieures du périgone conniventes ;
feuilles oblongues-lancéolées, ordinairement tachées
de noir. . . . . O. MACULATA.
— *Bois, prés élevés. — Été. —*
Div. supér. du périgone ouvertes ; feuill. linéaires,
jamais maculées. . . . . O. ODORATISSIMA.
— *Prés montueux de Fontainebleau. — Été. R. —*

421. — OPHRYS. Périgone à divisions ouvertes ;
tablier sans éperon ; 1 stigmate convexe, placé devant
le style ; 1 anthère biloculaire, terminale.

1 {
Tablier glabre. 2
Tablier velu. 3

2 {
Tablier à trois lobes ; racine formée d'un seul tuber-
cule. . . . . O. MONORCHIS.
— *Pâturages secs et montueux. — Neuilly-sur-Marne. —*
Juin. —
Tablier à quatre lobes ; racine formée de deux tu-
bercules. . . . . O. ANTHROPOPHORA.
— *O. Homme-pendu. — Coteaux de Fontainebleau. —*
Mai-juin. R. —

3 {
Divisions supérieures du périgone vertes ou ver-
dâtres. 4
Divisions supérieures du périgone purpurines ; tablier
couleur de rouille. . . . . O. APIFERA.
O. abeille. — Collines herbues. — Printemps. —

18.

4 {
Lobe moyen du tablier bifide ou échancré. . . 5
Lobe moyen du tablier très-large, à trois dents arrondis. . . . . O. ARACHNITES.
— O. araignée. —*Prés, bois.* — *Saint-Maur, bois de Boulogne.* — *Avril-mai.* —
}

5 {
Tablier brun-rouillé, marqué de deux lignes glabres, parallèles. . . . . O. ARANIFERA. — *Id.*
Tablier pourpre, entièrement velu et marqué d'une tache bleue. . . . . O. MYODES. — *Id.*
— O. mouche. — *Avril-mai.*
}

422. — **NEOTTIA.** *Néottie.* Périgone à divisions rapprochées à la base, distinctes au sommet; *tablier* non éperonné; style surmonté d'un appendice aigu; stigmate terminal, placé obliquement devant le style; anthère biloculaire, située derrière le stigmate.

1 {
Hampe nue, croissant à côté d'une touffe de feuilles radicales, ovales-lancéolées; fleurs jaunâtres. . . . . N. SPIRALIS. (Ophrys spir. **L.**)
— *Gazons arides.* — *Septembre.* R. —
Tige feuillée, partant du milieu des feuilles radicales, étroites. . . N. ÆSTIVALIS. (Ophrys æstiv. Lam.)
— *Prés humides.* — *St-Gratien, St-Léger.* — *Été.* — R.
}

423. — **EPIPACTIS.** Tablier dépourvu d'éperon; stigmate oblique, terminal, placé devant l'anthère, qui est à deux loges et attachée au bord postérieur du style.

1 {
Tablier entier au sommet. 2
Tablier lobé. 6
}

2 {
Fl. blanchâtres, rougeâtres ou noirâtres. . . 3
Fl. pourpres. . . . . . E. RUBRA. (Serapias rub. **L.**)
— *Bois épais.* — *Compiègne, Fontainebleau.* — *Été.* R. —
}

3 {
Tablier obtus au sommet 4
Tablier sensible ment pointu; fleurs nombreuses. . . . . E. LATIFOLIA. (Serapias latif. **L.**)
— *Id.* — *Vincennes, etc.* — *Juin-Juillet.* —
Var. *atrorubens* Hoffm., *microphylla*, M.; fleurs petites, presque noires.— *Champigny.* R. —
}

4 { *Ovaires pubescents, pendants à la maturité*. . . .
. . . . . . E. PALUSTRIS. (Scrapias longifolia. L.)
— *Marécages.* — *Montmorency.* — *Avril-mai.* —
Ovaires glabres, redressés. 5

5 { *Feuilles lancéolées-linéaires ou en glaive ; fleurs
blanches.* . . . . E. ENSIFOLIA.
— *Bois de Versailles, Fontainebleau. etc. R.* — *Juin.* —
Feuilles ovales-lancéolées. . . . . E. LANCIFOLIA.
(Scrapias grandiflora. L.)
— *Bois de St-Cloud, St-Germain. R.* — *Avril-mai.* —

6 { *Tige pubescente, portant deux grandes feuilles ovales,
arrondies.* . . . . E. OVATA. (Ophrys ovata. L.)
— *Prés et bois humides.* —
*Tige sans feuilles, portant quelques écailles mem-
braneuses.* . . . . E. NIDUS-AVIS.
O. nid-d'oiseau. (Orphys nidus-avis. L.)
— *Bois de Saint-Cloud, Sèvres, etc.* — *Mai-juin.* —

424. — **MALAXIS.** Périgone renversé de manière
que le *tablier* devient supérieur, et embrasse le style,
qui est bossu et creusé en avant ; stigmate concave,
placé du côté du tablier ; anthère terminale, hémisphérique.

1 { *2-4 fleurs terminales ; feuilles lancéolées, lisses.* .
. . . . M. LŒSELII. (Ophrys Lœselii. L.).
— *Prés de St-Léger, St-Gratien.* — *Mai-juin. R.* —
15-20 fl. en épi ; feuilles spatulées, rudes. . . . .
. . . . M. PALUDOSA. (Ophrys palud. L.)
— *Étang du Serisaie, à St-Léger.* — *Juin. R.* —

425. — **LIMODORUM.** *Limodore.* Tablier prolongé
en éperon ; stigmate placé à la face antérieure du
style ; anthère terminale, hémisphérique, à 2—4 loges.

1 { *Fleurs violacées.* . . . . L. ABORTIVUM. (Orchis ab. L.)
— *Lieux ombragés.* — *Orsay, Fontainebleau,* —
Juin. R.

Famille 81. IRIDÉES. Juss.

Périgone pétaloïde, adhérent à l'ovaire, à 6 divisions souvent irrégulières; 3 étam. insérées à la base des divisions externes du périgone; anthères linéaires, s'ouvrant du côté externe; style unique ou nul; 1—3 stigmates; capsule à 3 loges, à 3 valves; graines attachées à l'angle interne des valves; périsperme corné. — Herbes à racines tubéreuses; feuilles entières, engaînantes; fleurs entourées d'une spathe membraneuse.

426. — **IRIS.** *Iris.* Périgone à 6 divisions, dont 3 intérieures, petites, droites, et 3 extérieures, grandes et étalées; style court, à 3 stigmates pétaloïdes.

1 { Fleurs jaunes ou blanchâtres. 2
{ Fleurs bleues ou purpurines. 4

2 { Pétales barbus. 3
{ Pétales nus. . . . . I. PSEUDO-ACORUS.
{ — Grande Laiche, Faux Acore, Iris ou Glaïeul-des-marais; racine vénéneuse. — *Mars-avril.* —

3 { Divisions extérieures du périgone pointues ; spathe uniflore. . . . . I. LUTESCENS.
{ — *Vieux murs et chaumières.* — *Environs de Fontainebleau* (Mérat). — *Avril-mai.*
{ Divisions extérieures du périgone obtuses; spathe multiflore. . . . . I. FLORENTINA.
{ — Cult.; racine parfumée; off., etc. — *Mai.* —

4 { Pétales barbus. 5
{ Pétales nus . . . . I. FŒTIDISSIMA.
{ — Iris-gigot, Glaïeul puant. — *Bois de Saint-Maur, etc.* — *Juillet-août.* R. —

5 { Tige d'environ 60 centimètres. . . . I. GERMANICA.
{ — Flambe; officinale, antihydropique. — Peinture. — *Murs et toits en chaume.* — *Mai.* —
{ Tige de 10 à 15 centimètres. 6

6 | Tube de la fleur très-court et renfermé dans la spathe. . . . . I. LUTESCENS.
— (Voir ci-dessus accolade 3.) —
Tube de la fleur grêle et toujours saillant hors de la spathe. . . . . I. PUMILA.
— *Vieux murs et chaumières.* — *Valvins, Fontainebleau.* — *Printemps.* —

Famille 82. NARCISSÉES. Juss.

Périgone pétaloïde, adhérent à l'ovaire, à 6 divisions; 6 étamines insérées sur le tube du périgone, 1 style; 1 sigmate simple ou à 3 divisions ; capsules polyspermes à 3 loges, à 3 valves; périsperme charnu et cartilagineux. — Racine le plus souvent bulbeuse ; feuilles radicales engaînantes ; fleurs entourées d'une spathe commune, fendue latéralement.

427. — **NARCISSUS.** *Narcisse.* Périgone infundibuliforme, couronné à sa gorge par une espèce de godet pétaloïde ; étam. cachées dans le godet.

1 | Feuilles planes. 2
Feuilles jonciformes, demi-cylindriques, ou en alêne. . . . . N. JONQUILLA.
— Jonquille ; cultivée. —

2 | Hampe uniflore. 3
Hampe multiflore. . . . . N. TAZETTA.
— N.-de-Constantinople, N. à bouquet ; cultivé. —

3 | Périgone d'un beau blanc ; godet rotacé, jaune orangé sur les bords. . . . . N. POETICUS
— N.-des-jardins, cultivé, off.; fleurs émétiques. —
Champs et bois de Versailles. — *Mai.* R. —
Périgone jaune ou jaunâtre ; godet campanulé, unicolore. 4

4 | Godet de moitié plus court que les segments du périgone. . . . . N. INCOMPARABILIS.
— *Bois de Melun.* — *Avril-Mai.* R. —
Godet de longueur égale aux segments du périgone. . . . . N. PSEUDO-NARCISSUS.
— Narcisse-des-prés; Coucou; off.; fleurs antispasmodiques. — *Bondy, Senart,* etc. —

428. — **GALANTHUS.** *Galantine.* Périgone dont les trois divisions intérieures sont échancrées et de moitié plus courtes que les extérieures; stigmate simple.

1 | Fleurs blanches-verdâtres. . . . . G. NIVALIS.
— Perce-neige. — *Prés de Meudon, Versailles,* etc. — *Février.* —

Famille 83. ASPARAGINÉES. DC.

Fleurs hermaphrodites ou dioïques; périgone pétaloïde, libre ou adhérent à l'ovaire, à 4—6 ou 8 divisions; étamines en nombre égal aux divisions du périgone, et attachées à leur base; ovaire simple; 1—4 styles; 3—4 stigmates; baie sphérique, à 3—4 loges contenant 1—3 graines à périsperme corné. — Fleurs naissant chacune à l'aisselle d'une spathe particulière.

* *Fleurs hermaphrodites.*

429. — **CONVALLARIA.** *Muguet.* Périgone globuleux ou cylindrique, à 6 dents; 6 étamines; baie à 3 loges monospermes, tacheté avant sa maturité. — Fleuraison en avril ou mai.

1 | Périgone cylindrique. 2
Périgone globuleux. . . . . C. MAJALIS.
Fl. sternutatoires, réduites en poudre. — *Bois.* —

2 { Pédonc. portant 1-2 fleurs ; baie d'un bleu foncé.
C. POLYGONATUM. (Polygonatum vulgare. Desf.)
— Sceau-de-Salomon : rac. émétique. — *Bois.* —
Pédoncules portant 2-5 fleurs; baie rougeâtre. . . .
. . C. MULTIFLORA. (Polyg. multifl. Desf.) — *Id.*

430. — **MAYANTHEMUM.** *Mayanthème.* Périgone
à 4 ou 6 divisions profondes, ouvertes ; 4 ou 6 étamines; baie à 2—3 loges monospermes, souvent ta-
chetée avant sa maturité.

1 { Fleurs blanches en épi lâche, terminal; baie rougeâtre. . . . M. BIFOLIUM. (Convallaria bifol. L.)
— *Bois de Bondy, Montmorency,* etc. — *Mai.* R. —

431. — **ASPARAGUS.** *Asperge.* Périgone libre, à
6 divisions; 6 étam.; baie à 3 loges dispermes. —
Feuilles sétacées, réunies en faisceau.

1 { Fleurs d'un vert jaunâtre. . . . . . A. OFFICINALIS.
— Racine apéritive : cultivée, alimentaire. — *Sables du*
bois de Boulogne. — *Été.* —

432. — **PARIS.** *Parisette.* Périgone à 8 divisions,
dont 4 extérieures caliciformes, et 4 intérieures pétaloïdes ; 8 étamines ; anthères attachées à la partie
moyenne du filet ; 4 stigmates ; baie à 4 loges, **dont**
chacune contient 6—8 graines.

1 { Fleurs herbacées. . . . . P. QUADRIFOLIA.
—Raisin-de-renard; *True-Love* des Anglais; racine émé-
tique. — *Bois de Bondy, Montmorency, Meudon.* —
Mai-juin. —

** *Fleurs dioïques.*

433. — **RUSCUS.** *Fragon.* Périgone libre à 6 divisions ordinairement ouvertes; filaments des étamines
soudés, stériles dans les fleurs *femelles*, chargés de
6 anthères dans les fleurs *mâles* ; 1 style; 1 stigmate;
baie à 3 loges dispermes.

4 Fleurs blanchâtres, naissant sur la face supérieure
des feuilles. . . . . R. ACULEATUS.
— Petit-houx, Houx-frelon, Fesse-larron ; rac. off., diurétique. — *Bois de Saint-Germain, Jouy*, etc. — *Mai.* —

434. — **TAMUS.** *Tamier.* Périgone campanulé, à
6 divisions ouvertes dans les fleurs *mâles*, resserrées
au sommet et adhérentes à l'ovaire dans les fleurs
femelles; 1 style ; 3 stigmates ; baie à 3 loges.

1 Fleurs verdâtres. . . . . T. COMMUNIS.
— Sceau-de-la-Vierge, S.-de-Notre-Dame, Herbe-aux-
femmes-battues, Raisin-du-diable ; officinal, purgatif. — *Haies et bois.* — *Saint-Cloud*, etc. — *Été.* —

Famille 84. LILIACÉES. Juss.

Périgone pétaloïde, à 6 divisions égales et régulières; 6 étam. insérées à la base des divisions du
périgone ; ovaire simple, libre ; style simple ou nul;
1 stigmate ; capsule polysperme, à 3 valves, à 3 loges formées par des cloisons longitudinales naissant
de la face interne des valves ; graines attachées à l'angle interne des cloisons; périsperme charnu ou cartilagineux. — Herbes à racine ordinairement bulbeuse,
feuilles sessiles ou engaînantes; fleurs nues ou entourées
d'une spathe.

435. — **TULIPA.** *Tulipe.* Périgone campanulé, à
6 divisions profondes; stigmate sessile; capsule oblongue, à 3 angles; graines planes.

1 Pétales barbus au sommet. . . . . . T. SYLVESTRIS.
— *Parc de Saint-Cloud*, etc. — *Mars-Avril.* R. —
Pétales glabres. . . . . T. GESNERIANA.
— Nombreuses variétés cultivées. — *Juin.* —

436. — MUSCARI. Périgone ovoïde, renflé au milieu, à 6 dents; capsules à 3 angles saillants.

1
- Pédoncules supérieurs tout au plus égaux à la fleur 2
- Pédoncules supérieurs très-longs, portant des fleurs stériles. . . . . M. COMOSUM.
  — Vaciet. — *Champs et prés.* — *Mai.* —

2
- Fleurs odorantes formant un épi court, serré; feuilles jonciformes. . . . . M. RACEMOSUM.
  — Ail-des-chiens. — *Champs cultivés.* — *Mai.* —
- Fleurs inodores disposées en épi allongé, lâche à la base. . . . . M. BOTRYOÏDES.
  — *Vitry* (Bouteiller). — *Mai.* — Nous ne croyons pas cette plante spontanée dans notre climat. —

437. — PHALANGIUM. *Phalangère.* Périgone à 6 divisions profondes; filaments des étamines glabres, filiformes, insérés à la base des divisions du périgone.

1
- Tige rameuse du haut. . . . . P. RAMOSUM.
  — *Bois de Fontainebleau, St-Germain,* etc. — *Eté.* R. —
- Tige tout à fait simple. . . . . P. LILIAGO.
  — *Lieux arides.* — *Fontainebleau,* etc. — *Mai.* R. —

438. — SCILLA. *Scille.* Périgone à 6 divisions, ordinairement ouvertes et caduques; filaments des étamines glabres, filiformes; graines arrondies. — Racines fibreuses.

1
- Deux bractées colorées à la base des pédoncules. 2
- Une ou point de bractée à la base du pédoncule. 3

2
- Feuilles dressées; fleurs odorantes, bleues, quelquefois blanches. . . . . S. NUTANS.
  — Jacinthe-des-bois. — *Avril-Mai.* —
- Feuilles étalées sur la terre; fl. bleues. S. PATULA.
  — *Neuilly-sur-Marne.* — *Bois.* — *Mai.* R. —

3 {
Cinq ou six feuilles filiformes, arrondies, plus courtes
que la tige.. . . . . S. AUTUMNALIS.
— *Bois secs.* — *Août-septembre.* —
Deux ou trois feuilles planes, au moins aussi longues
que la tige.. . . . . S. BIFOLIA.
— *Bois humides.* — *Printemps.* R.
}

439. — ORNITHOGALUM. *Ornithogale.* Périgone
á 6 divisions persistantes; filets des 5 étamines placées devant les divisions extérieures du périgone souvent élargis à leur base, et terminés quelquefois par
deux pointes.

1 {
Fleurs blanches, jaunâtres ou verdâtres; filets des
étam. élargis à la base.. 2
Fleurs jaunes; filets non dilatés à la base. . . 5
}

2 {
Fleurs d'un beau blanc. 3
Fleurs jaunâtres ou verdâtres.. 4
}

3 {
Fleurs en grappes, simulant une ombelle impar-
faite.. . . . . O. UMBELLATUM.
— Dame-d'onze-heures; cult. — *Bois.* — *Printemps.* —
Fleurs très-nombreuses, disposées en grappe pyra-
midale.. . . . . O. PYRAMIDALE.
— Epi-de-lait, épi-de-la-Vierge; cultivé. — *Juin.* —
}

4 {
Fleurs jaunâtres, rayées de vert; pédoncules plus
longs que les bractées. . . . . . . O. PYRENAÏCUM.
— *Bois, prés.* — *Bondy, Senart.* — *Juin.* —
Fleurs blanches; filets des étamines terminés par
2 cornes. . . . . O. NUTANS.
— *Parc de Montereau.* — *Avril-Mai.* R. —
}

5 {
Épi portant 1 à 6 fleurs jaunes. 6
Épi à fleurs nombreuses d'un blanc jaunâtre, rayé
de vert. . . . . O. PYRENAÏCUM.
— *V. ci-dessus, Accolade 4.* —
}

6 {
Pédonc. glabres. O. LUTEUM. (Gagea lutea. Duby.)
— *Prés, Champs.* — *Mars-Avril.* —
Pédoncules velus ou pubescents. 7
}

7 { Pédicelles simples, hérissés de poils, souvent soli-
taires. . . . . O. FISTULOSUM. (Gagea fistulosa.)
— *Poligny, près Nemours. — Mars-Avril. R. —*
Pédicelles souvent rameux, pubescents, toujours
nombreux. . . . . . O. MINIMUM. (Gagea villosa.)
— *Lieux cultivés. — Grenelle, Meudon, Fontainebleau.
— Mars-avril. R. —*

440. — ALLIUM. *Ail.* Périgone ordinairement ouvert ; à 6 divisions ; stigmate simple ; capsules à 3 loges profondément divisées en 2 parties. — Fleurs terminales, en ombelle, entourées d'une spathe à deux valves.

1 { Feuilles planes ou en gouttière. 2
Feuilles cylindriques ou demi-cylindriques.. . 8

2 { Étamines dont trois ont les filets à trois pointes. 3
Étamines toutes à filets simples.. 5

3 { Ombelle bulbifère.. 4
Ombelle ne portant pas de bulbes entre les pédi-
celles. . . . . A. PORRUM.
— Poireau, cultivé, alimentaire ; offic., adoucissant.
— *Juin-août.* —

4 { Feuilles entières. . . . . A. SATIVUM.
— Ail ; officinal, alimentaire, cultivé. — *Id.* —
Feuilles dentelées ou ondulées sur les bords, som-
mités des tiges contournées en spirale avant la
floraison.. . . . . A. SCORODOPRASUM.
— Echalote-d'Espagne, Rocambole ; cultivée, alimentaire. — *Saint-Maur. — Été. R. —*

5 { Ombelle ne portant point de bulbes. 6
Ombelle portant de nombreux petits bulbes entre
ses pédicelles.. . . . . A. CARINATUM.
— *Sables. — Bois de Boulogne, etc. — Été. —*

6 { Tige cylindrique. 7
Tige anguleuse ou comprimée ; étamines saillantes.
. . . . A. ANGULOSUM.
— *Bords de la Seine, endroits bourbeux, près Ivry. —
Maire. — Été.* —

7 {
Fleurs blanches; feuilles péliolées.. . . A. URSINUM.
— *Prés et bois humides. — Montmorency, St-Léger*, etc.
— *Printemps.* R. —
Fleurs jaunes; feuilles sessiles.. . . . . . . A. MOLY.
— *Id. — Saint-Cloud, Stain, Montmorency. — Eté*, R. —

8 {
Filets des étamines simples.. 9
Filets des étamines alternativement simples et à
trois pointes. 13

9 {
Ombelles ne portant que des fleurs ou des caps. 10
Ombelles portant de petits bulbes entre les pédicel-
les. . . . . A. OLERACEUM.
— *Vignes et lieux cultivés. — Juin.* —

10 {
Tige nue ; feuilles radicales.. 11
Tige feuillée. 12

11 {
Tige ventrue; fl. verdâtres ou un peu rougeâtres ;
étam. saillantes.. . . . . A. CEPA.
— Oignon-cultivé; officinal, pectoral, diurétique, alexi-
tère; alimentaire. — *Eté.* —
Tige grêle; fleurs purpurines; étamines incluses.
. . . . A. SCHŒNOPRASUM.
—Civette, Ciboule, Ciboulette; cult., aliment. — *Eté.* —

12 {
Fleurs blanchâtres; étamines incluses; tige haute,
flexueuse. . . . . A. PALLENS.
— *Bois d'Yerres*, etc. — *Eté.* —
Fleurs d'un beau jaune; étamines saillantes; tige
droite. . . . . A. FLAVUM.
— *Murs du petit parc de Fontainebleau. — Juin.* R. —

13 {
Ombelle portant, entre les pédicelles, des bulbes qui y
poussent de petites feuilles. . . . . A. VINEALE.
— *Vignes et lieux cultivés.— Eté.* —
Ombelle ne portant pas de bulbes. 14

14 {
Tige garnie de 2-3 feuilles; étamines saillantes. .
. . . . A. SPHÆROCEPHALUM.
—*Sables. — Bois de Boulogne, Vincennes. — Eté.* —
Feuilles toutes radicales; étamines non saillantes.
. . . . A. ASCALONICUM.
— *Echalote; cultivée alimentaire.— Eté.* —

Famille 85. COLCHICACÉES. DC.

Périgone pétaloïde à 6 divisions ; 6 étamines attachées aux divisions du périgone; ovaire simple, libre ; 1—3 styles ; 3 stigmates ; capsules à 3 valves, dont les bords forment, en se repliant, 3 loges polyspermes ; graines attachées au bord rentrant des valves ; périsperme charnu. — Plantes bulbeuses.

441. — **Colchicum.** *Colchique.* Périgone tubuleux, à limbe campanulé, à 6 divisions profondes; étamines insérées au sommet du tube ; anthères oblongues, vacillantes ; 3 styles très-longs ; 3 stigmates crochus. Feuilles au printemps.

1 { Fl. d'un violet rougeâtre. . . . . . C. AUTUMNALE.
— Veillotte, Tue-chien, Safran-bâtard ; bulbe officinal, diurétique, anti-arthritique, vénéneux. — *Prés humides.* —

Famille 86. JONCÉES. DC.

Fleurs hermaphrodites ; périgone libre, à 6 divisions glumiformes ; 6 étamines, rarement 3, placées devant les divisions du périgone ; 1 style; 3 stigmates; capsule à 3 valves, à 1—3 loges; graines munies d'un périsperme corné. — Herbes à feuilles alternes, engaînantes, planes ou cylindriques.

442. — **Juncus.** *Jonc.* Capsules à 3 loges ; à 3 valves portant des cloisons longitudinales sur leur face interne ; graines nombreuses attachées au côté interne des cloisons. — Feuilles glabres, cylindriques ou carénées.

2 { Tiges nues ; feuilles radicales.. 2
Tiges feuillées. 6

2 { Fleurs terminales.. 3
{ Fleurs latérales.. 4

3 { Fleurs en panicule. . . . . J. SQUARROSUS.
{ — *Lieux humides.* — *Fontainebleau.* — *Juin.* R. —
{ Fleurs en tête serrée. . . . . J. ERICETORUM.
{ — *Id.* — *Forêt de Bondy,* etc. — *Mai-juin.* —

4 { Tige droite. 5
{ Tige courbée vers le haut. . . . . . . J. GLAUCUS.
{ — *J.-des-Jardiniers.* — *Marécages.* — *Juillet.* —

5 { Panicule ramassée en tête ; tige offrant un étrangle-
{ ment très-sensible au-dessous de la panicule. . .
{ . . . . J. CONGLOMERATUS. — *Id.*
{ Panicule lâche ; tige ne présentant aucun étran-
{ glement. . . . . J. EFFUSUS.
{ Horticulture ; *fiens.* — *Id.* — *Mai.* —

6 { Feuilles noueuses.. 7
{ Feuilles sans nœuds.. 10

7 { Tige roide, dressée. 8
{ Tige rampante ou flottante.. . . . . . . J. SUPINUS.
{ (J. subverticillatus. Wulf.) — *Id.*
{ — *Lieux humides.* — *Eté.* R. —

8 { Périgone à divisions aiguës. 9
{ Périgone à div. obtuses.. . . . . . J. ARTICULATUS.
{ (J. obtusiflorus. Ehrhart.) — *Id.*
{ — *Id.* — *Eté.* —

9 { Trois divisions du périgone obtuses, scarieuses
{ sur les bords ; capsules saillantes. . . . .
{ . . . . J. LAMPOCARPUS. Ehrh. — *Id.*
{ — *Id.* — *Eté.* —
{ Divisions du périgone pointues ; capsules incluses.
{ . . . . J. ACUTIFLORUS. Ehrh. — *Id.*
{ — *Id.* — *Eté.* —

10 { Tige simple, comprimée. 11
{ Tige bifurquée ou rameuse, cylindrique.. . . 12

11 { Capsules ovoïdes, allongées. . . . . . . J. GERARDI.
{ — *Fossés humides.* — *Eté.* —
{ Caps. presque globuleuses. . . J. BULBOSUS. — *Id.*

12 { Fleurs solitaires.. 13
{ Fleurs agglomérées. 14

13 {
Fleurs verdâtres; capsules oblongues ; tige bifur-
quée. . . . . J. BUFONIUS.
— Bon fourrage. — *Fossés, bois humides. — Eté.*—
Fleurs brunes ; capsules globuleuses ; tige rameuse.
. . . . J. TENAGEYA. (J. Vaillantii. T.)
— Id. — Meudon, Saint-Léger, Fontainebleau, etc. —
Juillet-août. —

14 {
Capsules pointues, plus courtes que le périgone; tige
dressée. . . . . J. PYGMÆUS.
— Etangs : Montmorency, Fontainebleax, etc. —
Eté. R. —
Capsules obtuses, plus longues que le périgone ; tige
couchée. . . . . J. SUPINUS.
— *V.* ci-dessus, Accolade 7. —

443. — LUZULA. *Luzule.* Capsule triangulaire, à
1 loge, à 3 graines et à 3 valves dépourvues de cloisons. Feuilles pubescentes, planes.

1 {
Fleurs rousses ou brunes.. 2
Fleurs d'un beau blanc. . . . . L. NIVEA.
Bois de Saint-Léger. — Juin. R. —

2 {
Fl. en panicule, en corymbe ou en ombelle.. . 3
Fleurs en épi ou en grappe terminale. 6

3 {
Pédicelles le plus souvent uniflores; fleurs brunes,
nuancées de blanc.. . . . . L. VERNALIS.
— Bois. — Avril-Mai.—
Pédicelles au moins triflores. 4

4 {
Pédicelles portant 2-4 fleurs. 5
Péd. portant au moins 6 fleurs. 6

5 {
Fleurs isolées. . . . . L. FORSTERI.
— Bois de St-Cloud, St-Germain, etc. — Mai. —
Fleurs agglomérées. . . . . L. MAXIMA.
— Forêt de Vernon? — Mai-juin. R. —

6 {
Racine fibreuse.. 7
Racine rampante. . . . . L. CAMPESTRIS.
— Bois et champs arides. — Mai. —

7 {
Fleurs sessiles ; graines noires. . . . L. CONGESTA.
— Bois humides. — Mai. —
Fleurs à pédicelles inégaux; graines rousses; capsule
plus longue que le calice.. . . . L. MULTIFLORA.
— Endroits marécageux. — Mai. —

Famille 87. AROÏDÉES. Juss.

Fleurs monoïques, nombreuses, sessiles sur un spadix simple, entouré ordinairement d'une spathe colorée. Fleurs le plus souvent dépourvues d'enveloppe propre, offrant des étamines et des pistils séparés ou entremêlés; ovaires surmontés d'un style aigu ou d'un stigmate simple; baies arrondies, à une ou plusieurs loges, à une ou plusieurs graines; périsperme farineux ou charnu. — Feuilles alternes ou radicales, engainantes par leur pétiole.

444. — ARUM. *Gouet.* Spadix nu au sommet; anthères sessiles, disposées sur plusieurs rangs au centre du chaton. et au-dessous de 2—3 rangées de glandes aiguës; ovaires situés à la base du chaton, et surmontés d'un stigmate barbu; baies uniloculaires, ordinairement monospermes. — Fleurs enveloppées par une spathe ventrue.

1 { Fleurs verdâtres; feuilles radicales sagittées, pétiolées. . . . . . A. VULGARE. (A. maculatum. L.)
— Pied-de-veau; racine vénéneuse. — *Bois de Saint-Cloud, Vincennes,* etc. — *Avril-Mai.* —

Famille 88. TYPHACÉES. Juss.

Fleurs monoïques, réunies en chatons globuleux ou cylindriques; périgone à 3 folioles. *Fleurs mâles:* 3 étamines. *Fleurs femelles:* 1 ovaire libre; 1 style; 1—2 stigmates; fruit monosperme, indéhiscent; périsperme charnu ou farineux. — Herbes aquatiques à tiges sans nœuds; feuilles planes, alternes, un peu engainantes.

445. — TYPHA. *Massette.* Chatons cylindriques.

Fleurs mâles : 3 anthères noirâtres, pendantes. *Fleurs femelles :* périgone remplacé par une houppe de poils; ovaire pédicellé.

— La racine de nos Massettes est alimentaire. —

1
- Épi interrompu dans un espace de 25 millimètres environ. 2
- Épi sans séparation sensible. . . . . . T. LATIFOLIA.
  — Massue-d'eau, Herbe-au-bedeau, Quenouille. — *Marécages. — Eté.* —

2
- Feuilles planes, linéaires. . . . . . T. MEDIA. — *Id.*
- Feuilles canaliculées, presque demi-cylindriques. . . . . T. ANGUSTIFOLIA. — *Id.*

446. — SPARGANIUM. *Rubanier.* Chatons globuleux. *Fleurs mâles :* 3 étamines distinctes. *Fleurs femelles :* périgone à 3 folioles (6 selon *Gærtner*) ; ovaire sessile.

1
- Tige dressée ou saillante hors de l'eau , haute de 50 cent. à 1 mètre. 2
- Tige couchée ou flottante, haute de 50 centimètres environ. . . . . S. NATANS.
  — *Marais de Bondy, Saint-Léger, Verrières,* etc. — *Eté. R.* —

2
- Pédoncules simples. . . . . S. SIMPLEX.
  — *Bords des eaux. — Ville-d'Avray,* etc. — *Eté.* —
- Pédoncules rameux. . . . . S. RAMOSUM.
  — *Id. — Gentilly. — Eté.* —

Famille 89. CYPÉRACÉES. Juss.

Fleurs glumacées, en épis hermaphrodites ou unisexuels ; périgone nul ; fleurs entourées d'une écaille ou glume univalve ; 3 étamines ; ovaire simple, libre ; 1 style ; 2—3 stigmates ; fruit monosperme, indéhiscent ; périsperme charnu. — Herbes vivaces, à tige

19.

cylindrique ou triangulaire, ordinairement sans nœuds ; feuilles engaînantes ; gaine entière.

447. — CYPERUS. *Souchet.* Fleurs hermaphrodites ; écailles courbées en carène, imbriquées sur deux rangs, toutes fertiles ; fruit sans poils à sa base. — Épis comprimés.

1 — Tige haute de 60 c. à 1 m. 25. . . . . C. LONGUS. — Souchet-odorant ; racine parfumée ; off., tonique. — *Près de Gentilly. — Août-septembre.* R. — Tiges nombreuses, n'atteignant point 30 centimètres de hauteur. 2

2 — Épillets noirâtres ; 3 stigmates. . . . . C. FUSCUS. — *Prés marécageux. — Eté.* Épillets jaunâtres ; 2 stigmates. . . C. FLAVESCENS. — *Prés de Meudon, Saint-Léger, Montmorency,* etc. — *Eté.* —

448. — SCHÆNUS. *Choin.* Fleurs hermaphrodites, écailles imbriquées en tous sens, les inférieures stériles ; fruit nu ou entouré à sa base de poils plus courts que les écailles. — Épis arrondis.

1 — Graines entourées de soies à leur base. . . . . . 2 Graines nues à leur base. . . . . . . S. MARISCUS. *Marais de Saint-Gratien,* etc. — *Eté.* — Industr. ; remplace le chaume pour couverture. —

2 — Tige triangulaire. . . . . 3 Tige cylindrique. 4

3 — Panicule blanche. . . . . S. ALBUS. — *Saint-Léger. — Eté.* R. — Panicule brunâtre. . . . . S. FUSCUS. — *Id.*

4 — Épillets réunis en une seule tête terminale et noirâtre. . . . . S. NIGRICANS. — *Près de Saint-Gratien, Saint-Léger.* — *Eté.* R. — Épillets réunis en 2 ou 3 têtes. . . . . . S. FUSCUS. — *Saint-Gratien, Saint-Léger. — Mai.* R. —

449. — SCIRPUS. *Scirpe.* Fleurs hermaphrodites ; écailles imbriquées en tous sens, toutes fertiles ; fruit nu ou muni à sa base de poils plus courts que les écailles. — Épis arrondis.

1 { Un seul épi sur la même tige. 2
Plusieurs épis. 9

2 { Tige très-simple. 3
Tige rameuse. . . . . *S. FLUITANS.*
— *Marais de St-Léger, Fontainebleau. — Juin.* R. —

3 { Racine fibreuse. 4
Racine rampante. 8

4 { Tiges munies d'écailles à leur base. 5
Tiges dépourvues d'écailles à la base. 6

5 { Style renflé à la base. . . . . . . , *S. MULTICAULIS.*
— *Marais de Fontainebleau, St-Léger, etc. — Été.* R. —
Style non renflé à la base. . . . . , *S. CÆSPITOSUS.*
— *Tourbières de Saint-Léger. — Mai.* R. —

6 { Épi contenant plus de vingt fleurs à deux étamines
. . . . *S. OVATUS.* (S. annuus T.)
— *Marécages : Meudon, Marcoussis. — Été.* R. —
Épi contenant moins de dix fleurs. 7

7 { Graine nue; tige anguleuse. . . . . *S. ACICULARIS.*
— *Bords de la Seine, étang de Ville-d'Avray. — Été.* —
*Graine munie de quelques poils noirs à sa base; tige
cylindrique.* . . . . *S. BÆOTHRION.*
— *Marais de Saint-Léger, des Planets. — Été.* —

8 { Tige triangulaire, feuillée à la base. S. CARICIS.
(Schœnus compressus. *L.)*
Prés humides. Saint-Gratien, etc. — Mai-juin. R. —
Tige cylindrique, nue. . . . . . . , *S. PALUSTRIS.*
— *Rac. alimentaire pour les porcs. — Marais. — Été.*
— *Var. Reptans et intermedius. T.* —

9 { Tige simple. 10
Tige rameuse. . . . . *S. FLUITANS.*
— *V. ci-dessus, Accolade 2.* —

10 { Épillets sessiles ou ramassés en tête. 11
Épillets pédonculés ou disposés en panicule. . 13

11	Tige cylindrique................ 12 Tige triangulaire portant plusieurs feuilles à sa base. . . . . . . S. CARICIS. (Schænus compressus L.) — *V. Accolade 8.* —
12	Tiges fines comme des soies, ne surmontant pas l'épi de 25 millimètres....... S. SETACEUS. — *Lieux humides.* — *Juillet.* R. — Tiges moins fines, surmontant l'épi de 50 à 75 millimètres.............. S. SUPINUS. — *Id.* — *Chailly, Montfort-l'Amaury.* — *Juin.* R. —
13	Tige cylindrique................ 14 Tige triangulaire.............. 15
14	Tige nue............... S. LACUSTRIS, — *Étangs.* — *Mai-juin.* — Tige feuillée........ SCHÆNUS MARISCUS. (448)
15	Pédoncules simples........ S. MARITIMUS. — *Étangs, bords des rivières.* — *Meudon, Saint-Gratien.* — *Juin-juillet.* — Pédoncules rameux......... S. SYLVATICUS. — *Bords des étangs.* — *Montmorency, Saint-Cucupha.* — *Juin.* —

450. — **ERIOPHORUM.** *Linaigrette.* Fleurs hermaphrodites ; écailles planes, imbriquées en tous sens ; fruit muni, à sa base, de soies beaucoup plus longues que les écailles.

1	Épis solitaires................ 2 Épis nombreux............... 3
2	Feuilles canaliculées ; épi globuleux, muni d'une spathe brune........... E. CAPITATUM — *Tourbières.* — Très-rare. — *Avril-Mai.*— Feuilles triangulaires ; épi ovale, dépourvu de spathe................. E. VAGINATUM. — *Id.* — Moins rare. — *Avril-Mai.* —
3	Feuilles triangulaires ou pliées en carène : cinq à six épis au plus............. 4 Feuilles planes, si ce n'est à l'extrémité ; sept à douze épis.......... E. POLYSTACHYUM, — *Marais.* — *Avril-Mai.*—

4 { Tige anguleuse ; aigrette courte.. 5
  { Tige cylindrique ; aigrette très-longue.. 6

5 { Involucre à 2 feuilles courtes. . . . . . E. GRACILE.
  { — *Marais de Saint-Léger.* — *Id*. R. —
  { Involucre à feuilles longues de 5 à 10 centimètres.
  { . . . . E. INTERMEDIUM. — *Id*.

6 { Pédoncules très-courts ; écailles de 5 à 10 millimètres
  {   de longueur.. . . . . E. VAILLANTII. — *Id*.
  { Pédoncules longs, inégaux ; écailles longues de 10
  {   à 20 millimètres.. . . . . E. ANGUSTIFOLIUM.
  {   — *Marais.* — *Id*. —

451. — CAREX. *Laîche* (a). Fleurs monoïques ou
dioïques, disposées en épis unisexuels ou androgynes ;
ovaire entouré d'une urcéole qui grandit après la floraison, et forme une espèce de capsule percée au
sommet, enveloppant la graine ; cette capsule est surmontée de 2 ou 3 stigmates ; dans le premier cas elle
est ovoïde, dans le second elle est triangulaire.

1 { Un seul épi. 2
  { Plusieurs épis distincts ou agglomérés. 5

2 { Epis mâles et épis femelles sur deux pieds diffé-
  {   rents.. 3
  { Epi mâle au sommet, épi femelle à la base, réunis
  {   sur un même pied. 4

3 { Racines rampantes ; feuilles lisses au toucher ; cap-
  {   sules dressées. . . . . C. DIOÏCA.
  {   — *Saint-Léger, marais tourbeux.* — *Mai-juin.* R. —
  { Racines fibreuses ; feuilles rudes ; capsules réflé-
  {   chies. . . . . C. DAVALLIANA.
  {   — *Id., Fontainebleau, Meaux,* etc. — *Id.* R. —

4 { Capsule oblongue, unie sur les angles ; glume bru-
  {   nâtre. . . . . C. PULICARIS.
  {   — *Tourbières, marécages de Meudon,* etc. — *Id.* —
  { Capsule courte, dentée sur les angles vers le som-
  {   met. . . . . C. DAVALLIANA.
  {   — *V. Accolade 3.* —

(a) Les espèces de ce genre sont connues vulgairement sous
le nom d'*Herbes sures.*

5 { Epis composés de fleurs mâles et de fleurs femelles. 6
Epis mâles et épis femelles distincts.. 24

6 { Epis mâles à leur sommet, femelles à leur base. 7
Epis femelles à leur sommet, mâles à leur base. 17

7 { Racine rampante. 8
Racine fibreuse.. 11

8 { Tige triangulaire dans toute sa longueur ; capsules
ovales. 9
Tige arrondie inférieurement ; capsules à trois angles bien marqués. . . . . C. TERETIUSCULA.
— Marais de Saint-Léger, Fontainebleau. — Mai. R.

9 { Une ou plusieurs bractées foliacées. 10
Point de bractées foliacées. . . . . . C. DISTICHA.
(C. multiformis. T., C. intermedia. Goodn.)
— Marais. — Mai-juin. —

10 { Epi brun ; bractée inférieure très-longue, quelquefois nulle. . . . C. DIVISA. (C. Schœnoïdes. T.)
— Montmorency, Ozouer. — Mai-juin. R. —
Epi roux ; bractée inférieure tout au plus double de
l'épi. . . . . C. ARENARIA.
— Salsepareille d'Allemagne ; off., aromatique, sudorifique. — Forêt de Luciennes, etc. — Été. R. —

11 { Epillets disposés en panicule rameuse.. . . . 12
Epillets en grappes ou en épi simple. 13

12 { 20-30 épillets ; écailles blanches sur les bords ; tige
très-rude. . . . . C. PANICULATA.
— Prés humides, Meudon, etc. — Mai-juin. —
7-9 épillets ; écailles entièrement rousses ; tige à
angles mousses. . . . . C. PARADOXA.
— Id. — Mai. R. —

13 { Epillets rapprochés les uns des autres. 14
Epillets écartés. 16

14 { Epi jaune ou verdâtre ; bractée inférieure dégéné-
rant en feuille.. 15
Epi brun ; point de bractée allongée en feuille. . .
. . . . C. DISTICHA.
. . . . V. ci-dessus, Accolade 9. —

15 {
Epillets munis d'une bractée foliacée à leur base. .
. . . . C. VULPINA
— *Marais.* — *Avril-mai.* —
Epillets entièrement dépourvus de bractées folia-
cées.. . . . . C. MURICATA.
— *Id. et bois.* — *Mai-juin.* —

16 {
Epillets serrés; tiges en fleur, plus longues que les
feuilles.. . . . . C. MURICATA. — *Id.*
Epill. écartés; tiges en fleur; plus courtes que les
feuilles. . . . . . . C. DIVULSA. (C. loliacea. T.)
— *Bois humides.* — *Mai-juin.* R. —

17 {
Racine fibreuse. 18
Racine traçante; bractées très-pointues.. . . . 17*
Utricules bordés depuis la base jusqu'au sommet.
. . . . C. LIGERICA.
— *Coteau de Lévy près de Dampierre.* —

17* {
Utricules bordés vers le haut seulement. . . . .
. . . . C. SCHREBERI. (C. tenella. T.)
—*Herbages secs.* — *Bois de Boulogne, St-Maur, etc.*
— *Avril-mai.* R. —

18 {
Epis ovales ou arrondis. 19
Epis cylindriques et allongés.. 20

19 {
Bractées foliacées, formant un involucre; épillets en
tête serrée . . . . C. CYPEROÏDES.
— *Sables humides: Sézanne en Brie.* — *Mai-juin.* — R.
Bractées ne formant point d'involucre; épi lâche,
panaché, vert et roux.. . . . . C. OVALIS.
— *Lieux humides.* — *Avril-mai.* —

20 {
Bractées inférieures dégénérant en feuilles.. . 21
Point de bractées foliacées. 22

21 {
8-10 épillets très-écartés. . . . C. REMOTA. — *Id.*
3-4 épill. peu écartés. . . . C. STELLULATA. — *Id.*

22 {
Capsules plus longues que les glumes; 6-12 épil-
lets. . . . . . C. ELONGATA. (C. divergens. T.)
— *Bois humides, Fontainebleau, Bondy.* — *Id.* R. —
Capsules égales aux glumes; 3-7 épillets.. . . . 23

23 {
Capsules divergentes en étoile; trois à quatre épil-
lets pauciflores. . . . . C. STELLULATA.
— *Lieux humides.* — *Id.* —
Capsules non divergentes, cinq à sept épillets mul-
tiflores. . . . . . . C. CURTA. (C. Richardi. T.)
— *Id.* — *Bondy, etc.* — *Mai.* —

24 { Deux stigmates; capsules ordinairement comprimées. 25
Trois stigmates; capsules ordinairement triangulaires. 20

25 { Un seul épi mâle. 26
Plusieurs épis mâles. 27

26 { Gaîne des feuilles inférieures déchirée en forme de
réseau. . . . . C. STRICTA.
(C. melanochloros. T.)
— Marais. — Avril-mai. —
Gaîne non déchirée en réseau; racine rampante. .
. . . . C. CÆSPITOSA.
— Prés et bois humides. — Avril-mai. R.

27 { Gaîne des feuilles inférieures déchirée en forme de
réseau. . . . . C. STRICTA.
(C. melanochloros. T.)
— Marais. — Avril-mai. —
Gaîne des feuilles non déchirée en forme de ré-
seau. 28

28 { Racine fibreuse; épis longs, mous et penchés; écailles aiguës. . . . . C. ACUTA. — *Id*.
Racine rampante; épis courts, fermes et droits;
écailles obtuses. . . . . C. CÆSPITOSA.
— Prés et bois humides. — Avril-mai. —

29 { Un épi mâle. 50
Plusieurs épis mâles. 53

50 { Capsules velues ou cotonneuses. 51
Capsules glabres, quelquefois ciliées sur les angles
seulement. 59

51 { Epillets roux ou bruns, disposés en grappes ou en
épis. 32
Epillets blanchâtres, disposés comme les doigts de
la main. . . . . C. DIGITATA.
— Lieux ombragés. — Marcoussis, Fontainebleau. —
— Mai. R. —

32 { Epi femelle inférieur, porté sur un long pédicelle
       radical.. . . . . C. PRÆCOX.
     — *Bois arides et sablonneux. — Bois de Boulogne. —*
                        Avril. —
     Epi femelle inférieur, ne naissant pas de la ra
       cine.. . . . .

33 { Feuilles planes ou courbées en gouttières. . .   34
     Feuilles filiformes, roulées en dessus sur leurs
       bords.. . . . . C. FILIFORMIS.
     — *Marais de Bondy, Saint-Léger, etc. — Mai. —*

34 { Tige quatre fois plus courte que les feuilles; brac-
       tées argentées.. . . . . C. HUMILIS.
     — *Lieux arides. — Bois de Boulogne, Fontainebleau.*
                   — Avril-mai. —
     Tige au moins égale aux feuilles..   35

35 { Epi mâle obtus au sommet.   36
     Epi mâle aigu au sommet..   37

36 { Epis d'un roux brun; caps. anguleuse; pédicelles
       cachés dans la gaîne.. . . . . C. PRÆCOX.
                   — V. Accolade 32. —
     Epis sessiles, bigarrés de blanc et de brun; capsule
       ovoïde.. . . . . C. ERICETORUM.
     — *Bois de Fontainebleau. — Avril-mai. R. —*

37 { Epis femelles sessiles. 37*
     Epis femelles pédonculés. . . . . . . C. GLAUCA.
     — *Marais de Meudon, Montmorency, etc. — Mai. —*

37* { Caps. de la même longueur que les glumes. .   38
      Caps. deux fois plus longues que les glumes; brac-
        tées membraneuses.. . . . . . . C. MONTANA.
      — *Fontainebleau, etc. — Printemps. R. —*

38 { Capsule ovoïde pubescente.. . . . . C. PILULIFERA.
               — Prés secs. — Avril-mai. —
     Capsule globuleuse, cotonneuse . . C. TOMENTOSA.
               — Id. — Saint-Maur. — Id. R. —

39 { Feuilles glabres..   40
     Feuilles garnies de poils sur le dos et sur les bords.
       . . . . C. PILOSA.
       — Prés. — Avril-mai-juin. R. —

40 {
Capsule pointue ou prolongée en bec. 43
Capsule obtuse et non prolongée en bec.. . . . 41

41 {
Racine rampante.. 42
Racine fibreuse. . . . . . . C. PALLESCENS. — Id.

42 {
Feuilles glauques; tiges un peu rudes sur les an-
gles. . . . . C. GLAUCA.
— *V. Accolade 37.* —
Feuilles vertes; tiges lisses. . . . . . . C. PANICEA.
— *Prés et bois humides. — Avril-mai.* —

43 {
Capsules fourchues, dirigées vers la base de l'épi. .
. . . . C. PSEUDO-CYPERUS.
— *Fossés humides des bois. — Bondy, Ville-d'Avray.* —
Juin-juillet. —
Capsules droites ou étalées, mais non dirigées en
bas. 44

44 {
Trois ou quatre capsules dans chaque épi femelle. 45
Capsules nombreuses dans chaque épi femelle. 46

45 {
Bec de la capsule cilié. . . . . C. MAIRII. (C. et G.)
— *Étang d'Enghien, Mortfontaine, etc. — Mai-juin.* —
Bec de la capsule dépourvu de cils.. . . . . 45*

45* {
Un ou deux épis femelles; épi mâle épais, obtus,
presque en massue. . . . . C. MICHELII.
— *Prés élevés du Plessis-Piquet. — Mai-juin.* —
Trois à cinq épis femelles; épi mâle grêle, pointu.
. . . . C. DEPAUPERATA. (C. monilifera. T.)
— *Bois épais. — Vincennes, St-Germain, etc. — Id.* —

46 {
Epis jaunes lors de la maturité.. . . . . C. FLAVA.
— *Bois humides. — Bondy, etc. — Mai.* —
Epis roux ou bruns. 47

47 {
Gaîne des feuilles inférieures, prolongée au som-
met, en une membrane scarieuse.. 48
Gaîne non prolongée en membrane.. 49

48 {
Epi mâle long de 5 à 6 centimètres au plus; cap-
sules entières. . . . . C. DISTANS.
— *Prés humides. — Mai-juin.* R. —
Epi mâle long de 8 centimètres au moins; capsule
bidentée. . . . . C. BILIGULARIS.
— *Herbages de Saint-Léger. — Id.* R. —

49 { Epis femelles droits. 50
     Epis femelles étalés ou pendants. 52

50 { Epis mâles à écailles aristées. . . . . . C. EXTENSA.
            — Marais de Saint-Léger. — Id. R. —
     Epis mâles à écailles obtuses. 51

51 { Capsules à bec très-court. . . . . C. NITIDA.
            — Bois de Fontainebleau. — Id. R. —
     Capsules à bec allongé. . . . : . . . . . . C. FULVA.
            — Prés humides. — Juin-juillet. R. —

52 { Epis étalés; tige haute de 30 centimètres environ.
        . . . . C. PATULA. (C. drymeja. L.-M.)
            — Endroits humides des bois. — Mai-juin. —
     Epis pendants à la maturité; tige haute de un mètre
        au moins. . . . . C. MAXIMA.
            — Id. — Bondy, Saint-Léger. — Id. R. —

53 { Capsule glabre. 54
     Capsule velue et cotonneuse. 63

54 { Capsule terminée par un orifice entier. . . . 55
     Capsule terminée par deux pointes. 57

55 { Epis bruns ou bigarrés. 56
     Epis blanchâtres. . . . . C. PANICEA.
            — Prés et bois humides. — Avril-mai. —

56 { Tige droite, ferme; feuilles aussi longues que la
        tige. . . . . C. PALUDOSA. (C. rigens. T.)
            — Marais. — Mai-juin. —
     Tige arquée, ordinairement plus longue que les
        feuilles. . . . . C. GLAUCA.
            — V. Accolade 37. —

57 { Racine fibreuse. 58
     Racine rampante. 59

58 { Epis femelles grêles et longuement pédicellés. . .
        . . . . C. PATULA. (C. drymeja. Lin.)
            — Bois humides. — Mai-juin. —
     Epis femelles gros, courts, presque sessiles. . . .
        . . . . . C. HORDEISTICHOS. (C. hordeiformis. T.)
            — Marais de Bondy, Saint-Gratien, etc. — Mai. R. —

59 { Capsules renflées. 60
     Capsules non renflées. 61

60 {
Capsules ovales ; épis femelles un peu étalés. . . .
. . . . C. VESICARIA.
— *Bois marécageux.* — *Mai-juin.* —
Capsules globuleuses ; épis femelles droits.. . . .
. . . . C. AMPULLACEA. (C. longifolia. T.)
— *Marais de Saint-Léger, etc.* — *Id.* R.

61 {
Capsules terminées par un bec court ; épis allon-
gés. 62
Capsules terminées par un bec allongé ; épis courts
à écailles pointues. . . . . C. RIPARIA
— *Marais.* — *Avril-mai.* —

62 {
Trois ou quatre épis mâles à écailles obtuses. . .
. . . . C. PALUDOSA. (C. rigens. T.) — *Id.*
Deux épis mâles dont les écailles supérieures sont
aristées . . . . C. KOCHIANA.
— *Marais, fossés, rivières.* — *Id.* —

63 {
Feuilles glabres.. 64
Capsules, glumes, feuilles et gaînes hérissées de
poils. . . . . C. HIRTA.
— *Lieux humides.* — *Mai-juin.* —

64 {
Tiges droites ; feuilles filiformes et roulées ; épis
femelles presque globuleux. . . . C. FILIFORMIS.
— *Marais de Bondy, Saint-Léger.* — *Mai.* R. —
Tiges courbées ; feuilles glauques, non roulées ; épis
femelles cylindriques.. . . . . C. GLAUCA.
— *Marais de Meudon, Montmorency.* — *Mai.* —

Famille 90. GRAMINÉES. Juss.

Fleurs glumacées, presque toujours hermaphrodites ;
écaille extérieure (*glume*) renfermant une ou plusieurs
fleurs ; écaille intérieure (*balle*), ordinairement à 2
valves, et enveloppant immédiatement la fleur ; étamines le plus souvent **au nombre de trois**; 1 ovaire
libre, souvent entouré de deux petites écailles à sa
base ; fruit sec, monosperme, indéhiscent (*caryopse*);
périsperme farineux. — **Plantes herbacées, à tige cy-**
lindrique, entrecoupée de nœuds solides (*chaume*)

feuilles alternes, engaînantes, à gaîne fendue longitudinalement ; fleurs en épi ou en panicule.

* *Fleurs en panicule ou en épis digités; épillets uniflores.*

452. — **ANTHOXANTHUM.** *Flouve.* Glume à 2 valves ; balle à 2 valves aiguës, munies d'une arête courte sur le dos ; 2 étamines. — Fleurs en panicule resserrée en forme d'épi.

1 { Epis jaunâtres, solitaires. . . . . **A.** ODORATUM.
— Cult.; bon fourrage. — On dit qu'elle sert à aromatiser le tabac. — *Herbages secs.* — *Mai-juin.* —

453. — **CRYPSIS.** Glume à 2 valves ; balle à 2 valves inégales, lancéolées, plus longues que la glume ; point d'arête. — Fleurs en panicule resserrée en épi.

1 { Epis cylindriques, violacés ; fleurs très-petites, à trois étamines.. . . . . **C.** ALOPECUROÏDES.
(Heleochloa alop. — Host.)
— *Butte de Montmartre.* — *Août-septembre.* R. —

454. — **ALOPECURUS.** *Vulpin.* Glume à 2 valves ; balle à 2 valves, dont l'une portant une arête à sa base extérieure. — Fleurs en panicule resserrée en forme d'épi ovale ou cylindrique.

1 { Tiges et articulations droites. 2
Tige couchée et renflée à sa base ; articulations coudées. 3

2 { Epi glabre et lâche. . . . . **A.** AGRESTIS.
— *Champs.* — *Mai.* —
Epi velu, serré. . . . . . . **A.** PRATENSIS. — *Id.*

3 { Arête nulle ou plus longue que la balle ; épi de 10 à 20 millimètres. . . . . **A.** GENICULATUS.
— *Lieux humides.* — *Mai.* —
Arête très-petite ; anthères colorées ; épi de 25 millimètres et plus.. . . . . **A.** VENTRICOSUS.
(Pers. Synopsis plant.) — *Id.* — *Id.*

455. — **PHLEUM.** *Fléole*. Glume à 2 valves tronquées au sommet, pointues ; balles à 2 valves plus petites que la glume. — Fleurs en panicule très-serrée.

1 {
Racines fibreuses. 2
Racines bulbeuses.. . . : . . . . P. NODOSUM.
— *Lieux arides.* — Bon fourrage. — *Juin-juillet.* —

2 {
Epi linéaire, blanchâtre. . . . . . . P. PRATENSE.
— Excellent fourrage ; Timothy-grass des Anglais. —
— *Prairies.* — *Id.* —
Epi ovoïde, violet.. . . . . P. ALPINUM.
— *Prés élevés.* — *Canneville, Satory.* — *Id.* R. —

456. — **PHALARIS.** *Alpiste*. Glume à 2 valves égales, courbées en carène ; balle à 2 valves inégales, concaves, aiguës, plus courtes que la glume. — Fleurs en panicule spiciforme.

1 {
Balles glabres. 2
Balles ciliées sur le dos ; épis un peu rameux, grêles. . . . . P. PHLEOÏDES.
— *Lieux arides.* — *Mai.* —

2 {
Fleurs munies de longues arêtes. . P. UTRICULATA.
(Alopecurus utr. Pers.)
— *Lieux incultes.* — *Juin.* R.
Fleurs sans arêtes. . . . . P. CANARIENSIS.
— Graine-de-Canarie, cultivée ; industrie : colle des tisserands. — *Juillet.* —

457. — **LEERSIA.** *Léersie*. Glume nulle ; balle à 2 valves fermées, ciliées, mutiques, comprimées, en carène. — Fleurs en panicule lâche.

1 {
Fleurs à trois étamines.. . . . . . . L. ORYZOÏDES.
— Faux-riz. — *Iles de la Marne.* — *Juillet-août.* R. —

458. — **TRAGUS.** Glume à une seule valve ovale, convexe, aiguë, hispide au dehors ; balle à 2 valves inégales. — Fleurs en panicule spiciforme.

1 {
Epi grêle, linéaire, rougeâtre. . . . T. RACEMOSUS
(Cenchrus racem. Lin.)
— *Sables.* — *Bois de Boulogne,* etc. — *Juillet.* R. —

459. — **PANICUM.** *Panic.* Glume bivalve, munie d'une troisième valve à sa base externe ; balle à 2 valves persistantes. — Fleurs en panicule, entourées souvent à leur base de soies formant une espèce d'involucre.

1 { Fleurs munies à leur base de longues soies formant une espèce d'involucre.. 2
{ Fleurs dépourvues de soies à leur base. 5

2 { Axe de l'épi laineux. . . . . P. ITALICUM.
{ — Millet-des-oiseaux; cult. — *Juin-juillet.* —
{ Axe glabre. 5

3 { Epi muni de filets hispides et accrochants ; épillets verticillés. P. VERTICILLATUM. (Setaria verticill.)
{ — *Lieux cultivés.* — *Juillet-août.* —
{ Filets non accrochants.. 4

4 { Epi roussâtre ; graines chagrinées, rugueuses, feuilles glauques. . . . P. GLAUCUM. — *Id.* R.
{ Epi verdâtre ; feuilles vertes. . . . . . . P. VIRIDE.
{ — *Champs sablonneux.* — *Juillet-août.* —

5 { Gaînes des feuilles, glabres.. P. CRUS-GALLI. — *Id.*
{ Gaînes des feuilles velues. . . . . . . P. MILIACEUM.
{ — Mil, Millet; cultivé, alimentaire. — *Id.* —

460. — **PASPALUM.** *Paspale.* Glume à 2 valves membraneuses ; balle à 2 valves persistantes, crustacées. — Fleurs sessiles, en épis linéaires ordinairement digités.

1 { Glume à 2 valves inégales. 2
{ Glume à 2 valves sensiblement égales et pubescentes.. . . . . P. AMBIGUUM.
{ — *Lieux cultivés.* — *Eté.* —

2 { Valve externe de la glume étalée comme une bractée. . . . . P. DACTYLON. (Panic. dact. L.)
{ — Chiendent; Pied-de-poule; racine off., diurétique. — *Sables.* — *Eté.* —
{ Valve ext. de la glume non étalée.. P. SANGUINALE.
{ (Panicum sanguin. L.) — *Id.*

461. — **AGROSTIS.** *Agrostide.* Glume à 2 valves ; balle à 2 valves glabres, dont l'une porte quelquefois une arête sur le dos. — Fleurs en panicule.

1 { Fleurs nues, sans arête. 2
{ Fleurs munies d'une arête. 7

2 { Tige rampante à la base. . . . . . A. DECUMBENS.
{   'Gaudin. — (A. stolonifera. Fl. fr.)
{   — *Champs et fossés humides.* — *Été.* —
{ Tige droite ou coudée, mais non rampante. . . 3

3 { Glume beaucoup plus longue que la balle ; panicule
{   entrecoupée. . A. EFFUSA. (Milium effusum, L.)
{   — *Hauts bois.* — *Mai.* —
{ Glume dépassant peu la balle.. 4

4 { Tige haute de 15 centimètres au moins.. . . . 5
{ Tige haute de 25 à 50 millimètres environ ; épillets
{   sessiles. . . . . CHAMAGROSTIS (478).

5 { Tige cylindrique.. 6
{ Tige comprimée.. . . . . A. DUBIA.
{   — *Forêt de Crécy.* — *Juillet.* —

6 { Valves de la glume ne présentant de poils que sur
{   le dos. . . . . A. ALBA.
{   — *Lieux humides.* — *Été.* —
{ L'une des valves au moins pubescente sur toute sa
{   surface.. . . . . A. VULGARIS.
{   — *Prés, bois,* etc. — *Été.* —

7 { Arête recourbée ou tordue, et naissant du sommet
{   de la valve.. . . . . A. RUBRA. — *Id.*
{   — *Prés, chemins.* — *Juin.* —
{ Arête prenant naissance au-dessous du sommet de
{   la valve.. 8

8 { Arête plus longue que la glume.. 9
{ Arête plus courte que la glume, ou tout au plus
{   égale à elle.. 13

9 { Graines blanches et ternes.. 10
{ Graines noires et luisantes. . . . . A. PARADOXA.
{   — *Bois montueux.* — *Vincennes, Romainville,* —
{   *Juillet.* R. —

10 { Arête insérée peu au-dessous du sommet de la valve. 11
    Arête insérée à la base ou au milieu de la valve. 12

11 { Panicule serrée, interrompue ; balle univalve. . . . . A. INTERRUPTA.
    — *Champs sablonneux; murs. — Juin-juillet.* R. —
    Panicule étalée, non interrompue ; balle bivalve. . . . . A. SPICA—VENTI.
    — *Epi-du-vent ; excellent pâturage. — Champs. — Id.* —

12 { Tiges dressées. . . A. LENDIGERA. (Milium lendig.)
       — *Champs. — Mai-juin.* R. —
    Tiges coudées à la base.. . . . . A. CANINA.
    ' — *Remède pour la race canine. — Juin.* R. —

13 { Valves de la balle entières ; panicule serrée. . . . . A. LENDIGERA. (Milium lendig. L.) — *Id.*
    Une des valves de la balle échancrée ; panicule lâche, étalée. . . . . A. DUBIA.
      — *Coteaux arides. — Juillet.* —

462. — CALAMAGROSTIS. Glume à 2 valves ; balle à 2 valves chargées à leur base, ou sur toute leur surface, de longs poils soyeux. — Fleurs en panicule.

1 { Valves de la glume et pédicelles lisses. 2
   Valves de la glume et pédicelles hispides.. . . . 3

2 { Feuilles rudes, roulées en dessus. . . C. ARENARIA.
   — *Coteaux arides. — Malesherbes* (Bernard). — *Eté.* —
   Feuilles molles, à peu près planes. . C. COLORATA.
       (Phalaris arundinacea. L.)
   — **Roseau** ou **Chiendent-panaché, Herbe-à-ruban** ; cultivé. — *Lieux aquatiques. — Juin.* —

3 { Arête dorsale ; fleurs pressées. . . . C. EPIGEIOS.
      — *Lieux secs. — Eté.* —
   Arête terminale, scabre, très-courte, partant de l'échancrure. C. LANCEOLATA. (Arundo calamagr. L.)
    — *Prés, bois marécageux.— Juillet.* R. —

463. — STIPA. *Stipe.* Glume à **2** valves pointues :

balle à 2 valves, dont l'extérieure portant à son sommet une longue arête caduque, articulée à sa base. — Fleurs en panicule.

1 {
Arête plumeuse, hygrométrique. . . . . S. PENNATA.
— *Coteaux sablonneux. — Fontainebleau. — Mai-juin. R. —*
Arête très-glabre. . . . . S. CAPILLATA. — *Id.* R

** *Fleurs en panicule ; épillets multiflores.*

464. — **MELICA.** *Mélique.* Glumes à 2 valves, scarieuses sur les bords, renfermant 2—3 fleurs, dont une avortée, et 1—2 hermaphrodites ; balle à 2 valves ventrues. — Fleurs en panicule.

1 {
Balles glabres. 2
Balles bordées de longues soies. . . . M. CILIATA.
— *Côtes arides et rocheuses. — Fontainebleau, Meulan. — Juillet. R. —*

2 {
Membrane de la gaîne opposée au limbe de la feuille ; une balle et un rudiment dans chaque glume. . . . . M. UNIFLORA.
— *Bois. — Mai-juin. —*
Membrane de la gaîne non opposée au limbe ; deux balles et un rudiment dans chaque glume. . . . . M. MONTANA.
— Etang de Saint-Pierre, près Compiègne. (Leret.) — Mai-juin. R. —

465. — **AIROPSIS.** Glumes à 2 valves égales, luisantes, concaves, très-obtuses, et renfermant complétement les fleurs avant la maturité ; fleurs mutiques, au nombre de 2 dans chaque glume.

1 {
Fleurs en panicule étalée. . . . . . A. AGROSTIDEA.
— *Lieux humides de la forêt de Fontainebleau. — Eté.* R.

466. — **DANTHONIA.** *Danthonie.* Glume multiflore, à 2 valves grandes et concaves ; balles à 2 valves, dont l'extérieure, échancrée au sommet, porte au fond de son échancrure, une arête tantôt longue et tortue, tantôt à demi avortée.

1 { Panicule spiciforme. . . . . D. DECUMBENS.
— *Prés et bois secs. — Juin.* —

467. — **AVENA.** *Avoine.* Glume bivalve, à 2 ou plusieurs fleurs le plus souvent hermaphrodites et quelquefois mâles par avortement ; balle à 2 valves, dont l'extérieure porte sur son dos une arête genouillée. — Fleurs en panicule.

1 { Fleurs polygames. 2
{ Fleurs hermaphrodites.. 5

2 { Feuilles pubescentes ou rudes sur les bords.. . 3
{ Feuilles glabres et douces au toucher. 4

3 { Gaîne laineuse ; arête peu visible.. . . . A. LANATA.
(Holcus lanatus. L.)
— Houlque. — *Prés.* — *Juin-juillet.* —
Gaîne glabre ; arête très-apparente. . . . A. MOLLIS.
(Holcus moll. L.)
— *Moissons.* — *Juin-juillet.* —

4 { Racines fibreuses. . . . . A. ELATIOR.
— Fromental. — *Juin-juillet.* —
Racines portant des tubercules arrondis, souvent disposés en chapelet.. A. BULBOSA. (A. precatoria. T.)
— Avoine ou Chiendent-à-chapelet. — *Champs.* — *Armainvillers, Champigny*, etc. — *Juillet.* —

5 { Valves externes des balles échancrées au sommet. 6
{ Valves externes des balles entières. 7

6 { Feuilles inférieures glabres. . . . . . A. BREVIS.
— *Champs d'avoine.* — *Juin.* —
Feuilles infér. pubescentes.. . . . . A. FLAVESCENS.
— *Prés.* — *Mai-juin.* —

7 { Epillets dressés.. 8
{ Epillets pendants. 11

8 { 2-3 fleurs dans chaque épillet. 10
{ 4-6 fleurs dans chaque épillet.. 9

9 {
Tous les épillets sessiles. . . . . A. FRAGILIS.
— *Bondy, Saint-Maur.* — *Juin.* R. —
Tous ou plusieurs épillets pédicellés, formant une
panicule serrée. . . . . A. PRATENSIS.
— *Meudon, Bois de Boulogne, etc.* — *Juillet.* —
}

10 {
Feuilles glabres; épillets biflores. . A. ORIENTALIS
(A. racemosa. T.)
— A.-de-Hongrie; cult. — *Juillet.* —
Feuilles velues, surtout sur la gaîne; épillets tri-
flores. . . . . A. PUBESCENS.
— *Sables.* — *Bois de Boulogne, Vincennes,* etc. —
Juin. —
}

11 {
Balles garnies, à la base, de soies rousses fort épais-
ses. . . . . A. FATUA.
— *Folle-avoine.* — *Champs.* — *Juillet.* —
Balles glabres ou pubescentes. 12
}

12 {
Barbes longues et tortillées. . . . . . A. SATIVA.
— Cult. pour les chevaux. — L'Avoine mondée porte le
nom de *gruau.* Officinal. — *Id.* — *Id.* —
Barbes dressées, non tortillées. 13
}

13 {
Fleur supérieure de l'épillet dépourvue d'arête. .
. . . . . A. ORIENTALIS. (A. racemosa. T.) — *Id.*
Fleurs munies toutes d'arêtes. . . . . . A. NUDA.
— Cult. comme fourrage. — *Id.* — *Id.* —
}

468. — **AIRA.** *Canche.* Glume biflore, à 2 valves;
balle à 2 valves, dont l'extérieure porte une arête
genouillée, naissant de sa base. — Fleurs luisantes,
disposées en panicule.

1 {
Panicule étalée. 2
Panicule serrée. 5
}

2 {
Tige de 15 à 20 centimètres. . . A. CARYOPHYLLEA.
— *Bois.* — *Mai.* —
Tige de 30 centimètres à 1 mètre. 3
}

5 {
Feuilles capillaires. 4
Feuilles planes, striées. . . . . A. CÆSPITOSA.
— Cultivée comme excellent fourrage. — *Lieux om*
bragés. — *Juillet.* —
}

4 { Glumes à peu près égales ; pédoncules purpurins. .
. . . . A. DISCOLOR. T.
— *Lieux humides.* — *Saint-Léger, Rambouillet, etc.* —
Eté. R. —
Glumes très-inégales ; pédoncules verts, très-longs
et flexueux. . . . . A. FLEXUOSA.
— *Lieux secs.* — *Eté.* —

5 { Arêtes filiformes ; tige haute de 5 à 8 centimètres..
. . . . A. PRÆCOX.
— *Sables humides.* — *Meudon, Sèvres, etc.* — *Avril.* —
Arêtes épaissies au sommet ; tige haute de 25 à 55
centimètres. . . . . A. CANESCENS.
— *Sables.* — *Bois de Boulogne, Romainville.* — *Eté.* —

469. — ARUNDO. *Roseau.* Glume multiflore, à 2
valves ; balle à 2 valves velues à l'extérieur. — Fleurs
en panicule.

1 { Tige de 1 à 2 mètres ; feuilles entièrement glabres.
. . . . A. PHRAGMITES.
— Roseau-à-balais ; industrie ; officinal, racine anti-sy-
philitique. — *Marécages.* — *Septembre.* —
Tige de 60 centimètres à 1 mètre ; feuilles velues à
l'ouverture de la gaîne.. . . . . A. NIGRICANS. M.
— *Bois d'Yerres, etc.* — *Juin-juillet.* R. —

470. — FESTUCA. *Fétuque.* Glume multiflore, à 2
valves, balle à 2 valves très-aiguës, presque toujours
terminées par une arête. — Fleurs en panicule.

1 { Balles aiguës, dépourvues d'arêtes.. 2
Balles terminées par une arête. 6

2 { Feuilles planes. 3
Feuilles filiformes, roulées sur elles-mêmes, rudes
au toucher.. . . . . F. OVINA.
— Excellente pâture pour les moutons. — *Mai.* —

3 { Epillets contenant plus de cinq fleurs. 4
Epillets contenant moins de cinq fleurs. . . . . .
. . . . F. CÆRULEA. (Aira cær. L. — Poa cær. M.)
— **Fourrage** ; industrie, cordes, nattes, etc. — *Prés et
bois couverts.* — *Août.* —

4 { Panicule simple, composée d'épillets sessiles. . . . .
. . . . F. LOLIACEA. (F. phœnix, T.)
— *Prés humides.* — *Saint-Gratien,* etc. — *Juin.* —
Panicule rameuse ; épillets pédonculés. 5

5 { Epillets contenant de 10 à 15 fleurs. . . F. INERMIS.
— *Prés humides.* — *Juin.* —
Epillets contenant de 6 à 9 fleurs. . . F. ELATIOR.
— *Prés élevés.* — *Mai-juin.* —

6 { Arête plus courte que les valves de la glume. . 7
Arête plus longue que les valves de la glume.. 13

7 { Toutes les feuilles planes, roulées ou pliées longitudinalement.. 8
Feuilles inférieures roulées , les supérieures planes.. 12

8 { Feuilles roulées ou pliées longitudinalement. . 9
Feuilles planes, glabres.. . . . . . F. ARUNDINACEA.
— *Bords de la Seine, îles de la Marne,* etc. — *Eté.* —

9 { Balles pubescentes au sommet.. 10
Balles tout à fait glabres. 11

10 { Tige presque carrée à la base ; feuilles rudes au tou-
cher. . . . . F. OVINA.
— *V. Accolade 2.* —
Tige arrondie ; feuilles lisses, d'une belle couleur
glauque. . . . . F. GLAUCA.
— *Sables.* — *Juin.* —

11 { Feuilles glabres, rudes ; tiges hautes de 20 à 25
centimètres. . . . . F. OVINA.
— *V. Accolade 2.* —
Feuilles pubescentes en dessus ; tige haute de 50 à
60 centimètres.. . . . . F. DURIUSCULA.
— *Lieux incultes.* — *Juin.* —

12 { Feuilles pubescentes en dessus. . . . . F. RUBRA.
— *Pâturages secs.* — *Juin-juillet.* —
Feuilles glabres.. . . . . F. HETEROPHYLLA.
— *Bois,* etc. — *Juin.* —

13 { Pédicelles des épillets très-dilatés et comprimés à
leur base.. . . . . F. UNIGLUMIS.
— *Sables.* — *Juin.* —
Pédicelles non dilatés à leur base.. 14

14 〈 Gaîne des feuilles munie d'une membrane à son
sommet. . . . . F. **myurus.** — *Id.*
— *Lieux incultes.* — *Eté.* —
Gaîne des feuilles portant une tache brune au lieu
de membrane.. . . . . . F. **bromoïdes.** Smith.
— *Sables; murs.* — *Juin-juillet.* —

471. — **KŒLERIA.** *Keulérie.* Glume de 2—5 fleurs
à 2 valves carénées; balle à 2 valves, l'extérieure
pointue ou munie d'une arête très-courte naissant du
sommet; l'intérieure étroite, enveloppée par la première. — Fleurs en panicule serrée.

1 〈 Panicule spiciforme, luisante. . . . K. **cristata.**
— *Endroits sablonneux.* — *Juin.* —

472. — **POA.** *Paturin.* Glume multiflore, à 2 valves; balle à 2 valves dépourvues d'arêtes, scarieuses
sur les bords, et ordinairement obtuses.

1 〈 Epillets portant deux fleurs.. 2
Epillets portant plus de deux fleurs. 5

2 〈 Glumes ou balles obtuses.. 3
Glumes aiguës ainsi que les balles.. 4

3 〈 Balle plus courte que la glume qui est violette; pé-
dicelles géminés, dichotomes.. . Airopsis (465).
Balle plus longue que la glume qui est verte.. . .
. . . . P. **airoïdes.** (Aira aquatica. L.)
— *Lieux humides.* — *Saint-Léger, Gentilly, etc.* — *Mai-
juin.* —

4 〈 Glumes égales aux fleurs.. . . . . . P. **nemoralis.**
— *Bois de Meudon, Saint-Germain, etc.* — *Juin.* —
Glumes plus courtes que les fleurs.. . P. **glauca.**
— *Bois de Romainville.* — *Juin.* —

5 〈 Trois à cinq fleurs dans chaque épillet. 6
Plus de cinq fleurs dans chaque épillet. 15

6 〈 Panicule serrée ou déjetée d'un côté.. 7
Panicule lâche disposée en tous sens. 10

7 { Chaume renflé à sa base et simulant une racine bulbeuse. . . . . P. BULBOSA.
— *Lieux arides.* — *Mai-juin.* —
Tige sans renflement à la base. 8

8 { Tiges comprimées surtout à la base. 9
Tiges presque cylindriques; fleurs en panicule spiciforme. . . . . KOELERIA (471).

9 { Panicule serrée, comprimée. . . . . . P. COMPRESSA.
— *Sables, murs.* — *Juin.* —
Panicule lâche, interrompue. . . . . . P. ANNUA,
— *Lieux cultivés.* — *Eté.* —

10 { Tige cylindrique. 11
Tige comprimée, surtout à la base. 14

11 { Feuilles planes ou pliées en long. 12
Limbe des feuilles inférieures roulé et paraissant capillaire. . . . . P. ANGUSTIFOLIA.
— *Prés, champs,* etc. — *Printemps.* —

12 { Gaîne des feuilles lisse. 13
Gaîne des feuilles rude, ainsi que le haut de la tige et les pédoncules. . . . . P. SCABRA.
— *Prés et bois.* — *Mai-juin.* —

13 { Valves des balles marquées de nervures ; membrane de la gaîne des feuilles allongée et pointue. P. PALUSTRIS.
— *Prés humides.* — *Juin.* —
Valves des balles un peu scarieuses ; membrane de la gaîne courte et tronquée. . . . . P. PRATENSIS.
— *Prés et champs.* — *Juin.* —

14 { Tige de 50 cent. à 1 mèt. de haut. . P. NEMORALIS.
— *Bois de Saint-Germain, Meudon.* — *Juin.* —
Tige comprimée, n'atteignant jamais 30 centimètres de haut. . . . . P. ANNUA.
— *Lieux cultivés.* — *Eté.* —

15 { Six à douze fleurs dans chaque épillet. . . . 16
Vingt fleurs environ dans chaque épillet. . . . . P. MEGASTACHYA. (Briza eragrostis. L.)
— *Sables, Bois de Boulogne,* etc. — *Eté.* —

16 { Panicule lâche, égale en tous sens. 17
Panicule serrée, ou unilatérale. 23

17 { Tiges cylindriques. 18
　　{ Tiges comprimées. 22

18 { Feuilles marquées de deux taches rouillées à l'ou-
　　{ 　verture de leur gaîne.. 19
　　{ Point de taches à l'ouverture de la gaîne. . . 20

19 { Tige flottante sur l'eau, feuillée jusqu'à la panicule.
　　{ 　. . . . . P. FLUITANS. (Festuca fluit. L.)
　　{ — Herbe-à-la-Manne; semences alimentaires. — *Eaux*
　　{ 　　　　*stagnantes*. — *Eté.* —
　　{ Tige dressée, nue vers le haut; panicule très-ample;
　　{ 　épillets étalés. . . . . P. AQUATICA.
　　{ — *Bords des eaux.* — *Saint-Gratien*, etc. — *Eté.* —

20 { Epillets de six fleurs au plus.. 11
　　{ Epillets de sept fleurs au moins.. 21

21 { 10 à 11 fleurs dans chaque épillet; gaîne irréguliè-
　　{ 　rement velue. . . . . P. ERAGROSTIS.
　　{ — Excellent fourrage. — *Lieux incultes.* — *Juin.* —
　　{ 7-8 fleurs dans chaque épillet; gaîne entourée de
　　{ 　poils à son orifice. . . . . P. PILOSA. — *Id.* R.

22 { Tige feuillée jusqu'à la panicule; épillets d'un vert
　　{ 　pâle.. . . . . . . P. FLUITANS. (Festuca fluit. L.)
　　{ 　　　　— *V.* Accolade 19. —
　　{ Tige nue dans sa partie supérieure; épillets rougeà-
　　{ 　tres au sommet. . . . . P. COMPRESSA.
　　{ 　　　　— *V.* Accolade 9. —

23 { Tige cylindrique; épillets violacés, verdâtres ou
　　{ 　blanchâtres. 24
　　{ Tige comprimée au moins à la base; épillets rou-
　　{ 　geâtres. . . . . P. COMPRESSA.
　　{ 　　　　— *V.* Accolade 9. —

24 { Panicule portée d'un seul côté . . . . . P. RIGIDA.
　　{ 　　　　— *Sables.* — *Juin.* —
　　{ Panicule égale des deux côtés; plante aquatique,
　　{ 　flottante.. . . . . P. FLUITANS. (Festuca fluit. L.)
　　{ — Manne-de-Prusse; graine alimentaire. — *Eaux sta-*
　　{ 　　　　*gnantes.* — *Eté.* —

473. — **BRIZA.** *Brize*. Glume multiflore, à 2 valves; balle à 2 valves ventrues, obtuses, cordiformes.

— Fleurs en panicule divergente, à épillets pendants.

1 { Epillets violets à la base; panicule très-ouverte.   2
{ Epillets d'un vert pâle, non violets à leur base; panicule resserrée. . . . . B. VIRENS.
{ — *Bois, moissons.* — *Juin-juillet.* —

2 { Epillets ovales. . . . . B. MEDIA.
{ —Amourette, Tremblotte, Gramen tremblant, etc. —
{ *Prés secs.* — *Mai-juin.* —
{ Epillets triangulaires. . . . . B. MINOR.
{ — *Pelouses.* — *Juin.* R.

474. — **BROMUS**. *Brome.* Glume multiflore, à 2 valves égales; balle à 2 valves : l'extérieure plus grande, concave, portant une arête insérée presque à son sommet, et l'intérieure plus petite, plissée, chargée de deux rangées de cils.

1 { Feuilles de largeur à peu près égale. 2
{ Feuilles supérieures sensiblement plus larges que les inférieures.. . . . . B. ERECTUS.
{ — *Prés.* — *Juin.* —

2 { Toutes les feuilles glabres. 3
{ Feuilles inférieures velues ou pubescentes.. . . 4

3 { Epillets glabres; arêtes plus longues que les fleurs.
{ . . . . B. GIGANTEUS. (Festuca gig. M.)
{ — *Bois, prés.* — *Juillet.* R. —
{ Epillets pubescents. . . . . B. GROSSUS.
{ — *Lieux stériles.* — *Juin-juillet.* —

4 { 2-4 fleurs dans chaque épillet; arête plus longue que la fleur. . . . . B. GIGANTEUS.
{ — *V. Accolade 3.* —
{ Plus de 4 fleurs dans chaque épillet. 5

5 { Balles velues ou pubescentes à leur surface extérieure.. 11
{ Balles glabres à leur surface extérieure.. . . . 6

6 { Gaînes des feuilles inférieures pubescentes. . . 7
{ Gaînes toutes glabres. 10

1 { Valves externes des balles entières au sommet ; bord des glumes un peu scarieux. . . . B. PRATENSIS.
— *Prés, champs. — Eté. —*
Valves externes échancrées au sommet. 8

8 { Epillets glabres. 9
Epillets pubescents, ne renfermant que cinq à six fleurs. . . . . B. TECTORUM.
— *Lieux arides. — Eté. —*

9 { Arête très-divariquée; épillets contenant neuf ou dix fleurs. . . . . B. SQUARROSUS.
— *Champs. — Eté.* R. —
Arête presque droite; épillets contenant six à huit fleurs. . . . . B. RACEMOSUS. Sm.
— *Prés, champs, chemins. — Juin.—*

10 { Feuilles supér. plus longues que les infér.; épillets comprimés. . . . . B. SECALINUS. — *Id.*
Feuilles supérieures plus courtes; épillets peu comprimés. . . . . B. ARVENSIS.
— *Prés, champs. — Eté. —*

11 { Gaîne des feuilles couverte de poils roides ou épars. 12
Gaîne couverte d'un duvet mou. 13

12 { Barbe plus courte que la balle. . . . . . B. ASPER.
— *Lieux ombragés. — Juin-juillet. —*
Barbe beaucoup plus longue que la balle; feuilles molles. . . . . B. STERILIS.
— *Lieux arides. — Eté. —*

13 { Feuilles à limbe velu ou pubescent. 14
Feuilles à limbe glabre; épillets de huit à douze fleurs. . . . . B. MULTIFLORUS.
— *Moissons, etc. — Juin. —*

14 { Panicule droite; épillets arrondis, de huit à dix fleurs. . . . . B. MOLLIS.
— *Prés, champs, etc. — Eté.*
Panicule penchée; épillets linéaires de cinq à sept fleurs. . . . . B. TECTORUM.
— *Lieux arides. — Eté. —*

475. — **DACTYLIS.** *Dactyle.* Glume à **2** valves aiguës, inégales, courbées en carène; balle à 2 valves carénées, dont l'une porte une arête très-courte. — Fleurs en panicule serrée.

1 { Epillets nombreux, pelotonnés, formant une panicule unilatérale.. . . . . D. GLOMERATA.
— *Prés*, etc. — *Été.* —

⁎⁎ *Fleurs en épi, souvent enfoncées dans les concavités de l'axe.*

476. — **CYNOSURUS.** *Crételle.* Glume à 2 valves, à 2—5 fleurs; balles à 2 valves entières; épillets munis à leur base d'une bractée foliacée, découpée.

1 { Epi étroit, unilatéral. . . . . C CRISTATUS.
— *Prés, bois,* etc. — *Juin.* —

477. — **SESLERIA.** *Seslérie.* Glume de 2—3 fleurs, à 2 valves; balle à 2 valves, l'extérieure trifide, et l'intérieure bifide. — Fleurs en épi serré.

1 { Epi long, bleuâtre et quelquefois blanchâtre ou jaunâtre à la maturité. . . . . S. CÆRULEA.
— *Côtes arides.* — *Fontainebleau,* etc. — *Printemps.* —

478. — **CHAMAGROSTIS.** Glume uniflore, à 2 valves égales, oblongues, obtuses, tronquées; balle membraneuse, très-petite, formant une espèce de godet lacéré au sommet; 2 stigmates. — Fleurs en épi unilatéral.

1 { Tiges de 25 à 60 millimètres, nombreuses; épi linéaire, rougeâtre. C. MINIMA. (Agrostis minima. L.)
— *Bois de Boulogne, Romainville,* etc. — *Mars-avril.* —

479. — **NARDUS.** *Nard.* Glume aiguë, uniflore, à 2 valves; balle nulle; stigmate unique. — Fleurs en épi unilatéral.

1 { Epi droit, linéaire.. . . . . N. STRICTA.
— *Cheveux-de-Lapon, Barbe-de-vieillard.* — *Sables; Saint-Léger,* etc. — *Mai-juin.* R. —

480. — **ÆGILOPS.** *Egilope.* Glume à 2 valves coriaces, l'extérieure portant à son sommet 3—5 arètes, et renfermant trois fleurs, dont celle du milieu est mâle ; balle à 2 valves, dont l'extérieure se termine par 3—4 barbes. — Fleurs très-enfoncées dans les concavités de l'axe.

1. Epi gros, ovoïde ; épillets inférieurs à trois barbes. . . . . Æ. OVATA. — Semences alimentaires. — *Bord des chemins ; Fontainebleau. — Juin-juillet.* R. — Epi allongé ; épill. infér. à deux barbes, les supérieurs souvent stériles. . . . . Æ. TRIUNCIALIS. — *Lieux secs et élevés, près l'étang de Moret.— Id. —*

481. — **TRITICUM,** *Froment.* Axe denté ; épillets solitaires, opposés à l'axe ; glume multiflore, à 2 valves ; balle à 2 valves.

1. Epi serré et imbriqué. 2
Epillets écartés, non imbriqués. 5

2. Epi simple.. 3
Epi rameux. . . . . T. COMPOSITUM. — Blé-de-miracle. — Cultivé. — *Juin.* —

3. Epi épais, imbriqué en tous sens. 4
Epi comprimé dont les épillets sont placés sur deux rangs opposés.. . . . . T. MONOCOCCUM. — Petite Epeautre. — Cultivée. — *Juin-juillet.* —

4. Glumes adhérentes autour de la graine à la maturité ; balles aristées. . . . . T. SPELTA. — Épeautre. — Cultivée. — *Juin.* — Glumes n'adhérant pas autour de la graine à la maturité ; balles mutiques. . . . . . . T. SATIVUM. (T. æstivum et hybernum. L.) — Froment proprement dit. — Cultivé. — *Juin.* —

5. Valves des balles pubescentes, velues ou fortement ciliées.. 6
Valves des balles glabres.. 8

6 {
Valves externes des balles bordées de cils roides ;
tige genouillée. . . . . T. CILIATUM.
(Bromus distachyos. L.)
— *Lieux secs et élevés.* — *Été.* R. —
Valves externes des balles velues **ou pubescen-**
tes. **7**
}

7 {
3 à 9 fleurs par épillet ; barbes de dix à quinze
millimètres. . . . . T. SYLVATICUM.
— *Haies, bois,* etc. — *Juin-juillet.* —
9 à 18 fleurs par épillet ; barbes nulles ou de trois
à quatre millimètres. . . . . T. PINNATUM.
(Bromus pinnatus. L.)
— *Bois, rochers,* etc. — *Été.* —
}

8 {
Balles terminées par une arête. **9**
Balles sans arêtes. **11**
}

9 {
Limbe des feuilles linéaire, d'un millimètre de lar-
geur ; fleurs unilatérales. . . . . . . T. NARDUS.
— Faux Nard. — *Lieux secs et arides.* — *Été.* —
Limbe des feuilles de 7-8 millim. de largeur. . **10**
}

10 {
Racine rampante ; tige droite, assez ferme ; feuilles
molles. . . . . T. REPENS.
— Chiendent ; offic., racine diurétique. — *Été.* —
Racine fibreuse ; tige faible et penchée au sommet.
. . . . T. SEPIUM. (Elymus caninus. L.)
— *Haies, buissons,* etc. — *Juin.* —
}

11 {
Valves des glumes lisses. . . . . T. POA.
— *Lieux arides.* — *Juin.* —
Valves des glumes striées en long. **12**
}

12 {
Axe des épillets lisse ; glumes aiguës ; tige feuillée
du haut en bas. . . . . T. REPENS.
— *V.* Accolade 10. —
Axe des épillets rude ; glumes obtuses ; tige nue du
haut. . . . . T. RIGIDUM.
— *Lieux secs et arides.* — *Été.* —
}

482. — **SECALE.** *Seigle.* Axe denté ; épillets solitaires sur les dents de l'axe ; glume 2.—3 flore, à 2
valves ; balle à 2 valves, dont l'extérieure aristée au
sommet.

$$1 \begin{cases} \text{Epi chargé de longues barbes.. . . . . S. CEREALE.} \\ \text{— Cultivé, alimentaire, industriel ; le Seigle ergoté} \\ \text{off., stimulant la matrice. — } \textit{Mai.} \text{ —} \end{cases}$$

483. — LOLIUM. *Ivraie.* Axe de l'épi denté ; épillets solitaires, parallèles à l'axe ; glume multiflore, à 2 valves, dont l'extérieure grande, et l'intérieure plus petite, souvent avortée ; balle à 2 valves.

$$1 \begin{cases} \text{Epillets composés de douze fleurs au plus. . . . 2} \\ \text{Epillets formés de dix-huit fleurs au moins. . . .} \\ \text{. . . . . L. MULTIFLORUM.} \\ \text{— Ray-grass d'Italie. — } \textit{Lieux cultivés.} \text{ — } \textit{Chaillot, îles} \\ \textit{de Charenton.} \text{ — } \textit{Juillet. R.} \text{ —} \end{cases}$$

$$2 \begin{cases} \text{Epillets de cinq à douze fleurs.. . . . . 3} \\ \text{Epillets de trois à quatre fleurs.. . . . . L. TENUE.} \\ \text{— } \textit{Lieux incultes, Meudon, etc.} \text{ — } \textit{Eté.} \text{ —} \end{cases}$$

$$3 \begin{cases} \text{Tige lisse au toucher. . . . . L. PERENNE} \\ \text{— Ray-grass. — } \textit{Eté.} \text{ —} \\ \text{Tige rude au moins dans le haut ; glume aiguë plus} \\ \text{longue que l'épillet. . . . . . . L. TEMULENTUM.} \\ \text{Ivraie enivrante ; vénéneuse.— } \textit{Moissons.} \text{ — } \textit{Eté.} \text{ —} \end{cases}$$

484. — ELYMUS. *Elyme.* Axe de l'épi denté ; 2—3 épillets sur chaque dent de l'axe ; glume de 2—4 fleurs à 2 valves souvent étalées, et simulant un involucre ; balle à 2 valves ; fleurs supérieures quelquefois mâles.

$$1 \begin{cases} \text{Epillets ternés, dont un sessile . . . . E. EUROPÆUS.} \\ \text{— } \textit{Bois humides ; Compiègne, etc.} \text{ — } \textit{Juin. R.} \text{ —} \end{cases}$$

485. — HORDEUM. *Orge.* Axe de l'épi denté ; épillets ternés sur chaque dent de l'axe, les latéraux souvent mâles et pédicellés, celui du milieu hermaphrodite et sessile ; glume uniflore, à 2 valves simulant un involucre.

$$1 \begin{cases} \text{Toutes les fleurs hermaphrodites. . . . . 2} \\ \text{Fleurs latérales mâles.. . . . . 4} \end{cases}$$

2 { Epi anguleux.. 3
{ Epi cylindrique.. . . . . ELYMUS (484).

3 { Epi quadrangulaire ou présentant six rangées sensi-
blement égales. . . . . H. HEXASTICHUM.
— Escourgeon, O. carrée ; cultivée. — *Juillet.* —
Epi comprimé et à rangs inégaux. . . H. VULGARE.
— Epeautre, Orge céleste ; cultivée, officinale, alimen-
taire. — *Juillet.* —

4 { Epi comprimé. 5
{ Epi cylindrique.. 6

5 { Epi égal, allongé ; balles s'écartant lors de la ma-
turité. . . . . H. DISTICHUM.
— O.-à-deux-rangs ; cultivée. — *Juillet.* —
Epi pyramidal ; balles ne s'ouvrant pas lors de la
maturité.. . . . . H. ZEOCRITON.
— Orge pyramidale, Orge-de-Russie, cultivée, fourrage.
— *Juillet.* —

6 { Feuilles supérieures glabres. . . . . . H. SECALINUM.
— Cultivée. — *Juin.* —
Feuilles supérieures velues. . . . . . H. MURINUM.
— *Murs, chemins.* — *Eté.* —

**** *Fleurs mâles et femelles placées dans des épillets
distincts.*

486. — **ANDROPOGON.** *Barbon.* Epillets uniflores,
les uns mâles, pédicellés, sans arêtes, les autres hermaphrodites, sessiles, munis d'une arête, qui part du
sommet de la balle ; glume hérissée de poils à l'extérieur. — Fleurs en épis ordinairement digités.

1 { Epis digités, purpurins.. . . . . . A. ISCHÆMUM.
— Barbon, Pied-de-poule. — *Lieux secs ; Compiègne,
Senlis, etc. — Mai. R.* —

487. — **MAYS.** *Maïs.* Epillets mâles biflores, disposés
en panicules terminales ; épillets femelles uniflores,
en épis axillaires ; stigmates très-longs ; graines lisses,

arrondies, disposées d'une manière régulière, et comme incrustées dans l'axe de l'épi.

1 { Epis femelles entourés de gaines ; épis mâles nus ; styles très-longs. . . . . . M. ZEA. (Zea mays. L.) — Blé-de-Turquie ; cultivé, alimentaire. — *Eté.* —

Famille 91. LEMNACÉES. Duby.

Fleurs monoïques, renfermées d'abord complétement dans une spathe sessile, monophylle, comprimée, mince et membraneuse. Cette spathe se fend sur l'un de ses faces pour laisser saillir les étamines et le style ; chaque spathe renferme une fleur femelle formée d'un pistil unique, et 1—2 fleurs mâles composées d'une seule étamine ; ces étamines offrent un filet cylindrique plus long que le pistil, terminé à son sommet par 2 anthères juxtaposées, globuleuses, uniloculaires, et s'ouvrant chacune par un sillon longitudinal ; le pistil offre un ovaire ovoïde, comprimé, à une seule loge ; le style est gros, cylindrique, terminé par un stigmate tronqué et concave ; le fruit est une petite capsule arrondie, quelquefois comprimée, contenant une ou plusieurs graines, et restant indéhiscente ; il n'y a point de périsperme. — Petites herbes annuelles, flottant à la surface des eaux, où elles ressemblent à de petites feuilles lenticulaires, dépourvues de tige ; du bord de chacune de ces feuilles on voit sortir soit une autre feuille de laquelle il doit en sortir une troisième un peu plus tard, soit les fleurs, et ordinairement une ou plusieurs racines qui descendent perpendiculairement.

488. — **LEMNA.** *Lenticule.* Mêmes caractères que ceux de la famille. — Espèces officinales résolutives. — Floraison en été.

1 { Feuilles simples et sessiles.. 2
{ Feuilles pétiolées, trilobées. . . . . . L. TRISULCA.
— *Eaux stagnantes.* — R.—

2 { Feuilles munies de racines en dessous. 3
{ Feuilles sans racines.. . . . . L. ARHIZA. — *Id.* R.

3 { Racine solitaire sous chaque feuille. 4
{ Plusieurs racines réunies en faisceaux sous chaque
{ feuille. . . . . L. POLYRHIZA.
{ — *Id. et eaux courantes; Gentilly, Juvisy,* etc. —

4 { Feuilles dont la face inférieure est fortement gon-
{ flée. . . . . L. GIBBA.
{ — *Eaux stagnantes; Saint-Léger, Saint-Gratien,* etc. —
{ Feuilles presque planes à leurs surfaces supérieures
{ et inférieures. . . . . L. MINOR.
{ —Lentille d'eau. — *Commune sur les eaux sta-*
{ *gnantes.* —

3e CLASSE. ENDOGÈNES (MONOCOTYLÉDONÉES)
CRYPTOGAMES.

Tige dépourvue de moelle centrale et de rayons mé-dullaires, ne se composant pas de deux parties dis-tinctes, mais formée de fibres éparses, entremêlées d'un tissu cellulaire qui les unit entre elles, plus compacte à la circonférence qu'au centre, où se trou-vent les fibres les plus jeunes ; feuilles ordinairement entières, à nervures simples, quelquefois lobées et à nervures rameuses ; fleurs non distinctes ; embryon muni d'un seul cotylédon.

Famille 92. CHARACÉES. Rich.

Fleurs axillaires dépourvues de périgone, formées

d'une capsule uniloculaire, monosperme; péricarpe composé de deux enveloppes : l'externe membraneuse, transparente, très-mince, terminée au sommet par cinq dents en rosace; l'interne dure, sèche, opaque, formée de cinq valves étroites, contournées en spirale. — Plantes aquatiques, croissant dans les mares et les fossés; leurs tiges sont rameuses, faibles, cassantes; elles présentent, de distance en distance, des rameaux verticillés, au nombre de 8—10; ces rameaux, dans les verticilles supérieurs, portent, sur leur bord supérieur, 3, 4 ou 5 capsules, entourées chacune à leur base de 2—3 bractées ou petits rameaux avortés (*calice*, L.) ; outre ces capsules, les rameaux portent encore des tubercules sessiles, arrondis, rouges ou orangés (*fleurs mâles*, L.), formés extérieurement d'une membrane réticulée, transparente, présentant à l'intérieur un fluide mucilagineux au milieu duquel on observe des filaments blanchâtres, articulés et transparents, et d'autres corps cylindriques, fermés à l'une de leurs extrémités et paraissant s'ouvrir à l'autre; ces sortes de tubes sont remplis d'une matière rougeâtre qui donne cette couleur aux tubercules, et qui disparaît assez promptement et longtemps avant la maturité du fruit.

489. — **Chara.** *Charagne.* Mêmes caractères que ceux de la famille.

1 { Capsules solitaires. 2
  { Capsules agrégées plusieurs ensemble. 7

  { Tige évidemment striée. 3
  { Tige lisse ou à peine striée. 5

$$3 \begin{cases} \text{Tige hérissée de petits aiguillons, au moins vers les} \\ \quad \text{sommités. . . . . 4} \\ \text{Tige entièrement dépourvue de petits aiguillons. .} \\ \quad \text{. . . . . C. VULGARIS.} \\ \quad \text{— Herbe-à-écurer. — Eaux stagnantes. — Eté. —} \end{cases}$$

$$4 \begin{cases} \text{Aiguillons épars sur toute la surface de la tige er} \\ \quad \text{des rameaux. . . . . C. HISPIDA.} \\ \quad \text{— Herbe-à-écurer. — Id. — Eté.} \\ \text{Aiguillons placés seulement vers les sommités de la} \\ \quad \text{plante. . . . . C. TOMENTOSA. — Id.} \end{cases}$$

$$5 \begin{cases} \text{Capsules disposées le long des rameaux. . . . . 6} \\ \text{Rameaux ne portant des capsules que dans leur tiers} \\ \quad \text{inférieur. . . . . C. CAPILLACEA. — Id.} \end{cases}$$

$$6 \begin{cases} \text{Plante atteignant 15 à 25 cent. de longueur ; fruits} \\ \quad \text{plus longs que les bractées. . . . . C. VULGARIS.} \\ \quad \text{— Herbe-à-écurer. — Id. — Eté. —} \\ \text{Plante ne dépassant pas 10 centimètres de longueur ;} \\ \quad \text{fruits courts. . . . . C. BATRACHOSPERMA. — Id.} \end{cases}$$

$$7 \begin{cases} \text{Tige d'un vert foncé ; capsules agrégées par 7–8, et} \\ \quad \text{munies de bractées. . . . . C. FLEXILIS.} \\ \quad \text{(C. translucens. Pers.)} \\ \quad \text{— Mares et petits étangs : Fontainebleau. — Eté. —} \\ \text{Tige d'un vert clair ; capsules agrégées par trois,} \\ \quad \text{sans bractées. . . . . C. SYNCARPA. — Id. — Id.} \end{cases}$$

Famille 93. ÉQUISÉTACÉES. Rich.

Fructifications terminales, en épi formé d'écailles peltées et disposées en verticilles plus ou moins réguliers ; chaque écaille représente un disque le plus souvent à peu près hexagone, porté sur un pédicelle central, et soutenant, à la surface inférieure, 6—8 sacs membraneux qui contiennent les corps reproducteurs ; à la maturité, on voit ces écailles s'écarter, les sacs qu'elles supportent s'ouvrir par une fente longitudinale, et une poussière abondante d'un gris verdâtre s'échapper de ces sacs. En examinant cette

poussière au microscope, on la trouve composée de
grains verts, sphériques (*corps reproducteurs*), donnant attache, sur un des points de leur surface, à deux
filaments disposés en croix (*anthères*, Hedwig), et se
terminant à chacune de leurs extrémités par un renflement en forme de spatule ; chaque grain paraît ainsi
supporter quatre filaments, tubuleux et membraneux,
spatulés ; ces filaments, très-hygroscopiques, s'enroulent, par l'influence de l'humidité, autour du globule, tandis que la sécheresse les fait étaler. — Plantes
dépourvues de feuilles, à tiges articulées, simples ou
rameuses ; rameaux verticillés, articulés ; articles entourés d'une gaîne monophylle. — Les tiges fertiles,
ou chargées de fructifications, présentent souvent,
dans la même espèce, un aspect **tout** différent de
celles qui en sont dépourvues.

490. — **EQUISETUM.** *Prêle.* Mêmes caractères que
ceux de la famille.

1 { Tiges fertiles dépourvues de feuilles ou de rameaux... **2**
Tiges fertiles garnies de feuilles ou de rameaux. **6**

2 { Gaînes entières ou à peine crénelées ; tige marquée
de 12 stries.. . . . . E. HIEMALE.
— Prêle-d'hiver ; industrie : herbe-à-polir. — *Bois
humides ; Montmorency, Saint-Léger,* etc. R. — *Février-mars.* —
Gaînes divisées, à leur sommet, en dents profondes
et aiguës.. . . . . **3**

3 { Epi ovoïde, contigu avec la dernière gaîne qui présente environ 14 dents.. . . . . E. LIMOSUM.
— *Marais tourbeux.* — *Juin-juillet.* —
Epi cylindrique, sensiblement écarté de la dernière
gaîne.. . . . . **4**

4 { Gaînes fort larges, présentant 20-25 dents; tiges stériles d'un beau blanc. . . . . . E. TELMATEYA. — *Marécages.* — *Meudon,* etc. — *Juin-juillet.* — Gaînes peu élargies et à 10-12 dents. 5

5 { Verticilles des tiges stériles, composés de 8-15 rameaux. . . . . E. ARVENSE. — Queue-de-Cheval. — *Champs stériles.* — *Mai.* — Verticilles des tiges stériles, composés de plus de 15 rameaux. . . . . E. FLUVIATILE. — Bourgeons alimentaires. — *Prés,* etc. — *Été.* —

6 { Rameaux simples. . . . . 7 Rameaux subdivisés en plusieurs ramifications secondaires. . . . . E. SYLVATICUM. — *Fontainebleau.* — *Prés ombragés.* R. *Mai.* —

7 { Gaînes à 8-10 dents. . . . . E. PALUSTRE. — *Bords des eaux.* — *Été.* — Gaînes à 20 dents. . . . . E. LIMOSUM. — *Tourbières.* — *Juin-juillet.* —

Famille 94. FOUGÈRES. Br. DC.

Fructifications agrégées, ordinairement recouvertes, dans leur jeunesse, par un tégument membraneux (*indusium*), situées à la face inférieure des feuilles, ou quelquefois disposées en épis terminaux ; capsules très-petites, uniloculaires, crustacées ou membraneuses, sessiles ou pédicellées, souvent munies d'un anneau élastique qui facilite leur ouverture, ou bien se déchirant à leur sommet, ou s'ouvrant en deux valves, remplies de graines nombreuses, très-petites. — Tiges couchées sous terre et semblables à des racines (dans les espèces indigènes); feuilles alternes, simples ou pinnées, ou diversement ramifiées, roulées **en crosse dans leur jeunesse.**

** Capsules dépourvues d'anneau élastique.*

491. — OPHIOGLOSSUM. *Ophioglosse.* Capsules bivalves, sessiles, disposées sur deux rangs le long d'un épi simple, non roulé en crosse dans sa jeunesse.

1
Tige portant une seule feuille ovale, amplexicaule, glabre, entière. . . . . O. VULGATUM.
—Langue-de-serpent; Herbe-sans-couture; offic., vulnéraire —*Château de la Chasse, près Montmorency,* etc. — *Bois marécageux.* — *Juin-juillet.* R.

492. — BOTRYCHIUM. *Botriche.* Capsules bivalves, sessiles, disposées sur deux rangs le long des branches d'un épi rameux et roulé en crosse dans sa jeunesse.

1
Tige portant une seule feuille pinnée, à divisions arrondies. . . . . B. LUNARIA.
—Lunaire; off., vulnéraire. — *Hauts prés; bois de Boulogne, Fontainebleau.* — *Juin.* R. —

493. — OSMUNDA. *Osmonde.* Capsules très-nombreuses, pédicellées, bivalves, naissant sur des feuilles qu'elles déforment et changent en grappes.

1
Feuilles bipinnées. . . . . O. REGALIS.
— Fougère royale, F. fleurie; officinale. tonique, vulnéraire. — *Bois marécageux; Meudon, Saint-Léger,* etc. — *Juin.* —

*** Capsules pourvues d'un anneau élastique*

494. — CETERACH. Capsules naissant en groupes de formes diverses, toujours dépourvues de véritable tégument, mais recouvertes de paillettes scarieuses qui en tiennent lieu.

1
Feuilles pinnatifides. . . . . C. OFFICINARUM.
— Pectorale, apéritive. — *Vieux murs; Vaugirard, parc de Saint-Cloud.* — *Fin de l'été.* —

495. — POLYPODIUM. *Polypode.* Capsules réunies en groupes arrondis, épars sur la feuille, dépourvus de tégument. — Fructifie en été.

1
Feuille pinnatifide. . . . . P. VULGARE.
   — Réglisse-des-bois ; officinale, racine purgative.
         — *Murs, pied des arbres.* —
Feuille bipinnée. 2

2
Feuille paraissant ternée, parce que les deux folioles inférieures sont aussi grandes que le reste de la feuille. 3
Feuille n'ayant pas l'apparence ternée ; côtes nues, blanchâtres. . . . . P. RHÆTICUM.
—Capillaire blanc ; officinal, pectoral. — *Bois de Meudon, Sénart,* etc. —

3
Pétioles garnis, vers la base, de petites écailles roussâtres. . . . . P. CALCAREUM.
      — *Murs ; Bassins de Versailles,* etc. R. —
Pétioles sans écailles. . . . . P. DRYOPTERIS.
   — *Bois de Bondy, forêt de Sénart,* etc. R. —

496. — POLYSTICHUM. *Polystic.* Capsules réunies en groupes arrondis, épars sous les feuilles, recouvertes d'un tégument qui se détache sur les bords et reste adhérent par le centre. — Été.

1
Feuilles pinnées. 2
Feuilles bi-tri-pinnées. 6

2
Folioles pinnatifides. 3
Folioles dentées. . . . . P. LONCHITIS.
   — *Bois de Saint-Léger, Fontainebleau.* — R. —

3
Pétioles nus. 4
Pétioles garnis d'écailles rousses. 5

4
Lobes des folioles triangulaires, aigus, entièrement couverts de capsules, à l'époque de leur maturité. . . . . P. THELYPTERIS.
   — *Bois de Saint-Léger, de la Seile,* etc. R. —
Lobes des folioles oblongs, obtus, dont les capsules forment des groupes distincts, même à leur maturité. . . . . P. OREOPTERIS.
      — *Côtes boisées de Saint-Léger.* —

5 { Ecailles éparses le long du pétiole. . P. FILIX-MAS.
— Fougère mâle; officinale, vermifuge tonique. —
Ecailles réunies vers la base du pétiole. . . . . . .
. . . . P. CALLIPTERIS.
— Saint-Léger; Bois marécageux. R. —

6 { Lobes des folioles presque semi-lunaires, à dents
roides et épineuses. . . . . P. ACULEATUM.
— Bois de Versailles, Montmorency. —
Lobes des folioles oblongs, à dents terminées en
pointe molle. . . . . P. DILATATUM.
— Bois humides. — Meudon, etc. —

497. — ASPIDIUM. Capsules réunies en groupes arrondis, épars sur la feuille, recouvertes, dans leur jeunesse, par un tégument qui se fend longitudinalement des deux côtés, se soulève, du sommet à la base, et présente une lanière lancéolée plus longue que le groupe de capsules qu'elle recouvrait. — Fructifie à la fin de l'été.

1 { Feuilles bipinnées. 2
Feuilles tripinnées. . . . . A. MONTANUM.
(Polypodium myrrhidifolium. Vill.)
— Bois de Meudon, Sénart, etc. —

2 { Folioles à découpures terminées par une petite
pointe et dentées. . . . . . A. FRAGILE. — Id. R.
Folioles à découpures dépourvues de pointes et
presque entières. . . . . A. REGIUM.
— Lieux humides; Fontainebleau, Meudon. R. —

498. — ATHYRIUM. Capsules réunies en groupes ovales-allongés, épars sur la feuille, recouvertes d'un tégument en forme de croissant, qui naît latéralement d'une nervure secondaire, et qui s'ouvre de dedans en dehors.

1 { Feuilles bipinnées. . . . . A. FILIX-FÆMINA.
— Fougère femelle. — Bois montueux. — Eté. —

499. — ASPLENIUM. *Doradille.* Capsules réunies

en lignes droites, éparses sur les feuilles, recouvertes
d'un tégument qui naît latéralement d'une nervure
secondaire, et qui s'ouvre de dedans en dehors. —
Fructifie en été.

1 { Feuilles simples ou non découpées jusqu'à la **ner-**
vure. **2**
Feuilles découpées jusqu'à la nervure, en lobes
distincts. **4**

2 { Feuilles échancrées en cœur à la base; groupes de
capsules inégaux. . . . . SCOLOPENDRIUM (500).
Feuilles non échancrées en cœur. 3

3 { Feuilles pinnatifides, à lobes obtus, écailleuses en
dessous. . . . . CETERACH (494).
Feuilles linéaires, à lobes pointus au sommet, non
écailleuses. . . . . A. SEPTENTRIONALE. R.
— *Vieux murs*, etc.; *Fontainebleau, Etampes.* —

4 { Feuilles une seule fois pinnées; pétioles noirâtres,
purpurins. . . . . A. TRICHOMANES.
— Polytric.; officinal, adoucissant. — *Lieux humides;*
Meudon, Fontainebleau, etc. —
Feuilles plusieurs fois pinnées ou décomposées. 5

5 { Lobes des feuilles obtus ou tronqués. 6
Lobes des feuilles pointus. 7

6 { Lobes ovales, arrondis. . . . . A. RUTA-MURARIA.
— Petite Rue, Rue-des-murailles, Sauve-vie; officinale,
pectorale. — *Vieux murs.* —
Lobes en forme de coin allongé.. . A. GERMANICUM.
— *Samoro, près Fontainebleau.* —

7 { Pétiole formant les deux tiers inférieurs de la feuille.
. . . . A. ADIANTHUM-NIGRUM.
— Capillaire noir; officinal, pectoral. — *Bois humides,*
Meudon, etc. —
Pétiole presque nul. . . . . A. LANCEOLATUM.
— *Grotte de Franchart à Fontainebleau.* R. —

500. — SCOLOPENDRIUM. *Scolopendre.* Fructifications disposées en lignes éparses, presque parallèles,

situées entre deux nervures secondaires, et recouvertes par deux téguments d'abord soudés, s'ouvrant par une fissure longitudinale.

1 { Feuilles simples, auriculées. . . . . S. officinale
— Langue-de-cerf; astringente, pectorale. — *Vieux murs*, etc.—

501. — Blechnum. Capsules réunies en deux lignes longitudinales, parallèles à la nervure principale, et recouvertes par un tégument qui s'ouvre de dedans en dehors.

1 { Feuilles stériles pinnatifides ; feuilles fructifères pinnées. . . . . . B. spicant. (Osmunda spicant. L.)
— *Bois humides ; Sèvres, Meudon, St-Léger*, etc. *Été.*—

502. — Pteris. *Pléris.* Capsules réunies en lignes non interrompues le long du bord de la feuille, recouvertes par un tégument qui s'ouvre de dedans en dehors, et qui est formé par le bord de la feuille replié en dessous.

1 { Feuilles bi-tri-pinnées ; racine dont la coupe en biseau offre une aigle à **deux têtes.** . P. aquilina.
— Fougère commune, F.-à-l'aigle; officinale, astringente, anthelminthique. — *Bois*, etc.

Famille 95. MARSILÉACÉES. Br.

Fructifications radicales ; involucre sphérique, indéhiscent, coriace ou membraneux, uni-multiloculaire, contenant les organes des deux sexes, et plus tard les graines. — Herbes aquatiques.

503.— Pilularia. *Pilulaire.* Involucres coriaces, solitaires, presque sessiles, divisés en quatre loges.

1 {
Feuilles longues de 2 à 6 centimètres; capsules dra-
pées. . . . . P. GLOBULIFERA.
— *Mares de Fontainebleau, Sénart, Rambouillet, etc.*
— Été. R. —
Feuilles longues de 15 à 25 centimètres; capsules
écailleuses. . . . . P. NATANS. M.
— *Fossés fangeux de la forêt de Sénart. — Été.* R. —
}

Famille 96. LYCOPODIACÉES. Rich.

Fructifications crustacées, sessiles, placées tantôt à
l'aisselle des feuilles, tantôt à l'aisselle des bractées,
et formant alors un épi; capsules tantôt toutes semblables, et contenant un grand nombre de corps reproducteurs, tantôt de deux sortes, les unes plus
nombreuses (*mâles*), remplies de globules pulvéru-
lents, les autres moins nombreuses (*femelles*), contenant des graines sphériques.

504. — LYCOPODIUM. *Lycopode.* Capsules arrondies, s'ouvrant à la maturité en plusieurs valves, et
répandant une poussière inflammable — Été.

1 {
Feuilles éparses ou imbriquées. 2
Feuilles disposées sur quatre rangées régulières et
pressées. . . . . L. COMPLANATUM.
— *Bois de Saint-Léger.* R. —
}

2 {
Tige longue de 30 centimètres et plus; feuilles ter-
minées par un poil. . . . . L. CLAVATUM.
— Herbe-aux-massues. Fruit contenant une poussière
jaune (*soufre végétal*). Offic. industriel. — *Bois mon-
tueux : Meudon, Montmorency, etc.* —
Tige longue de 15 centimètres au plus; feuilles mu-
tiques, non terminées par un poil. . . . . . .
. . . . L. INUNDATUM.
— *Saint-Léger, près l'étang des Planets.* R. —
}

FIN.

VOCABULAIRE

A

ACOTYLÉDONÉ, qui est dépourvu de cotylédons.

ACUMINÉ, qui est terminé en pointe.

ADNÉS, rapprochés et collés latéralement.

AGAMES, Plantes dépourvues d'organes sexuels.

AGRÉGÉES (Fleurs). Réunies sur un réceptacle commun, et munies chacune d'un calice particulier (*Dipsacées*). Ex. : la *Scabieuse*.

AIGRETTE. Poils simples ou plumeux qui couronnent les graines des *Composées*, etc. Ex. : le *Séneçon*, le *Pissenlit*, la *Valériane*, etc.

AIGUILLON. Excroissance dure et piquante qui naît de l'écorce et non pas du bois, comme l'*épine*. Ex. : le *Rosier*.

AILE. Membrane mince qui borde une graine (*Arenaria marginata*), un fruit (*Orme, Erable*), une tige (*Pois à fleurs*), etc.

AILÉ, qui est muni d'ailes membraneuses.

AILÉE (feuille). V. PINNÉE.

AILES. Pétales latéraux des corolles *papilionacées*. V. LÉGUMINEUSES.

AISSELLE. Angle formé par une feuille ou par un rameau sur la tige ou sur une branche.

AKÈNE. Fruit sec, monosperme, indéhiscent, dont le péricarpe adhère plus ou moins intimement avec l'enveloppe propre de la graine et avec le tube du calice. Ex. : le *Cerfeuil*, l'*Angélique*.

ALTERNE (avec). Se dit des parties de la fleur qui sont placées alternativement avec d'autres : ainsi : étamines alternes avec les pétales, signifie : étamines placées devant l'intervalle des pétales, et non point devant les pétales eux-mêmes.

ALTERNES. Se dit des feuilles placées des deux côtés de la tige, à une hauteur différente. C'est le contraire des feuilles *opposées*.

AMANDE. Ensemble des organes contenus dans le *spermoderme*.

AMPLEXICAULE. Qui embrasse la tige.

ANASTOMOSE. Entrelacement.

ANASTOMOSÉ. Formant des entrelacements.

ANDROGYNE. Qui contient ou porte des fleurs mâles et des fleurs femelles.

ANDROPHORE. On donne ce nom aux filaments des étamines soudés ensemble, comme dans la *Mauve*, le *Pois*, etc.

ANTHÈRE. Partie *essentielle* de l'étamine qui contient le *pollen* ou poussière séminale, et est ordinairement placée au sommet du filet.

APÉTALE. Sans pétales.

APHYLLE. Sans feuilles.

APPENDICE. Organe insolite, partie accessoire des végétaux. V. les Notions élémentaires.

APPENDICULÉ. Muni d'appendices.

ARBRE. Végétal à tige simple, ligneuse, très-élevée (*tronc*), qui se divise à sa partie supérieure en branches, rameaux, etc.

ARBRISSEAU, ARBUSTE Végétal peu élevé, à tige ligneuse, qui se ramifie près de sa base.

ARÊTE. Pointe roide filiforme, allongée.

ARILLE. Enveloppe extérieure de certaines graines, formée par l'expansion du cordon ombilical.

ARISTÉ. Terminé en arête.

ARTICLES. Espaces compris entre deux articulations.

ARTICULATION. Endroit de réunion de deux parties placées bout à bout, et qui se sépareront spontanément par la suite.

ARTICULÉ. Muni d'articulations.

ASCENDANTE (tige). Qui est courbée à sa base, et devient ensuite verticale.

ATTÉNUÉ. Aminci, rétréci.

AUBIER. Bois imparfait, situé entre l'*écorce* (à l'extérieur) et le *bois* proprement dit (à l'intérieur). L'Aubier est propre aux tiges des Dycotylédonées.

AURICULÉ. Muni d'oreillettes.

AXE. Pédoncule central d'une grappe, d'un chaton, d'un épi, etc.

AXILLAIRE. Qui est placé dans l'aisselle.

B

BACCIFORME. En forme de baie.

BAIE. Fruit mou, charnu, polysperme, sans noyau et ne s'ouvrant point spontanément. Ex. : le *Raisin*, la *Groseille*.

BALLE. Enveloppe propre de chaque fleur des *Graminées*, et composée d'une ou plusieurs écailles qui ont reçu le nom de *valves*. Ex. : *balles d'Avoine*.

BANDELETTES (*Vittæ*). Canaux qui se trouvent dans les *vallécules* du fruit des OMBELLIFÈRES. Voyez p. 185.

BARBE. Poil roide, allongé.

BASE. Partie de la feuille, du fruit, etc., par laquelle ils tiennent à la plante : ainsi, ce que l'on appelle vulgairement la *base* d'une *poire* est le *sommet* du fruit, car le pédoncule (*queue*) étant le point d'attache, *l'œillet* formé par les divisions persistantes du calice est au *sommet*.

BICORNE. Qui a deux cornes.

BIDENTÉ. Qui a deux dents.

BIFIDE. V. FIDE.

BIFLORE. Qui contient ou porte deux fleurs.

BIFURQUÉ. Divisé en deux branches.

BIJUGUÉE (feuille). *Conjuguée* à deux paires de folioles.

BILABIÉ. A deux lèvres. Ex.: le *calice* et la *corolle* de la *Sauge*.

BILOBÉ. Divisé en deux lobes.

BILOCULAIRE. A deux loges.

BIPARTI. Divisé en deux.

BIPINNÉE (feuille). Dont les folioles sont pinnées.

BIVALVE. A deux valves.

BOIS. Partie dure et compacte des végétaux, située au centre dans les *Dicotylédonés* (exogènes), et à la circonférence dans les *Monocotylédonés* (endogènes).

BOITE A SAVONNETTE. Fruit globuleux, s'ouvrant en deux valves hémisphériques par une scissure horizontale. Ex. : le *Mouron rouge*, le *Pourpier*, etc.

BOURGEON. Partie du végétal contenant les rudiment des fleurs, des feuilles, des rameaux, etc. Voy. les NOTIONS ÉLÉMENTAIRES.

BOUTON. V. BOURGEON.

BRACTÉE. Feuille située dans le voisinage des fleurs, et différant ordinairement des autres feuilles par sa forme et sa couleur.

BULBE. Espèce de bourgeon caché sous la terre, et recouvert de tuniques concentriques (l'*Oignon* ordinaire), ou d'écailles imbriquées (le *Lis*).

BULBEUX. Qui porte des bulbes.

C

CADUC (calice). Qui tombe au moment de l'épanouissement de la corolle.

CADUQUE (feuille). Qui tombe à la fin de l'année.

CALICE. Enveloppe florale extérieure, ordinairement verte.

CALICINAL. Qui tient au calice.

CALICULE. Assemblage de bractées formant une espèce de calice accessoire.

CALICULÉ (involucre). Entouré à la base par de petites folioles avortées. Ex. : la *Picride*, la *Chicorée*.

CAMPANULÉ. En forme de cloche.

CAMPYLOSPERME. Voyez page 185.

CANAL MÉDULLAIRE. Voyez Notions élémentaires, page 17.

CANALICULÉ. Creusé d'un sillon profond.

CANNELÉ. Marqué de cannelures.

CANNELURE. Enfoncement allongé en forme de gouttière.

CAPILLAIRE. Mince comme un cheveu.

CAPSULE. Fruit sec, déhiscent. Ex. : l'*OEillet*, etc.

CAPSULAIRE. Qui appartient à la capsule, ou qui est de la nature de la capsule.

CARÈNE. Partie inférieure des corolles *papilionacées*, formée par la réunion des deux pétales inférieurs

CARÉNÉ. Qui imite par sa forme la carène d'un vaisseau.

CARINALE (côte). Celle qui est située au milieu de la surface dorsale de l'*akène*. V. page 184.

CARPELLES. Parties uniques ou multiples qui constituent les loges de l'ovaire ou du fruit et contiennent les graines

CARPOPHORE. V. p. 184.

CARYOPSE. Fruit sec, monosperme, indéhiscent, dont le péricarpe est confondu avec l'enveloppe propre de la graine. Ex. : le *Blé*, le *Seigle*.

CAULINAIRE. Qui appartient à la tige.

CELLULAIRE (tissu). Tissu organique composé de cellules microscopiques dont la coupe est souvent hexagonale.

CHAGRINÉ. Qui a l'aspect de la peau dite *chagrin*.

CHARNU. Qui contient une pulpe succulente.

CHATON. Assemblage de fleurs unisexuelles, sessiles ou presque sessiles sur un axe commun, et qui tombent, sans se désunir, après la floraison. Ex. : le *Saule*, le *Peuplier*, etc.

CHAUME. Tige munie de nœuds qui donnent naissance aux feuilles, et qui séparent des cylindres creux. Cette espèce de tige est propres aux *Graminées*.

CHEVELU. Ramifications déliées des racines.

CILIÉ. Muni de poils saillants sur les bords.

CILS. Poils situés sur les bords d'une surface.

COLLERETTE. Assemblage de bractées situées à la base

les *ombelles* et de quelques fleurs qui ne sont pas en ombelle. Voyez INVOLUCRE, INVOLUCELLE. — On donne aussi ce nom à la réunion des appendices qui garnissent la gorge d'une corolle. Ex. : le *Narcisse*.

COLLET. Point de jonction de la tige et de la racine.

COLORÉ. La teinte commune des végétaux étant la couleur verte, on est convenu d'appeler *coloré* tout ce qui n'est pas vert.

COMMISSURAL. Par opposition à *dorsal*, dans l'analyse des *Ombellifères*. Voyez page 184.

COMMUN. Qui appartient à plusieurs objets à la fois; ainsi on nomme *involucre commun, réceptacle commun, pédoncule commun*, etc., celui qui renferme ou soutient plusieurs fleurs.

COMPOSÉ. Formé de plusieurs parties distinctes.

COMPOSÉE (feuille). Celle dont le pétiole porte plusieurs *feuilles partielles* nommées *folioles*.

COMPOSÉE (fleur). V. p. 215.

CÔNE. Fruit composé d'un grand nombre de fruits partiels, monospermes, indéhiscents, cachés à l'aisselle d'écailles resserrées, endurcies et imbriquées. Ex. : la *pomme de Pin*.

CONJUGUÉ. Disposé par paire.

CONJUGUÉE (feuille). Feuille pinnée, dont les folioles sont opposées et attachées par paire le long du pétiole commun.

CONNECTIF. Partie de l'étamine qui unit ensemble les loges de l'*anthère*.

CONNIVENTES. Parties rapprochées par leur sommet.

COQUE. Fruit dont le péricarpe est formé de lobes élastiques s'ouvrant spontanément. Ex. . l'*Euphorbe*.

CORDIFORME. En forme de cœur.

CORDON OMBILICAL. V. PODOSPERME.

COROLLE. Enveloppe florale intérieure, placée immédiatement en dehors des étamines, et ordinairement *colorée*.

CORTICAL. Qui fait partie de l'écorce.

CORYMBE. Disposition de fleurs portées sur des pédoncules qui atteignent la même hauteur, mais qui ne partent pas du même point. Ex. : la *Tanaisie*.

CÔTE. Voyez NERVURE.

COTYLÉDONS, parties de l'embryon qui sont destinées à lui fournir sa première nourriture, et qui se développent souvent sous forme foliacée (*feuilles séminales*) lors de la germination. Ex. : le *Haricot*.

COUCHÉE (tige). Qui s'étale sur le sol *sans y jeter de racines*; ce qui la distingue de la tige *rampante*. Voyez **ce mot**.

COURONNÉE (graine). Terminée au sommet par une rangée de poils ou d'appendices quelconques.

CRÉNELÉ. Marqué, en son bord, de dents obtuses.

CRÉNELURES. Dents obtuses.

CRÉPU. Chargé de poils frisés, dirigés en sens divers.

CRUSTACÉ. Dur, coriace.

CRYPTOGAMES. Plantes dans lesquelles on ne peut distinguer, à l'œil nu, ni étamines, ni pistils.

CRYPTOGAMIE. On désigne sous ce nom l'ensemble des plantes *cryptogames*.

CUNÉIFORME. En forme de coin, c'est-à-dire large à l'une des extrémités, et se terminant en pointe par l'autre.

CYME (inflorescence en). Assemblage de plusieurs pédoncules partant d'un même point, et se divisant irrégulièrement en pédoncules partiels qui s'étalent horizontalement et portent, à leur face supérieure, une ou plusieurs rangées de fleurs. Ex. : le *Sureau*.

D

DÉCOMPOSÉE (feuille). Feuille *composée* dont le pétiole commun se subdivise en pétioles secondaires portant chacun plusieurs folioles.

DÉCURRENTE (feuille). Dont la base se prolonge sur la tige ou sur les rameaux.

DÉFINI. Fixe.

DÉHISCENT. Qui s'ouvre spontanément à la maturité.

DELTOÏDE. En forme de ʌ Ex. : la *feuille de l'épinard*.

DEMI-FLEURON. Corolle des fleurs *composées*, dont le tube est très-court, et qui se prolonge en languette unilatérale.

DENTÉ. Qui est muni de dents en son bord.

DENTELÉ. Marqué de petites dents.

DÉPRIMÉ. Aplati de haut en bas.

DIADELPHES (étamines). Réunies en deux faisceaux par leurs filets. Ex. : *Légumineuses : le Pois de senteur*, etc.

DICHOTOME. Divisé plusieurs fois successivement en deux branches.

DICLINES. Dont les fleurs sont unisexuelles.

DICOTYLÉDONÉ. Muni de deux cotylédons opposés, ou de plusieurs cotylédons verticillés.

DIDYME. Composé de deux parties sphéroïdales ou ovoïdes, jointes entre elles par une petite portion de leur surface.

DIDYNAMES (étamines). Dont deux sont plus grandes que les deux autres. Ex. :

les *Labiées*, l'*Ortie blanche*.

DIGITÉ. Divisé en lobes imitant la disposition des doigts de la main.

DIMIDIÉ. Divisé en deux parties.

DIOÏQUE. Dont les fleurs mâles et les fleurs femelles sont séparées sur des individus différents.

DISPERME (2-sperme). Qui contient deux semences.

DISQUE. Partie centrale des surfaces, exprimée d'une manière générale. — On désigne aussi sous le nom de *disque* une protubérance plus ou moins charnue, à laquelle les étamines et les pétales sont insérés.

DISTINCT. Se dit par opposition aux termes *adné, adhérent, soudé*, etc. ; s'emploie aussi dans un autre sens, et comme synonyme de *visible à l'œil nu*. Ex.: *fleurs distinctes.*

DISTIQUE. Se dit des parties disposées d'une manière régulière sur deux rangs opposés.

DIVARIQUÉ. Qui forme un angle plus ou moins grand avec la partie qui lui donne naissance.

DIVISION. Portion d'un organe quelconque, séparée des autres parties du même organe par des échancrures qui en atteignent presque la base.

DORSALE. Qui naît sur le dos d'un autre organe. — Surface convexe de la graine des Ombellifères, par opposition à la surface *commis-*

surale qui est plane ou concave.

DOUBLE (fleur). Qui a un plus grand nombre de pétales que dans l'état de nature.

DRAPÉ. Qui imite le drap.

DRUPE. Fruit charnu, renfermant un noyau à l'intérieur. Ex. : l'*Amande*, la *Prune*.

E

ÉCAILLES. Appendices secs, membraneux et coriaces, rarement *colorés*.

ÉCAILLEUX. Qui est muni d'écailles, ou qui a l'apparence d'une écaille.

ÉCORCE. Partie de la tige et de la racine des plantes dicotylédonées (*exogènes*) qui entoure le *bois*, et peut en être facilement séparée.

EMBRASSANTES (feuilles). Qui entourent la tige ou les rameaux.

EMBRYON. Partie de l'*amande* qui est destinée à reproduire la nouvelle plante.

ENDOCARPE. V. Péricarpe.

ENGAÎNANTE (feuille). Qui enveloppe la tige dans une espèce de gaîne.

ENSIFORME. En forme de glaive.

ENTIER. Ni denté, ni divisé, ni découpé.

ENVELOPPE CELLULAIRE. On donne ce nom à

une couche de tissu cellulaire qui se trouve dans les végétaux exogènes, en dehors des couches corticales, immédiatement sous l'épiderme. Voyez page 100.

ÉPARSES (feuilles). Qui n'affectent aucun ordre régulier.

ÉPERON. Espèce de cornet ou de prolongement tubuleux situé à la base d'une fleur, et renfermant ordinairement une glande nectarifère. Ex.: la *Linaire*, la *Violette.*

ÉPERONNÉ. Muni d'éperon.

ÉPI. Disposition de fleurs sessiles, ou à peu près sessiles, le long d'un axe persistant. Ex.: le *Blé.*

ÉPICARPE. Voyez PÉRICARPE.

ÉPIDERME. Membrane mince, formée de tissu cellulaire endurci et desséché, et qui recouvre toute la superficie des plantes.

ÉPIGYNE. Attaché sur le pistil.

ÉPILLET. On donne ce nom à l'ensemble des fleurs réunies dans une *glume*, et qui constituent ainsi un petit épi partiel.

ÉPINE. Excroissance dure et piquante qui naît du corps ligneux, et qui paraît n'être réellement qu'un organe avorté et endurci.

ÉTALÉ, ouvert, épanoui.

ÉTAMINE. Organe mâle des végétaux, composé de l'*anthère* (partie essentielle), et du *filet* (partie accessoire), qui manque quelquefois.

ÉTENDARD. Pétale supérieur des corolles *papilionacées*. Voyez ce mot.

ÉTRANGLÉE (corolle). Resserrée au-dessous de ses divisions.

EXOTIQUES (plantes). Qui sont originaires d'un autre pays, par opposition aux plantes *indigènes*.

EXPANSION. Prolongement d'une partie qui se dilate.

EXSERTES (étamines). Faisant saillie hors de la corolle.

F

FALCIFORME. En forme de faucille.

FASCICULÉ. Rapproché en faisceau.

FEMELLE (fleur, individu). N'ayant que des pistils.

FEUILLE. Expansion membraneuse, ordinairement plane, verte, horizontale, qui est formée par l'épanouissement d'une ou de plusieurs fibres, et soutenue le plus souvent par un prolongement des fibres non épanouies, auquel on a donné le nom de *pétiole* (vulgairement *queue de la feuille*). On nomme partie supérieure de la feuille l'extrémité libre de son limbe. — FEUILLES SÉMINALES: Voyez COTYLÉDONS.

FEUILLÉ. Garni de feuilles.

FIBREUSE (racine). Composée de filaments ténus.

FIDE (bi-tri-quadri). Découpé de manière que les lobes, au nombre de 2, 3, 4, atteignent la moitié de la longueur de l'organe, si leur direction est en long, et la moitié de sa largeur si elle est en travers.

FILAMENT des étamines. Voyez Filet.

FILET. Partie de l'étamine qui sert de support à l'anthère, et qui est ordinairement blanche et de même nature que la corolle. -- Appendice grêle comme un fil.

FILIFORME. Allongé, grêle et cylindrique.

FISTULEUX. Qui est creux et cylindrique.

FLEUR. Ensemble des organes qui concourent à la reproduction des végétaux et des parties qui leur servent d'enveloppe.

FLEUR du fruit. Poussière, formée d'une espèce de cire, qui recouvre la peau de la *Prune*, etc.

FLEURETTE. Voyez Fleuron.

FLEURON. Corolle des fleurs *composées*, tubuleuse dans toute sa longueur et ordinairement à cinq dents.

FLORALE (feuille). Voyez Bractée.

FLORIFÈRE. Qui porte des fleurs.

FLOSCULEUSES. Fleurs *composées*, formées uniquement de *fleurons*.

FOLIACÉ. Qui est de la nature des feuilles.

FOLIOLE. Petite feuille partielle de la feuille *composée*.

FOLIOLES du calice. Pièces distinctes du calice.

FOLIOLES de l'involucre. Feuilles florales, espèces de bractées.

FOLLICULE. Fruit sec, membraneux, univalve, allongé, s'ouvrant par une suture longitudinale, sur les bords de laquelle sont attachées les graines. Ex.: la *Pervenche*.

FRONDE. Feuille des *Fougères*.

FRUCTIFICATION. Acte de reproduction des végétaux. Dans un autre sens, ce mot exprime l'ensemble des organes reproducteurs.

FRUIT. On donne, en botanique, ce nom aux ovaires fécondés, et non pas, comme on le dit vulgairement, aux productions alimentaires des végétaux. Ex.: la *graine de la Carotte* est le *fruit*, et la *Carotte*, quoique alimentaire, n'est pas un *fruit*.

FUGACE (corolle). Qui tombe ou s'effeuille, à peine épanouie.

FUNICULE. Voyez Podosperme.

G

GAÎNE. Portion de certaines feuilles qui enveloppe la tige dans une partie de sa longueur. Ex.: *Graminées, Cypéracées*, etc.

GÉMINÉ. Se dit des parties rapprochées deux à deux.

GEMMULE. Voyez Plumule.

GENRE. Groupe d'espèces.

GERMINATION. Acte par lequel une graine mûre reprend un mouvement vital, et donne naissance à un nouveau végétal.

GIBBEUX. Bossu.

GIBBOSITÉ. Bosse.

GLABRE. Se dit d'une surface absolument dépourvue de poils.

GLANDE. Organe particulier sécrétant une liqueur qui lui est propre. — On donne aussi, quoique improprement, le nom de *glandes* à des tubercules plus ou moins analogues à ces organes sécréteurs.

GLANDULEUX. Qui est muni de *glandes* ou de la nature des glandes.

GLAUQUE. D'un vert de mer mat et grisâtre.

GLUMACÉES (fleurs). Entourées de glumes.

GLUME. Espèce d'involucre, situé à la base des épillets, et composé ordinairement de deux pièces (*valves*), renfermant une ou plusieurs fleurs (*Graminées*).

GLUMIFORME. Qui a l'apparence d'une glume.

GORGE. Entrée du tube de la *corolle*, du *calice* ou du *périgone*.

GOUSSE. Fruit à deux valves, et dont les graines sont attachées à la suture supérieure et alternativement sur l'une et l'autre valve. Ex.: le *Pois*, la *Fève*.

GRAINE. Partie du fruit incluse dans le péricarpe, et renfermant, après la fécondation, le rudiment d'une nouvelle plante.

GRAPPE. Assemblage de fleurs portées sur des pédicelles partant d'un axe central ou pédoncule commun Ex.: la *Vigne*.

GRIMPANTE. Qui s'élève en s'appuyant ou se roulant sur les corps voisins.

H

HAMPE. Pédoncule radical et qui ressemble à une tige, mais ne porte pas de feuilles. Ex.: la *Primevère*.

HASTÉ. Ayant la forme d'un fer de lance.

HERBACÉ. Verdâtre ou de la nature d'une herbe.

HERBE. Plante dont la tige est molle, verdâtre, et périt tous les ans.

HERMAPHRODITE. Qui réunit des étamines et des pistils dans la même enveloppe florale.

HILE. Voyez Ombilic.

HISPIDE. Garni de poils roides, durs au toucher.

HYBRIDE. On donne ce nom aux plantes résultant d'une fécondation anormale, opérée par le pollen d'une autre espèce. En un mot, l'*hybride* est, pour les végétaux, l'analogue du *mulet* chez les animaux.

HYPOCRATÉRIFORME (corolle). En soucoupe, c'est-à-dire à limbe plan et à tube cylindrique. Ex. : le *Myosotis* (*Ne m'oubliez pas*).

HYPOGYNE. Qui est attaché sous l'ovaire.

I

IMBRIQUÉ. Dont les parties se recouvrent les unes les autres comme les tuiles d'un toit.

IMPARIPINNÉES (feuilles). Dont les folioles sont en nombre impair.

INCISÉ. Divisé comme avec un instrument tranchant.

INCLUS. Renfermé, c'est-à-dire ne dépassant pas les bords du calice, de la corolle ou du périgone.

INCOMPLÈTE (fleur). Qui n'est point munie de deux enveloppes florales (*corolle* et *calice*).

INDÉFINI (étamines en nombre). Au-dessus de dix et sans être fixe.

INDÉHISCENT (fruit). Qui ne s'ouvre point spontanément à la maturité.

INDIGÈNES (plantes). Qui naissent spontanément dans notre pays.

INDIVIDU. Plante prise isolément,

INDUSIUM. Membrane qui, dans les fougères, recouvre les groupes de capsules.

INFÈRE. Se dit de l'ovaire, quand il est adhérent au calice ou au périgone.

INFLÉCHI. Courbé en dedans.

INFLORESCENCE. Disposition des fleurs.

INFUNDIBULIFORME. En forme d'entonnoir.

INSÉRÉ. Attaché, prenant naissance.

INSERTION. Point d'attache.

INVOLUCELLE. Voyez OMBELLIFÈRES, page 186.

INVOLUCRE. Assemblage de bractées ou feuilles florales, souvent plus ou moins soudées entre elles, qui entourent les fleurs ou leurs pédoncules. Voyez OMBELLIFÈRES, page 185, et COMPOSÉES, page 215.

IRRÉGULIÈRE (fleur). Dont les divisions ne sont point semblables, ou ne sont point uniformes dans leur irrégularité. Ex. : la *Violette*, la *Vipérine*.

J

JUGA. Côtes plus ou moins saillantes du fruit des Ombellifères. Voyez page 184.

JUGUÉES (feuilles). Dont les folioles sont opposées sur le pétiole.

L

LABELLUM. Voyez TABLIER.

LABIÉ. Dont le limbe est divisé en deux lobes principaux, l'un supérieur, l'autre inférieur, qui ont reçu le nom de *lèvres*. Ex. : le *calice* et la *corolle* de la *Sauge*.

LACINIÉ. Dont les découpures sont fines et irrégulières.

LACTESCENT. Qui contient un suc blanc comme du lait.

LAMELLÉ. Composé de lames minces.

LANCÉOLÉ. Se dit des parties planes, oblongues, rétrécies aux deux extrémités.

LANGUETTE (corolle en). Corolle des *Composées* semi-flosculeuses. Ex. : la *Chicorée*. Voyez DEMI-FLEURON.

LATÉRALE (côte). Celle qui occupe le bord de l'akène. V. page 184.

LÈVRES. Lobes principaux d'une corolle labiée ou d'un calice labié.

LIBRE. Qui n'est point adhérent aux parties environnantes. Ce mot est spécialement consacré à indiquer que l'*ovaire* n'est point adhérent au *calice* ou au *périgone*.

LIGNEUX. Qui est de la nature et de la consistance du bois.

LIMBE. Partie de la corolle, du calice ou du périgone qui est libre, ordinairement étalée, et située au sommet du tube.—On applique aussi ce nom à la partie membraneuse de la feuille. Voyez NOTIONS ÉLÉMENTAIRES.

LINÉAIRE. Se dit d'une surface étroite, allongée, et dont les bords sont parallèles.

LOBÉ. Divisé en plusieurs lobes.

LOBES. Parties circonscrites par des incisions profondes.

LOBES SÉMINAUX. Voyez COTYLÉDONS.

LOGES. Espaces qui contiennent les *graines* dans le fruit et le *pollen* dans l'anthère.

LYRE. (feuille en). Voyez LYRÉE.

LYRÉE (feuille). Découpée en plusieurs lobes, dont les supérieurs grands et réunis, et les inférieurs petits et profondément divisés. Ex. : le *Laitron*, le *Navet*, le *Radis sauvage*.

M

MACULÉ. Taché.

MAINS. Voyez VRILLES.

MÂLE. Dont les fleurs ne portent que des étamines.

MARCESCENT. Qui se dessèche. sans tomber, après la floraison. Ex. : la *corolle des* CAMPANULES *est marcescente*.

MATURATION. Intervalle depuis la fécondation jusqu'à la maturité.

MATURITÉ. Époque à laquelle une graine ou un fruit

ont atteint tout le développement dont ils étaient susceptibles.

MÉDULLAIRE. Qui appartient à la moelle. Voyez aussi Canal médullaire, p. 17.

MÉLONIDE. Voyez Pomme.

MÉSOCARPE. Voyez Sarcocarpe.

MOELLE. Tissu cellulaire lâche, renfermé dans un canal situé au centre de la tige des végétaux dicotylédonés (*exogènes*).

MONADELPHES (étamines). Réunies par leurs filets en un seul faisceau. Ex. : la *Mauve*, la *Guimauve*.

MONOCLINE. Voyez Hermaphrodite.

MONOCOTYLÉDONÉ. Muni d'un seul cotylédon ou de plusieurs cotylédons alternes.

MONOÏQUE. Dont les fleurs mâles et les fleurs femelles sont dans des enveloppes séparées, mais réunies sur le même individu. Ex. : la *Courge*.

MONOPÉTALE (corolle). D'une seule pièce. Ex. : la *Campanule*, le *Jasmin*.

MONOPHYLLE (calice). D'une seule pièce.

MONOSPERME. Qui ne contient qu'une seule graine.

MUCRONÉE (feuille, **etc.**). Dont le sommet se prolonge en pointe saillante. Ex. : la *Joubarbe*.

MULTIFIDE. A plusieurs divisions.

MULTIFLORE. Qui contient ou porte plusieurs fleurs.

MULTIJUGUÉE (feuille). Feuille *conjuguée* à plusieurs paires de folioles. — Se dit aussi des fruits des *Ombellifères*, qui présentent plus de cinq côtes.

MULTILOCULAIRE. A plusieurs loges.

MULTIVITTÉ. Voyez page 185, caractère des *Ombellifères*.

MUTIQUE. Qui ne se termine ni en pointe, ni en arête.

N

NECTAIRE. On donne ce nom à des glandes de formes très-variables, situées au voisinage des organes de la reproduction, et aux appendices qui les contiennent. Ex. : l'*éperon du Pied-d'alouette*, les *pétales supérieurs de la corolle de l'Aconit*, etc.

NECTARIFÈRE (glande). Qui sécrète un nectar ou liquide particulier.

NERVÉES (feuilles). Présentant des nervures.

NERVURES. Faisceaux de fibres proéminentes que l'on rencontre à la surface des feuilles ou des enveloppes florales foliacées.

NŒUD. Partie du végétal où les fibres s'entre-croisent et où le tissu cellulaire se tuméfie de manière à former une protubérance annulaire.

Ex. : *Graminées*, le *Blé*, le *Seigle*.

NŒUD VITAL. Voyez COLLET.

NOIX. Espèce de *drupe* ; fruit dont le *sarcocarpe* est coriace et peu épais.

NU. Qui est dépourvu d'enveloppes ou d'appendices quelconques. Ce mot se prend dans diverses acceptions : ainsi, on nomme *réceptacle nu*, celui qui n'est point chargé de poils, de paillettes, etc.; *graine nue*, celle qui n'a pas d'aigrette, etc.; *fleur nue*, celle qui n'a pas d'enveloppes florales; *tige nue*, celle qui ne porte point de feuilles; *corolle nue*, celle qui n'a ni appendices, ni poils, etc.; *calice nu*, celui qui ne présente ni bractées, ni appendices quelconques.

O.

OBCORDÉ. En forme de cœur renversé.

OBLONG. En forme d'ellipse allongée.

OBTUS. Arrondi à l'extrémité.

OCTOFIDE (8-fide). Découpé en huit. Voyez FIDE.

OCTOGONE (8-gone). Qui présente huit angles.

OCTOLOCULAIRE (8-loculaire). A huit loges.

OCTOSPERME (8-sperme). Qui contient huit graines.

ŒIL, ŒILLET. Extrémité du fruit opposée à la *queue* (pédoncule). On désigne aussi sous le nom *d'œil* le germe d'un bourgeon.

OLIGOPHYLLE. Composé d'un petit nombre de folioles.

OLIGOSPERME. Qui a peu de graines.

OMBELLE. Disposition de fleurs portées sur des pédicelles (*rayons*) partant d'un centre commun et s'élevant à une même hauteur. Lorsque les rayons se subdivisent eux-mêmes en pédicelles secondaires affectant la même disposition, l'*ombelle* est dite *composée*; dans le cas contraire, elle est dite *simple*. Ex. : le *Persil*, la *Carotte*, l'*Ail*.

OMBILIC. Dépression brusque, située au centre d'une surface arrondie.

OMBILIC de la graine. Point par lequel le cordon ombilical était attaché à la graine.

OMBILIQUÉ. Qui est marqué d'un ombilic.

ONDULÉ. Qui forme des courbures arrondies.

ONGLET. Partie inférieure et rétrécie d'un pétale. Ex. : l'*onglet* est très-long dans les pétales de l'*Œillet* et très-court dans ceux de la *Rose*.

ONGUICULÉ. Pourvu d'un onglet.

OPPOSÉES. Parties qui naissent vis-à-vis l'une de l'autre et au même niveau

Feuilles opposées. Ex. : celle de l'*OEillet.* — On dit aussi qu'une partie est opposée à une autre, quand l'une est placée devant l'autre; ainsi les étamines sont opposées aux pétales, quand chacune d'elles est placée devant chaque pétale.

OREILLETTE. Appendice foliacé, court, latéral, plan et arrondi.

ORGANE. Partie chargée d'une fonction spéciale.

ORTHOSPERME. Voyez page 185.

OVAIRE. Partie du pistil située ordinairement à sa base, et renfermant les rudiments des graines. Après la fécondation, l'ovaire prend le nom de *fruit.*

OVOÏDE. De forme semblable à celle d'un œuf.

OVULES. Rudiments des graines.

P

PAILLETTES. Petites écailles ou bractées, placées entre les fleurs partielles des *Composées* et des *Dipsacées.* Voyez ces deux familles.

PALAIS. Renflement de la lèvre inférieure d'une corolle. Ex. : *Antirrhinées*, le *Mufle de veau*, etc.

PALÉACÉ (réceptacle). Garni de paillettes.

PALÉIFORME. Qui ressemble à une paillette.

PALMÉES (feuilles). Dont les folioles partent d'un point commun, et affectent à peu près la disposition des doigts de la main. Ex. : *Æsculus* (le *Marronnier d'Inde*).

PANICULE. Disposition de fleurs éparses sur des pédoncules plus ou moins divisés. Ex. : l'*Oseille.*

PANICULÉ. En panicule.

PAPILIONACÉE (corolle). Composée de 5 pétales dont les deux inférieurs, plus ou moins soudés, formant la *carène;* les deux latéraux libres (*ailes*); le supérieur plus grand, enveloppant tous les autres avant la floraison (*étendard*). Ex. : le *Pois.*

PARASITE. Qui croît sur d'autres plantes et y puise sa nourriture. Ex. : le *Gui,* la *Cuscute.*

PARIÉTAL. Situé sur la paroi interne du fruit.

PAUCIJUGUÉS. Fruits des *Ombellifères,* présentant un petit nombre de côtes (*cinq*).

PAUCIVITTÉ. Voyez page 185.

PÉDICELLE. Division du pédoncule supportant la fleur. Par extension on applique ce terme à tout support mince et allongé.

PÉDICELLÉ. Porté sur un pédicelle.

PÉDICULE. V. Pédicelle.

PÉDICULÉ. Porté sur un pédicule.

PÉDONCULE. Petit rameau supportant la fleur et conséquemment le fruit (vulgairement *queue* de la fleur, du fruit).

PÉDONCULÉ. Porté sur un pédoncule.

PELTÉ. En forme de bouclier.

PENTAGONE. A cinq angles.

PÉPONIDE. Fruit charnu, à une ou plusieurs loges polyspermes. Ex. : la *Courge*.

PERFOLIÉES (feuilles). Soudées par leur base de manière à ne former qu'une pièce qui est traversée par la tige. Ex. : le *Chèvrefeuille*.

PÉRICARPE. Enveloppe générale des graines, dans laquelle on distingue trois parties : l'*épicarpe*, ou peau externe du fruit ; l'*endocarpe*, ou peau interne ; et le *sarcocarpe* : partie intermédiaire plus ou moins charnue.

PÉRIGONE. Enveloppe florale unique, formée par la soudure du calice et de la corolle. Ex. : la *Tulipe*.

PÉRIGYNE (étamine). Attachée sur le calice.

PÉRISPERME. Partie de l'amande qui est distincte de l'embryon et manque dans plusieurs graines.

PERSISTANT (calice). Qui survit à la fleur.

PERSISTANTES (feuilles). Qui durent plus d'une année.

PÉTALE. Pièce distincte de la corolle. Ex. : *une feuille de Rose*.

PÉTALOÏDE. Qui a l'apparence d'une corolle ou d'un pétale.

PÉTIOLE. Support de la feuille, vulgairement appelé *queue* de la feuille.

PÉTIOLÉE (feuille). Qui est portée sur un pétiole, par opposition à la feuille sessile.

PHANÉROGAMES. Plantes dans lesquelles on distingue, à l'œil nu, des étamines et des pistils.

PHANÉROGAMIE. On désigne sous ce nom la grande classe des plantes *phanérogames*.

PINNATIFIDE. Divisé en découpures latérales, profondes.

PINNATIFIDE (bi-tri). Dont les découpures principales sont elles-mêmes divisées en découpures secondaires, ou tertiaires.

PINNÉE (feuille). Dont les folioles sont disposées régulièrement et horizontalement sur le pétiole, comme les barbes d'une plume sur leur tige commune.

PINNÉE (bi-), ou *deux fois pinnée*. Dont les folioles sont pinnées.

PINNÉE (tri-), ou *trois fois pinnées*. Dont les folioles secondaires sont encore pinnées.

PISTIL. Organe femelle, situé au centre de la fleur, et formé de deux parties essentielles : l'*ovaire* et le *stigmate*, et d'une partie accessoire : le *style*.

PLACENTA. Partie du péricarpe où sont attachées les graines.

PLUMEUX. Composé de poils ramifiés dans toute leur longueur, et dont les divisions ténues ressemblent au duvet des oiseaux.

PLUMULE. Partie de l'embryon qui doit former la tige.

PODOSPERME. Filet qui part du placenta, et sert d'attache à la graine.

POILS. Parties molles et filiformes qui ont de l'analogie avec les poils des animaux.

POLLEN. Poussière renfermée dans les *anthères*, et composée de globules contenant le liquide fécondant.

POLYADELPHES (étamines). Dont les filets sont soudés en plusieurs faisceaux. Ex. : le *Millepertuis*.

POLYGAME. Qui réunit des fleurs unisexuelles et des fleurs hermaphrodites.

POLYPÉTALE (corolle). Composée de plusieurs pièces distinctes les unes des autres. Ex. : la *Rose*.

POLYPHYLLE (calice, périgone). Formé de plusieurs pièces distinctes.

POLYSPERME (fruit). Contenant plusieurs graines.

POMME. Fruit formé par la réunion de plusieurs ovaires soudés avec le calice et devenant ordinairement charnu.

PONCTUÉ. Marqué de points creux.

PRISMATIQUE. Qui présente à peu près la forme d'un prisme.

PRODUCTIONS MÉDULLAIRES. Lames verticales, de nature analogue à la moelle, qui partent, en tous sens, de cet organe ou de l'une des couches ligneuses, se prolongent vers la circonférence et sont visibles, sur la coupe transversale du tronc, sous la forme de rayons.

PROLIFÈRE (fleur). Qui donne naissance à d'autres fleurs.

PROPRE. Qui lui appartient exclusivement.

PUBESCENT. Chargé de poils courts et légers.

PULPE. Substance charnue, molle et succulente. Ex. : la chair de la *Prune*, de l'*Abricot*.

PULPEUX. Rempli de pulpe.

PULVÉRULENT. Qui est couvert de poussière ou qui en a la consistance.

PYXIDE. Voyez Boîte à savonnette.

Q

QUADRANGULAIRE. quatre angles.

QUADRIFIDE (4-fide). Voyez Fide.

QUADRILOBÉ (4-lobé). A quatre lobes.

QUADRILOCULAIRE (4-loculaire). A quatre loges.

QUADRIVALVE (4-valve). A quatre valves.

QUEUE. Voyez PÉDONCULE, PÉTIOLE, etc.

QUINQUÉFIDE (5-fide). Voy. FIDE.

QUINQUÉLOCULAIRE (5-loculaire). A cinq loges.

QUINQUÉVALVE (5-valve). A cinq valves.

R.

RACINE. Partie inférieure de la plante, ordinairement située dans la terre, tendant toujours vers le centre du globe et servant à fixer la plante au sol et à y puiser sa nourriture.

RADICAL. Qui naît près de la racine, ou qui lui appartient. Ex. : pédoncule *radical*, pédoncule qui naît du collet de la racine ; — feuille *radicale*, qui naît à la base de la tige.

RADICELLE. Divisions très-ténues des racines.

RADICULE. Partie de l'embryon destinée à produire la racine.

RADIÉE (fleur). Composée de *fleurons* au centre et de *demi-fleurons* à la circonférence. Ex. : la *Pâquerette*, le *Tournesol*.

RAMPANTE (racine). Qui s'étend horizontalement en jetant çà et là des radicelles. Ex. : le *Rosier des champs*.

RAMPANTE (tige). Couchée sur le sol et s'y fixant par des racines qu'elle pousse de divers points de sa longueur. Ex. : le *Chiendent*.

RAYONS. Voyez OMBELLE.

RAYONS MÉDULLAIRES. Voyez PRODUCTIONS MÉDULLAIRES.

RÉCEPTACLE. Évasement du pédoncule, d'où naissent toutes les parties qui constituent la fleur.

RÉFLÉCHI. Courbé en dehors.

RÉGULIÈRE (corolle). Dont les parties sont égales, semblables ou symétriques. Ex. : le *Lilas*, la *Rose*.

REJET. Rameau ou tige secondaire, naissant du collet de la racine, et poussant çà et là des radicules ou des feuilles. Ex : le *Fraisier*.

RÉNIFORME. En forme de rein ou de haricot.

RÉTICULÉ. Dont la surface est couverte de ramifications entrelacées sous forme de réseau.

RHOMBOÏDAL. En forme de rhombe, c'est-à-dire à quatre angles, dont les deux latéraux obtus et les deux terminaux aigus.

RONCINÉE (feuille). Divisée en lobes profonds, dont les deux latéraux sont aigus et recourbés en bas. Ex. : le *Pissenlit*.

ROTACÉE (corolle). En forme de roue, c'est-à-dire à limbe plan et à tube presque nul. Ex.: la *Véronique*, la *Molène*.

RUGUEUX. Rude, marqué de rides nombreuses et profondes.

S

SAGITTÉE (feuille). En fer de flèche, c'est-à-dire triangulaire, échancrée à sa base, et prolongée en deux angles aigus, parallèles au pétiole. Ex.: la *Sagittaire*, le *Gouet*.

SAILLANT. Qui dépasse les parties environnantes: ainsi on entend par étamines saillantes celles qui dépassent la corolle ou le périgone. Ex.: le *Pouliot*.

SAMARE. Fruit membraneux, coriace, très-comprimé, à une ou deux loges, souvent muni d'ailes membraneuses. Ex.: l'*Orme*, l'*Érable*.

SARCOCARPE. Voyez Péricarpe.

SARMENTEUX. Ligneux, grêle et grimpant.

SCABRE. Muni de petites aspérités sensibles au tact.

SCARIEUX. Sec, roide, jamais vert, et assez analogue aux écailles.

SEGMENTS. Lobes profonds

SEMENCE. Voyez Graine.

SEMI - FLOSCULEUSES. Fleurs *composées*, formées uniquement de *demi-fleurons*. Ex: la *Chicorée*.

SÉMINALES (feuilles). Voyez Cotylédons.

SÉMINIFÈRE. Qui porte les graines.

SESSILE. Qui est privé de support. Ainsi une feuille est dite *sessile* quand elle n'a pas de pétiole: il en est de même d'une fleur sans pédoncule, d'une anthère sans filet, d'un stigmate sans style, etc.

SÉTACÉ. Qui est roide, filiforme, et ressemble à des soies de porc.

SEXIFIDE (6-fide). V. Fide.

SEXLOCULAIRE (6—loculaire). A six loges.

SEXVALVE (6—valve). A six valves.

SILICULE. Silique très-courte. Ex.: le *Thlapsi* (*Bourse-à-pasteur*).

SILIQUE. Fruit sec, déhiscent, à deux valves séparées ordinairement par une cloison longitudinale, et dont les graines sont attachées aux deux sutures. Ex.: la *Girofée*, la *Julienne*.

SILIQUIFORME. Qui ressemble à une silique.

SIMPLE (aigrette). Dont les poils ne sont point ramifiés.

SIMPLE (feuille). Dont le limbe est continu dans toutes ses parties. Ex.: la *Violette*, le *Lilas*.

SIMPLE (fleur). Qui n'a que le nombre de pétales qu'elle

doit avoir dans l'état naturel.

SIMPLE (fruit). A une loge ou dont toutes les loges sont soudées.

SIMPLE (ovaire). **V. FRUIT** SIMPLE.

SIMPLE (périgone). Enveloppe florale unique.

SIMPLE (poil). Sans division.

SINUÉE (feuille). Dont le le bord est muni d'échancrures peu profondes et de saillies arrondies.

SOIES. Poils roides comme les soies du porc.

SOLITAIRE. Qui est seul.

SOMMET. Extrémité (d'une feuille, d'un pétale, d'un fruit, etc.) opposée à son point d'attache.

SOUDÉ. Adhérent.

SOUS-ARBRISSEAU. Plante ligneuse peu élevée et dépourvue de bourgeons écailleux. Ex.: la *Bruyère*.

SPADIX. Assemblage de fleurs entourées d'une spathe et sessiles sur un pédoncule commun. Ex.: le *Gouet* ou *Pied-de-veau*.

SPATHE. Sorte d'involucre formé d'une ou d'un petit nombre de bractées larges, membraneuses, et situé à la base de certaines fleurs des monocotylédonées (*Endogène.*). Ex.: l'*Ail*, l'*Oignon*, la *Narcisse*.

SPATULÉE (feuille). En forme de spatule, c'est-à-dire allongée, élargie au sommet

et rétrécie brusquement vers la base. Ex.: la *Pâquerette*.

SPERMODERME. Tégument propre de la graine ou vulgairement: *peau* de la graine.

SPICIFORME. Imitant un épi.

STAMINIFÈRE. Qui porte les étamines.

STIGMATE. Partie spongieuse du pistil, située ordinairement au sommet du style, et destinée à recevoir la poussière fécondante des étamines.

STIPULE. Expansion foliacée, située à la base de certaines feuilles. Ex.: le *Rosier*, le *Pois*, l'*Amandier*.

STIPULÉES (feuilles). Munies de stipules.

STOLONS. Voyez REJETS.

STOMATES. Pores affectant la forme de fentes allongées et servant à la respiration des végétaux. — Ces organes ne sont visibles qu'à l'aide du microscope ou d'une forte loupe.

STRIÉ. Marqué de stries.

STRIES. Petits sillons parallèles et longitudinaux.

STYLE. Prolongement de l'ovaire qui supporte le stigmate.

SUBPINNATIFIDES. Presque pinnatifides.

SUBULÉ. En forme d'alène.

SUC. Partie liquide contenue dans les végétaux.

SUPÈRE. Situé au-dessus de.

On dit que l'*ovaire* est *supère*, pour indiquer qu'il est libre de toute adhérence avec le calice. Au contraire, on entend par *calice supère* celui qui est soudé avec l'ovaire.

SUTURE. Ligne formée par la réunion ou juxta-position de deux valves.

SYNGÉNÈSES. On désigne ainsi les fleurs dont les étamines sont soudées par leurs anthères.

T

TABLIER (*Labellum*). Division inférieure du périgone des *Orchidées*. Voyez les caractères généraux de cette famille, page 314.

TÉGUMENT. Enveloppe immédiate.

TERMINAL. Situé au sommet.

TERNÉE (feuille). Composée de trois folioles. Ex.: le *Trèfle*, le *Ményanthe*.

TÊTE. Assemblage de fleurs nombreuses et sessiles au sommet des rameaux.

TÉTRADYNAMES (étamines). Dont quatre sont plus grandes que les deux autres. Ex.: *Crucifères*, la *Giroflée*, la *Corbeille-d'or*.

TÉTRAGONE. A quatre angles.

TÉTRAPHYLLE (calice, périgone). Formé de quatre pièces distinctes les unes des

TÉTRASPERME (4-sperme). Qui contient quatre graines.

TIGE. Partie de la plante qui s'élève du collet de la racine, et qui porte les feuilles et les fleurs.

TIGELLE. Voyez PLUMULE.

TOMENTEUX. Couvert d'un duvet cotonneux.

TRAÇANTE (racine). Voyez RAMPANTE.

TRIANGULAIRE. Présentant trois angles.

TRIFIDE (3-fide). V. FIDE.

TRIGONE (3-gone). A trois angles.

TRILOBÉ (3-lobé). A trois lobes.

TRILOCULAIRE (3-loculaire). A trois loges.

TRIPINNÉE (feuille) (3-pinnée). Voyez PINNÉE.

TRISPERME (3-sperme). Qui contient trois graines.

TRIVALVE (3-valves). A trois valves.

TUBE. Partie inférieure et cylindrique d'une corolle, d'un calice ou d'un périgone.

TUBERCULE. Partie solide, et irrégulièrement saillante. — Production charnue située au pied de certains végétaux. Ex.: l'*Orchis*, la *Pomme de terre*.

TUBERCULEUX. Garni de tubercules.

TUBÉREUSE (racine). Composée de corps charnus, de forme variable, unis entre eux par les ramifications des racines. Ex. : le *Topinambour* (*Helianthus tuberosus*).

TUBULEUX. Qui a la forme d'un tube.

U

UNIFLORE (1-flore). Qui ne contient ou ne porte qu'une fleur.

UNILATÉRAL. (1-latéral). Placé d'un seul côté.

UNILOCULAIRE (1 - loculaire). A une seule loge.

UNISEXUELLES (fleurs). Qui contiennent exclusivement des étamines ou des pistils.

UNIVALVE (1-valve). A une valve.

UTRICULE. Fruit monosperme, indéhiscent, non adhérent au calice, et dont le péricarpe est peu apparent. Ex. : l'*Amaranthe*.

V

VAISSEAUX. Tubes microscopiques qui se trouvent mêlés au tissu cellulaire dans les végétaux que l'on a nommés, par cette raison, *vasculaires*.

VALLÉCULES. Intervalles qui séparent les côtes saillantes à la surface du fruit des *Ombellifères*. Voyez les caractères de cette famille, page 184.

VALVES. Pièces distinctes du péricarpe. On a étendu ce mot aux parties d'une spathe et de certaines enveloppes florales, comme dans les *Graminées*, etc.

VELU. Couvert de poils.

VENTRU. Renflé.

VERTICILLE. Disposition de parties formant un anneau autour d'une tige ou d'un axe commun Ex. : les feuilles du *petit Muguet* (*Asperula odorata*); les fleurs de l'*Ortie blanche* (*Lamium album*).

VERTICILLÉ Disposé en anneau.

VÉSICULEUX. Qui ressemble à une vessie gonflée d'air.

VISQUEUX. Collant, gluant.

VITTA, VITTÆ. Lignes formées par les canaux des sucs propres, et que l'on remarque dans l'intervalle des *vallécules*, sur les fruits des *Ombellifères* V. page 185.

VOLUBILE (tige). Voyez aux Notions élémentaires, page 5.

VRILLE. Appendice filiforme, ordinairement roulé en spirale, et s'entortillant autour des corps voisins. **Ex. :** la *Vigne*.

FIN DU VOCABULAIRE

TABLE

—

Les noms de classe, de famille et de tribu sont en CAPITALES ; les noms de genre latins sont en romain ; les noms de genre français et les noms vulgaires sont en *italique*.

FIN DE LA TABLE.

GUIDE
DU BOTANISTE

POUR

LES HERBORISATIONS

AUX ENVIRONS DE PARIS

AVERTISSEMENT

Le Guide du botaniste a pour but de diriger les
pas de nos jeunes débutants et de leur épargner ainsi
de nombreuses déceptions, en les faisant participer
immédiatement à l'expérience acquise par leurs de-
vanciers.

Voici, en deux mots, la manière dont nous avons
cru devoir procéder.

Nous avons mentionné avec le plus grand soin toutes
les localités offrant quelque intérêt et en avons formé
autant de chapitres spéciaux où toutes les espèces qui
méritent de fixer l'attention sont indiquées, en suivant
toujours l'ordre alphabétique, afin de faciliter les recherches. Chaque nom spécifique est suivi d'un ou
deux chiffres correspondant au mois de fleuraison :
le n° 1 désignant le premier mois de l'année, ou jan-
vier, et ainsi de suite, jusqu'à 12, qui représente le
mois de décembre. Lorsque les fleurs se succèdent
pendant plusieurs mois, nous donnons deux chiffres
réunis par un tiret, dont le premier indique le com ·
mencement, et le second la fin de la fleuraison. Ainsi :
5-9, signifie que la plante fleurit de mai à septembre.
Enfin, quand l'époque de la fleuraison correspond a
une saison de l'année, nous nous contentons de donner,

au lieu de chiffres, l'initiale de cette saison, soit : **P.**
pour printemps, E, pour été, etc.

Ces indications nous ont paru d'autant plus utiles
que, le botaniste sachant à l'avance quelles espèces il
doit rencontrer, son attention se trouve naturellement
fixée sur elles et multiplie ainsi les chances de réus-
site ; car, suivant notre vieux dicton, *un homme averti
en vaut deux.* D'un autre côté, il suffira de jeter les
yeux sur la petite flore partielle de la localité que l'on
veut explorer, pour en apprécier toute l'importance,
et l'on saura en même temps s'il est plus avantageux
de hâter ou de retarder l'excursion projetée, d'après
les plantes que l'on désire recueillir.

En joignant à ce Guide la carte que nous avons fait
graver et qui est accompagnée d'un index comprenant
toutes les localités, nous croyons fournir toutes les
notions indispensables pour faire avec quelque fruit
les herborisations dans toute l'étendue de la flore parisienne.

Espérons que nos efforts, pour le développement
d'une science aussi utile qu'agréable, seront couronnés
de quelque succès, et que nous aurons contribué, dans
la faible proportion de nos moyens, à stimuler encore
l'ardeur déjà si vive de nos jeunes botanistes. Guidés par
des indications sûres et précises, ils n'hésiteront plus
à étendre leurs excursions vers des localités trop souvent négligées et qui promettent cependant de pré-
cieuses récoltes, leur herbier s'enrichira d'espèces
nouvelles, et la science y gagnera de son côté, car ce
n'est jamais sans avantage que l'on interroge la nature
sous ses aspects les plus variés.

GUIDE
DU BOTANISTE

ADRIEN (St-), près **ROUEN**. — Digitalis *parviflora*, E. Viola *rothomagensis*, E.

ALET. — Œnanthe *crocata*, E.

AMMÉNUCOURT, près la **ROCHE-GUYON**. — Lithospermum *purpuro-cæruleum*, 5. Teucrium *montanum*, E.

ANDELYS (Roches de St-Jacques et Châteaugaillard). — Biscutella *lævigata*, E. Brunella *grandiflora*, E. Carduus *marianus*, E. Centaurea *solstitialis*, E. Cerasus *mahaleb*, 4. Cineraria *campestris*, 5-6. Cratægus *amelanchier*, 5. Digitalis *parviflora*, E. Epipactis *rubra*, E. Euphorbia *esula*, E. Fœniculum *vulgare*, E. Fumaria *micrantha*, E. Globularia *vulgaris*, 5. Helianthemum *pulverulentum*, 6-7. Isatis *tinctoria*, 5-6. Melica *ciliata*, 7. Mespilus *germanica*, 5. Ononis *columnæ*; *natrix*, E. Ophrys *apifera*, P. Orobanche *cærulea*, 6; *eryngii*, E.; *minor*, E. Peucedanum *carvifolium*, E. Phalangium *ramosum*, E. Phyteuma *orbicularis*, 6-8. Polycnemum *arvense*, E. Prenanthes *pulchra*, 6. Seseli *libanotis*, A. Sesleria *cærulea*, P. Stipa *pennata*, 6. Teucrium *montanum*, E.

ANET. — Globularia *vulgaris*, 5. Orchis *coriophora*. 5-6; *galeata*, 5-6. Phyteuma *spicata*, 5-6. Seseli *libanotis*, A.

ANTILLY. — Gentiana *germanica*, 8-9. — V. **CRÉPY**.

ANTONY. — Trifolium *parisiense*, E. Xanthium *strumarium*, 6-7.

ARCUEIL. — Chenopodium *opulifolium*, E. Falcaria *rivini*, E. Iris *fœtidissima*, 7-8. Lathyrus *palustris*, 6-7.

ARGENTEUIL. — Nayas *minor*, E. Sisymbrium *arenosum*, 6

ARMAINVILLIERS et sa FORÊT. — Campanula *cervicaria*, 8-9. Leonurus *cardiaca*, E. Narcissus *poeticus*, 5. Pyrola *rotundifolia*, 5-6. Scutellaria *minor*, E. Senecio *aquaticus*, 6-7.

ARPAJON, COLLINE DE JUSTICE. — Crepis *tectorum*, É. Sedum *hirsutum*, E. — V. **ITTEVILLE.**

ASNIÈRES. — Polycnemum *arvense*, E.

AULNAI. Œnothera *biennis*, E. Statice *armeria*, E.

AUTEUIL. — Buplevrum *tenuissimum*, E. Cakile *perfoliata*, 6. Centaurea *solstitialis*, E. Isatis *tinctoria*, 5-6. Melissa *officinalis*, 6-7.

BAGATELLE. — Cerastium *tomentosum*, E. Leonorus *cardiaca*, E.

BAGNOLET. — Tordylium *maximum*, 5-8.

BAILLY. — Lathyrus *nissolia*, 6-7. — V. **COMPIÈGNE.**

BANTHÉLU, près **MAGNY.** — Actæa *spicata*, 5-6. Gentiana *germanica*, 8-9. Limosella *aquatica*, E.

BARRE (LA), près ST-**DENIS.** — Nepeta *cataria*, E. Petro-selinum *segetum*, E.

BEAUMONT-SUR-OISE. — Geum *rivale*, 6-7.

BEAUVAIS. — Ægopodium *podagraria*, E. Asperula *odorata*, 4-5. Atropa *belladona*, 6-7. Carduus *marianus*, E. Carum *bulbocastanum*, E. Chrysanthemum *segetum*, E. Chrysosple-nium *alternifolium*, 4-5; *oppositifolium*, 4-5. Cirsium *eriophorum*, E. Conopodium *denudatum*, 5-7. Daphne *lau-reola*, 3; *mezereum*, 5. Digitalis *parviflora*, E. Dipsacus *pilosus*, E. Epilobium *spicatum*, E. Gentiana *germanica*, 8-9. Gnaphalium *dioïcum*, P. Helleborus *fœtidus*, 2-4. Hel-minthia *echioïdes*, E. Lactuca *perennis*, E. Lathyrus *hirsu-tus*, E. Limodorum *abortivum*, 6. Lychnis *sylvestris*, E. Mayanthemum *bifolium*, 5. Mespilus *germanica*, 5. Myagrum *dentatum*, 6. Ophrys *apifera*, P.; *monorchis*, 6. Orchis *simia*, 5-6; *viridis*, 6-7. Orlaya *grandiflora*, 6-7. Ornithogalum *mi-*

nimum, 3-4. Paronychia *verticillata*. Phalangium *ramosum*, E. Physalis *alkekengi*, 5-6. Pimpinella *magna*, E. Pinguicula *vulgaris*, 5-6. Polygala *amara*, 5-6. Potamogeton *pusillum*, E. Pyrola *rotundifolia*, 5-6. Rubia *peregrina*, 6-7. Saponaria *vaccaria*, E. Scilla *bifolia*, P. Seseli *libanotis*, A. Sesleria *cærulea*, P. Stachys *alpina*, E. Tordylium *maximum*, E. Vaccinium *myrtillus*, 4-5; *vitis-idæa*, E. Valerianella *eriocarpa*, 5. Verbascum *nigrum*, E. — V. St-**GERMER**.

BEAUVAIS (GOINCOURT, près). — Chrysosplenium *alternifolium*, 4-5; *oppositifolium*, 4-5. Cornus *mas*, 3-4. Erica *tetralix*, E. Lysimachia *nemorum*; E. Pinguicula *vulgaris*, 5-6. Stachys *alpina*, E Veronica *acinifolia*, P.

BEAUVAIS (MARISSEL, près). — Tordylium *maximum*, **E.**

BEAUVAIS (Roches de). — V. **MENNECY.**

BELLECROIX près **FONTAINEBLEAU.** — *Polygonum pusillum*, E. Trifolium *strictum*, E.

BELLEVILLE. — Cochlearia *armoracia*, 6, *draba*, 6-7. Coriandrum *sativum*, E.

BELLEVUE. — Euphorbia *dulcis*, 7. Oxalis *stricta*, 5-9.

BERCY. Anthemis *mixta*, E. Hyppuris *vulgaris*, 6-7. Hydrocharis *morsus-ranæ*, 6-7. Sisymbrium *supinum*, E. Thesium *linophyllum*, E.

BETZ. — Andropogon *ischæmum*, 5. Carduus *marianus*, E. Fumaria *bulbosa*, 3-4. Stachys *alpina*, E.

BIÈVRES. — Geranium *pyrenaicum*, E. Gnaphalium *dioicum*, P. Pinguicula *vulgaris*, 5-6.

BLUNAY. — V. **PROVINS.**

BOIS-LOUIS. — V. **LE CHÂTELET.**

BONDY. — Adoxa *moschatellina*, 4; Agrostis *interrupta*, 6-7. Alisma *damasonium*, E. Aquilegia *vulgaris*, 5-7. Avena *fragilis*, 6. Carex *ampullacea*, 5-6; *curta*, 5; *depauperata*, 5-6; *elongata*, 4-5; *filiformis*, 5; *hordeïstichos*, 5; *maxima*, 5-6. Centaurea *solstitialis*, E. Cratægus *torminalis*, 5. Crepis *tectorum*, E. Crypsis *alopecuroïdes*, 8-9. Elatine *alsinastrum*, E. Eriophorum *capitatum*, 4-5; *vaginatum*, 4-5. Erysimum *præcox*, 4. Euphorbia *palustris*, P. Fragaria *col-*

lina, 5. Helleborus *fœtidus*. 2-4. Helminthia *echioïdes*, **E.**
Helosciadium *repens*, E. Hottonia *palustris*, 5-6. Hydrocotyle
vulgaris, E. Hypericum *montanum*, 6-7; *quadrangulum*, 6-7.
Iris *fœtidissima*, 7-8. Juncus *ericetorum*, 5-6. Lathyrus *hirsu-*
tus, E. *sylvestris*, E. *tuberosus*, E. Limosella *aquatica*, E.
Lychnis *sylvestris*, E. Lythrum *hyssopifolia*, 6-7. Mayanthemum *bifolium*, 5. Monotropa *hypopitys*, 7-8. Myosurus *mini-*
mus, 4-6. Orchis *coriophora*, 5-6. Potentilla *supina*, E. Primula *grandiflora*, 4-5. Pyrola *rotundifolia*, 5-6. Samolus
valerandi, E. Saponaria *vaccaria*, E. Sparganium *natans*,
E. Teucrium *scordium*, E. Thesium *linophyllum*, **E.** Tulipa
sylvestris, 3-4.

BONNEUIL. — Hottonia *palustris*, 5-6. Linaria *simplex*, 6.
Sanguisorba *officinalis*, 7-8.

BONNEVILLE, près **MALESHERBES.** — Cratægus *ame-*
lanchier, 5. Hyssopus *officinalis*, E.

BONNIÈRES. — Euphorbia *palustris*, P. Orobanche *eryngii*,
E. Medicago *villosa*, E.

BONNIÈRES (FRENEUSE, près). — Peucedanum *carvifo-*
lium, E.

BOUGIVAL et PARC. — Anthyllis *vulneraria*, **E.** Digitalis
parviflora, E. Lathyrus *sylvestris*, E. Orobanche *eryngii*, E.
Polypodium *calcareum*, **E.**; *dryopteris*, **E.** Rumex *aquaticus*,
8. Sedum *telephium*, 7.

BOULOGNE et Bois. — Anchusa *italica*, 6-7. Anemone *pul-*
satilla, 4-5. Anthriscus *sylvestris*, E. Asperugo *procum-*
bens, E. Brassica *cheiranthos*, 7-8 Buplevrum *tenuissi-*
mum, E. Carex *humilis*, 4-5 ; *schreberi*, 4-5. Carum *bulbo-*
castanum, E. Centaurea *solstitialis*, E. Cerasus *mahaleb*,
4. Chelidonium *glaucium*, 6-8. Cornus *mas*, 3-4. Fragaria
collina, 5. Genista *sagittalis*, 5. Geranium *sanguineum*, 5-6 ;
pyrenaïcum, E. Isatis *tinctoria*, 5-6. Lamium *hybridum* P.
Leonorus *cardiaca*, E. Lithospermum *purpuro-cœruleum*, 5.
Medicago *orbicularis*, **E.**; *villosa*, E. (Porte des princes);
Myagrum *sativum*, 6. Myosotis *stricta*, 4-6. Nepeta *cataria*,
E. OEnothera *biennis*, E. Orchis *hircina*, 6-7 ; *morio*, 4.
Peucedanum *oreoselinum*, E. Polypodium *dryopteris*, E. Po-
pulus *canescens*, P. Potentilla *splendens*, 5. Scilla *autumnalis*

8-9. Scutellaria *columnæ*, 6-7. Sedum *boloniense*, E. ; *sexangulare*, E. Senecio *adonidifolius*, 7-8. Spergula *pentandra*, E. Spiræa *filipendula*, 6. Thalictrum *lucidum*, 6-8; *minus*, 6-8. Thesium *linophyllum*, E. Tillæa *muscosa*, 6-7. Tragus *racemosus*, 7. Trigonella *monspeliaca*, 5-6. Veronica *spicata*, 6-7; *teucrium*, 5; *verna*, 4. — V. **POINT-DU-JOUR**.

BOURAY. — Linaria *pelisseriana*, E.

BOURG-LA-REINE. — Falcaria *rivini*, E. Lathyrus *hirsutus*, E.

BOURON, près **FONTAINEBLEAU**. — Alyssum *montanum*, 4-5. Anemone *sylvestris*, 5. Asterocarpus *sesamoïdes*, 6-9. Carduncellus *mitissimus*. E. Inula *squarrosa*, E. Lathyrus *palustris*, 6-7. Micropus *erectus*, E. Ophrys *antropophora*, 5-6.

BRÈCHE (Bois de la), — Anchusa *sempervirens*, 5-6.

BRETEUIL. — Polygala *amara*. T., 5-6. — V. **NEMOURS**.

BROSSES (Les), près **ROUGEAUX**. — Lythrum *hyssopifolia*, 6-7. Trifolium *subterraneum*, P.

BRUNOY. — Salvia *verbenaca*, E. Smyrnium *olusatrum*, 5-6. Urtica *pilulifera*, E.

CACHAN. — Barkhausia *setosa*, E. Centaurea *myacantha*, E. Lactuca *perennis*, E. Lamium *hybridum*, P. Ranunculus *hederaceus*, 5-8.

CALVAIRE. — V. **MONT VALÉRIEN**.

CANNEVILLE, près **CHANTILLY**. — Actæa *spicata*, 5-6. Phleum *alpinum* (Mérat), 6-7. Teucrium *montanum*, 6-8.

CHAILLOT. — Urtica *pilulifera*, E. Buxus *sempervirens*, 3-4. Orchis *galeata*, 5-6.

CHAILLY, près **FONTAINEBLEAU**. — Carex *depauperata*, 5-6. Digitalis *parviflora*, E. Lychnis *viscaria*, 6-7. Orchis *ustulata*, 5-6. Scabiosa *suaveolens*, E. Scirpus *supinus*, 6.

CHAMP-DE-MARS. — Thlaspi *ruderale*, 5.

CHAMPAGNE (Côte de), près **FONTAINEBLEAU**. — Althæa *hirsuta*, E. Cucubalus *baccifer*, E. Epipactis *latifolia*

6-7. Erysimum *hieracifolium*, 6-7. Euphorbia *platyphyllos*, E. Gentiana *cruciata*, 6-7. Gratiola *officinalis*, E. Inula *squarrosa*, E. Iris *fœtidissima*, 7-8. Lamium *hybridum*, P. Laserpitium *asperum*, E. Linaria *purpurea*. E.; *simplex*, **6.** Lychnis *viscaria*, 6-7. Lythospermum *purpuro-cœruleum*, 5. Myagrum *sativum*, 6. Orchis *hircina*, 6-7. Orobanche *cærulea*, 6; *ramosa*, 6. Phyteuma *spicata*, 5-6. Polystichum *aculeatum*, 6-9. Ranunculus *parviflorus*. 4-8. Rosa *tomentosa*, 6-7. Rubia *lucida*, 6-7; *peregrina*, 6-7. Sisymbrium *murale*, E. Tordylium *maximum*, E.

CHAMPIGNY. — Helianthemum *pulverulentum*, 6-7. Orchis *simia*, 5-6. Polycnemum *arvense*, E. Sison *amomum*, E. Smyrnium *olusatrum*, 5-6. Valerianella *coronata*, E.; *eriocarpa* 5.

CHAMPS-ÉLYSÉES. — Xanthium *spinosum*, E.

CHANTILLY. — Actæa *spicata*, 5-6. Arenaria *triflora*, **E.** Atropa *belladona*. 6-7. Brunella *grandiflora*, **E.** Cardamine *amara*, 4-5. Carex *Mairii*, 5-6. Corydalis *bulbosa*, 3-4. Cratægus *torminalis*,5. Epipactis *rubra*. E. Euphorbia *gerardiana* 5-6. Gentiana *cruciata*, 6-7 (Forêt). Geranium *sanguineum*, 5-6 (Forêt). Hippuris *vulgaris*, 5-7. Iris *fœtidissima*, 7-8. Limodorum *abortivum*, 6. Myrica *gale*, 4. Ophioglossum *vulgatum*, 6-7 (Étang de Comelle). Ophrys *aranifera*, 4-5. Orchis *pyramidalis*, 5-6. Pilularia *globulifera*, 6-7 (Étang de Comelle). Salvia *sclarea*. L. Stellera *passerina*, 9-10. Teucrium *montanum*, E. Vaccinum *oxycoccos*, E. Valerianella *eriocarpa* 6-7. — **V. CANNEVILLE** et **GOUVIEUX.**

CHARENTON. — Adonis *autumnalis*, 7-8. Allium *scorodoprasum*, 6-7. Ammi *glaucifolium*, E.; *majus*, E. Anchusa *italica*, 6-7. Anthyllis *vulneraria*, E. Bidens *cernua*, E. Cochlearia *draba*, 6-7. Cucubalus *baccifer*, E. Gypsophila *muralis*, E.; *saxifraga*, E. Lepidium *latifolium*, 8. Limosella *aquatica*, E. Rubia *tinctorum*, 6-7. Rumex *palustris*, E. Sedum *sexangulare*, E. Turgenia *latifolia*, 6-7. Urtica *pilulifera*, 7-10.

CHARENTON (ILES DE). — Adonis *autumnalis*, **7-8.** Epilobium *roseum*, E. Lepidium *latifolium*, 8. Rumex *palustris*, E. Sinapis *nigra*, E. Sisymbrium *supinum*. E.

CHARLY. — Adonis *autumnalis*, 7-8. Atropa *belladona* 6-7. Ornithogalum *minimum*, 3-4. Rosa *gallica*, E. Salvia *sclarea*, E. Scirpus *ovatus*, E. Tulipa *sylvestris*, 3-4.

CHARONNE. — Euphorbia *lathyris*, P. Smyrnium *olusatrum*, 5-6.

CHÂTEAUFORT. — Carduus *marianus*. E. Crepis *tectorum*, E. Hyssopus *officinalis*, E. Lampsana *minima*, 5-6.

CHÂTEAU-LANDON, près **NEMOURS**. — Calamagrostis *lanceolata* (Marais de Sceaux). Erysimum *hieracifolium*, 6-7. Helleborus *fœtidus*, 2-4. Schœnus *mariscus*, E.

CHÂTEAU-THIERRY. — Fumaria *micrantha*, E.

CHÂTELET (Le), près **MELUN**. — Althæa *hirsuta*, E. Bidens *cernua*, E. Carex *teretiuscula*, 5. Centaurea *solstitialis*, E. Cerastium *brachypetalum*, E. Cineraria *campestris*, 5-6. Drosera *rotundifolia*, 6-7. Epipactis *lancifolia*, 4-5. Eriophorum *gracile*, 4-5. Gentiana *cruciata*, 6-7. Globularia *vulgaris*, 5. Gratiola *officinalis*, E. Helleborus *fœtidus*, 2-4; *viridis*, 3-4. Helminthia *echioïdes*. E. Hottonia *palustris*, 5-6. Lathyrus *hirsutus*, E. Lepidium *petræum*, 3-4. Limodorum *abortivum*, 6. Narcissus *poeticus*, 5. Neottia *spiralis*, 9. Orchis *coriophora*, 5-6; *mascula*, P.; *ustulata*, 5-6; *viridis*, 6. Paris *quadrifolia*, 5-6. Phalangium *ramosum*, E. Phyteuma *spicata*, 5-6. Potamogeton *monogynum*, 6-7. Rosa *tomentosa*, E. Sparganium *natans*, E. Trifolium *medium*, 5-6.

CHÂTELET (**BOIS-LOUIS**, près Le).— Fumaria *micrantha*, E. Ranunculus *nemorosus*, 5-6. Rosa *tomentosa*, E.

CHÂTELET (**SAVETEUX**, près Le).— Scleranthus *perennis*, E.

CHÂTILLON. — Œnothera *biennis*, E. Prismatocarpus *hybridus*, E. Thesium *linophyllum*, E. Trifolium *rubens*, 6-7.

CHATOU. — Linaria *pelisseriana*, E. Myagrum *dentatum*, 6. Peucedanum *oreoselinum*, E. Veronica *verna*, 4.

CHAUMONT. — Anthriscus *sylvestris*, E. Asperula *odorata*, 4-5. Atropa *belladona*, 6-7. Bunias *cochlearioïdes*, 5-6. Carduus *marianus*, E.

CHAUMONT (Ruines du château de). — Orobanche *cærulea*, 6. Rubia *tinctorum*, 6-7. Seseli *libanotis*, A. Carex *ampullacea*, 5-6; *digitata*, 5 *mairii*, 5-6; *teretiuscula*, 5. Carum *bulbocastanum*, E. Cerastium *brachypetalum*, E. Cirsium *eriophorum*, E. Corydalis *bulbosa*, 3-4. Digitalis *parviflora*. E. Epipactis *ensifolia*, 6; *lancifolia*, 4-5. Fumaria *micrantha*, E. Galanthus *nivalis*, 2. Globularia *vulgaris*, 5. Iris *fœtidissima*, 7-8. Limodorum *abortivum*, 6. Lychnis *sylvestris*, E. Menyanthes *trifoliata*, 4-5. Ophrys *aranifera*, 4-5. Orchis *galeata*, 5-6; *pyramidalis*, 5-6; *ustulata*, 5-6. Paris *quadrifolia*, 5-6. Phalaris *utriculata*, 6. Pyrola *rotundifolia*, 5-6. Ranunculus *aquatilis*, 4-8; *lingua*, 6-8. Schœnus *albus*, E.; *nigricans* E. Seseli *libanotis*, A. Stachys *alpina*, E. — V. **LIANCOURT**.

CHAVILLE. — Ononis *natrix*, E. Solidago *graveolens*, E.

CHERIZY. — Helleborus *viridis*, 3-4. — V. **DREUX**.

CHEVREUSE, près le Château. — Aspidium *fragile*, 9-10. Avena *fragilis*, 6. Cardamine *amara*, 4-5. Carduus *marianus*, E. Fœniculum *vulgare*, E. Galeobdolon *luteum*, 5. Genista *anglica*, E. Parnassia *palustris*, A. Pinguicula *vulgaris*, 5-6. Salvia *sclarea*, E. Stellaria *aquatica*, 6-7. Trifolium *parisiense*. E.

CHOISY-LE-ROI. — Chenopodium *opulifolium*, E. Cuscuta *major*, E.

CLAGNY. — Euphorbia *segetalis*, 7. Lobelia *urens*, E. Micropus *erectus*, E.

CLAIREFONTAINE, près St-**LÉGER**. — Erica *tetralix*, E. Spergula *nodosa*, E.

CLAMART-SOUS-MEUDON. — Chrysanthemum *segetum*, E. Hippuris *vulgaris*, 6-7. Ranunculus *chærophyllos*, 5-6. Sedum *cepæa*, E.

CLERMONT. — Hepatica *triloba*, 3-4. Ophrys *apifera*, P. Orchis *galeata*, 5-6. Orobanche *cærulea*, 6.

CLERMONT (LIANCOURT-sous-). — Anthriscus *sylvestris* E. Geranium *pyrenaicum*, E.

CLOUD (St-). — Allium *moly*, E. Ammi *majus*, E. Campanula *rapunculoides*, 6-8. Ceterach *officinarum*, 9-10 Cytisus *supi* *aus*, 6-7. Echinops *sphærocephalus*, E. Epipactis *lancifolia*, 4-5. Galega *officinalis*, E. Hippuris *vulgaris*, 6-7. Melissa *officinalis*, 6-7. Ononis *columnæ*, E. Ophrys *myodes*, 4-5. Orchis *hircina*, 6-7; *militaris*, 4-5. Oxalis *stricta*, 5-9. Polycarpon *tetraphyllum*, E. Pyrethrum *corymbosum*, E. Thalictrum *minus*, 6-8. Tragopogon *majus*, 5-6. Tulipa *sylvestris*, 3-4. Veronica *acinifolia*, P.

COCHERELLE. — V. DREUX.

COLOMBE (Ste-), près **PROVINS.** — Petroselinum *segetum*, E.

COLOMBES. — Sisymbrium *vimineum*, E.

COMPIÈGNE. — Actæa *spicata*, 5-6. Ægopodium *podagraria*, E. Agrostis *interrupta*, 6-7. Alisma *ranunculoïdes*, E. Allium *ursinum*, P. Andropogon *ischæmum*, 5. Anemone *sylvestris*, 5. Anthriscus *sylvestris*, E. Asperula *arvensis*, 5-6; *odorata*, 4-5. Blechnum *spicant*, E. Botrychium *lunaria*, 6. Bromus *giganteus*, 7. Brunella *grandiflora*, E. Cardamine *amara*, 4-5; *impatiens*, 5. Carex *ampullacea*, 5-6; *depauperata*, 5-6; *digitata*, 5; *cricetorum*, 4-5; *fulva*, 6-7; *humilis*, 4-5; *mairii*, 5-6; *maxima*, 5-6; *schreberi*, 4-5. Carum *bulbocastanum*, E. Celtis *australis*, 4. Cirsium *eriophorum*, E. Cornus *mas*, 3-4. Corydalis *bulbosa* 3-4. Cynoglossum *montanum*, 5-6. Daphne *laureola*, 3. Dentaria *bulbifera*, 5. Dianthus *deltoïdes*, E. Digitalis *parviflora*, E. Dipsacus *pilosus*, E. Drosera *rotundifolia*, 6-7. Elymus *europæus*, 6. Epilobium *spicatum*, E. Epipactis *ensifolia*, 6; *lancifolia*, 4-5; *rubra*, E. Euphrasia *lutea*, E. Gentiana *cruciata*, 6-7; *germanica*, 9. Geranium *sanguineum*, 5-6. Geum *rivale*, 6-7. Globularia *vulgaris*, 5. Gnaphalium *dioïcum*, P. Helianthemum *apenninum*, E. Helleborus *viridis*, 3-4. Hippuris *vulgaris*. 6-7. Inula *helenium*, E. Iris *fœtidissima*, 7-8. Juncus *squarrosus*, 6. Lampsana *minima*, 5-6. Laserpitium *asperum*, E. Lathyrus *hirsutus*, E. Limodorum *abortivum*, 6. Limosella *aquatica*, E. Linaria *arvensis*, E. Lithospermum *purpuro-cæruleum*, 5. Lychnis *sylvestris*, E.; *viscaria*, 6-7. Lysimachia *nemorum*, E. Lythrum *hyssopifolia*, 6-7. Mayanthemum *bifolium*, 5. Melica *montana*, 5-6. Monotropa *hypopitys*. 7-8. Nardus *stricta* 5-6. Neottia *spiralis*, 9. Ononis *columnæ*, E. Ophioglossum *vulgatum*, 6-7. Ophrys *apifera*, P.; *monorchis*, 6. Orchis *coriophora*, 5-6; *galeata*, 5-6; *mascula*, P.; *pyramidalis*, 5-6; *simia*, 5-6; *viridis*, 6. Orlaya *grandiflora*, 6-7. Ornithogalum *minimum*, 3-4; *pyrenaïcum*, 6. Paris *quadrifolia*, 5-6. Phalangium *liliago*, 5; *racemosum*, E. Physalis *alkekengi*, 5-6. Pimpinella *magna*, E. Pinguicula *vulgaris*, 5-6. Plantago *m n:ma*, E. Polygala *austriaca*, 6. Polygonum *bistorta*, E. Polystichum *thelipteris*, 6-9. Pyrola *minor*, 5-6; *rotundifolia*, 5-6. Rumex *scutatus*, 5-7. Scabiosa *sylvatica*, 5-6. Schœnus *nigricans*, E.; *mariscus*, E. Scleranthus *perennis*, E. Scrophularia *vernalis*, 4-5. Senecio *aquaticus*, 6-7. Seseli *libanotis*, A. (Au grand Marigny). Sonchus *palustris*, E. Stellera *passerina*, 9-10. Teucrium *montanum*, E. Turgenia *latifolia*, 6-7. Vaccinium *myrtillus*, 4-5; *vitis-idæa*, E. Valerianella *coronata*, E. Veronica *montana*, E. *præcox*, 4; *verna*, 4; Villarsia *nymphoïdes*, 6.

COMPIÈGNE (BAILLY, près). — Lathyrus *nissolia*, 6-7.

COMPIÈGNE (MOYVILLERS, près). — Lathyrus *hirsutus*, E. Linaria *arvensis*, E.

COMPIÈGNE (NOYON, près). — Vaccinium *myrtillus*, 4-5.

COMPIÈGNE (REMY, près). — Euphrasia *lutea*, E. Lythrum *hyssopifolia*, 6-7.

COMPIÈGNE (Sᵗ-PIERRE, près). — Chrysosplenium *oppositifolium*, 4-5. Spergula *pentandra*, **E.**

COMPIÈGNE (Sᵗ-SAUVEUR, près). — Cuscuta *major*, E.

CONFLANS. — Sisymbrium *murale*, E.

COQUENARD (Etang de). — Galium *litigiosum*, E. Schœnus *mariscus*, E.

CORBEIL. — Anchusa *italica*, 6-7. Apidium *fragile*, **9.** Atropa *belladona*, 6-7. Ceterach *officinarum*, 9. Chrysanthemum *segetum*, E. Cirsium *eriophorum*, E. Geranium *lucidum*, 5-6. Lamium *hybridum*, P. Physalis *alkekengi*, 5-6. Potamogeton *pusillum*, E. Ranunculus *lingua*, 6-8. Scolopendrium *officinale*, E.

CRÉCY. — Bromus *giganteus*, 7. Linaria *simplex*, 6.

CRÉPY. — Aconitum *napellus*, E. Bidens *cernua*, E. Carex *ericetorum*, 4-5; *Mairii*, 5-6. Centaurea *solstitialis*. E. Cicuta *virosa*, 6 (Etang de Pondron). Corydalis *bulbosa*, 3 4. Epilobium *palustre*, E. Epipactis *lancifolia*, 4-5. Euphrasia *lutea*, E. Gnaphalium *dioïcum*, P. Inula *helenium*, E. Malaxis *lœselii*, 5-6. Orchis *coriophora*, 5-6. Sison *amomum*, E. Utricularia *minor*, E.

CRÉPY (ANTILLY, près). — Gentiana *germanica*, 8-9.

CRÉPY (FEIGNEUX, près). — Spergula *nodosa*, E. Utricularia *minor*, E.

CRÉPY (ROUVRES, près). — Andropogon *ischæmum*, 5.

CRÉPY (VAUMAISE, près). — Teucrium *montanum*, E.

CRÉPY (SOUDRON, près). — Cicuta *virosa*, 6.

CUCUPHÉ (St-). — Blechnum *spicant*, E. Carex *curta*, 5; *digitata*, 5. Cirsium *eriophorum*, E. Dipsacus *pilosus*, E Epilobium *spicatum*, E. Fumaria *micrantha*, E. Lolium *multiflorum*, 7. Orchis *odoratissima*, E. Physalis *alkekengi*, 5-6. Samolus *valerandi*, E. Villarsia *nymphoïdes*, 6.

CYR (St-). — Chenopodium *opulifolium*, E. Rumex *maritimus*, E. Veronica *filiformis*, 4.

DAMMARTIN. — Asarum *europæum*, 4-5.

DAMPIERRE. — V. **CHEVREUSE**.

DENIS (St-). — Coriandrum *sativum*, E. Geranium *pyrenaïcum*, E. Helminthia *echioïdes*, E. Lathyrus *hirsutus*, E.; *nissolia*, 6-7 (près le Fort de l'Est). Nepeta *cataria*, E. Petroselinum *segetum*, E. Sinapis *nigra*, E. Sisymbrium *murale*, E. — V. **BARRE (LA)**.

DONNEMARIE. — Dipsacus *pilosus*, E. Gentiana *germanica*, 9. Lychnis *viscaria*, 6-7. Scirpus *caricis*, 5-6.

DOURDAN. — Fumaria *micrantha*, E. Geranium *lucidum*, 5-6. Linaria *pelisseriana*. E. Myosotis *stricta*, 4-6. Ranunculus *chærophyllos*, 5-6. Spergula *pentandra*, E.

DREUX. — Ægopodium *podagraria*, E. Alisma *natans*, E. Anemone *pulsatilla*, 4-6. Asperula *arvensis*, 5-6. Atropa *bel-*

ladona, 6-7. Brassica *eruca*, P. Bromus *giganteus*, 7. Brunella *grandiflora*, E. Bunias *paniculata*. E. Cardamine amara, 4-5, Carduus *marianus*, E. Carex *depauperata*, 5-6; *cricetorum*, 4-5; *humilis*, 4-5; *montana*, P. (Bois d'Yon). Centaurea *solstitialis*, E. Celerach *officinarum*, 9. Conopodium *denudatum*, 5-7. Coronilla *minima*, 5-7; *varia*, 6. Cyperus *flavescens*, E.; *longus*, 8-9. Digitalis *parviflora*, E. Dipsacus *pilosus*, E. Doronicum *plantagineum*, P. Epilobium *spicatum*, E. Epipactis *ensifolia*, 6; *lancifolia*, 4-5; Euphorbia *dulcis*, 7; *esula*, E. Galeopsis *ochroleuca*, E. Gentiana *germanica*, 9. Gnaphalium *dioïcum*, P. Geranium *lucidum*, 5-6; *sanguineum*, 5-6. Helianthemum *pulverulentum*, 6-7. Helminthia *echioïdes*, E. Helosciadum *repens*, E. Hypochæris *maculata*, 6-7. Isatis *tinctoria*, 5-6. Iris *fœtidissima*, 7-8. **Limodorum** *abortivum*, 6. Limosella *aquatica*, E. Lychnis *sylvestris*, E. Mayanthemum *bifolium*, 5. Melilotus *leucantha*, E. Menyanthes *trifoliata*, 4-5. Mespilus *germanica*, 5. Ononis *columnæ*, E. Ophrys *apifera*, P. Orchis *coriophora*, 5-6; *galeata*, 5-6; *mascula*, P.; *simia*, 5-6; *viridis*, 6-7; Peucedanum *cervaria*, E. Phyteuma *orbicularis*, 6-8. Potentilla *splendens*, 5. Prenanthes *pulchra*, 6. Ranunculus *chærophyllos*, 5-6. Rosa *eglantiera*, 6-7. Rubia *peregrina*, 6-7; *tinctorum*, 6-7. Rumex *aquaticus*, 8. Salvia *sclarea*, E.; *verbenaca*, E. Saponaria *vaccaria*, E. Scilla *bifolia*, P. Scirpus *caricis*, 5-6. Scutellaria *columnæ*, 6-7. Senecio *aquaticus*, 6-7. Sesleria *cærulea*, P. Silene *gallica*, E. Spergula *nodosa*, E. Stachys *alpina*, E. Teucrium *montanum*, E. Tillæa *muscosa*, 6-7. Tordylium *maximum*, E. Tragopogon *majus*, 5-6. Trifolium *ochroleucum*, 6-7. Turgenia *latifolia*, 5-6. Tussilago *petasites*, 3-4. Vaccinium *myrtillus*, 4-5. Verbascum *nigrum*, E. Veronica *acinifolia*. P.; *prostrata*, P.; *verna* 4.

DREUX (CHERIZY, près). — Helleborus *viridis*, 3-4.

DREUX (COCHERELLE, près). — Polygala *amara*, 5-6. Tussilago *petasites*, 3-4.

ENGHIEN. — Vicia *purpurascens*, E. Carex *fulva*, 6-7; *Mairii*, 5-6. (Étang).

ÉPERNON. — Alyssum *spinosum*, 4-5.

ERMENONVILLE. — Actæa *spicata*, 5-6. Sinapis *nigra*, E.

Bromus *giganteus*, 7. Carex *arenaria*, E. Chrysosplenium *alternifolium*, 4-5. Geranium *sanguineum*, 5-6. Micropus *erectus*, E. Orchis *coriophora*, 5-6 ; *viridis*, 6-7. Osmunda *regalis*, 6. pinguicula *vulgaris*, 5-6. Ranunculus *gramineus*, 5-6. Scleranthus *perennis*, E. Vaccinium *myrtillus*, 4-5.

ESSONNE. — Euphorbia *platyphyllos*, E. **Tordylium** *maximum*, E.

ÉTAMPES. — Adonis *anomala*, E. Arenaria *setacea*, E. Asperula *arvensis*, 5-6. Asplenium *septentrionale*, E. Blitum *virgatum*, E. Brunella *grandiflora*, E. Bunias *paniculata*, E. Carduncellus *mitissimus*, E. Carex *schreberi*, 4-5. Coronilla *varia*, 6. Euphorbia *falcata*, E. Globularia *vulgaris*, 5. Helianthemum *pulverulentum*, 6-7. Lampsana *minima*, 5-6. Leonorus *cardiaca*, E. ; *marrubiastrum*, 6-7. Linaria *pelisseriana*, E. Linum *tenuifolium*. 6-7. Micropus *erectus*, E. Nigella *arvensis*, E. Ononis *columnæ*, E. Orobanche *cærulea*, 6. Silene *otites*, E. Stellera *passerina*, 9-10. Teucrium *montanum*, E. Tragopogon *majus*, 5-6. Tragus *racemosus*, 7. Trigonella *monspeliaca*, 5-6. Valerianella *coronata*, E. ; *eriocarpa*, 5. Veronica *præcox*, 4. — **V. ÉTRÉCHY**.

ÉTRÉCHY, près **ÉTAMPES**. — Adonis *anomala*, E. Arenaria *setacea*, E. Bunias *paniculata*, E. Carduncellus *mitissimus*, E. Helianthemum *fumana*, 5-6; *pulverulentum*, 6-7. Lactuca *perennis*, E. Leonurus *cardiaca*, E. Marrubium *vaillantii*, E. Nigella *arvensis*, E. Ononis *columnæ*, E. Ophrys *anthropophora*, 5-6 ; *apifera*, P. Potamogeton *pusillum*, E. Scleranthus *perennis*, E. Spergula *pentandra*, E. Tragopogon *majus*, 5-6.

ÉTRÉPAGNY, près **GISORS**. — Adonis *anomala*, E. Fumaria *micrantha*, E.

ÉVREUX. — Stachys *alpina*, E. Veronica *prostrata*, P.

FARGEAU. (Parc de St-), Orobanche *cærulea*, 6.

FEIGNEUX. — V. **CRÉPY**.

FERTÉ-ALEPS (La). Arenaria *segetalis*, 5-6. Asplenium *lanceolatum*, E. Brunella *grandiflora*, E. Carduncellus *mitissimus* E, Coronilla *minima*, 5-7 ; *varia*. 6. Globularia *vulgaris*, 5.

Helianthemum *fumana*, 5-6. Hypochœris *maculata*, 6-7. Lampsana *minima*, 5-6. Limodorum *abortivum*, 6. Linum *tenuifolium*, 6-7. Lychnis *viscaria*, 6-7. Orchis *simia*, 5-6. Peucedanum *cervaria*, E. Ranunculus *nodiflorus*, 5-6. Scilla *autumnalis*, 8-9. Scleranthus *perennis*, E. Sedum *hirsutum*, E. Silene *otites*, E. Teucrium *montanum*, E. Trifolium *medium*, 5-6. *ochroleucum*, 6-7; *rubens*, 6-7.

FERTÉ-MILLON (LA).— Carum *bulbocastanum*, E. Stellera *passerina*, 9-10. — V. **MAREUIL-SUR-OURCQ**.

FERTÉ-SOUS-JOUARRE (LA). — Andropogon *ischæmum*, 5. Androsæmum *officinale*, 6-7. Bromus *giganteus*, 7. Exacum *filiforme*, E. Gnaphalium *dioïcum*, P. Inula *helenium*, E. Lactuca *perennis*, E. Lythospermum *purpuro-cæruleum*, 5. Neottia *spiralis*, 9. Pyrola *rotundifolia*, 5-6. Xanthium *strumarium*, 6-7.

FERTÉ-SOUS-JOUARRE (VANTEUIL, près LA). — Lithospermum *purpuro-cæruleum*, 5.

FLEURINES, près SENLIS. — Conium *maculatum*, 6-7. Epilobium *palustre*, E.

FONTAINEBLEAU. — Ægilops *ovata*, 6-7; *triuncialis*, 6-7. Airopsis *agrostidea*, E. Alisma *natans*, E. Allium *flavum*, 6; *scorodoprasum*, 6-7. Alyssum *montanum*, 4-5. Andropogon *ischæmum*, 5. Androsæmum *officinale*, 6-7. Anemone *pulsatilla*, 4-6; *sylvestris*, 5. Arenaria *setacea*, E.; *triflora*, E. Asperula *tinctoria*, 5-6. Aspidium *fragile*, 9-10 (Parc). Asplenium *germanicum*, E.; *septentrionale*, E. (Samoreau). Asterocarpus *sesamoides*, 6-9 (Bouron). Atropa *belladona*, 6-7. Bidens *cernua*, E. Botrychium *lunaria*, 6. Brassica *cheiranthos*, 7-8. Bulliarda *vaillantii*, E. Buplevrum *rotundifolium*, 7. Cardamine *impatiens*, 5. Carex *davalliana*, 5-6; *digitata*, 5; *elongata*, 4-5; *ericetorum*, 4-5; *humilis*, 4-5; *nitida*, 5-6; *montana*, P.; *teretiuscula*, 5; *tomentosa*, 4-5. Centunculus *minimus*, E. Cerastium *tomentosum*, E. Chrysocoma *linosyris*. E. Coronilla *minima*, 5-7; *varia*, 6. Corrigiola *littoralis*, E. Corydalis *lutea*, 4. Cratægus *amelanchier*, 5; *aria*, 5; *latifolia*, 5; *torminalis*, 5. Datura *stramonium*, E. Dianthus *deltoïdes*, E. Digitalis *parviflora*, E. Elatine *alsinastrum*, E.; *hexandra*,

E. ; *hydropiper*, E. Epipactis *ensifolia*, 6 ; *rubra*, E. Epilobium *spicatum*, E. Erica, *scoparia*, 5. Eriophorum *vaginatum*, 4-5. Euphorbia *esula*, E ; *gerardiana*, 5-6. Exacum *filiforme*, E ; *pusillum*, 7-9. Galium *divaricatum*, 5-6. Genista *anglica*, E. ; *pilosa*, 5 ; *sagittalis*, 5. Gentiana *cruciata*, 6-7 ; *pneumonanthe*, 6-7. Geranium *sanguineum*, 5-6. Globularia *vulgaris*, 5. Gnaphalium *dioïcum*, P. Gypsophila *muralis*, E. ; *saxifraga*, E. Helianthemum *apenninum*, E. ; *ælandicum*, 5-7 ; *fumana*, 6-8 ; *guttatum*, E. ; *pilosum*, 6 ; *pulverulentum*, 6-7 ; *serratum*. E ; *umbellatum*, 5-6. Helosciadium *inundatum*, 6-7. Hottonia *palustris*, 5-6. Hypericum *elodes*, 6-7. Hypochæris *maculata*. 5-6. Inula *helenium*, E. ; *hirta*, E. ; *squarrosa*, E. Juncus *pygmæus*, E. ; *squarrosus*, 6 ; *supinus*, E. Lactuca *perennis*, E. Laserpitium *asperum*, E. Lathræa *squammaria*, 5. Lemna *trisulca*, E. ; *arhiza*. E. Lepidium *petræum*, 3-4 ; *procumbens*, 3-4. Limodorum *abortivum*, 6. Limosella *aquatica*, E. Linaria *pelisseriana*, E. Linum *tenuifolium*, 6-7. Littorella *lacustris*, 6. Lobelia *urens*, E. Lychnis *viscaria*, 6-7. Mayanthemum *bifolium*, 5. Mespilus *germanica*, 5. Micropus *erectus*, E. Monotropa *hypopitys*, 7-8. Ononis *columnæ*, E. ; *natrix*, E. Ophioglossum *vulgatum*, 6-7. Ophrys *anthropophora*, 5-6 ; *apifera*, P. ; *aranifera*, 4-5. Orchis *conopsea*, 6-7 ; *coriophora*, 5-6 ; *galeata* 5-6 ; *odoratissima*, E. ; *pyramidalis*, 5-6 ; *ustulata*, 5-6. Ornithogalum *luteum*, 3-4 ; *minimum*, 3-4 ; Orobanche *elatior*, E. ; *epithymum*, E. ; *major*, 6 ; *minor*, E. ; Orobus *niger*, 5, *vernus*, 4 (Bouron). Paronychia *verticillata*, E. Peucedanum *cervaria*, E., *oreoselinum*, E. Phalangium *liliago*, 5 ; *ramosum*, E. Phyteuma *orbicularis*, 6-8. Pilularia *globulifera*, 6-7. Pimpinella *dioïca*, 5-6. Potamogeton *fluitans*, E. Potentilla *splendens*, 5. Polygala *austriaca*, 6. Quercus *cerris*, 4-5. Ranunculus *chærophyllos*, 5-6 ; *gramineus*, 5-6 ; *nodiflorus*, 5-6 ; *tripartitus*, 5-7. Rosa *tomentosa*, E. ; *villosa*, E. Scabiosa *suaveolens*, E. Scilla *autumnalis*, 8-9. Scirpus *fluitans*, 6 ; *multicaulis*, E. Scleranthus *perennis*, E. Scolopendrium *officinale*, E. Scorzonera *graminifolia*, 5. Scrophularia *canina*, E. Sedum *villosum*, 7. Senecio *adonidifolius*, 7-8. Seseli *annuum*, E. ; *elatum*, A. Sesleria *cærulæa*, P. Silene *otites*, E. Sparganium *natans*, E. Spergula *pentandra*, E. Spiræa *filipendula*, 6. Stipa *capillata*, 5-6 ; *pennata*, 5-6. Teucrium *montanum*, E. Thalictrum *minus*, 6-8. Thesium *linollum*, E. Thlaspi *ruderale*, 5. Tillæa *muscosa*, 6-7. Tordylium *maximum*, E. Tragus *racemosus*, 7. Trifolium *ciliosum*, 7; *medium*, 5-6; *ochroleucum*, 6-7; *montanum*, 7; *rubens*, 6-7; *strictum*, E.; *subterraneum*, P. Trinia *vulgaris*, 5-6. Ulex *nanus*, 9-10. Vaccinium *myrtillus*, 4-5. Veronica *prostrata*, P.; *spicata*, 6-7; *teucrium*, 5; *verna*, 4. Vicia *lathyroïdes*, 4-5; *lutea*, 5-6. Villarsia *nymphoïdes*, 6. — V. **BELLECROIX, BOURON, CHAILLY, CHAMPAGNE** (CÔTE DE), **MORET, FRANCHART.**

FONTENAY-AUX-ROSES. — Cochlearia *armoracia* 6. Œnothera *biennis*, E. Panicum *glaucum*, 7-8. Xantium *strumarium*, 6-7.

FRANCHART, près **FONTAINEBLEAU**. — Airopsis *agrostidea*, E. (Mares.) Asplenium *lanceolatum*, E. Epipactis *rubra*, E. Ranunculus *tripartitus*, 5-7. Trifolium *strictum*, E.

FRENEUSE, près **BONNIÈRES**. — Peucedanum *carvifolium*, E.

GARE (LA). — Blitum *virgatum*, E. Lathyrus *tuberosus*, E. Rumex *aquaticus*, 8; *maritimus*, E.; *palustris*, E.

GENTILLY. — Arenaria *triflora*. E. Cyperus *longus*, 8-9. Gratiola *officinalis*, E. Inula *salicina*, E. Lathyrus *palustris*, 6-7. Lycium *europæum*, E. Prismatocarpus *hybridus*, 5-7.

GERMAIN (ST-). — Actæa *spicata*, 5-6. Aquilegia *vulgaris*, 5-7. Asperugo *procumbens*, E. Bidens *cernua*, E. Briza *minor*, 6. Bromus *giganteus*, 7. Brunella *grandiflora*, E. Carex *depauperata*, 5-6; *mairii*, 5-6; *maxima*, 5-6; *tomentosa*, 4-5; *schreberi*, 4-5. Carum *bulbocastanum*, E. Centaurea *solstitialis*, E. Cornus *mas*, 3-4. Coronilla *minima*, 5-6; *varia*, 6. Crepis *tectorum*, E. Daphne *laureola*, 3. Dipsacus *pilosus*, E. (Etang.) Elatine *alsinastrum*, E. Epipactis *lancifolia*, 4-5. Euphorbia *dulcis*, 7; *gerardiana*, 5-6; *lathyris*, P.; *purpurata*, P. Fragaria *collina*, 5. Fumaria *capreolata*, E.; *micrantha*, E. Gentiana *cruciata*, 6; *germanica*, 8-9. Globularia *vulgaris*, 5. Helleborus *fœtidus*, 2-4. Hesperis *matronalis*, 5-6. Hypericum *montanum*, 6-7. Impatiens *noli-tangere*, E. Iris *fœtidissima*, 7-8. Lamium *hybridum*, P. Lathyrus *palustris*, 6-7. Linum *tenuifolium*, 6-7. Lithospermum *purpuro-cæruleum*, 5. Malaxis *lœselii*, 5-6. Menyanthes *trifoliata*, 4-5. Mespilus *germanica*, 5. Micropus *erectus*, E. Monotropa *hypopitys*, 7-8. Nepeta *cataria*, E. Œnothera *biennis*, E. Ononis *altissima*, E. Ophioglossum *vulgatum*, 6-7. Ophrys *apifera*, P.; *aranifera*. 4-5. Orchis *fusca*, 4-5; *galeata*, 5-6; *mascula*, P.; *simia*, 5-6 *ustulata*, 5-6. Ornithogalum *pyrenaïcum*, 6. Ornus *europæa*, 5. Pedicularis *palustris*, E. Petroselinum *segetum*, E. Phalangium *ramosum*, E. Polygala *amara*, 5-6; *austriaca*, 6. Prenanthes *pulchra*, 6. Radiola *millegrana*, 6-7. Rubia *tinctorum*, 6-7. Scirpus *fluitans*, 6. Sinapis *nigra*, E. Spiræa *hypericifolia*, 4-5. Stellera *passerina*, 9-10. Teucrium *montanum*, E.; *scordium*, E. Thalictrum *minus*, 6-8. Tordylium *maximum*, E. Urtica *pilulifera*, E. Veronica *montana*, E. Xanthium *strumarium*, 6-7.

GERMAIN (**LE VAL**, près Sr-). — Carum *bulbocastanum*, E.

GERMER (Sr-), près **BEAUVAIS**. — Actæa *spicata*, 5-6. Ægopodium *podagraria*, E. Anthryscus *sylvestris*, E. Comarum *palustre*, 5-6. Cineraria *palustris*, E. Drosera *rotundifolia*, 6-7. Epilobium *roseum*, E.; *spicatum*, E. Galium *saxatile*, 6-8. Menyanthes *trifoliata*, 4-5. Pimpinella *magna*, E. Pyrola *rotundifolia*, 5-6. Ranunculus *lingua*, 6-8. Spergula *nodosa*, E.

GERVAIS (Sr-). — Melissa *officinalis*, 6-7.

GISORS. — Atropa *belladona*, 6-7. Cirsium *eryophorum*, E. Cyperus *flavescens*, E. Lychnis *sylvestris*, E. Paris *quadrifolia*, 5-6. Pinguicula *vulgaris*, 5-6. Polygala *austriaca*, 6. Ranunculus *aquatilis*, 4-8. Rumex *aquaticus*, 8. Stachys *alpina*, E. — V. **ÉTRÉPAGNY**.

GOINCOURT. — V. **BEAUVAIS**.

GOURNAY. — Actæa *spicata*, 5-6. Stachys *alpina*, E.

GOUVIEUX, près **CHANTILLY**. — Chrysocoma *linosyris*, 7-9. Ruta *graveolens*, 7-8; *montana*, 7-8. Salvia *sclarea*, E. Seseli *annuum*, E.

GRANGE (Bois DE LA). — Asarum *europæum*, 4-5. Seseli *annuum*, E.

GRATIEN (Sr-). — Alisma *ranunculoides*, E. Carex *hordeistichos*, 5. Gentiana *pneumonanthe*, 6-7. Hydrocotyle *vulgaris*

E. Inula *salicina*, E. Lathyrus *palustris*, 6-7. Littorella *lacustris*, 6. Lolium *multiflorum*, 7. Malaxis *lœselii*, 5-6. Neottia *æstivalis*, E. Œnanthe *lachenalii*, E. Orchis *odoratissima*, E. Pinguicula *vulgaris*, 5-6. Potamogeton *heterophyllum*, E. Ranunculus *lingua*, 6-8. Rumex *maritimus*, E. ; *palustris*, E. Schœnus *mariscus*, E. ; *nigricans*, E. Scirpu caricis, 5-6 ; *maritimus*, 6-7. Sonchus *palustris*, E. Spergul nodosa, E. Teucrium *scordium*, E. Trifolium *parisiense*, E. Triglochin *palustre*, 6-7.

GRENELLE. — Asperugo *procumbens*, E. Centaurea *solstitialis*, E. Crypsis *alopecuroïdes*, 8-9. Limosella *aquatica*, E. Lithospermum *purpuro-cæruleum*, 5. Ornithogalum *minimum*, 3-4. Poa *pilosa*, 6. Prismatocarpus *hybridus*, E. Saponaria *vaccaria*, E. Sisymbrium *supinum*, E. Veronica *præcox*, 4.

GRIGNON. — Schœnus *mariscus*, E.

GROSBOIS. — Astragalus *glycyphyllos*, 6. Gratiola *officinalis*, E. Inula *helenium*, E.

HALAINCOURT, près **MAGNY**. — Ceterach *officinarum*, 9-10. Euphorbia *lathyris*, P. Limodorum *abortivum*, 6. Ophioglossum *vulgatum*, 6-7. Polystichum *aculeatum*, E.

HALATTE (Forêt de), près **PONT-St-MAXENCE**. — Atropa *belladona*, 6-7. Carex *depauperata*, 5-6. Cornus *mas*, 3-4. Epipactis *lancifolia*, 4-5. Mayanthemum *bifolium*, 5. Scilla *bifolia*, P. Vaccinium *myrtillus*, 4-5.

HOUDAN. — Carex *maxima*, 5-6. Daphne *mezereum*, 3. Equisetum *hiemale*, 2-3. Ophioglossum *vulgatum*, 6-7. Spergula *pentandra*, E. Exacum *filiforme*, E. ; *pusillum*, 7-9.

HUBERT (St-). — Alisma *damasonium*, E. Corrigiola *littoralis*, E. Elatine *hexandra*, E. Gypsophila *muralis*, E. Juncus *pygmæus*, E. Lathyrus *hirsutus*, E. Littorella *lacustris*, 6. Lobelia *urens*, E. Myosurus *minimus*, 4-6. Orchis *viridis*, 6-7. Pilularia *globulifera*, E. Potamogeton *heterophyllum*, E. Scirpus *supinus*, 6. Silene *gallica*, E.

ILE ADAM. — Ammi *majus*, E. Seseli *libanotis*, A. Sisymbrium *murale*, E.

ILES DE LA MARNE. — Epilobium *roseum*, E. Gypso

phila *muralis*, E. Leersia *oryzoïdes*, 7-8. Lepidium *latifo lium*, 8. Peucedanum *carvifolium*, E.

ILES DE LA SEINE. — Lepidium *latifolium*, 8.

ISSY. — Agrostis *interrupta*, 6-7. Anchusa *italica*, 6-7 ; *sempervirens*, 5-6. Centaurea *solstitialis*, E. Fumaria *micrantha*, E. Geranium *pyrenaicum*, E. Hypecoüm *procumbens*, 6. Samolus *valerandi*, E.

ITTEVILLE, près **ARPAJON**. — Asplenium *lanceolatum*, E. (Colline de Justice). Ceterach *officinarum*, 9-10. Fumaria *micrantha*, E. Lychnis *viscaria*, 6-7. Peucedanum *sylvestre*, 6. Sedum *hirsutum*, E.

IVELINES (Forêt d'). — Pilularia *globulifera*, E. Scirpus *fluitans*, 6.

IVRY. — Allium *angulosum*, E. Vicia *purpurascens*, E.

JOUY. — Allium *scorodoprasum*, 6-7 ; *ursinum*, P. Carex *ampullacea*, 5-6. Centunculus *minimus*, E. Epilobium *roseum*, E. Exacum *filiforme*, E. Gnaphalium *dioicum*, P. Lobelia *urens*, E. Lysimachia *nemorum*, E. Orchis *coriophora*, 5-6 ; *mascula*, P. ; *viridis*, 6-7. Phyteuma *spicata*, 5-6. Solidago *graveolens*, E.

JUINE (rivière). — Œnanthe *crocata*, E.

JUVISY. — Laserpitium *asperum*, E. Petroselinum *segetum*, E. Tordylium *maximum*, E. Trifolium *parisiense*, E. Xanthium *spinosum*, E.

LAGNY, — Barkhausia *setosa*, E. Euphorbia *platyphyllos*, E. Exacum *filiforme*, E.

LAGNY (RENTILLY, près). — Teucrium *scordium*, E.

LARCHANT. — Potamogeton *fluitans*, E. Spergula *nodosa*, E. Tragus *racemosus*, 7.

LARDY. — Alsine *segetalis*, 5-6. Andropogon *ischæmum*, 5. Anemone *pulsatilla*, 4-6. Bunias *paniculata*, E. Buplevrum *aristatum*, E. Carduncellus *mitissimus*, E. Carex *paradoxa*, 5. Cerastium *brachypetalum*, E. Ceterach *officinarum*, 9-10 (Château du Mesnil). Fumaria *micrantha*, E. Genista *pilosa*,

5. Geranium *lucidum*, 5-6. Helianthemum *fumana*, 5-6. Hippuris *vulgaris*, 6-7. Limodorum *abortivum*, 6. Linaria *pelisseriana*, E. Lychnis *viscaria*, 6-7. Myosotis *stricta*. 4-6. Ononis *columnæ*, E. Ophrys *anthropophora*, 5-6 ; *apifera*, P. Peucedaum *cervaria*, E. Rubia *peregrina*, 6-7 ; *tinctorum*, 6-7. cilla *autumnalis*, 8-9. Seseli *annuum*, E. Spergula *pentanra*, E. Stellera *passerina*, 9-10. Trifolium *rubens*, 6-7. Valerianella *eriocarpa*, 5.

LÉGER (St-). — Agrostis *canina*, 6. Aira *discolor*, 7-9. Alisma *damasonium*, E. ; *natans*, E. ; *ranunculoïdes*, E. Allium *ursinum*, P. Alnus *incana*, 3-4. Alsine *segetalis*, 5-6. Anagallis *tenella*, E. Betula *pubescens*, P. Blechnum *spicant*, E. Bulliarda *vaillantii*, E. Campanula *cervicaria*, 8-9 ; *hederacea*, E. Cardamine *amara*, 4-5 ; *hirsuta*, 4-5 ; *impatiens*, 5. Carex *ampullacea*, 5-6 ; *biligularis*, 4-5 ; *curta*, 5 ; *dioica*, 5-6 ; *elongata*, 4-5 ; *extensa*, 5-6 ; *filiformis*, 5 ; *fulva*, 6-7 ; *divulsa*, 5-6 ; *maxima*, 5-6 ; *remota*, 4-5 ; *teretiuscula*, 5. Carum *verticiliatum*, E. Centunculus *minimus*, E. Chrysanthemum *segetum*, E. Comarum *palustre*, 5-6. Corrigiola *littoralis*, E. Cratægus *aria*, 5 ; *latifolia*, 5 ; *torminalis*, 5. Cyperus *flavescens*, E. Drosera *anglica*, 6-7 ; *longifolia*, 6-7 ; *rotundifolia*, 6-7. Elatine *alsinastrum*, E. ; *hexandra*, E. ; *hydropiper*, E. Epilobium *palustre*, E. , *roseum*, E. Erica *ciliaris*, 7-8 ; *scoparia*, 5 ; *tetralix*, E.; *vagans*, 7-8. Eriophorum *capitatum*, 4-5 ; *vaginatum*, 4-5 ; *vaillantii*, 4-5. Exacum *candollii*, 7-9 ; *filiforme*, E. ; *pusillum*, 7-8. Genista *pilosa*, 5-6 ; *sagittalis*, 5. Gentiana *pneumonanthe*, 6-7. Gnaphalium *dioïcum*, P. Helianthemum *guttatum*, E. Helosciadium *inundatum*, 6-7. Hieracium *auricula*, E. Hottonia *palustris*, 5-6. Hypericum *elodes*, 6-7. Hypochæris *maculata*, 6-7. Isnardia *palustris*, E. (Etang neuf). Juncus *pygmæus*, E.; *squarrosus*, 6; *supinus*, E. Lampsana *minima*, 5-6. Leonurus *cardiaca*, E. Linaria *arvensis*, E. Littorella *lacustris*, 6. Lobelia *urens*, E. Luzula *nivæa*, 6. Lycopodium *complanatum*, 7-9 ; *inundatum*, 7-9. Lythrum *hyssopifolia*, 6-7. Malaxis *læselii*, 5-6. Mayanthemum *bifolium*. 5. Mespilus *germanica*, 5. Myosurus *minimus*, 4-6. Myrica *gale*, 4. Nardus *stricta*, 5-6. Neottia *æstivalis*, E. ; *spiralis*, 9 Orobanche *comosa*, 6 ; *ramosa*, 6. Osmunda *regalis*, 6. **Paronychia verticillata, E. Pedicularis palustris, E.** Pilularia *glo-*

bulifera, 6-7. Pinguicula *vulgaris*, 5-6. Polycnemum *arvense*, E. Polygonum *pusillum*, E. Polystichum *callipteris*, E. ; *lonchitis*, E. ; *oreopteris*, E. ; *thelypteris*, E. Potamogeton *fluitans*, E. ; *heterophyllum*, E. Pyrus *amygdaliformis*, 4; *bollwylleriana*, 4. Radiola *millegrana*, 6-7. Ranunculus *hederaceus*, 5-8; *lingua*, 6-8; *tripartitus*, 5-7. Rosa *tomentosa*, E. ; *villosa*, E. Salix *arenaria*, 5 ; *depressa*, 5 ; *incubacea*, 5. Schœnus *albus*, E. ; *fuscus*, E. Scirpus *bæothrion*, E. ; *cespitosus*, 5; *fluitans*, 6 ; *multicaulis*, E. ; *ovatus*, E. Scutellaria *minor*, E. Sedum *cepæa*, E. Senecio *aquaticus*, 6-7. Silene *gallica*, E. Solidago *graveolens*, E. Sorbus *aucuparia*, 5; *domestica*, 5. Sparganium *natans*, E. Spergula *nodosa*, E. ; *subulata*, 5-6. Stellaria *aquatica*, 6-7. Tilia *microphylla*, E. Tillæa *muscosa*, 6-7. Trifolium *medium*, 5-6. Ulex *nanus*, 9-10. Utricularia *minor*, E. ; *vulgaris*, E. Vaccinium *oxycoccos*, E. Viola *palustris*, 4. — V. **CLAIREFONTAINE, POIGNY**, Etang du **PLANET**.

LEU (St-) (St-**MICHEL**, près). — Actæa *spicata*, 5-6.

LIANCOURT, près **CHAUMONT**. — Carduus *marianus*, E. Inula *helenium*, E. Limodorum *abortivum*, 6. Myagrum *dentatum*, 6. Ophrys *monorchis*, 6. Schœnus *mariscus*, E. Tussilago *petasites*, 3-4.

LIANCOURT-SOUS-CLERMONT. — Anthriscus *sylvestris*, E. Geranium *pyrenaïcum*, E.

LIVRY. — Campanula *cervicaria*, 7-8. Lathyrus *nissolia*, 6-7. Stellera *passerina*, 9-10. Tulipa *sylvestris*, 3-4.

LOGES (Les), près **VERSAILLES**. — Adonis *autumnalis*, 7-8. Buplevrum *tenuissimum*, E. Ranunculus *chærophyllos*, 5-6. Silene *gallica*, E.

LOING (Rives du). — Sanguisorba *officinalis*, 7-8.

LONGCHAMPS. — Berberis *vulgaris*, 5. Lepidium *latifolium*, 8. Salix *hippophæfolia*, 4-5.

LONGJUMEAU. — Carex *depauperata*, 5-6. Orobanche *ramosa*, 6. Oxalis *corniculata*, 5-9. Salvia *sylvestris*, E. Xanthium *strumarium*, 6-7.

LOUVRE (Place du). — Amaranthus *prostratus* E.

LUCIENNES (Parc de). — Carex *arenaria*, E.

LUSARCHES. — Andropogon *ischænium*, 5. Asperula *odorata*, 4-5. Carex *depauperata*, 5-6 ; *digitata*, 5; *mairii*, 5-6 Euphorbia *palustris*, P. Fumaria *micrantha*, E. Galanthus *nivalis*, 2. Gratiola *officinalis*, E. Helosciadium *repens*, E. Hippuris *vulgaris*, 6-7. Inula *helenium*, E. Lithospermum *purpuro-cæruleum*, 5. Lychnis *sylvestris*, E. Melica *montana*, 5-6. Ophrys *apifera*, P. Orchis *anthropophora*, 5-6; *coriophora*, 5-6; *galeata*, 5-6; *pyramidalis*, 5-6. Physalis *alkekengi*, 5-6. Pinguicula *vulgaris*, 5-6. Polygala *amara*, 5-6. Schœnus *nigricans*, E. Scirpus *bœothrion*, E. ; *caricis*, 5-6. Seseli *annuum*, E. Sonchus *palustris*, E. Tussilago *petasites*, 3-4, Veronica *præcox*, 4.

LYS (Forêt du). — Carex *ericetorum*, 4-5. Orchis *simia*, 5-6.

MAGNY. — Adonis *autumnalis*, 7-8. Anchusa *italica*, 6-7 ; *sempervirens*, 5-6. Anthriscus *sylvestris*, E. Aquilegia *vulgaris*, 5-7. Asarum *europæum*, 4-5. Asperula *arvensis*, 5-6 ; *odorata*, 4-5. Atropa *belladona*, 6-7. Blechnum *spicant*, E. Botrychium *lunaria*, 6. Carum *bulbocastanum*, E. Centaurea *solstitialis*, E. Cerasus *mahaleb*, 4. Cornus *mas*, 3-4. Cuscut-*epilinum*, E. Daphne *laureola*, 3 ; *mezereum*, 3. Digitalis *parviflora*, E. Dipsacus *pilosus*, E. Drosera *rotundifolia*, 6-7. Epilobium *spicatum*, E. Epipactis *ensifolia*, 6; *lancifolia*, 4-5. Erica *tetralyx*, E. Erodium *moschatum*, E. Euphorbia *lathyris*, P. Fumaria *micrantha*, E. Galanthus *nivalis*, 2. Galeobdolon *luteum*, 5. Genista *anglica*, E.; *sagittalis*, 5. Gentiana *cruciata*, 6-7. Globularia *vulgaris*, 5. Helminthia *echioïdes*, E. Hesperis *matronalis*, 5-6. Inula *helenium*, E. Iris *fœtidissima*, 7-8. Lathyrus *hirsutus*, E. Linum *tenuifolium*, 6-7. Mespilus *germanica*, 5. Monotropa *hypopitys*, 7-8. Orchis *coriophora*, 5-6; *galeata*, 5-6; *simia*, 5-6; *viridis*, 6-7. Osmunda *regalis*, 6. Paris *quadrifolia*, 5-6. Parnassia *palustris*, A. Physalis *alkekengi*, 5-6. Phyteuma *orbicularis*, 6-8. Polygala austriaca, 6. Ranunculus *hederaceus*, 5-8. Rosa *gallica*, E. Rubus *idæus*, 6. Scirpus *caricis*, 5-6. Scolopendrium *officinale*, E. Stellaria *aquatica*, 6-7. Teucrium *montanum*, E. — **V. BANTHÉLU, HALAINCOURT, SÉRANS.**

MAISONS-LAFFITTE. — Sium *latifolium*, E.

MALESHERBES. — Adonis *autumnalis*, 5-8. Ægopodium *podagraria*, E. Alsine *segetalis*, 5-6. Althæa *hirsuta*, E. Anagallis *tenella*, E. Anchusa *italica*, 6-7. Andropogon *ischæmum*, 5. Anemone *pulsatilla*, 4-6. Anthriscus *sylvestris*, E. Arenaria *setacea*, E. Asarum *europæum*, 4-5. Asperuga *procumbens*, E. Asperula *arvensis*, 6-7. Asplenium *lanceolatum*, E. Atropa *belladona*, 6-7. Barkhausia *setosa*, E. Botrychium *lunaria*, 6. Brassica *perfoliata*, E. Bromus *giganteus*, 7. Brunella *grandiflora*, E. Bulliarda *vaillantii*, E. Buplevrum *aristatum*, E. ; *rotundifolium*, E. Calamagrostis *arenaria*, E. Campanula *rapunculoïdes*, 6-8. Carduncellus *mitissimus*, E. Carduus *marianus*, E. Carex *ampullacea*, 5-6 ; *dioïca*, 5-6 ; *divisa*, 5-6 ; *ericetorum*, 4-5 ; *filiformis*, 5 ; *humilis*, 4-5 ; *paradoxa*, 5 ; *schreberi*, 4-5 ; *teretiuscula*, 5. Celtis *australis*, 4. Cerastium *tomentosum*, E. Ceterach *officinarum*, 9-10. Cirsium *eriophorum*, E. Cornus *mas*, 3-4. Coronilla *minima*, 5-7 ; *varia* 6. Corydalis *bulbosa*, 3-4. Cratægus *amelanchier*, 5 (Bonneville) ; *aria*, 5. Cucubalus *baccifer*, E. Cyperus *flavescens*, E. Cytisus *supinus*, 6-7. Daphne *laureola*, 3. Doronicum *pardalianches*, E. Drosera *longifolia*, 6-7. Epilobium *palustre*, E. Epipactis *ensifolia*, 6. Euphorbia *platyphyllos*, E. Exacum *filiforme*, E. Fragaria *collina*, 5. Galium *harcynicum*, E. Genista *pilosa*, 5 ; *sagittalis*, 5. Gentiana *cruciata*, 6-7 ; *germanica*, 8-9 ; *pneumonanthe*, 5-6. Geranium *lucidum*, 5-6 ; *sanguineum*, 5-6. Globularia *vulgaris*, 5. Helianthemum *fumana*, 5-6 ; *guttatum*, E. Helleborus *hiemalis*, 2-4 ; *viridis*, 3-4. Helosciadium *repens*, E. Hesperis *matronalis*, 5-6. Hippuris *vulgaris*, 6-7. Inula *hirta*, E. Lactuca *perennis*, E. Lampsana *minima*, 5-6. Lavandula *vera*, 6-9. Lepidium *petræum*, 3-4. Limodorum *obortivum*, 6. Linaria *pelisseriana*, E. Linum *tenuifolium*, 6-7. Lithospermum *purpuro-cæruleum*, 5. Lolium *multiflorum*, 7. Malaxis *lœselii*, 5-6. Medicago *orbicularis*, E. Menyanthes *trifoliata*, 4-5. Monotropa *hypopitys*, 7-8. Neottia *æstivalis*, E. Neslia *paniculata*, E. Nigella *arvensis*, E. Œnanthe *lachenalii*, E. Ononis *columnæ*, E. ; *natrix*, E. Ophrys *anthropophora*, 5-6 ; *aranifera*, 4-5. Ophioglossum *vulgatum*, 6-7. Orchis *galeata*, 5-6 ; *odoratissima*, E. ; *simia*, 5-6 ; *ustulata*, 5-6. Ornithogalum *minimum*, 3-4 ; *pyrenaïcum*, 6. Orobanche *comosa*, 6 ; *eryngii*, E. ; *minor*, E. ; *ramosa*, 6. Osmunda *regalis*, 6. Pedicularis *palustris*, E. Phalangium *ramosum*, **E.** Phyteuma *orbicularis*, 6-8. Pinguicula *vulgaris*, 5-6. Polycnemum *arvense*, E. Polygala *amara*, 5-6; *austriaca*, 6. Polygonum *bellardi*, E. Polystichum *thelypteris*, E. Potamogeton *plantagineum*, E.; *pusillum*, E. Potentilla *splendens*, 5. Prismatocarpus *hybridus*, E. Ranunculus *chærophyllos*, 5-6; *aquatilis*, 4-8; *gramineus*, 5-6. Rosa *eglanteria*, 6-7; *pimpinellifolia*, 5-6; *tomentosa*, E. Rubia *peregrina*, 6-7. Salix *arenaria*, 5; *depressa*, 5. Salvia *sclarea*, E. Samolus *valerandi*, E. Satureia *montana*, E. Scabiosa *gmelini*, E. Schœnus *mariscus*, E.; *nigricans*, E. Scilla *autumnalis*, 8-9; *bifolia*, P. Scirpus *bæothrion*, E.; *caricis*, 5-6; *multicaulis*, E, Scleranthus *perennis*, E. Sparganium *natans*, E. Spergula *nodosa*, E. Spiræa *hypericifolia*, 4-5. Stellera *passerina*, 9-10. Stipa *pennata*, 5-6. Thalictrum *lucidum*, 6-8; *minus*, 6-8. Tragopogon *majus*, 5-6. Tragus *racemosus*, 7. Trifolium *montanum*, 7. Trigonella *monspeliaca*, 5-6. Trinia *vulgaris*, 5-6. Turgenia *latifolia*, 6-7. Utricularia *minor*, 2.; *vulgaris*, **E.** Valerianella *eriocarpa*, 5. Verbascum *nigrum*, E. Veronica *prostrata*, P. — V. **BONNEVILLE, RONCEVAUX**.

MANDÉ (St-). — Lepidium *iberis*, 7-9. Orobanche *eryngii*, E. Reseda *phyteuma*, E. Rubia *tinctorum*, 6-7. Statice *armeria*, E.

MANTES. — Aquilegia *vulgaris*, 5-7. Arenaria *montana*, 5-6. Astragalus *monspessulanus*, 7 (Coteau des Célestins). Brunella *grandiflora*, E. Bunias *paniculata*, E. Cerasus *mahaleb*, 4. Chrysocoma *lynosiris*, E. Coronilla *minima*, 5-7; *varia*, 6. Cytisus *laburnum*, 5. Daphne *mezereum*, 3. Epipactis *lancifolia*, 4-5. Fœniculum *vulgare*, E. Fumaria *micrantha*, E. Genista *prostrata*, 5. Globularia *vulgaris*, 5. Helianthemum *pulverulentum*, 6-7. Helleborus *fœtidus*, 2-4. Hyssopus *officinalis*, E. Lathyrus *hirsutus*, E. Lepidium *petræum*, 3-4. Limodorum *abortivum*, 6. Linum *tenuifolium*, 6-7. Melica *ciliata*, 7. Ononis *columnæ*, E. Ophrys *apifera*, P.; *aranifera*, 4-5. Orchis *galeata*, 5-6; *pyramidalis*, 5-6; *simia*, 5-6; *ustulata*, 5-6. Orobanche *cærulea*, 6. Peucedanum *carvifolium*, E. Phalangium *liliago*, 5; *ramosum*, E. Phyteuma *orbicularis*, 6-8. Polygala *amara*, 5-6. Prenanthes *pulchra*, 6. Rumex *scutatus*, 5-7. Salvia *sclarea*, E. Saponaria *vaccaria*, E. Sesleria *cærulea*, P. Sisymbrium *murale*, E. Teucrium *montanum*, E.

Trifolium *ochroleucum*, 6-7. Valerianella *coronata*, E. ; *eriocarpa*, 5.

MARCOUSSIS. — Adonis *æstivalis*, E. ; *autumnalis*, 7-8. Aspidium *fragile*, 9-10. Brunella *hyssopifolia*, E. Cardamine *impatiens*, 5. Carex *digitata*, 5 ; *fulva*, 6-7 ; *remota*, 4-5. Ceterach *officinarum*, 9-10. Chrysanthemum *segetum*, E. Chrysocoma *linosyris*, E. Cyperus *flavescens*, E. Dianthus *deltoïdes*, E. Epilobium *roseum*, E. ; *rosmarinifolium*, 6-7. Exacum *filiforme*, E. Galeopsis *ochroleuca*, E. Gypsophila *muralis*, E. Inula *helenium*, E. Lampsana *minima*, 5-6. Lathyrus *angulatus*, 5-6 ; *hirsutus*, E. Œnanthe *approximata*, 6. Orobus *niger*, 5. Oxalis *stricta*, 5-9. Polygonum *pusillum*, E. Pyrola *minor*, 5-6. Rumex *palustris*, E. Scirpus *ovatus*, E. Senecio *adonidifolia*, 7-8. Tordylium *maximum*, E.

MAREUIL-SUR-OURCQ, près **LA FERTÉ-MILON**. — Globularia *vulgaris*, 5. Neottia *æstivalis*, E. Schœnus *nigricans*, E. Teucrium *montanum*, E.

MARISSEL. — V. **BEAUVAIS**.

MARLY et son ÉTANG. — Adonis *autumnalis*, 7-8. Ægopodium *podagraria*, E. Allium *ursinum*, P. ; *scorodoprasum*, E. Alyssum *montanum*, 4-5. Asarum *europæum*, 4-5. Asperula *arvensis*, 5-6. Atropa *belladona*, 6-7. Avena *fragilis*, 6. Bidens *cernua*, E. Blechnum *spicant*, E. Buplevrum *rotundifolium*, 7. Buxus *sempervirens*, 3-4. Carex *mairii*, 5-6. Carum *bulbocastanum*, E. Ceterach *officinarum*, 9-10. Chenopodium *opulifolium*, E. Epilobium *roseum*, E. Euphorbia *lathyris*, P. Helminthia *echioïdes*, E. Iris *fœtidissima*, 7-8. Lysimachia *nemorum*, E. Mespilus *germanica*, 5. Myagrum *sativum*, 6. Ononis *columnæ*, E. Ophrys *arachnites*, 4-5 ; *aranifera*, 4-5. Orobanche *eryngii*, E. Oxalis *acetosella*, P. Paris *quadrifolia*, 5-6. Petroselinum *segetum*, E. Peucedanum *carvifolium*, E. Polycnemum *arvense*, E. Polygala *austriaca*, 6. Polystichum *aculeatum*, E. Scutellaria *minor*, E. Sison *amomum*, E. Stellaria *aquatica*, 6-7. Tragopogon *majus*, 5-6. Trigonella *monspeliaca*, 5-6. Valerianella *coronata*, E. Veronica *præcox*, 4 ; *verna*, 4. Xanthium *strumarium*, 6-7.

MARNE (EMBOUCHURE DE LA). — Senecio *paludosus*, E. Trapa *natans*, E.

25.

MAROLLES. — Andropogon *ischæmum*, 5.

MAUR (St-). — Allium **scorodoprasum**, E. Alyssum *monta-num*, 4-5. Ammi *glaucifolium*, E. Anemone *pulsatilla*, 4-6. Anthyllis *vulneraria*, E. Arenaria *setacea*, E. ; *triflora*, E. Asarum *europæum*, 4-5. Bunias *paniculata*, E. Buplevrum *rotundifolium*, 7. Carex **Mairii**, 5-6 ; *schreberi*, 4-5 ; *tomentosa*, 4-5. Corydalis *bulbosa*, 3-4 ; *fabacea* ; 3-4 ; *tuberosa*, 3-4 ; Cucubalus *baccifer*, E. Euphorbia *gerardiana*, 5-6. Genista *sagitallis*, 5. Inula *hirta*, E. Iris *fœtidissima*, 7-8. Isatis *tinctoria*, 5-6. Lepidium *latifolium*, 8. Lithospermum *purpuro-cærutcum*, 5. Myosotis *stricta*, 4-6. Nigella *arvensis*, 6. Ononis *columnæ*, E. ; *natrix*, E. Orchis *hircina*, 6-7. Orobanche *eryngii*, E. Petroselinum *segetum*, E. Peucedanum *carvifolium*, E. Prismatocarpus *hybridus*, E. Reseda *phyteuma*, E. Silene *otites*, E. Sisymbrium *supinum*, E. Tilia *microphylla*, E. Tragopogon *majus*, 5-6. Trigonella *monspeliaca*, 5-6. Verbascum *phlomoïdes*, E. Veronica *præcox*, **4** ; *teucrium*, **5** ; *verna*, **4**. Vicia *lathyroïdes*, 4-5 ; *lutea*, 5-6. Xanthium *strumarium*, 6-7.

MAURICE (St-). — Althæa *hirsuta*, E. Ammi *majus*, E. Anchusa *italica*, 6-7. Helianthemum *pulverulentum*, 6-7. Petroselinum *segetum*, E.

MEAUX (**MONTHYON**, près). — Androsace *maxima*, P. Carex *cyperoïdes*, 5-6. Fumaria *capreolata*, E. ; *micrantha*, E. Helleborus *viridis*, 3-4. Tulipa *sylvestris*, 3-4.

MELUN. — Alisma *ranunculoïdes*, E. Buplevrum *tenuissimum*, E. Celtis *australis*, 4. Digitalis *parviflora*, E. Euphorbia *palustris*, P. ; *platyphyllos*, E. ; *segetalis*, 7. Gratiola *officinalis*, E. Inula *helenium*, E. Linaria *arvensis*, E. Lythrum *hyssopifolia*, 6-7. Myosurus *minimus*, 4-6. Neottia *spiralis*, 9. Ornus *europæa*, 5. Panicum *glaucum*, 7-8. Ranunculus *lingua*, 6-8. Scutellaria *minor*, E. Senecio *aquaticus*, 6-7 (Bois-Louis). Sorbus *aucuparia*, 5 ; *domestica* 5. Stellera *passerina*, 9-10. Trifolium *ciliosum*, E. Tulipa *sylvestris*, 3-4. Veronica *acinifolia*, P. — V. Le **CHATELET.**

MELUN (**PRASLIN**, près). — Medicago *scutellata*, E. Narcissus *incomparabilis*, 4-5.

MENNECY. — Agrostis *interrupta*, 6-7. Alisma *damasonium*,

E. ; *ranunculoïdes*, E. Anchusa *italica*, 6-7. Asperula *arvensis*, 5-6. Botrychium *lunaria*, 6. Bulliarda *vaillantii*, E. Carduncellus *mitissimus*, E. Carex *ampullacea*, 5-6; *ericetorum*, 4-5; *filiformis*, 5; *paradoxa*, 5. Ceterach *officinarum*, 9-10. Cirsium *eriophorum*, E. Coronilla *minima*, 5-7. Cuscuta *epilinum*, E. Cyperus *longus*, 8-9. Daphne *laureola*, 3. Drosera *rotundifolia*, 6-7. Elatine *alsinastrum*, E. Euphorbia *dulcis*, 7 ; *palustris*, P. ; *platyphyllos*, E. ; *purpurata*, P. Fumaria *micrantha*, E. Genista *sagittalis*, 5. Gentiana *pneumonanthe*, 6-7. Globularia *vulgaris*, 5. Helianthemum *fumana*, 5-6; *pulverulentum*, 6-7. Helminthia *echioïdes*, E. Helosciadium *repens*, E. Hippuris *vulgaris*, 6-7. Hottonia *palustris*, 5-6. Linum *alpinum*, E. Lythrum *hyssopifolia*, 6-7. Malaxis *loeselii*, 5-6. Micropus *erectus*, E. Monotropa *hypopitys*, 7-8. Myosurus *minimus*, 4-5. Neottia *spiralis*, 9. Ophioglossum *vulgatum*, 6-7. Orchis *simia*, 5-6; *pyramidalis*, 5-6. Oxalis *stricta*, 5-9, Paronychia *verticillata*, E. Peucedanum *sylvestre*, 6. Pilularia *globulifera*, 6-7. Polystichum *thelypteris*, E. Potamogeton *plantagineum*, E. ; *pusillum*, E. Ranunculus *chœrophyllos*, 5-6; *lingua*, 6-8. Rubia *lucida*, 6-7. Salvia *sclarea*, E. Schœnus *mariscus*, E.; *nigricans*, E. Scirpus *caricis*, 5-6. Scleranthus *perennis*, E. Sedum *telephium*, 8 ; *villosum*, 7. Sison *amomum*, E. Sonchus *palustris*, E. Statice *armeria*, E. Tillæa *muscosa*, 6-7. Tordylium *maximum*, E. Trifolium *glomeratum*, 6 ; *subterraneum*, P. Triglochin *palustre*, 6-7. Turgenia *latifolia*, 6-7. Veronica *acinifolia*, P.

MENNECY (ROCHES DE **BEAUVAIS**, près). — Bulliarda *vaillantii*, E. Coronilla *varia*, 6. Helianthemum *fumana*, 5-6; *pulverulentum*, 6-7. Paronychia *verticillata*, E. Scleranthus *perennis*, E. Sedum *sexangulare*, E. ; *villosum*, 7. Tillæa *muscosa*, 6-7. Veronica *prostrata*, P.

MÉRU (BOIS DE). — Epipactis *lancifolia*, 4-5. Neottia *æstivalis*, E. Ophrys *monorchis*, 6. Paris *quadrifolia*, 5-6. Scilla *bifolia*, P.

MEUDON. — Adoxa *moschatellina*, 4. Alisma *damasonium*, E. Anagallis *tenella*, E. Anemone *ranunculoïdes*, 4. Anthyllis *vulneraria*, E. Arenaria *trinervia*, 6-7. Betula *pubescens*, P. Bunias *paniculata*, E. Carex *fulva*, 6-7; *Mairii*, 5-6; *paniculata*, 5-6. Carum *bulbocastanum*, E. Centunculus *mi-*

nimus, E. Chlora *perfoliata*, 7-8. Corrigiola *littoralis*, E. Cyperus *flavescens*, E. Doronicum *plantagineum*, P. Drosera *rotundifolia*, 6-7. Elatine *hexandra*, E. Epilobium *spicatum*, E. Euphorbia *dulcis*, 7; *purpurata*, P. Exacum *filiforme*, E. Galanthus *nivalis*, 2. Galeobdolon *luteum*, 5. Genista *anglica*, E. Gentiana *pneumonanthe*, 6-7. Hydrocotyle *vulgaris*, E. Hypericum *montanum*, 6-7. Inula *helenium*, E. Juncus *supinus*, E. Lycopodium *clavatum*, E. Melilotus *leucantha*, E. Monotropa *hypopytis*, 7-8. Nayas *minor*, E. Ophrys *anthropophora*, 5-6. Ophioglossum *vulgatum*, 6-7. Orchis *hircina*, 6-7; *pyramidalis*, 5-6. Ornithogalum *minimum*, 3-4. Osmunda *regalis*, 6. Oxalis *acetosella*, P.; *corniculata*, 5-9. Parnassia *palustris*, A. Pedicularis *palustris*, E. Phalaris *utriculata*, 6. Polystichum *aculeatum*, E.; *thelypteris*, E. Pyrethrum *corymbosum*, E. Pyrola *minor*, 5-6; *rotundifolia*, 5-6. Radiola *millegrana*, 6-7. Ranunculus *nemorosus*, 5-6. Rosa *tomentosa*, E.; *villosa*, E. Rubus *idæus*, 6. Rumex *patientia*, E. Saponaria *vaccaria*, E. Scirpus *bæothrion*, E.; *maritimus*, 6-7; *ovatus*, E. Scutellaria *columnæ*, 6-7; *minor*, E. Silene *gallica*, E. Sparganium *natans*, E. Thalictrum *lucidum*, 6-8. Thesium *linophyllum*, E. Tillæa *muscosa*, 6-7. Ulex *nanus*, 9-10, Utricularia *vulgaris*, E. Veronica *verna*, 4. Vicia *angustifolia*, 5-6.

MEULAN. — Drosera *rotundifolia*, 6-7. Melica *ciliata*, 7. Salvia *sclarea*, E.

MICHEL (St-), près **St-LEU**. — Actæa *spicata*, 5-6.

MIGNAUX. — Lamium *hirsutum*, P.

MILLY. — Vicia *lutea*, 5-6.

MONTEREAU. — Orlaya *grandiflora*, 6-7. Sium *latifolium*, E.

MONTFORT-L'AMAURY. — Alisma *natans*, E. Carex *ampullacea*, 5-6; *biligularis*, 5-6. Ceterach *officinarum*, 9-10 (La Queue). Comarum *palustre*, 5-6. Eriophorum *vaginatum*, 4-5. Exacum *filiforme*, E. Pilularia *globulifera*, 6-7. Ranunculus *hederaceus*, 5-8. Scirpus *supinus*, 6.

MONTGERON. — Lathyrus *angulatus*, 5-6. Salvia *verbenaca*, E. Saponaria *vaccaria*, E Turgenia *latifolia*, 6-7.

MONTHYON. — V. MEAUX.

MONTMARTRE. — Blitum *virgatum*, E. Cochlearia *draba*, 6-7.

MONTMORENCY. — Ægopodium *podagraria*, E. Allium *ursinum*, P.; *moly*, E. Anagallis *tenella*, E. Asperula *odorata*, 5. Blechnum *spicant*, E. Bromus *giganteus*, 7. Carduus *marianus*, E. Carex *cæspitosa*, 4-5; *divisa*, 5-6; *hordeistichos*, 5; *mairii*, 5-6; *maxima*, 5-6; *nitida*, 5-6; *remota*, 4-5. Centunculus *minimus*, E. Cineraria *campestris*, 5-6. Cuscuta *major*, E. Cyperus *flavescens*, E. Daphne *laureola*, 3-4. Dipsacus *pilosus*, E. Draba *muralis*, 4, M. Drosera *rotundifolia*, 6-7. Echinops *sphærocephalus*, E. Erica *anandra*, E.; *tetralix*, E. (Château de la Chasse). Fumaria *micrantha*, E. Gentiana *germanica*, 8-9. Gnaphalium *dioïcum*, P. Gypsophila *muralis*, E. Helminthia *echioïdes*, E. Inula *helenium*, E. Iris *fœtidissima*, 7-8. Juncus *pygmæus*, E. Lysimachia *nemorum*, E. Mayanthemum *bifolium*, 5. Mespilus *germanica*, 5. Myosurus *minimus*, 4-6. Neottia *æstivalis*, E.; *spiralis*, 9. Œnanthe *approximata*, 6. Ophioglossum *vulgatum*, 6-7. Orchis *coriophora*, 5-6; *mascula*, P.; *simia*, 5-6; *ustulata*, 5-6; *viridis*, 6. Ornithogalum *pyrenaïcum*, 6. Orobanche *eryngii*, E. Orobus *vernus*, 4. Osmunda *regalis*, 6. Paris *quadrifolia*, 5-6. Petroselinum *segetum*, E. Peucedanum *sylvestre*, 6. Phyteuma *spicata*, 5-6. Pimpinella *magna*, E. Pinguicula *vulgaris*, 5-6. Polystichum *aculeatum*, E. Pyrola *rotundifolia*, 5-6. Salvia *sclarea*, E. Senecio *adonidifolius*, 7-8. Sison *amomum*, E. Stachys *alpina*, E. Veronica *præcox*, 4.

MONTRAMÉ. — V. PROVINS.

MONTREUIL. — Cochlearia *draba*, 6-7.

MONTROUGE. — Helminthia *echioïdes*, E. Lathyrus *nissolia*, 6-7. Prismatocarpus *hybridus*, E.

MONT-VALÉRIEN. — Erysimum *præcox*, 4. Genista *pilosa*, 5. Peucedanum *oreoselinum*, E. Salvia *sclarea*, E. Seseli *annuum*, E. Silene *otites*, E. Sisymbrium *murale*, E. Tragopogon *majus*, 5-6.

MORET, près **FONTAINEBLEAU.** — Ægilops *triuncialis*, 6-7. Andropogon *ischæmum*, 5. Bromus *giganteus*, 7. Carex

ampullacea, 5-6; *teretiuscula*, 5. Epilobium *palustre*, E. Eriophorum *gracile*, 4-5. Euphorbia *gerardiana*, 5-6; *palustris*,
P.; *platyphyllos*, E. Euphrasia *odontites*, var. *Jaubertiana*, A. Hottonia *palustris*, 5-6. Lathyrus *palustris*, 6-7.
Malaxis *lœselii*, 5-6. Nayas *minor*, E. Neottia *æstivalis*, E.
Œnanthe *lachenalii*, E. Polystichum *thelypteris*, E. Ranunculus *lingua*, 6-8. Sanguisorba *officinalis*, 7-8. Stellera *passerina*, 9-10. Tordylium *maximum*, E.

MORTEFONTAINE. — Anemone *ranunculoïdes*, 3-4. Bidens
cernua, E. Bromus *giganteus*, 7. Cirsium *hybridum*, E. Carex
ampullacea, 5-6; *arenaria*, E.; *cespitosa*, 4-5; *dioïca*, 5-6;
fulva, 6-7; *mairii*, 5-6. Cuscuta *major*, E. Drosera *anglica*
6-7; *longifolia*, 6-7; *rotundifolia*, 6-7. Epilobium *palustre*
E.; *spicatum*, E. Erica *tetralix*, E. Gentiana *cruciata*, 6-7;
germanica, 8-9. Hypericum *elodes*, 6-7. Impatiens *noli-tangere*, E. Juncus *squarrosus*, 6. Malaxis *lœselii*, 5-6. Nayas
minor, E. Neottia *æstivalis*, E. Œnanthe *lachenalii*, E. Orchis
coriophora, 5-6. Osmunda *regalis*, 6. Phyteuma *orbicularis*,
6-8. Pinguicula *vulgaris*, 5-6. Polystichum *callipteris*, E.;
thelypteris, E. Potamogeton *fluitans*, E.; *heterophyllum*, E.;
plantagineum, E. Pyrola *rotundifolia*, 5-6. Salix *arenaria*, 5;
depressa, 5; Schœnus *albus*, E.; *mariscus*, E.; *nigricans*, E.
Scirpus *bœothrion*, E.; *caricis*, 5-6. Scutellaria *minor*, E.
Silene *otites*, E. Spergula *nodosa*, E. Tussilago *petasites*, 3-4.
Utricularia *minor*, E. Veronica *spicata*, 6-7.

MOYVILLERS, près **COMPIÈGNE**. — Lathyrus *hirsutus*,
E. Linaria *arvensis*, E.

NANTERRE. — Myagrum *sativum*, 6.

NANTUA, près **NEMOURS**. — Seseli *annuum*, E.

NEMOURS. — Adonis *autumnalis*, 7-8. Anagallis *tenella*, E.
Andropogon *ischæmum*, 5. Arenaria *setacea*, E. Aster *amellus*,
7-9 (Bois de Villiers). Brassica *cheiranthos*, 7-8; *perfoliata*,
E. Brunella *grandiflora*, E. Bulliarda *vaillantii*, E. Bunias *paniculata*, E. Buplevrum *aristatum*, E.; *rotundifolium*, 7.
Buxus *sempervirens*, 3-4. Carduncellus *mitissimus*, E. Carex
ampullacea, 5-6; *dioïca*, 5-6; *paradoxa*, 5. Carum *bulbocastanum*, E. Cerastium *brachypetalum*, E. Celerach *officinarum*.

9-10. Corrigiola *littoralis*, E. Cratægus *amelanchier*, 5. Cyperus *flavescens*, E. ; *longus*, 8-9. Cytisus *supinus*, 6-7. Epilobium *palustre*, E. Eriophorum *gracile*, 4-5. Euphorbia *gerardiana*, 5-6 ; *verrucosa*, E. Genista *pilosa*, 5. Gentiana *germanica*, 8-9 ; *pneumonanthe*, 6-7. Globularia *vulgaris*, 5. Helianthemum *pulverulentum*, 6-7. Helleborus *fœtidus*, 2-4 ; *viridis*, 4-5. Helosciadium *repens*, E. Hottonia *palustris*, 5-6. Inula *hirta*, E. Lampsana *minima*, 5-6. Laserpitium *asperum*, E. Leonurus *cardiaca*, E. Lepidium *latifolium*, 8 ; *petræum*, 3-4. Limodorum *abortivum*, 6. Limosella *aquatica*, E. Linaria *pelisseriana*, E. Malaxis *læselii*, 5-6. Myagrum *sativum*, 6. Nayas *minor*, E. Neottia *æstivalis*, E. Nigella *arvensis*, E. Œnanthe *lachenalii*, E. Ononis *natrix*, E. Ophioglossum *vulgatum*, 6-7. Ophrys *anthropophora*, 5-6. Orchis *coriophora*, 5-6 ; *galeata*, 5-6 ; *mascula*, P. ; *odoratissima*, E. ; *ustulata*, 5-6. Orlaya *grandiflora*, 6-7. Ornithogalum *minimum*, 3-4. Orobanche *cærulea*, 6. Parnassia *palustris*, A. Peucedanum *cervaria*, E. ; *carvifolium*, E. Phalangium *liliago*, 5 ; *ramosum*, E. Phyteuma *orbicularis*, 6-8. Pinguicula *vulgaris*, 5-6. Polycnemum *arvense*, E. Polygala *austriaca*, 6. Polygonum *bellardi*, E. Polypodium *dryopteris*, E. Potamogeton *plantagineum*, E. ; *pusillum*, E. Ranunculus *chærophyllos*, 5-6; *lingua*, 6-8. Rosa *pimpinellifolia*, 5-6. Salvia *sclarea*, E. Sanguisorba *officinalis*, 7-8. Saponaria *vaccaria*, E. Scabiosa *suaveolens*, E. Schœnus *mariscus*, E. ; *nigricans*, E. Scilla *autumnalis*, 8-9. Scirpus *bæothrion*, E.; *caricis*, 5-6. Scolopendrium *officinale*, E. Sedum *villosum*, 7 (Bois de Nantua). Senecio *aquaticus*, 6-7. Sium *latifolium*, E. Sparganium *natans*, E. Spergula *nodosa*, E. Stellera *passerina*, 9-10. Stipa *pennata*, 5-6. Tillæa *muscosa*, 6-7. Tragopogon *majus*, 5-6. Trifolium *ochroleucum*, 6-7 ; *parisiense*, E. ; *strictum*, E. (Roches de la Baruaderie). Utricularia *minor*, E. Valerianella *coronata*, E. ; *eriocarpa*, 5. Veronica *prostrata*, P. — **V. CHATEAU-LANDON, POLIGNY.**

NEMOURS (BRETEUIL, près). — Polygala *amara*, T., 5-6.

NEMOURS (NANTUA, près). — Seseli *annuum*, E.

NEUILLY-SUR-MARNE. — Corydalis *lutea*, 4. Euphorbia *palustris*, P. Geranium *pyrenaïcum*, E. Hieracium *auricula*,

E. Neottia *æstivalis*, E. Ophrys *monorchis*, 6. Orchis *viridis*, 6-7. Scilla *patula*, 5. Spergula *nodosa*, E.

NEUILLY-SUR-SEINE (PARC DE). — Anthriscus *sylvestris*, E. Buplevrum *rotundifolium*, 7. Cineraria *campestris*, 5-6.

NOYON, près **COMPIÈGNE**. — Vaccinium *myrtillus*, 4-5.

NOYON (VAUCHELLES, près). — Chrysosplenium *oppositifolium*, 4-5.

ORSAY. — Allium *ursinum*, P. Cardamine *amara*, 4-5. Carex *divisa*, 5-6. Epilobium *roseum*, E. Limodorum *abortivum*, 6. Panicum *glaucum*, 7-8.

OUEN (ST-). Carex *schreberi*, 4-5.

OURCQ (CANAL DE L'). — Rubia *tinctorum*, 6-7.

PALAISEAU. — Allium *ursinum*, P. Aquilegia *vulgaris*, 5-7. Cardamine *amara*, 4-5. Carex *divisa*, 5-6. Dipsacus *pilosus*, E. Epilobium *roseum*, E. Euphorbia *purpurata*, P. Myagrum *dentatum*, E. Orchis *coriophora*, 5-6; *ustulata*, 5-6. Oxalis *corniculata*, 5-9. Panicum *glaucum*, 7-8. Parnassia *palustris*, A. Senecio *adonidifolius*, 7-8. Trifolium *michelianum*, 5. Vicia *purpurascens*, E.

PANTIN. — Helminthia *echioïdes*, E.

PARIS (vieux murs). — Corydalis *lutea*, 4. Sinapis *nigra*, E. Sisymbrium *murale*, E.

PARIS (bords de la Seine). — Samolus *valerandi*, E. (Quais.) Sedum *dasyphyllum* (quais). Bidens *cernua*, E. (Ponts.) Amaranthus *prostratus*, E. (Place du Louvre.)

PASSY. — Anthemis *mixta*, E. Bunias *cochlearioïdes*, 5-6. Euphorbia *esula*, E.

PIERRE (ST-). — V. **COMPIÈGNE**.

PIERREFONDS. — Aspidium *fragile*, 9-10. Carex *maxima*, 5-6. Chrysosplenium *alternifolium*, 4-5. Euphorbia *platyphyllos*, E. Lactuca *perennis*, E. Orchis *viridis*, 6-7. Polypodium *dryopteris*, E. Polystichum *aculeatum*, E. Scolopendrium *officinale*, E. Tordylium *maximum*, E.

PIERREFONDS (TAILLEFONTAINE, près**).** — Tuss
lago *petasites*, 3-4.

PLANET (Etang du), près **St-LÉGER**. — Aira *discolor*, E.
Carex *biligularis*, 5-6. Lycopodium *inundatum*, E. Ranunculus *hederaceus*, 5-8.

PLESSIS-PIQUET. — Aspidium *fragile*, 9-10. Chlora *perfoliata*, 7-8. Orchis *ustulata*, 5-6; *viridis*, 6-7. Panicum *glaucum*, 6-7. Scirpus *caricis*, 5-6. Trifolium *parisiense*, E.

POIGNY, près St-**LÉGER**. — Eriophorum *gracile*, 4-5. Juncus *squarrosus*, 6. Linaria *arvensis*, E.

POINT-DU-JOUR (Le), près le **BOIS DE BOULOGNE.**
— Buplevrum *tenuissimum*, E. Centaurea *solstitialis*, E.
Isatis *tinctoria*, 5-6. Medicago *villosa*, E. Polycnemum
arvense, E. Prismatocarpus *hybridus*, E. Trigonella *monspeliaca*, 5-6.

POISSY. — Dianthus *caryophyllus*, E. (Murs). Hypecoum *procumbens*, 6. Lamium *hirsutum*, P.

POLIGNY, près **NEMOURS**. — Dianthus *superbus*, E. Ornithogalum *fistulosum*, 3-4.

PONDRON (Etang de). — Cicuta *virosa*, 6. — V. **CRÉPY**.

PONTARMÉ. — Phalangium *ramosum*, E. Scilla *bifolia*, P.

PONTOISE. — Phyteuma *orbicularis*, 6-8.

PONT-St-MAXENCE. — Alisma *ranunculoïdes*, E. Atropa
belladona, 6-7. Rubus *idæus*, 6. Seseli *libanotis*, A. — V.
HALATTE (Forêt de).

PRASLIN, près **MELUN**. — Medicago *scutellata*, E. Narcissus *incomparabilis*, 4-5.

PRIX (St-). — Bromus *giganteus*, 7. Peucedanum *oreoselinum*, E. Sedum *anacampseros*, E.

PROVINS. — Adonis *autumnalis*, 7-8. Allium *angulosum*, E.
Andropogon *ischœmum*, 5. Bidens *cernua*, E. Buxus *sempervirens*, 3-4. Campanula *cervicaria*, 8-9 (Forêt de Sourdun).
Cerastium *brachypetalum*, E. Ceterach *officinarum*, 9-10. Cytisus *supinus*, 6-7. Epipactis *ensifolia*, 6. Erysimum *hieraci-*

folium, 6-7. Exacum *filiforme*, E. Fragaria *collina*, 5. Gratiola *officinalis*, E. Hyssopus *officinalis*, E. Lithospermum *purpuro-cæruleum*, 5. Orchis *coriophora*, 5-6 ; *ustulata*, 5-6. Orlaya *grandiflora*, 6-7. Petroselinum *segetum*, E. Phyteuma *spicata*, 5-6. Rosa *gallica*, E. ; *tomentosa*, E. Salvia *sclarea*, E. Sison *amomum*, E. Sium *latifolium*, E. Tussilago *petasites*, 3-4. Veronica *prostrata*, P. — **V. SOURDUN** (Forêt de).

PROVINS (**BLUNAY**, près). — Gratiola *officinalis*, E. Lathyrus *palustris*, 6-7. Sium *latifolium*, E.

PROVINS (**MONTRAMÉ**, près). — Cytisus *supinus*, 6-7. Sedum *sexangulare*, E.

QUENTIN (Etang de St-), près **VERSAILLES**, — Littorella *lacustris*, 6. Potentilla *supina*, E.

QUEUE-EN-BRIE (La.) — Helleborus *hiemalis*, 2-4. Myagrum *sativum*, 6.

RAMBOUILLET, — Alyssum *spinosum*, 4-5. Carex *fulva*, 6-7. Carum *verticillatum*, E. Comarum *palustre*, 5-6. (Etang du Serisaie). Dianthus *deltoïdes*, E. Drosera *rotundifolia*, 6-7. Eriophorum *gracile*, 4-5 ; *vaginatum*, 4-5. Exacum *filiforme*, E. Hypericum *elodes*, 6-7, Lampsana *minima*, 6-7. Malaxis *paludosa*, 6 (Etang du Serisaie). Mespilus *germanica*, 5. Orobanche *ramosa*, 6. Vaccinium *oxycoccos*, E. (Etang du Serisaie). Paronychia *verticillata*, E. Phalaris *utriculata*, 6. Polygonum *pusillum*, E. Schœnus *albus*, E. ; *fuscus*, E. (Etang du Serisaie). Scirpus *multicaulis*, E. Sedum *dasyphyllum*, E. (Murs de l'hôpital). Solidago *graveolens*, E. Trifolium *ochroleucum*, 6-7. — **V. SERISAIE** (Etang du).

REMY, près **COMPIÈGNE**. — Euphrasia *lutea*, E. Lythrum *hyssopifolia*, 6-7.

RENTILLY. — V. LAGNY.

RIS. — Helminthia *echioïdes*, E. Polycnemum *arvense*, E. Prenanthes *pulchra*, 6. Veronica *præcox*, 4.

ROCHE-GUYON (La). — Adonis *autumnalis*, 7-8. Althæa *hirsuta*, E. Anemone *pulsatilla*, 4-6. Anthriscus *sylvestris*, E. Astragalus *monspessulanus*, 7. Brassica *eruca*, P. Cornus *mas*, 3-4. Coronilla *minima*, 5-7 ; *varia*, 6. Cratægus *amelanchier*,

5. Euphorbia *esula*, E. Epipactis *lancifolia*, 4-5. Fœniculum *vulgare*, E. Fumaria *micrantha*, E. Globularia *vulgaris*, 5.. Helianthemum *pulverulentum*, 6-7. Helleborus *fœtidus*, 2-4. Iris *fœtidissima*, 7-8. Isatis *tinctoria*, 5-6. Limodorum *abortivum*, 6. Linum *tenuifolium*, 6-7. Lithospermum *purpurocæruleum*, 5. Melica *ciliata*, 7. Ononis *columnæ*, E.; *natrix*, E. Ophrys *apifera*, P.; *monorchis*, 6. Orobanche *cærulea*, 6. Phyteuma *orbicularis*, 6-8. Prenanthes *pulchra*, 6. Seseli *libanotis*, A. Sisymbrium *murale*, E. Teucrium *montanum*, E. Tilia *microphylla*, E. Verbascum *nigrum*, E. — V. **AMMÉNUCOURT.**

ROMAINVILLE. — Agrostis *paradoxa*, 7. Campanula *rapunculoïdes*, 6-8. Helminthia *echioïdes*, E. Pyrethrum *corymbosum*, E. Veronica *verna*, 4. Vicia *angustifolia*, 5-6.

RONCEVEAUX, près **MALESHERBES.** — Scabiosa *gmelini*, E.

ROSNY. — Digitalis *parviflora*, E.

ROUGEAUX et Forêt. — Althæa *hirsuta*, E. Carex *tomentosa*, 4-5. Ceterach *officinarum*, 9-10. Digitalis *parviflora*, E. Euphorbia *lathyris*, P. Geranium *sanguineum*, 5-6. Iris *fœtidissima*, 7-8. Linum *tenuifolium*, 6-7. Lithospermum *purpuro-cæruleum*, 5. Lythrum *hyssopifolia*, 6-7. Phalangium *liliago*, 5. Potamogeton *monogynum*, 6-7. Prenanthes *pulchra*, 6. Rubia *peregrina*, 6-7; *tinctorum*, 6-7. Scirpus *multicaulis*, E. Trifolium *ochroleucum*, 6-7; *subterraneum*, P. — **V.** Les **BROSSES.**

ROUVRES, près **CRÉPY.** — Andropogon *ischæmum*, 5.

ROYAUMONT. — Euphorbia *palustris*, P.

RUEIL. — Centaurea *solstitialis*, E. Veronica *præcox*, 4.

SABLONS. — Corrigiola *littoralis*, E. Tragus *racemosus*, 7. Trigonella *monspeliaca*, 5-6.

SACY-LE-GRAND. — Alisma *ranunculoïdes*, E. Cirsium *hybridum*. E. Schœnus *mariscus*, E. Valerianella *coronata*, E.; *eriocarpa*, 5.

SAMOREAU. — V. FONTAINEBLEAU.

SATORY. — Allium *scorodoprasum*, E. Betula *pubescens*, P. Narcissus *incomparabilis*, 4.-5. Ophrys *anthropophora*, 5-6. Pyrola *minor*, 5-6 ; *rotundifolia*, 5-6. Scutellaria *minor*, E.

SAUVEUR (St-). — Cuscuta *major*, E. — V. **COMPIÈGNE**.

SAVETEUX, près Le **CHATELET**. — Scleranthus *perennis*, E.

SAVIGNY. — Erica *tetralix*, E. Tulipa *sylvestris*, 3-4. Urtica *pilulifera*, E. Vaccinium *myrtillus*, 4-5 ; *vitis-idæa*, E.

SCEAUX. — Carex *dioïca*, 5-6. Drosera *longifolia*, 6-7. Erysimum *hieracifolium*, 6-7. Hippuris *vulgaris*, 6-7. Lathyrus *hirsutus*, E. Orchis *coriophora*, 5-6. Oxalis *corniculata*, 5-9. Potamogeton *plantagineum*, E. Salix *fissa*, 4-5 ; *lanceolata*, 4-5. Silene *gallica*, E.

SEINE (Rives de la). — Bidens *cernua*, E. Centaurea *myacantha*, E. Chenopodium *opulifolium*, E. Corrigiola *littoralis*, E. Limosella *aquatica*, E. Ranunculus *aquatilis*, 4-8. Rumex *aquaticus*, 8. Samolus *valerandi*, E. Senecio *paludosus*, E. Sinapis *nigra*, E. Sisymbrium *palustre*, E. ; *supinum*, E. Villarsia *nymphoïdes*, 6. Xanthium *strumarium*, 6-7.

SELLE (Bois de la). — Cirsium *eriophorum*, E. Dipsacus *pilosus*, E. Polystichum *thelypteris*, E. Veronica *montana*, E.

SENART. — Alisma *natans*, E. ; *ranunculoïdes*, E. Althæa *hirsuta*, E. Asperula *arvensis*, 5-6. Botrychium *lunaria*, 6. Buxus *sempervirens*, 3-4. Campanula *cervicaria*, 8-9. Carex *depauperata*, 5-6 ; *fulva*, 6-7 ; *tomentosa*, 4-5. Centunculus *minimus*, E. Chlora *perfoliata*, 7-8. Cineraria *campestris*, 5-6. Dianthus *deltoïdes*, E. Elatine *alsinastrum*, E. ; *hexandra*, E. Erica *vagans*, 7-8. Eriophorum *vaginatum*, 4-5. Euphorbia *dulcis*, 7 ; *palustris*, P. Exacum *filiforme*, E. ; *pusillum*, E. Genista *anglica*, E. Gnaphalium *dioïcum*, P. Helleborus *fœtidus*, 2-4. Hypericum *quadrangulare*, 6-7 ; *montanum*, 6-7. Lactuca *perennis*, E. Lythrum *hyssopifolia*, 6-7. Myosotis *stricta*, 4-6. Ophioglossum *vulgatum*, 6-7. Ophrys *apifera*, P. Orchis *laxiflora*, P. Paris *quadrifolia*, 5-6. Phyteuma *spicata*, 5-6. Pilularia *globulifera*, 6-7. Plantago *minima*, E. Polycnemum *arvense*, E. Polypodium *dryopteris*, E. Potamogeton *heterophyllum*, E. ; *monogynum*, 6-7. Potentilla *splendens*, 5.

Primula *grandiflora*, 4-5. Radiola *millegrana*, 6-7. Salix *fissa*,
4-5; *lanceolata*, 4-5. Salvia *sclarea*, E. Samolus *valerandi*, E.
Saponaria *vaccaria*, E. Scilla *bifolia*, P. Scirpus *multicaulis*,
E.; *ovatus*, E. Sorbus *domestica*, 5. Teucrium *scordium*, E.
Tilia *microphylla*, E. Trifolium *medium*, 5-6; *rubens*, 6-7;
subterraneum, P. Turgenia *latifolia*, 6-7. Typha *media*, E.
Utricularia *minor*, E. Veronica *acinifolia*, P.

SENLIS. — Alyssum *spinosum*, 4-5. Andropogon *ischæmum*,
5. Anemone *sylvestris*, 5. Asperula *arvensis*, 5-6. Asplenium
septentrionale, E. Bromus *giganteus*, 7. Brunella *grandiflora*,
E. Carduus *marianus*, E. Carex *arenaria*, E. Carum *bulbocastanum*, E. Centaurea *solstitialis*, E. Chrysosplenium *oppositifolium*, 4-5. Corrigiola *littoralis*, E. Dianthus *superbus*,
E. Erica *tetralix*, E. Fumaria *capreolata*, E. Galanthus *nivalis*, 2. Genista *pilosa*, 5. Hippuris *vulgaris*, 6-7. Melica
montana, 5-6. Monotropa *hypopitys*, 7-8. Nardus *stricta*, 5-6.
Ophrys *apifera*, P.; *aranifera*, 4-5; *monorchis*, 6. Orchis *galeata*, 5-6; *pyramidalis*, 5-6; *simia*, 6-7. Orobanche *comosa*,
6; *ramosa*, 6. Orobus *vernus*, 4. Phalangium *liliago*, 5. Phyteuma *spicata*, 5-6. Pinguicula *vulgaris*, 5-6. Potentilla *splendens*, 5. Ranunculus *lingua*, 6-8. Saponaria *vaccaria*, E. Scabiosa *sylvatica*, 5-6. Scleranthus *perennis*, E. Sium *latifolium*,
E. Sorbus *aucuparia*. 5. Vaccinium *myrtillus*, 4-5. Valerianella *eriocarpa*, 5. Verbascum *phlomoïdes*, E. Veronica *scutellata*, E.; *spicata*, 6-7. Vicia *lutea*, 5-6. — V. **FLEU-
RINES, THIERS** et **THURY-EN-VALOIS**.

SÉRANS, près **MAGNY**. — Carex *maxima*, 5-6. Gnaphalium *dioicum*, P. Hypochæris *maculata*, 6-7. Inula *helenium*,
E. Lampsana *minima*, 5-6. Lysimachia *nemorum*, E. Neottia
spiralis, 9. Ranunculus *hederaceus*, 5-8. Vaccinium *myrtillus*, 4-5.

SERISAIE (Étang du), près **RAMBOUILLET**. — Carex
curta, 5. Comarum *palustre*, 5-6. Eriophorum *gracile*, 4-5.
Lobelia *urens*, E. Malaxis *paludosa*, 6. Vaccinium *oxycoccos*,
E. Scirpus *cæspitosus*, 5.

SÈVRES. — Anagallis *tenella*, E. Anthyllis *vulneraria*, E.
Carex *cyperoïdes*, 5-6. Centaurea *solstitialis*, E. Corydalis
lutea, 4. Draba *muralis*, 3-4. Euphorbia *verrucosa*, E. Galega

officinalis, E. Inula *helenium*, E. Isatis *tinctoria*, 5-6. Lamium *hybridum*, P. Lythrum *hyssopifolia*, 6-7 (près le pont).
Ononis *columnæ*, E.; *natrix*, E. Polycnemum *arvense*, E. Polygala *austriaca*, 6. Rumex *patientia*, E. Sedum *telephium*,
8 (Butte). Sisymbrium *supinum*, E. Thalictrum *minus*, 6-8.
(Garenne).

SÉZANNE-EN-BRIE. — Carex *cyperoïdes*, 5-6.

SIGY (Forêt de). — V. **DONNEMARIE**.

SOISSONS. — Euphrasia *lutea*, E. Helleborus *viridis*, 3-4.
Helosciadium *repens*, E. Orlaya *grandiflora*, 6-7. Peucedanum *sylvestre*, 6. Polygonum *bistorta*, E. Potentilla *supina*,
E. Salvia *sylvestris*, E. Scabiosa *sylvatica*, 5-6. Sium *latifolium*, E. Thesium *alpinum*, E.

SOUDRON, près **CRÉPY.** — Cicuta *virosa*, 6.

SOURDUN (Forêt de), près **PROVINS.** — Campanula *cervicaria*, 8-9. Euphorbia *dulcis*, 7.

STAIN. — Allium *moly*, E.

TAILLEFONTAINE. — V. PIERREFONDS.

THIERS, près **SENLIS**. — Erica *tetralix*, E. Gentiana *germanica*, 8-9; *pneumonanthe*, 6-7. Potentilla *splendens*, 5.
Utricularia *minor*, E.

THURY-EN-VALOIS, près **SENLIS**. — Chrysosplenium
oppositifolium, 4-5. Cuscuta *major*, E. Dianthus *deltoïdes*, E.
Lathyrus *hirsutus*, E. Pyrola **rotundifolia**, 5-6. Saponaria
vaccaria, E. Veronica *acinifolia*, P.

TOUSSU, près **VERSAILLES.** — Ægopodium *podagraria*,
E. Ammi *majus*, E.

TRIANON. — Tussilago *petasites*, 3-4.

TRIBARDOU, près **MEAUX.** — Thymus *nepeta*, 9-10.

TRIEL. — Exacum *filiforme*, E. Myrica *gale*, 4. (Vallée de
Vaux). Neottia *spiralis*, 9. Polygonum **pusillum**, E.

TROU-SALÉ, près **VERSAILLES.** — Alisma *damasonium*,
E. Elatine *alsinastrum*, E.; *hexandra*, E. Hottonia *palustris*, 5-6. Gypsophila *muralis*, E. Littorella *lacustris*, 6. Pota-

nogeton *heterophyllum*, E. Potentilla *supina*, E. Rumex *palustris*, E. Scirpus *supinus*, 6.

VAAST (Sᴛ-)-**DE-LONGMONT**, près **VERBERIE**. — Chrysosplenium *oppositifolium*, 4-5.

VAL (Lᴇ). — V. Sᴛ-**GERMAIN**.

VALÉRIEN (**MONT**). — Salvia *sclarea*, E. Seseli *annuum*, E. Tragopogon *majus*, 5-6, Trigonella *monspeliaca*, 5-6.

VALVINS. — Althæa *hirsuta*, E. Androsæmum *officinale*, 6-7. Carex *maxima*, 5-6. Cytisus *supinus*, 5-6. Digitalis *parviflora*, E. Euphorbia *esula*, E.; *lathyris*, P.; *platyphyllos*, E.; *verrucosa*, E. Epipactis *rubra*, E. Equisetum *hiemale*, 2-3. Geranium *pyrenaicum*, E. Laserpitium *asperum*, E. Linaria *purpurea*, E. Ophrys *anthropophora*, 5-6. Ornithogalum *pyrenaicum*, 6. Peucedanum *carvifolium*, E. Physalis *alkekengi*, 5-6. Scolopendrium *officinale*, E. Sisymbrium *murale*, E.

VANTEUIL, près Lᴀ **FERTÉ-SOUS-JOUARRE**. — Lithospermum *purpuro-cæruleum*, 5.

VAUCHELLES, près **NOYON**. — Chrysosplenium *oppositifolium*, 4-5.

VAUGIRARD. — Hypecoum *procumbens*, 6.

VAUMAISE, près **CRÉPY**. — Teucrium *montanum*, E.

VERBERIE. — Chrysosplenium *oppositifolium*, 4-5. — V. Sᴛ-**VAAST-DE-LONGMONT**.

VERNON. — Althæa *hirsuta*, E. Anemone *pulsatilla*, 4-6. Asperula *odorata*, 4-5. Astragalus *monspessulanus*, 7. Brunella *grandiflora*, E. Cerastium *brachypetalum*, E. Cerasus *mahaleb*, 4. Chlora *perfoliata*, 7-8. Chrysocoma *linosyris*, E. Cornus *mas*, 3-4. Digitalis *parviflora*, E. Fœniculum *vulgare*, E. Fumaria *micrantha*, E. Globularia *vulgaris*, 5. Helianthemum *fumana*, 5-6. Hyssopus *officinalis*, E. Linum *tenuifolium*, 6-7. Lolium *multiflorum*, 7. Luzula *maxima?* 5-6. Melica *ciliata*, 7 (Vernonet). Menyanthes *trifoliata*, 4-5. Mespilus *germanica*, 5. Monotropa *hypopitys*, 7-8. Ononis *columnæ*, E.; *natrix*, E. Ophrys *apifera*, P. Orchis *odoratissima*, E. Orobanche *eryngii*, E. Phalangium *ramosum*, E. Phyteuma *or-*

bicularis, 6-8 ; *spicata*, 5-6. Polygala *austriaca*, 6. Prenanthes *pulchra*, 6. Rubia *peregrina*, 6-7. Seseli *libanotis*, A. Sesleria *cærulea*, P. Sisymbrium *murale*, E. Stachys *alpina*. E. Trifolium *ochroleucum*, **6-7**. Verbascum *nigrum*, E.

VERRIÈRES (Bois de). — Campanula *hederacea*, E. Paris *quadrifolia*, 5-6. Rosa *tomentosa*, E. Solidago *graveolens*, E. Sparganium *natans*, E.

VERSAILLES. — Adonis *autumnalis*, 7-8. Ægopodium *podagraria*, E. Alisma *damasonium*, E. Allium *moly*, E. (Parc). Anchusa *italica*, 6-7 ; *sempervirens*, 5-6. Anthriscus *sylvestris*, E. Aquilegia *vulgaris*, 5-7. Barkhausia *setosa*, E. Buplevrum *tenuissimum*, E. Campanula *rapunculoïdes*, 6-8. Cirsium *eriophorum*, E. Chrysanthemum *segetum*, E. Crepis *tectorum*, E. Corydalis *lutea*, 4. Draba *muralis*, 4 (Murs). Drosera *rotundifolia*, 6-7. Epipactis *ensifolia*, 6. Fumaria *capreolata*, E. Galanthus *nivalis*, 2 (Parc). Galeobdolon *luteum*, 5. Geranium *pyrenaïcum*, E. Gypsophila *muralis*, E. Hottonia *palustris*, 5-6. Hypericum *quadrangulum*, 6-7 Impatiens *noli-tangere*, E. Lamium *hybridum*, P. Leonurus *cardiaca*, E. Limosella *aquatica*, E. Lobelia *urens*, E. Lythrum *hyssopifolia*, 6-7. Monotropa *hypopitys*, 7-8. Myosurus *minimus*. 4-6. Narcissus *poeticus*, 5. Œnanthe *crocata*. E. Ononis *columnæ*, E. Orchis *coriophora*, 5-6. Paris *quadrifolia*, 5-6. Phyteuma *spicata*, 5-6. Pimpinella *magna*, E. Polypodium *calcareum*, E. (Bassins). Polypodium *dryopteris*, E. (Parc). Potamogeton *heterophyllum*, E. ; *monogynum*, 6-7. Pyrola *rotundifolia*, 5-6. Ranunculus *lingua*, 6-8. Rubus *idæus*, 6. Scolopendrium *officinale*, E. Scutellaria *minor*, E. Sedum *cepæa*, E. Senecio *aquaticus*, 6-7. Silene *noctiflora*, E. Solidago *graveolens*, E. Sonchus *palustris*, E. Sparganium *natans*, E. Spergula *pentandra*, E. Stellaria *aquatica*, 6-7. Teucrium *scordium*, E. Trapa *natans*, E. Tussilago *petasites*, 3-4. Ulex *nanus*, 9-10. Verbascum *phlomoïdes*, E. Veronica *acinifolia*, P. ; *montana*, E. ; *peregrina*, 5-6 ; *verna*, 4. Xanthium *spinosum*, E. — V. **LES LOGES**; le **TROU-SALÉ** et l'Etang de **St-QUENTIN.**

VERSAILLES (TOUSSU, près). — Ægopodium *podagraria*, E. Ammi *majus*, E.

VÉSINET (Bois du). — Anthriscus *sylvestris*, E. Brassica *cheiranthos*, 7-8. Linaria *pelisseriana*, E. Potentilla *splendens*, 5. Verbascum *mixtum*, E. Veronica *spicata*, 6-7.

VILLE-D'AVRAY. — Anagallis *tenella*, E. Centunculus *minimus*, E. Erica *ciliaris*, 7-8. Gratiola *officinalis*, E. Hypericum *quadrangulum*, 6-7. Thlaspi *ruderale*, 6. Limosella *aquatica*, E. Menyanthes *trifoliata*, 4-5. Myosurus *minimus*, 4-6. Radiola *millegrana*, 6-7. Samolus *valerandi*, E. Scrophularia *vernalis*, 4-5. Sedum *cepæa*, E. Sparganium *simplex*, E. Thlaspi *ruderale*, 6. Tillæa *muscosa*, 6-7. Trifolium *agrarium*, E.; *subterraneum*, P.

VILLENEUVE-Sᴛ-GEORGES. — Stellera *passerina*, 9-10.

VILLEPREUX. — Fumaria *capreolata*, E. Silene *noctiflora*, E.

VILLERS-COTTERETS. — Aconitum *napellus*, E. Asperula *odorata*, 5. Atropa *belladona*, 6-7. Blechnum *spicant*, E. Bromus giganteus, 6-7. Carex *arenaria*, E.; *humilis*, 4-5; *Mairii*, 5-6. Ceterach *officinarum*, 9-10. Chrysosplenium *oppositifolium*, 4-5. Dentaria *bulbifera*, 5. Epilobium *rosmarinifolium*, 6-7; *spicatum*, E. Genista *pilosa*, 5. Hepatica *triloba*, 3-4. Lampsana *minima*, 5-6. Limodorum *abortivum*, 6. Limosella *aquatica*, E. Lychnis *sylvestris*, E. Lysimachia *nemorum*, E. Mespilus *germanica*, 5. Phyteuma *spicata*, 5-6. Polygonum *bistorta*, E. Polystichum *aculeatum*, E. Pyrola *rotundifolia*, 5-6. Spergula *pentandra*, F. Trifolium *agrarium*, E. ; *glomeratum*, 6.

VINCENNES. — Aconitum *napellus*, E. Ægopodium *podagraria*, E. Agrostis *interrupta*, 6-7 ; *paradoxa*, 7. Allium scorodoprasum, E. Astragalus *glycyphyllos*, 6. Blitum *virgatum*, E. Carex *depauperata*, 5-6; *schreberi*, 4-5; *tomentosa*, 4-5. Carum *bulbocastanum*, E. Centaurea *myacantha*, E. Cnidium *apioïdes*, E. Cucubalus *baccifer*, E. Dianthus *caryophyllus*, E. Doronicum *plantagineum*, P. Euphorbia *platyphyllos*, E. Epipactis *lancifolia*, 4-5. Helianthemum *pulverulentum*, 6-7. Hesperis *matronalis*, 5-6. Hypecoum *procumbens*, 6. Iris *fœtidissima*, 7-8. Lamium *hybridum*, P. Lathyrus *tuberosus*, E. Leonurus *cardiaca*, E.; *marrubiastrum*, 6-7. Lepidium *iberis*, 7-8; *latifolium*, E. Monotropa *hypopitys*, 7-8. Nepeta *cataria*,

E. Ononis *natrix*, E. Ophrys *aranifera*, 4-5. Orchis *simia*, 3-6
Orobanche *cærulea*, 6: *comosa*, 6; *minor*, E. Physalis *alke-kengi*, 5-6. Poa *pilosa*, 6. Pyrethrum *corymbosum*, E. Ranunculus *nemorosus*, 5-6. Reseda *phyteuma*, E. Ruta *graveolens*,
7-8 (Coteau de Bréauté). Solidago *graveolens*, E. Stachys *alpina*, E. Tordylium *maximum*. E.

VIROFLAY. — Buplevrum *tenuissimum*, E. Epilobium *spicatum*, E.

VITRY, près **SCEAUX**. — Muscari *botryoïdes*, 5. Ornithogalum *minimum*, 3-4.

VERRES. — Arundo *nigricans*, 6-7. Hippuris *vulgaris*, 6-7.
Hydrocharis *morsus-ranæ*, 6-7. Petroselinum *segetum*, E.
Salvia *sclarea*, E.

VON (Bois d'), — Carex *montana*, P. — V. **DREUX**

FLORES PARTIELLES DE LA FRANCE COMPARÉES

Par le docteur Al. BAUTIER

Auteur du tableau analytique de la **Flore parisienne**

DEUX PARTIES IN-8. — PRIX : **10** FR.

Rendues franco dans toute la France et l'Algérie

. Les *Flores comparées* du docteur BAUTIER sont un ouvrage consciencieux, fruit de longues années d'études et d'explorations scientifiques. L'auteur, qui, dans ses fréquents voyages, s'est trouvé en rapport avec les botanistes de nombreuses contrées de la France et a conservé des relations avec la plupart de ceux que la faux du temps a épargnés, s'est déterminé à publier, sous une forme heureuse etnouvelle, le résumé des documents qu'il a recueillis depuis plus de trente ans. Il les a coordonnés avec soin et de manière à fournir une foule de renseignements faciles à consulter et qui seront éminemment utiles, non-seulement aux collecteurs de toutes les contrées de la nation dont ils seront le guide éclairé, mais encore aux savants qui y trouveront les éléments indispensables pour l'étude, si précieuse et cependant si négligée, de la géographie botanique.

CAZIN (J.-F.) (de Boulogne-sur-mer), lauréat et membre correspondant de plusieurs sociétés savantes. — **Traité pratique et raisonné des plantes médicinales indigènes**. Ouvrage couronné par l'Académie de médecine et la Société de médecine de Marseille. 3ᵉ édition, revue, corrigée et considérablement augmentée par le Dʳ HENRI CAZIN, ancien interne des hôpitaux de Paris. Un très-fort vol. grand in-8 de 1,200 pages, avec un atlas de 200 planches du même format, 1868. Prix, figures noires : 20 fr. ; figures coloriées..................... 27 fr.

La première édition de cet ouvrage ne traitait que l'emploi thérapeutique des plantes ; celle-ci, plus complète et conçue d'après un plan plus vaste, renferme :

1º La désignation des familles suivant la classification naturelle et artificielle ;

2º Leur synonymie latine et française ;

3º Leur description détaillée ;

4º Leur culture ;

5º Leur récolte et leur conservation ;

6º Des notions sur leurs propriétés chimiques et leurs usages dans les arts et dans l'économie domestique ;

7º Leurs préparations pharmaceutiques et leurs doses ;

8º Leur action physiologique et toxique sur les animaux et sur l'homme ;

9º Leurs propriétés médicinales, avec de nombreux faits, dont la plupart ont été recueillis dans la pratique de l'auteur ;

10º Leurs applications à la médecine vétérinaire ;

11º Un calendrier floréal indiquant la récolte des plantes, mois par mois ;

12º La classification des plantes d'après leurs propriétés médicinales ;

13º Une table des matières pathologiques et thérapeutiques (mémorial) ;

14º Une table alphabétique de planches, contenant leurs noms scientifiques et vulgaires, leurs produits naturels et pharmaceutiques.

DE CANDOLLE. — Physiologie végétale, ou Exposition des forces et des fonctions des végétaux, pour servir de suite à l'organographie végétale, et d'introduction à la botanique géographique et agricole. 1832. 3 vol. in-8, au lieu de 20 fr.   6 fr.